普通高等教育材料类系列教材

先进材料加工技术

主　编　陈孝文
副主编　张德芬　向　东　丁武成　罗　霞
参　编　张桂云　张志刚　郑　睿　宋　浩　张广恒

机械工业出版社
CHINA MACHINE PRESS

本书对先进材料加工技术进行了系统的介绍。全书共有9章，第1章介绍了材料及加工技术的基本概念、油气田材料及常用的材料加工技术；第2~9章分别介绍了各种先进材料加工技术，包括快速凝固、定向凝固、半固态金属加工技术、连续铸轧与连续挤压、复合铸造及塑性加工复合、先进连接技术、增材制造与智能制造、表面改性技术。本书的编写力求理论联系实际，突出实际应用，因此，特别介绍了先进材料加工技术在油气装备领域的应用前景。

本书可作为高等院校材料科学与工程、材料加工工程、材料物理、材料化学、材料与化工等专业本科生、研究生的教材，也可作为其他相关专业的师生和有关工程技术人员的参考用书。

图书在版编目（CIP）数据

先进材料加工技术/陈孝文主编. —北京：机械工业出版社，2023.12
普通高等教育材料类系列教材
ISBN 978-7-111-74613-3

Ⅰ.①先… Ⅱ.①陈… Ⅲ.①工程材料-加工-高等学校-教材
Ⅳ.①TB3

中国国家版本馆CIP数据核字（2024）第013784号

机械工业出版社（北京市百万庄大街22号 邮政编码100037）
策划编辑：刘元春　　责任编辑：刘元春　赵晓峰
责任校对：高凯月　牟丽英　　封面设计：陈　沛
责任印制：李　昂
河北环京美印刷有限公司印刷
2024年3月第1版第1次印刷
184mm×260mm · 18.25印张 · 452千字
标准书号：ISBN 978-7-111-74613-3
定价：65.00元

电话服务　　网络服务
客服电话：010-88361066　　机　工　官　网：www.cmpbook.com
010-88379833　　机　工　官　博：weibo.com/cmp1952
010-68326294　　金　书　网：www.golden-book.com
封底无防伪标均为盗版　　机工教育服务网：www.cmpedu.com

前　言

材料是人类赖以生存和发展的物质基础，也是社会现代化的物质基础与先导条件，其发展在很大程度上决定了人类社会现代化的步伐。材料制备与加工是目前材料科学研究中较为活跃的方向之一，发展先进材料加工技术，对于改善和提高材料性能、促进材料科学技术的发展与进步具有重要意义。本书是为我国高等院校材料类专业本科生和研究生编写的创新型应用人才培养规划教材，在编写过程中力求将材料加工技术的理论知识与工程应用结合起来，重点介绍了先进材料加工技术的原理、设备、方法及应用等，并介绍了各种先进材料加工技术在石油化工、航天军工、生物医疗等领域的应用现状及前景。

本书由西南石油大学陈孝文任主编，张德芬、向东、丁武成、罗霞任副主编，具体编写分工如下：第1、2、9章由陈孝文编写；第3、6章由丁武成编写；第4、5章由罗霞编写；第7章由张德芬编写；第8章由向东编写。全书由陈孝文统稿。

本书的编写得到了淄博鲁蒙金属科技有限公司的大力支持，张桂云、张志刚编写了第7章的部分图表。研究生郑睿、宋浩和张广恒编写了第9章的部分图表。

本书的编写参阅了部分国内外相关教材、科技著作和论文，在此特向有关作者表示衷心的感谢！

本书获得了西南石油大学2021年度校级规划教材立项资助，淄博鲁蒙金属科技有限公司也给予了大力支持。

由于编者水平有限，书中难免会有疏漏甚至错误之处，敬请广大读者批评指正。

编　者

目 录

前言

第1章 材料及加工技术概述 …… 1
1.1 材料概述 …… 1
1.2 材料加工技术 …… 4
1.3 常见油气田材料 …… 6
1.4 常用的材料加工技术简介 …… 19
思考题 …… 42
参考文献 …… 42

第2章 快速凝固 …… 44
2.1 引言 …… 44
2.2 快速凝固技术简介 …… 45
2.3 常用的快速凝固方法 …… 48
2.4 非晶态合金简介 …… 56
2.5 非晶态合金的形成机理及特性 …… 60
2.6 非晶态合金的应用 …… 69
思考题 …… 74
参考文献 …… 74

第3章 定向凝固 …… 76
3.1 引言 …… 76
3.2 定向凝固理论 …… 76
3.3 传统定向凝固技术 …… 79
3.4 现代定向凝固技术 …… 82
3.5 定向凝固技术的发展趋势及定向凝固材料 …… 86
思考题 …… 91
参考文献 …… 91

第4章 半固态金属加工技术 …… 93
4.1 引言 …… 93
4.2 半固态加工方法 …… 100
4.3 半固态粉末成形技术 …… 113

思考题 …… 129
参考文献 …… 129

第5章 连续铸轧与连续挤压 …… 132
5.1 引言 …… 132
5.2 连续铸轧与连续挤压概述 …… 132
5.3 常用连续铸轧方法 …… 133
5.4 常用连续挤压方法 …… 136
5.5 连续铸轧及连续挤压应用 …… 138
思考题 …… 144
参考文献 …… 144

第6章 复合铸造及塑性加工复合 …… 145
6.1 引言 …… 145
6.2 复合材料 …… 145
6.3 金属基复合材料复合法 …… 147
6.4 复合铸造法 …… 147
6.5 塑性加工复合法 …… 153
思考题 …… 161
参考文献 …… 162

第7章 先进连接技术 …… 164
7.1 引言 …… 164
7.2 连接技术简介 …… 164
7.3 激光焊 …… 164
7.4 电子束焊 …… 183
7.5 摩擦焊 …… 187
思考题 …… 211
参考文献 …… 212

第8章 增材制造与智能制造 …… 214
8.1 引言 …… 214
8.2 增材制造与智能制造简介 …… 216
8.3 常用的增材制造方法与新技术 …… 228
8.4 常用的智能制造方法与新技术 …… 235
8.5 增材制造与智能制造技术在油气田领域的应用前景 …… 244
思考题 …… 248
参考文献 …… 248

第9章 表面改性技术 …… 249
9.1 引言 …… 249

9.2　常用的表面改性方法 …… 249
9.3　微弧氧化 …… 254
9.4　激光熔覆 …… 274
9.5　表面改性技术的应用 …… 280
思考题 …… 284
参考文献 …… 284

附录　思政二维码索引表 …… 286

第1章 材料及加工技术概述

1.1 材料概述

材料在人类历史进程中的地位众所周知，其发展与社会进步有着密切关系，是衡量人类社会文明程度的标志之一。材料是人类赖以生存和发展的物质基础，也是社会现代化的物质基础与先导条件。材料的发展在很大程度上决定了人类社会现代化的步伐，离开了材料，很多高科技就失去了物质承载的基础。20 世纪 70 年代，人们把材料、信息和能源称为社会发展的三大支柱，凸显了材料的重要性，到了 20 世纪 80 年代，新材料技术、信息技术和生物技术成为高新技术革命的重要标志，人们对新材料的研究方兴未艾。如今，材料已成为国民经济建设、国防建设和人民生活的重要组成部分，是航空航天技术和军工等关键领域发展的基石，新材料技术的研发也极大地推动了航空航天、石油化工、船舶、舰艇等领域的发展。

1.1.1 材料的定义及分类

材料是指人类用以制造用于生活和生产的物品、器件、构件、机器以及其他产品的物质。按化学结构或组成，材料可分为金属材料、无机非金属材料、高分子材料和复合材料。在传统材料的发展过程中，出现了新材料，目前新材料已经成为广大科研工作者研究的重点。新材料是指新近发展或正在发展的、具有优异性能的结构材料和有特殊性质的功能材料，如图 1-1 所示。材料根据用途通常分为结构材料和功能材料。结构材料主要是指利用其强度、韧性、硬度、弹性等力学性能，用以制造以受力为主的构件，如陶瓷材料、钢铁材料等。功能材料主要是指利用物质的物理、化学性质或生物现象等对外界变化产生的不同反应

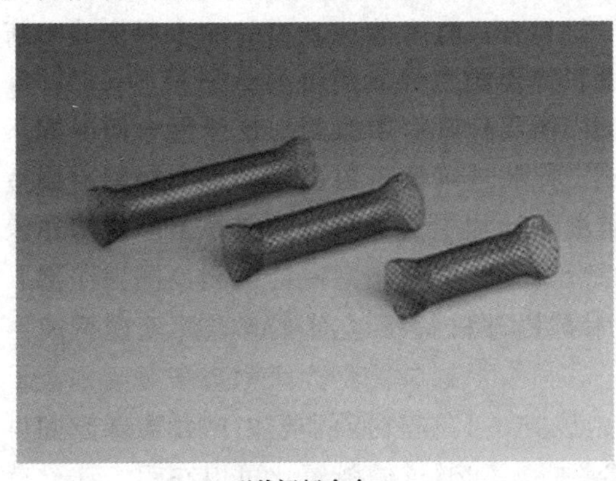

a) 形状记忆合金

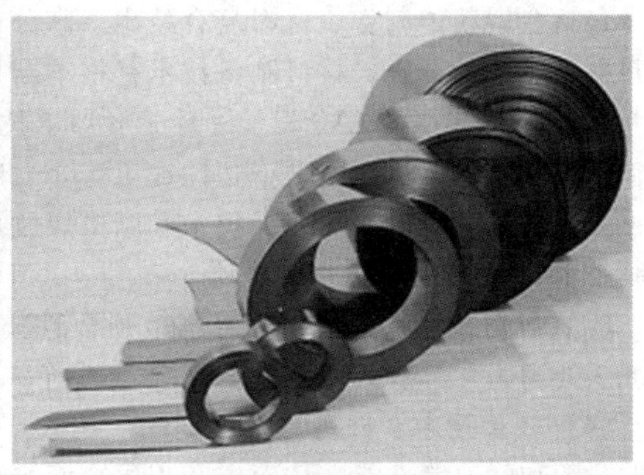

b) 非晶态合金

图 1-1 新材料

而制成的一类材料，如半导体材料、超导材料、光电子材料、磁性材料等。另外，材料也可根据应用领域分为油气田材料、能源材料、航空航天材料、化工材料、机械工程材料、建筑材料、电子信息材料、生物医用材料等。近几年，世界上研究、发展的新材料主要有新金属材料、精细陶瓷和光纤等。正是因为新材料具有传统材料不具备的性能，所以人们对新材料的研究也是如火如荼。新材料的出现衍生出了多种材料加工新技术，促进了材料加工技术的发展。

在诸多材料中，金属材料是材料中数量多、应用广的一大类，是现代文明的基础。人类从石器时代到青铜器时代，再到铁器时代，每一次都发生了飞跃性的进步。目前，人类还处在金属器时期，虽然无机非金属材料、高分子材料的使用量与日俱增，但在可预见的时期内，仍不会改变这种状况。

金属材料包括钢铁材料和非铁金属材料，其中钢铁材料主要指钢和铸铁，非铁金属材料主要指轻金属、贵金属和稀有金属。从总产量来看，钢铁材料的产量占绝对优势，而且其有许多良好的性能，能满足大多数条件下的应用，价格低廉，故用量最大。在世界金属矿储量中，铁矿资源比较丰富和集中，但就世界地壳中金属矿产储量来讲，非铁金属矿储量大于铁矿储量，如铁只占5.1%，而非铁金属中铝占8.8%、镁占2.1%、钛占0.6%。非铁金属材料冶炼较困难，所需能源消耗大，因而生产成本高，对环境污染较大，限制了生产总量的增长幅度。但是，非铁金属材料所创造的价值高，并且有钢铁材料所不具备的特殊性能，如比强度高、耐低温、耐腐蚀等，因而非铁金属材料产量仍在快速增长。

1.1.2 材料技术

技术是解决问题的方法及方法原理，是指人们利用现有事物形成新事物，或是改变现有事物功能、性能的方法。技术应具备明确的使用范围和被其他人认知的形式和载体，如原材料（输入）、产品（输出）、工艺、工具、设备、设施、标准、规范、指标、计量方法等。技术与科学相比，技术更强调实用，而科学更强调研究；技术与艺术相比，技术更强调功能，艺术更强调表达。技术是一种本领，是技能、技巧与技艺的总称，因此材料技术可以理解为是关于材料的制备、成形与加工、表征与评价、使用与保护的知识、经验和诀窍。

材料技术种类很多，根据分类方法不同而不同。材料技术主要包括以下几种：

（1）材料制备技术　材料制备技术是材料研究的重要内容，它是指材料从无到有的过程，包括金属粉体制备、材料复合技术、高分子材料合成技术等。新材料的出现依赖于新型材料制备技术的开发，材料制备技术是推动新材料发展的关键。

（2）材料成形加工技术　材料成形加工技术是原材料到零部件过程中的重要一环，主要包括连接技术、凝固成型、塑性加工等。当然，这些技术还可以进一步细分，如连接技术又可分为激光焊技术、电渣焊技术和摩擦焊技术；塑性加工又可分为锻造技术、挤压技术和轧制技术等。

（3）材料改质改性技术　材料改质改性技术是提升材料及零部件性能的重要手段，如常规热处理、化学热处理及“三束”改性等。

（4）防护技术　材料的防护技术应用较广，该方法是在较低的成本下明显改善材料表面的耐磨和耐蚀等性能，从而提升膜层表面综合性能，如通过微弧氧化可以在铝、镁、钛及其合金表面原位生长陶瓷层，提升其耐磨性、耐蚀性和抗高温氧化等性能。

（5）评价表征技术　材料的评价表征技术是研究材料的重要内容，只有对材料的结构和性能进行了合理且正确的评价后，才能正确认知材料，主要包括力学性能评价、微观结构分析以及腐蚀等性能表征和评价。

（6）模拟仿真技术　开发新产品新工艺时，为了降低研发成本，可以考虑采用模拟仿真技术进行组织性能预测及过程仿真等。通过模拟仿真，可以缩小试验范围，减少试验工作量，从而降低生产成本。

当然，上述六种材料技术并非独立，互不关联。学科交叉的思想和材料科学技术的发展，促进了材料制备技术与成形加工技术的融合、评价表征技术与模拟仿真技术的融合、成形加工技术与改质改性技术的融合等，这些均为新材料的研发奠定了坚实的基础。

材料技术在工程上得到了广泛的应用。非晶态合金是一种新型的磁性功能材料，具有优异的软磁性能，广泛应用于各类变压器的铁芯，是5G技术发展的重要材料基础。这类材料主要采用快速凝固技术进行制备，由于冷却速度快（大于 $10^3 \sim 10^4$℃/s，有的甚至高达 10^6℃/s），晶粒来不及结晶和长大，因此形成非晶态。非晶态合金具有长程无序、短程有序的特征，因此具有优异的磁性能。纳米材料综合性能优异，具有广阔的应用前景，其主要采用了纳米技术，对改善传统材料的结构和性能起到了重要作用，可用于开发纳米陶瓷材料、纳米复合材料等优异性能的新材料。材料连接技术是船舶、化工容器等制备的主要加工技术，不仅可以解决各种钢材的连接，而且还可以解决铝、铜等非铁金属材料及钛、锆等特种金属材料的连接，既可以实现同种材料的连接，也可以实现异种材料的连接，广泛应用于机械制造、造船、海洋开发、汽车制造、石油化工、航天技术、原子能、电力、电子技术及建筑等领域，对国民经济发展及国防建设均具有重要的意义。

1.1.3　材料技术的发展与现状

日本学者町田辉史等人认为，从整个人类历史发展的观点来看待材料技术的发展，可以认为迄今为止材料技术发生了五次革命性的变化。材料技术五次革命及特征见表1-1。

表1-1　材料技术五次革命及特征

名称	开始时间	时代特征	技术发展契机	对技术产业的促进与带动举例
第一次革命	公元前4000年（中国：公元前2000年）	从石器时代进入青铜器时代	1. 铜的熔炼 2. 铸造技术	1. 自然资源加工技术 2. 器具、工具的发达 3. 农业和畜牧业的发展
第二次革命	公元前1350～1400（中国：公元前5~6世纪）	从青铜器时代进入铁器时代	1. 铁的规模冶炼技术 2. 锻造技术	1. 低熔点合金的钎焊 2. 武器的发达 3. 铸铁技术、大规模铸铁产品 4. 混凝土等
第三次革命	公元1500年	铁器时代进入合金时代	1. 高炉技术的发展与成熟 2. 纯金属的精炼与合金化	1. 钢结构 2. 蒸汽机、内燃机 3. 机床 4. 电镀、电解铝 5. 不锈钢、铜、铝等非铁金属等

（续）

名称	开始时间	时代特征	技术发展契机	对技术产业的促进与带动举例
第四次革命	20世纪初期	合成材料时代的到来	1. 酚醛树脂、尼龙等塑料合成技术 2. 陶瓷材料合成制备技术	1. 结构材料轻质化 2. 材料复合技术 3. 航空航天技术 4. 陶瓷材料的发展与应用 5. 人造金刚石 6. 超导材料与技术 7. 计算机技术、信息技术
第五次革命	20世纪末期	新材料设计与制备加工工艺时代开始	1. 资源-材料-制品界限的弱化与消失 2. 性能设计与工艺设计的一体化要求	1. 生物工程 2. 环境工程 3. 可持续发展 4. 太空时代

从公元前4000年开始，人类从漫长的石器时代进入青铜器时代，使用工具也首次出现了铜器，标志着人类对自然资源进行加工的开端，人类历史产生了第一次材料技术革命。从公元前1350年—公元1400年开始，人类从青铜器时代进入铁器时代，工具和武器得到飞跃式发展，生产率水平得到快速提升，促成了人类历史上第二次材料技术革命。公元1500年前后合金化技术的发展（第三次材料技术革命）和20世纪初期合成材料技术的发展（第四次材料技术革命），推动了近代和现代工业的快速发展，尤其是材料合成技术和复合技术的出现与发展，为人类现代文明做出了巨大贡献。可以预计，随着科学技术的快速发展，数字化和智能化时代将快速到来，材料的智能化制造及智能材料的研发将是今后一段时期的研究重点。

中国第一座30t氧气顶吹转炉

1.2 材料加工技术

1.2.1 材料加工技术概述

一般认为，现代材料科学与工程由材料的成分与结构、性质、使用性能、制备与加工技术四个基本要素构成，如图1-2所示。从图中可以看出材料的使用性能与其他三个因素之间的关系，同时其他三个因素之间也相互影响，材料的制备与加工技术会影响材料的结构和性质。材料的制备与加工技术、成分与结构和性质是决定材料使用性能的最基本三大要素，充分反映了材料制备与加工技术的重要作用和地位。

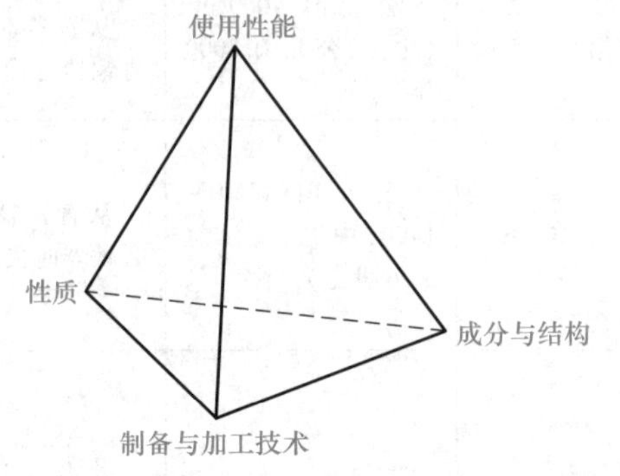

图1-2 材料科学与工程的四个基本要素

目前，材料的制备与加工技术是材料科学技术中最活跃的领域之一，先进的材料制备与加工技术是新材料的研究开发、应用和产业化的基础和前提，同时也可有效提高传统材料的使用性能。发展先进材料制备与加工技术，对于提高我国综合国力、保障国家安全、改善人民生活质量、促进材料科学技术的发展具有重要作用。

1.2.2　材料加工技术的分类

材料加工技术的分类方法较多，常用的有两种：一是按照三级学科进行分类，二是按照加工过程中被加工材料所处的相态进行分类。

按照三级学科进行分类，材料加工技术包括机械加工、热处理、凝固加工、塑性加工、焊接和粉末冶金等；按照加工过程中被加工材料所处的相态进行分类，材料加工技术包括气态加工、液态加工、半固态加工和固态加工等。图 1-3 所示为常见的材料加工技术。

a) 焊接

b) 热处理

图 1-3　常见的材料加工技术

1.2.3　材料加工技术的发展趋势

过程综合、技术综合和学科综合是材料加工技术的总体发展趋势。过程综合主要分为两点，第一点是指材料设计、制备、成形与加工的一体化，各个环节的关联越来越紧密；第二点是指多个过程（如凝固与成形）的综合化，又称短流程化，如喷射成形技术、半固态加工技术、铸轧一体化技术等。技术综合是指材料加工工程越来越发展成为一门多种技术相结合的应用技术科学，尤其体现为制备、成形、加工技术与计算机技术（计算机模拟与过程仿真）、信息技术的综合，与各种先进控制技术的综合等。学科综合体现为传统三级学科（铸造、塑性加工、热处理、焊接）之间的综合，三级学科同材料物理与化学、材料学等二级学科的综合，与计算机科学、信息工程、环境工程等材料科学与工程以外的其他一级学科的综合。

随着科学技术的发展，材料加工技术的发展越来越迅速，金属材料加工技术的主要发展方向如下：

1）材料加工的智能化。随着人工智能的快速发展，材料加工技术也将由传统方法向智能化方向发展。将机器学习的思想引入材料成分设计及加工过程，加上机器人的出现，将大大减轻人们的劳动强度，同时也会使得材料的制备和加工更加稳定，提高材料的性能，满足各行各业对新材料性能的需求。

2）常规材料加工工艺的短流程化和高效化。半固态流变成形、连续铸轧等是将凝固与成形两个过程合二为一，实现了精确控制，缩短了生产工艺流程，简化了工艺环节，提高了生产率。目前，国外镁合金和铝合金的半固态加工技术已经进入较大规模的工业应用阶段。铝合金和镁合金熔点相对于钢铁材料较低，采用半固态加工技术实现起来相对容易，高熔点的钢铁材料如何利用半固态加工这种新技术将是未来发展和研究的重点。

3）发展先进的成形加工技术，实现组织和性能的精确控制。计算机技术的发展有望实现对材料成形加工后的组织和性能进行精确控制，降低材料制备的成本。采用电磁连铸、先进超塑性成形等技术可以改善材料的组织，大幅度提高材料的性能，有利于发展新材料，促进新材料的应用。

4）材料设计、制备与成形加工一体化。发展材料设计、制备与成形加工一体化技术，有利于实现材料与零部件的高效、近净成形和短流程成形，如粉末注射成形和激光快速成型是不锈钢、高温合金、金属间化合物、陶瓷等零部件制备技术的关键。

5）开发新型制备与成形加工技术，发展新材料与新制品。新材料的制备在很大程度上依赖于新设备，因为新工艺与新设备息息相关。例如，采用常规的甩带法可以制备非晶薄带，但很难制备较厚的大块非晶，而新设备铜模吸铸系统则可以制备大块非晶；先进包覆材料的用途越来越广，但现有各种制备方法具有工艺复杂、界面质量控制困难、生产成本较高等缺点，科研工作者开发的充芯连铸法适合于包覆层金属熔点高于芯材金属熔点的特种高性能复合材料的直接成形。

6）发展计算机数值模拟与材料基因技术，构筑完善的材料数据库。材料的研发主要依赖于实验，但计算机数值模拟与过程仿真技术可以起到很好的补充作用，从而节约研发时间、降低研发成本，对材料加工技术的研发起到了重要的促进作用。构筑材料数据库可以进一步提高数值模拟结果的可靠性和广泛适用性，国外一些国家从 20 世纪 80 年代起就有计划有步骤地开启了这方面的工作，我国在这方面起步较晚，目前正在快速发展这项技术。

总而言之，科学技术的迅速发展，促进了材料加工技术的不断进步和发展，也促进了新材料设计与制备加工工艺时代的到来。同时，材料加工新技术的发展必须要与环境保护、低碳减排、资源消耗等相向而行，实现可持续发展。

1.3 常见油气田材料

改写油气运输历史的功勋管道

油气田材料是指广泛应用于油气领域钻井、开采、集输以及储存所使用的材料，包括金属材料、无机非金属材料、高分子材料、复合材料以及部分新型材料等，种类较多。油气开采是在认识和掌握油田、地质及其变化规律的基础上，在油气藏上合理地分布油井和投产顺序，通过调整采油、采气井的工作制度和其他技术措施，把地下石油和天然气资源采到地面的全过程。因为井下环境相对比较恶劣，所以对油气田材料的综合性能的要求越来越高，合理选用油气田材料，对于降低成本，提高油气开采效率具有重要意义。

1.3.1 金属材料

金属材料在油气开采过程中占有重要地位，钻杆、钻头、套管等主要由金属材料制作而成，其性能直接影响油气开采的安全和效率。

1. 钻杆

钻杆是钻柱的基本组成部分，其上端连着方钻杆，下端连着钻铤。钻杆（图 1-4）包括

图 1-4　钻杆实物

钻杆体和钻杆接头两部分，利用钻杆接头的螺纹连接钻杆，钻杆体和接头则通过摩擦焊连接。钻杆的用途主要有：①向下部钻具传递驱动转矩；②传输钻井液；③处理井下事故时用来悬挂工具。钻杆按钢级可分为 E75、X95、G105、S135 和 V150 等，每种规格钻杆的强度不同，使用的场合也不一样。钻杆尺寸（管体外径）主要有 2-3/8″(60.325mm)、2-7/8″(73.025mm)、3-1/2″(88.9mm)、4″(101.6mm)、4-1/2″(114.3mm)、5″(127mm)、5-1/2″(139.7mm)、6-5/8″(168.275mm) 等。

钻进时，钻杆受力非常复杂，主要有以下三种：①钻杆上部受到由于钻柱本身重量而产生的拉应力，这种应力越往上越大，在方钻杆和钻杆连接处最大；②钻进时由于方位变化或定向钻斜井时，要承受较大的交变应力；③在有负荷的情况下旋转时会产生扭应力。针对钻杆复杂的受力情况，工程上对钻杆性能要求主要有：①强度高；②内壁光滑；③具有一定的耐蚀性和耐磨性。钻杆管体的强度主要包括抗拉强度、抗扭强度，而钻杆接头的强度主要包括抗拉强度和抗扭强度，接头的抗拉强度要大于管体的抗拉强度。从美国石油学会（American Petroleum Institute，API）标准中可以查出各种钻杆的屈服强度和抗拉强度值，见表 1-2。为了满足深井和超深井钻井的需求，科研工作者已经开发出了更高级别的钻杆 S165，其最小屈服强度可达 1137MPa。

钻杆制备过程复杂，涉及轧制、拉拔、焊接和热处理等加工工序，每一道工序都会对钻杆性能产生重要影响。

表 1-2　API 钻杆钢级的力学性能　（MPa）

力学性能	钻杆钢级				
	D	E	X95	G105	S135
最小屈服强度	379.21	517.11	655.00	723.95	930.70
最大屈服强度	586.05	689.48	723.95	792.90	999.74
最大抗拉强度	655.00	723.95	861.85	930.79	1137.64

2. 钻头

钻头是破碎岩石形成井眼的主要工具，其性能直接影响钻井速度、钻井质量和钻井成本。评价钻头性能的主要指标有：①钻头进尺，指一个钻头钻进的井眼总长度；②钻头的工作寿命，指一个钻头累计使用时间；③钻头的平均机械钻速，指一个钻头的进尺与工作寿命之比。

钻头主要包括刮刀钻头和牙轮钻头。刮刀钻头结构简单，适合在松软地层进行钻井；牙轮钻头是石油钻井常用的钻头，旋转时具有冲击、压碎和剪切破碎岩石的作用，牙齿与井底的接触小，具有比压高、工作转矩小、工作刃总长度大等特点。牙轮钻头按照牙齿材料不同可分为铣齿和镶齿两大类。铣齿牙轮钻头也称为钢齿牙轮钻头，由牙齿毛坯直接铣削加工而成，其耐磨性差、使用寿命短。镶齿牙轮钻头也称为硬质合金齿牙轮钻头，是指将硬质合金材料制成的齿镶入孔中，其综合性能好、适用范围广。常见的钻头实物如图 1-5 所示。

图 1-5　常见的钻头实物

牙轮钻头要求具有较高的强度、硬度和韧性，一方面是为了保持较高的耐磨性，另一方面是为了提高它的抗冲击能力和抗疲劳能力。为此，一般选择低碳钢作为牙轮钻头的基体，硬质合金可以选用碳化钨。选择低碳钢是为了获得高的韧性和良好的工艺性能，热处理后可以获得综合性能较好的低碳马氏体组织。除此之外，通常还加入 Cr、Ni、Mo、Si、Mn 等合金元素，这些合金元素可以增强钢的淬透性、回火稳定性以及基体的韧性，减弱钢的缺口敏感性，提高钢的耐磨性，使钢具有更好的冲击韧性，从而满足钻头的使用要求。

3. 套管

套管是用于支撑油、气井井壁的钢管，以保证钻井过程和完井后整个油井的正常运行，如图 1-6 所示。每一口井根据钻井深度和地质情况的不同，确定要使用套管的层数。套管下井后要采用水泥固井，它与油管、钻杆不同，不可以重复使用，属于一次性消耗材料，故套管的消耗量占全部油井管的 70% 以上。油气田能否成功开采取决于套管的性能，套管在井内充当结构保持器，起到隔离不需要的流体，限制并引导产层中的油或气流到地面的作用。

图 1-6　套管实物

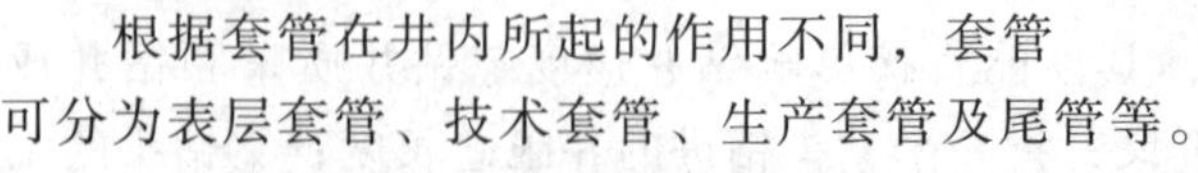

根据套管在井内所起的作用不同，套管可分为表层套管、技术套管、生产套管及尾管等。

（1）表层套管　表层套管的作用是在钻表层井眼时，将钻井液从地表引导到钻井装置平台上，是水泥浆返回地面的通道。表层套管可以有效抑制松软地层，封隔浅层流沙、砾石层及浅层气，用来安装井口防喷器以便继续钻进。

（2）技术套管　技术套管又称保护性套管，一般下至表层套管和生产套管之间的预定深度，主要用来隔离坍塌地层、复杂的页岩层、浅层气及高压水层，防止井径扩大，保证钻井工作顺利进行。

（3）生产套管　生产套管为完井套管，又称采油或采气套管，主要是将储集层中的油、

气通过生产套管采出来，同时具有保护井壁，隔开各层的流体，达到油气井分层测试、分层采油、分层改造的目的。

（4）尾管　尾管是一种不延伸到井口的套管柱，分为钻井尾管和采油尾管，尾管一般悬挂于技术套管上。尾管下入长度短，费用低，但固井施工困难。

套管在井下受力复杂，主要有内压力、轴向压力和外挤压力。内压力主要来自于钻井液、地层流体（油、气、水）压力以及特殊作业所施加的压力，过大可导致套管胀裂；轴向压力来自套管柱本身的重量、上提下放时的动载、上提时弯曲井段处的阻力及注水泥时的压力等；外挤压力主要来自钻井液的液柱压力、地层中液体压力、易流动岩层的侧压力等，过大可导致套管压扁或扭曲。为了钻井安全起见，必须要求套管具有一定的强度。套管的种类及强度见表 1-3。

表 1-3　套管的种类及强度

标准		最小屈服强度/MPa	最小抗拉强度/MPa	标准		最小屈服强度/MPa	最小抗拉强度/MPa
API	H-40	275.79	413.69	非 API	S-80	379.21	655.00
	J-55	379.21	517.11		S-95	655.00	758.42
	K-55	379.21	655.00		SS-95	551.58	689.48
	C-75	517.11	655.00		S-105	655.00	758.42
	L-80	551.58	655.00		S-140	965.27	1034.21
	N-80	551.58	689.48		V-150	1034.21	1103.16
	C-90	620.53	689.48		S-155	1068.69	1137.63
	C-95	655.00	723.95		—	—	—
	P-110	758.42	861.84		—	—	—
	Q-125	861.84	930.79		—	—	—

4. 油管

油管下到套管内，作用是将油气引导至地面，即油气井中的油、气通过油管从储层中采出。根据采油时的技术需要，油管还可用于洗井、压井、压裂、酸化等。油管除了承受自身载荷外，还要承受液柱压力。上行程和下行程的频繁交变载荷作用会引起油管本体特别是螺纹接头处应力集中，从而导致螺纹磨损，泵效降低。另外，可以通过添加特氟隆（聚四氟乙烯）密封圈和制作特殊扣型来改善接箍性能。热处理可以进一步提升油管性能，但 API 标准只要求对焊缝进行处理，一般采用感应加热的方法，处理后获得正火组织，与管体相似。为了适应特殊环境还可使用非 API 级的管材。

5. 抽油杆柱

抽油杆是有杆泵抽油装置的重要部件，其上用光杆连接抽油机，下接深水泵，作用是将地面抽油机悬点的往复运动传递给井下抽油泵，传递动力。普通抽油杆杆体是实心圆形断面的钢杆，两端为镦粗的杆头，结构简单、易制造、成本低。抽油杆柱除了抽油杆和接箍外，还有光杆、加重杆、抽油杆扶正器等。

API 标准根据抽油杆的抗拉强度将其分为 C 级、D 级和 K 级三个等级，其化学成分、力学性能和应用范围见表 1-4。

表 1-4　抽油杆化学成分、力学性能和应用范围

钢级	化学成分	抗拉强度/MPa		应用范围
		最小	最大	
K	AISI 46××	85	115	轻、中负荷油井
C	AISI 1036	90	115	中、重负荷油井
D	碳素钢或合金钢	115	140	轻、中负荷而且有腐蚀性油井

1.3.2　无机非金属材料

无机非金属材料，是以某些元素的氧化物、碳化物、氮化物、卤素化合物、硼化物以及硅酸盐、铝酸盐、磷酸盐、硼酸盐等物质组成的材料，是除有机高分子材料和金属材料以外的所有材料的统称。无机非金属材料的提法是 20 世纪 40 年代以后，随着现代科学技术的发展从传统的硅酸盐材料演变而来的。无机非金属材料是与有机高分子材料和金属材料并列的三大材料之一。无机非金属材料在油气田开发过程中也有广泛地应用，主要包括油井水泥、金刚石和陶瓷材料等。

1. 油井水泥

油井水泥是油气井钻井工程固井作业中必不可少的胶凝材料，是指应用于各种钻井条件下进行固井、修井、挤注等作业的硅酸盐水泥和非硅酸盐水泥，包括掺有各种外掺料或外加剂的改性水泥或特种水泥的油井水泥体系。油气井地层结构异常复杂，有深井、超深井、高温井和强腐蚀井等，为适应这些特殊类型的油井，油井水泥要求具备以下性能：①水泥能配成流动性良好的水泥浆，从配制开始到注入套管的环形空间内的一段时间内都应保持这种性能；②水泥浆在井下温度和压力条件下应保持稳定；③水泥浆应在规定的时间内凝固并达到一定的强度；④水泥浆应能和外加剂相配合，可调节各种性能；⑤形成的水泥环具有较低渗透性能。

油井水泥的质量主要是由其化学成分决定的。油井水泥与普通建筑水泥的主要区别在于：①油井水泥对化学成分和矿物组成要求更加严格，除允许加入 3%～6% 的石膏（$CaSO_4 \cdot 2H_2O$）外不得加其他材料；②油井水泥对原料选用、水泥熟料烧成工艺和水泥制备条件等控制都比建筑水泥高。API G 级水泥化学成分及含量见表 1-5。从表中可以看出，油井水泥主要由氧化钙和二氧化硅组成，另外还有少量的三氧化二铝、氧化铁、氧化镁和氧化钛等。

表 1-5　API G 级水泥化学成分及含量

成分	含量(%)	成分	含量(%)
SiO_2	22.7	TiO_4	0.19
Al_2O_3	3.39	Mn_2O_3	0.09
Fe_2O_3	4.81	Na_2O	0.13
CaO	65.60	Cr_2O_3	0.01
MgO	0.90	P_2O_5	0.11
K_2O	0.37	LOI(烧失量)	0.49
SO_3	1.21		

固井水泥浆要求具有以下基本性能：

1）密度大小适宜。水泥浆密度是由水泥、配浆水以及外加剂或外渗剂等材料决定的，地层压力不同，需要的水泥浆密度也不同。对高压油气层，固井时可能会发生井喷、井涌或油气水浸入水泥石的情况，故要求水泥浆有较高的密度；对低压、高渗透的地层，固井时水泥浆会失水，要求水泥浆具有较低的密度，一般控制在（0.9~2.4）$\times 10^3$ kg/m^3。

2）流变性能良好。水泥浆流变性能是注水泥流变学设计的基本参数，一般用塑性黏度、动切力、稠度系数和流性指数表示，也可用直观的流动度表示。流动度反映水泥配制和流动的难易程度，当水泥浆的流动度为0.22~0.24m时，流动性能较好；当水泥浆的流动度小于0.18m时，流动性较差；当水泥浆的流动度大于0.24m时，水泥浆的沉降性能较差。

3）稠化时间合适。水泥浆的稠化时间是指水泥浆在流动过程中丧失流动能力的时间，一般用稠度表示（API标准），单位为Bc。当水泥浆稠度达到100Bc时，已丧失流动性，不能泵送，对应所测得的时间就是稠化时间。

4）失水量和自由水较低。水泥浆向渗透性地层失水，将危及固井施工安全和固井质量，水泥浆析出自由水，也将成为层间串通的槽道，同时，水泥浆失水改变了原来的水固化性能，使水泥浆密度增大、稠度上升、流动度变小、稠化时间变短，故固井施工时要求水泥浆有较低的失水量和自由水。

5）凝固时间适当。水泥浆的凝固时间表征水泥浆静止后的凝固特征，对水泥浆早期强度会产生一定影响。凝固时间包括初凝时间和终凝时间，初凝时间是指水泥浆丧失流动性开始的时间，终凝时间是指水泥浆完全失去塑性，并且具有一定强度的时间。

6）稳定性良好。稳定性是水泥浆的重要性能指标之一，稳定性较差水泥浆所形成的水泥环的致密程度从上至下很不均匀，会形成油、气、水串的通道。

水泥环是指水泥浆在环形空间中形成的水泥石，作用是裹住套管箍成环形，固井作业后套管和地层通过水泥环（即水泥石）胶结在一起。水泥环的性能要求如下：

1）足够的强度。井下水泥环要承受套管重力引起的轴向载荷和地层压力所引起的水平围压，在射孔、压裂时还要受到周围更剧烈更复杂的载荷，因此水泥环要具有足够的强度。

2）良好的抗冲击性能。射孔作业会产生数万兆帕的冲击压力和上千摄氏度的高温，会对水泥环产生损伤，为使水泥环能抵抗射孔冲击，要求水泥环具有较低的弹性模量和较高的破碎吸收能、断裂韧性、界面胶结强度。

3）一定的抗腐蚀能力。地层中的腐蚀介质会导致水泥环被破坏，造成地下流体串流，出现油、气、水串和流失等问题。一般认为硫酸盐对水泥的腐蚀最为严重，主要是由于氢氧化钙的解体及生成水化硫铝酸钙的胀裂。

4）低的渗透率。渗透率是指水泥抵抗流体通过的能力。油井水泥的水灰比是影响硬化水泥环渗透的重要因素，凝结后的水泥环的渗透率一般为$0.1\times 10^{-5}\mu m^2$，孔隙尺寸小于0.2μm。

2. 金刚石

金刚石（diamond），俗称“金刚钻”，是一种由碳元素组成的矿物，是石墨的同素异形体，也是常见的钻石的原身。金刚石是迄今为止人类发现的在自然界中天然存在的最坚硬的物质，广泛应用于机械、冶金、采矿等领域。把金刚石用作钻头的工作刃，将会大大提高钻井用钻头的耐磨性能，从而延长钻头的使用寿命。目前世界工业金刚石用量的约20%用作地质钻探用金刚石。

钻探用金刚石分为天然金刚石和人造金刚石，图 1-7 所示为人造金刚石。用于制造钻头的天然金刚石可分为“包尔兹”“刚果”“卡邦纳多”“巴拉斯”和“雅库特”五类，其中“包布兹”主要用于制造表镶钻头，“刚果”主要用于制造孕镶钻头。人造金刚石包括单晶、聚晶和金刚石复合片等，其中单晶是我国制造人造金刚石的主要原料。

图 1-7　人造金刚石

钻探用金刚石的性质主要有：①抗静压强度大，约为 8.6×10^3 MPa；②具有极高的硬度，是刚玉的 150 倍，石英的 1000 倍；③导热性能优异，但却极易受到热损伤。金刚石散热快，线膨胀系数很低，但随温度的升高系数增长较快，钻井中如果冷却不充分，容易出现烧钻事故；④耐磨性好，是刚玉的 90 倍，硬质合金的 40~200 倍，钢的 2000~5000 倍。但是，金刚石用于钻头也存在一些缺点：①脆性大，遇到冲击载荷容易出现碎裂；②热稳定性较差，在高温下（超过 700℃）遇氧会被氧化并转化为石墨，因此金刚石钻头在制备过程中必须保证无氧条件，同时要避免长时间处于高温环境中。

多元的陶瓷

3. 陶瓷材料

陶瓷材料是人类最早利用的材料之一，指用天然或合成化合物经过成形和高温烧结制成的一类无机非金属材料，具有高熔点、高硬度、高耐磨性、耐氧化等优点，可用作结构材料、刀具材料，由于陶瓷还具有某些特殊的性能，又可作为功能材料。陶瓷材料分为传统陶瓷和特种陶瓷，传统陶瓷主要是由黏土、长石和石英为原料，经粉碎、成形、烧结制成的，包括日用陶瓷、卫生陶瓷、建筑陶瓷及工业用陶瓷等。特种陶瓷是指选取精制的高纯化工原料和合成矿物、超细的无机化合物为原料，通过精细控制化学组成、显微结构、形状及制备工艺，获得具有各种特殊物理或化学性能的陶瓷。这类新型陶瓷提升了强度和韧性，克服了传统陶瓷的弱点，已成为一种重要的新型工程材料。

陶瓷材料具有以下性能特点：

1）硬度高。绝大多数陶瓷的硬度（1000~5000HV）都高于金属（500~800HV）和高分子聚合物的硬度（<20HV）。

2）弹性模量高。陶瓷材料具有强大的离子键和共价键，因此弹性模量高，比金属高数倍，比高分子聚合物高 2~4 个数量级。

3）抗压强度高。陶瓷材料的键合力强、理论强度很高，实际上由于陶瓷内部存在多种缺陷，导致实际强度比理论强度低得多。陶瓷材料的强度对应力状态特别敏感，抗拉强度虽低，但抗弯强度较高，抗压强度更高。与金属材料相比，陶瓷材料具有优异的高温强度，高温抗蠕变能力强，且有很强的抗氧化性，适合做高温材料。

4）塑性低和韧性差。塑性低和韧性差是陶瓷材料的最大缺点，陶瓷材料受载时不发生塑性变形而在较低的应力下断裂，脆性很高。这主要是因为陶瓷材料内部和表面都容易产生微裂纹，而且裂纹尖端的应力集中不能松弛，陶瓷在受载时内部裂纹扩展很快，从而导致断裂。

除此之外，陶瓷材料熔点高、化学稳定性好、热膨胀系数小、导热性差，大部分陶瓷材料的抗热震性差。

近年来，陶瓷材料在油气田中的应用比较活跃，利用陶瓷的耐磨性、耐蚀性制作耐磨耐腐蚀零部件来代替金属材料，是近几年新材料发展的重要方向之一。磨损、腐蚀和剥落是抽油泵柱塞失效的主要原因，严重影响抽油开采综合经济效益的提高，为此，人们利用表面改性的方法在抽油泵柱塞的表面制备一层陶瓷层，由于陶瓷层具有优异的耐磨耐腐蚀性能，因此能够有效提升抽油泵柱塞的表面综合性能。水射流技术是钻井工艺中很有应用前景的一项技术，喷嘴是该技术应用中获得高能量利用率的关键因素之一，对射流质量有明显影响。一般制作喷嘴的材料有塑料、铸铁、铸钢、工具钢、硬质合金和陶瓷等。由于陶瓷材料具有高硬度、高耐磨性和耐蚀性，已被广泛用来制作喷嘴，但陶瓷喷嘴加工工艺复杂、成本较高。此外，油气输送系统中的阀门和石油天然气输送管道均可使用陶瓷材料，对于强腐蚀性的油气集输，陶瓷材料具有巨大的发展潜力。

1.3.3 高分子材料

高分子材料，尤其是水溶性聚合物具有独特的性能，能解决油气钻采过程中的很多难题，如结垢、腐蚀、堵水、调剖、驱油等，应用越来越广泛。

1. 聚合物驱的聚合物

聚合物驱是指通过在注水中加入水溶性高分子量的聚合物，增加水相渗透率，改善流度比，提高原油采收率的方法。流度控制用聚合物包括天然聚合物和人工合成聚合物。天然聚合物主要来源于自然界的植物及其种子，或通过微生物发酵而得到，如纤维、黄原胶等；人工合成聚合物是以化学物质为原料，用人工方法合成的，如聚丙烯酰胺。目前，用作聚合物驱的流度控制聚合物主要是部分水解聚丙烯酰胺和黄原胶两种，但黄原胶的价格较贵，一般油藏都使用部分水解聚丙烯酰胺作为聚合物驱的聚合物。

2. 水力压裂液聚合物添加剂

水力压裂是利用地面高压泵组，以超过地层吸收能力的排量将高压裂液泵入井内而在井底产生高压，当该压力克服井壁附近应力并达到岩石抗压强度，会在地层产生裂缝。继续注入带有支撑剂的混砂液，使裂缝继续延伸并在其中填充支撑剂，形成足够长、有一定导流能力的填砂裂缝，从而实现油气井增产和注水井增注。水力压裂的增注原理是降低井底附近地层中流体的渗流阻力和改变流体的渗流状态，使原来的径向流动改变为油层流向裂缝的单向流动或裂缝与井筒间的单向流动，消除径向节流损失，降低能量损耗，从而油气井产量或注水井注入量就会大幅度提高。

压裂液中的聚合物添加剂主要有：①水基冻胶压裂液。水基冻胶压裂液由水、稠化剂、交联剂和破胶剂等配制而成，用交联剂将溶于水的稠化剂高分子聚合物进行不完全交联，使其具有线性结构的高分子聚合物水溶液变成线型和网状体型结构混存的高分子冻胶，其中稠化剂是水基冻胶压裂液的主要组成部分，作用是提高水溶液黏度、降低液体的滤失、悬浮和携带支撑剂。②聚合物乳化压裂液。聚合物乳化压裂液是用表面活性剂（催渗剂）稳定的两种非混相的高黏分散体系，其中油相为原油、成品油和残凝析油，水相是水溶性高分子聚合物和表面活性剂的水溶液，典型组成为外相是1/3的稠化盐水，内相是2/3的油，以及少量的成胶剂和表面活性剂。③油基冻胶压裂液。油基压裂液的最大特点是避免水敏性地层由于水敏引起的水基压裂液伤害，稠化压裂液遇地层水会自动破乳，适用于不太深的水敏性油气藏改造。若用油溶性高分子聚合物作为增稠剂或减阻剂，则称为油基冻胶压裂液，常用的聚合物有聚丁二烯、聚烷基苯乙烯、聚羧酸乙烯酯等。

3. 聚合物钻井液处理剂

钻井液是指钻井时用来清洗井底并把岩屑携带到地面，维持钻井操作正常进行的流体。20 世纪 60 年代国外将聚合物引入钻井液中，开发了不分散低固相聚合物钻井液。聚合物的絮凝作用可以除掉劣质土和岩屑，同时对钻屑的分散具有良好的抑制能力，处理过的钻井体系中亚微米颗粒的含量明显低于其他类型的水基钻井液，从而使钻井速度大幅度提高。

聚合物钻井液是指将聚合物作为处理剂或主要用聚合物调控性能的钻井液，其具有如下特点。①固相含量和亚微米粒子含量较低。这是聚合物钻井液的基本特征，是聚合物处理剂选择性絮凝和抑制岩屑分散的结果，有利于提高钻井速度。②流变性能好。在高剪切力作用下，架桥作用被破坏，黏度和剪切力降低，故聚合物钻井液有较高的剪切稀释作用。由于聚合物溶液为典型的非牛顿流体，所以聚合物钻井液黏度值较低。③钻井速度高。聚合物钻井液固相含量低、亚微米粒子比较少，剪切稀释性好，悬浮携带钻屑能力强，洗井效果好，故钻井速度高。④稳定井壁能力较强，井径比较规则。钻井液中的聚合物能有效抑制岩石的吸水分散作用，从而稳定井壁。⑤对油气层损害小，有利于发现和保护产层。聚合物钻井液密度低，可实现平衡压裂钻井，固相含量少可减轻固相侵入，从而减少对油层的损害程度。⑥钻井成本低。由于聚合物钻井液中的聚合物处理剂用量少，钻井速度快，能缩短完井周期，可大幅度降低钻井成本。

聚合物钻井液根据所使用的聚合物不同，可分为阴离子聚合物钻井液、阳离子聚合物钻井液和两性离子聚合物钻井液。

4. 防腐蚀涂料

防腐蚀涂料是指涂于被保护物体表面能形成具有保护、装饰，并以防腐蚀为主要功能的一类液体或固体材料。涂料防腐技术具有独特的优越性，是应用最广、最经济的有效防腐蚀技术，在油气田开发中占有重要位置。防腐蚀涂料的特点主要有：①品种多，可选择范围广；②适应性较强，可用于各种形状、大小和材质的物件；③施工简便，无须复杂的施工设备，可到现场施工，修整和重涂都比较容易；④在复杂的腐蚀环境下，涂料防腐可与其他防腐措施混合使用，如可与阴极保护、金属喷涂等配合使用，提升防腐性能；⑤施工周期短、成本低。涂料防腐也有其缺点：涂层较薄、结合力较差，在强介质和高温环境中容易剥落失效。

油气田常用的防腐蚀涂料有：

1）酚醛树脂防腐蚀涂料。酚醛树脂由有一个碳原子的次甲基与刚性的酚核联结而成，带有大量的极性酚羟基，这导致酚醛树脂分子链的内旋转困难，分子的柔顺性很差，刚性较大，具有硬而脆的特点。酚醛树脂防腐蚀涂料所形成的涂膜稳定且结构致密，涂层气孔少、透气性小，涂膜的隔离屏蔽作用好，具有较好的防腐蚀性能，尤其是耐酸性腐蚀效果突出，但耐碱性腐蚀效果较差。

2）环氧树脂防腐蚀涂料。环氧树脂防腐涂料是指以环氧树脂为成膜物质加上一定量颜料、填料、助剂、溶剂等配制而成的涂料。环氧树脂是由环氧氯丙烷和二酚基丙烷在碱作用下缩聚而成的高聚物，含有极性高而不易水解的脂肪羟基和醚键，故环氧树脂防腐涂料具有

附着力极强、耐蚀抗渗性能优异、良好的力学性能、高度的储存稳定性和环氧基较高的化学活性等特性，是防腐涂料中应用最广的涂料，但其易老化，不适合于户外面漆。

3）聚氨酯防腐蚀涂料。聚氨酯大分子主要是由异氰酸酯和多羟基化合物聚合得到的。多异氰酸酯有芳香族和脂肪族两大类，由于芳香族价廉易得，反应活性大，故在防腐蚀涂料中大多采用芳香族异氰酸酯。聚氨酯防腐蚀涂料具有优异的耐化学腐蚀性、抗渗透性、耐磨性、坚韧性和附着力等特性，在石油化工领域得到了广泛的应用。

4）含氯橡胶类防腐蚀涂料。含氯橡胶类防腐蚀涂料是由经化学处理或机械加工的天然橡胶或合成橡胶为成膜物质，加上溶剂、填料、颜料、催化剂等加工而成。因为这类涂料在成膜大分子中引入了氯元素，构成了极大的 C—Cl 键，所以具有优良的机械强度、柔韧性、耐碱、耐盐、耐酸、耐水等性能，是较为理想的防腐蚀涂料。

1.3.4 复合材料

复合材料是一种既古老又先进的材料，是由两种或两种以上具有不同的化学或物理性质的材料组合而成的一种材料，如在一千多年前，我们的祖先就学会了用泥土和干燥的植物来制造土坯，这种土坯就是现代复合材料的雏形。除此之外，自然界也存在天然的复合材料，如动物的骨头等。在复合材料中，通常有一相为连续相，称为基体，另一相为分散相，称为增强材料。

由于复合材料是由两种或两种以上性质不同材料组合而成的，故它的结构单元包括增强材料、基体和界面。基体为增强材料提供了一个连续介质，在增强材料之间起着分散和传递载荷的作用，强化了沿增强材料方向增强材料的承载能力。复合材料的性能特征主要有：

1）比强度和比模量高。比强度和比模量是指材料的强度和模量分别与材料密度之比。一般情况下，增强材料和基体材料的密度都较低，但增强材料的抗拉强度和模量都比较高，因此复合材料具有较高的比强度和比模量。

2）抗疲劳性能好。与一般金属材料相比，复合材料具有良好的抗疲劳性，这主要是因为增强材料的缺陷少，同时基体的塑性好，能消除或减小应力集中区域的尺寸及数量，使源于基体、增强材料缺陷处或界面上的疲劳源难以萌生，抑制了微裂纹的产生。

3）减振能力强。复合材料的比模量大，自振频率高，在常规加载速度或频率条件下不易出现因共振而快速脆断的现象。在相同条件下，轻合金梁 9s 才能停止振动，而碳纤维复合材料只需要 2.5s 就停止了。

4）高温性能好。复合材料具有较低的热导率，是一种优良的绝热材料。选择合适的基体材料和增强材料制成的复合材料，可以承受 2000℃ 以上的高温，可用于火箭、导弹等。

5）耐蚀性能好。玻璃纤维增强酚醛树脂复合材料，在含氯离子的酸性介质中可以长期使用；耐碱玻璃纤维或碳纤维与树脂基体复合，适合在强碱条件下使用。

此外，复合材料的性能可以根据需要合理设计，通过改变增强相的类型及含量，就可改变复合材料的性能，从而更好地满足生产需求。

1. 玻璃钢抽油杆

玻璃钢是纤维增强塑料，是由玻璃纤维与树脂复合而成的。玻璃纤维作为增强材料，强度和刚度高、密度和成本低，环氧树脂作为基体，具有高韧性、抗腐蚀和易成形等优点。玻璃钢制造工艺简单，价格相对便宜，发展较快，是应用最广的复合材料。用玻璃钢制作的构件主要有以下特点：

1）质量轻、强度高。复合材料制作的罐体仅为钢制罐体质量的1/3，质量轻。

2）耐腐蚀、使用寿命长。玻璃钢管道能抵抗酸、碱、盐等介质的侵蚀，比传统管材的使用寿命长。

3）耐温抗冻、保温性好。玻璃钢构件在-30℃环境中仍具有良好的韧性和极高的强度，可在-50~80℃条件下长期使用。

4）摩擦阻力小，输送能力高。玻璃钢管内壁非常光滑，摩擦阻力小，能显著减少沿程的流体压力损失，提高输送能力。

抽油杆一般采用金属材料制作，也可采用玻璃钢制作。杆体纤维含量一般为60%~70%，不饱和聚酯树脂为20%~30%。接头可以采用金属材料，也可用玻璃钢材料制作。玻璃钢抽油杆分为以下三种。①钢质接头玻璃钢抽油杆。接头采用AISI 4620锻件加工而成，杆体采用玻璃钢材料，杆体插入接头内部，并用环氧树脂浇注牢固；②全玻璃钢材料抽油杆，抽油杆用玻璃钢一次浇注而成；③钢芯玻璃纤维抽油杆，在钢芯的外面包有玻璃钢纤维。

玻璃钢抽油杆和钢制抽油杆（22mm标准直径）的技术对比见表1-6。从表中可以看出，玻璃钢抽油杆与钢制抽油杆之间的显著差别主要在于弹性模量和密度，玻璃钢抽油杆的弹性模量比钢制抽油杆大得多，玻璃钢抽油杆比钢制抽油杆约轻70%。

表1-6 玻璃钢抽油杆和钢制抽油杆（22mm标准直径）的技术对比

性能	玻璃钢抽油杆	钢制抽油杆	性能	玻璃钢抽油杆	钢制抽油杆
弹性模量/MPa	$(40\sim60)\times10^3$	2.14×10^3	最小拉伸强度/MPa	620.6	792.9(D级)
线质量/(kg/m)	1.063	3.310	最高温度/℃	93~163	—
密度/(kg/m³)	2050	8490	每根长度/m	11.43	7.62
最大应力/MPa	234.4	206.9(D级)	成本比	3	1

玻璃钢抽油杆具有以下特点：

1）密度小，质量轻。玻璃钢抽油杆质量是钢制抽油杆的1/3左右，可以减少抽油杆的功率消耗，在同样的抽吸条件下，可大幅度减少抽油机的耗电量，降低成本。

2）超冲程抽油，提高抽油量。当抽井设计参数合理时，可使井下泵的工作行程大大增加，提高泵效，增加油井产量。

3）抗腐蚀能力强。玻璃钢抽油杆杆体可防止各种腐蚀介质的侵蚀，减少抽油杆的断脱事故。

4）寿命较长。玻璃钢抽油杆在油井内长期工作，表面不会结蜡，可减少抽油杆的失效频率，使用寿命比较长。但玻璃钢抽油杆也有缺点：成本高、价格贵，不能承受轴向压缩载荷，使用温度不能超过163℃，废杆不能回收利用等。

2. 碳纤维连续抽油杆

碳纤维是一种碳含量在95%以上的高强度、高模量的新型纤维材料，它是由片状石墨微晶等有机纤维沿纤维轴向堆砌而成，经碳化及石墨化处理而得到的微晶石墨材料。碳纤维

“外柔内刚”，质量比金属铝轻，但强度却高于钢铁，并且具有耐腐蚀、高模量的特性，在国防军工和民用方面都是重要材料。它不仅具有碳材料的固有本征特性，又兼备了纺织纤维的柔软可加工性，是新一代增强纤维。碳纤维具有许多优良性能，其轴向强度和模量高，密度低、无蠕变，非氧化环境下耐超高温，耐疲劳性好，比热容及导电性介于非金属和金属之间，热膨胀系数小且具有各向异性，耐蚀性好，X射线透过性好。碳纤维经过适当的表面处理，与树脂、金属、陶瓷等基体复合可制得多种碳纤维复合材料。

碳纤维复合材料的基本特征有：

1）密度小、质量轻。碳纤维复合材料的密度为1.7~2.1g/cm^3。

2）高强度、高模量。碳纤维复合材料的强度可达钢铁材料的数倍。

3）耐磨损、耐腐蚀、耐疲劳。碳纤维复合材料在化学环境下一般不会发生腐蚀，能自润滑，耐磨性能好，寿命长。

4）导电导热性能好。碳纤维复合材料电阻率约为$10^{-3}\Omega\cdot cm$，热导率为1160W/(cm·℃)。

5）热膨胀系数小。碳纤维的热膨胀系数常温下为负数，碳纤维复合材料尺寸稳定。

6）环保。碳纤维复合材料与生物相容性好，长期工作不会分解出小分子或有毒物质，不污染环境。

典型碳纤维复合材料与其他材料基本性能的对比见表1-7。

表1-7　典型碳纤维复合材料与其他材料基本性能的对比

材料名称	抗拉强度/MPa	拉伸模量/GPa	断裂伸长率(%)	密度/(g/cm^3)
铝合金	320	70	5.0~8.0	2.77
钢	1000	210	5.0~8.0	7.80
玻璃纤维	3000	68	2.0~3.0	2.60
碳纤维 T300J	3550	235	1.8	1.78
碳纤维 T700S	4900	230	2.1	1.80
碳纤维 M60J	3920	588	0.7	1.94
T700S/环氧树脂	2200	135	1.9	1.55

碳纤维连续抽油杆采用碳纤维和玻璃纤维作为增强材料，二者有一定的融合性，树脂浸渍较好。碳纤维是一种高强度材料，质量轻，玻璃纤维的纤维张力均匀，不易起毛，耐磨性和浸润性好。树脂基体将增强材料结成一个整体起传递和均衡载荷的作用，一般采用环氧树脂，固化剂一般采用甲基四氢苯酐，其作用是破坏环氧树脂中的环氧键，使之发生交联反应，固化成型。碳纤维连续抽油杆一般采用拉挤工艺，设备简单，抽油杆生产长度不受限制，可以生产任意长度的制品，可以与其他材料镶嵌成型，工艺效率高，原材料利用率高。碳纤维连续抽油杆的连接接头采用30CrMo钢制造，基本结构为圆锥形套筒配合内部的两片楔形夹紧块，以机械锁紧力连接，接头与碳纤维连续抽油杆的接触部分经除锈喷砂处理，配合压紧后安装螺纹接头。

碳纤维连续抽油杆杆体的静拉伸力学性能指标见表1-8。在制备碳纤维复合材料中，碳纤维体积含量占60%，理论抗拉强度为2100MPa，因碳纤维单丝强度的离散性，实际抗拉强度为2000MPa，基本保持了碳纤维的强度特性。

表 1-8　碳纤维连续抽油杆杆体的静拉伸力学性能指标

力学性能	国家行业标准的指标	某研究达到的指标
抗拉强度/MPa	≥1800	2000±50
拉伸弹性模量/GPa	≥110	120±3
弯曲强度/MPa	≥1000	1240±30
弯曲弹性模量/GPa	≥120	124±10
层间剪切强度/MPa	≥60	64±2

3. 金属基复合材料

金属基复合材料是以金属及其合金为基体，与一种或几种金属或非金属增强材料人工结合成的复合材料，其增强材料大多为无机非金属，如陶瓷、碳、石墨及硼等，也可以用金属丝。金属基复合材料与聚合物基复合材料、陶瓷基复合材料以及碳/碳复合材料一起构成现代复合材料体系。金属基复合材料的强度和刚度高，具有良好的韧性和冲击性能，同时又具有良好的耐热性和导电性。金属基复合材料按增强体的类别不同可分为纤维增强、晶须增强和颗粒增强等；按金属或合金基体的不同，可分为铝基、镁基、铜基、钛基、高温合金基、金属间化合物基以及难熔金属基复合材料等。

由于金属基复合材料加工温度高、工艺复杂、界面反应控制困难、成本相对高，应用的成熟程度远不如树脂基复合材料，其应用范围较小。金属基复合材料具有以下性能：

1）比强度和比模量高。在金属基体中加入适量高比强度、高比模量、低密度的纤维、晶须、颗粒等增强物，能显著提高复合材料的比强度和比模量。密度只有 1.8g/cm^3 的碳纤维的最高强度可达 7000MPa，比铝合金强度高出 10 倍以上，石墨纤维的最高模量可达 91GPa。复合材料的比强度、比模量成倍地高于基体合金或金属的比强度和比模量。

2）良好的导热和导电性能。金属基复合材料中的金属基体一般占有 60%以上的体积分数，因此仍保持金属所具有的良好导热和导电性。

3）热膨胀系数小，尺寸稳定性好。金属基复合材料中所用的增强物碳纤维、碳化硅纤维、晶须、颗粒等既具有很小的热膨胀系数，又具有很高的模量。加入相当含量的增强物不仅可以大幅提高材料的强度和模量，也可使其热膨胀系数明显下降。

4）良好的高温性能。金属基复合材料比金属基体具有更好的耐高温性能，特别是连续纤维增强金属的耐高温性能较好。在复合材料中纤维起着主要承载作用，纤维强度在高温下基本不变，纤维增强金属的高温性能可接近金属熔点。

5）耐磨性好。金属基复合材料，尤其是陶瓷纤维、晶须、颗粒增强金属基复合材料具有优异的耐磨性。在基体金属中加入大量硬度高、耐磨、化学性能稳定的陶瓷增强物，特别是细小的陶瓷颗粒，不仅能提高材料的强度和刚度，也能提高复合材料的硬度和耐磨性。

6）良好的疲劳性能和断裂韧性。金属基复合材料的疲劳性能和断裂韧性取决于纤维等增强物与金属基体的界面结合状态、增强物在金属基体中的分布、金属和增强物本身的特性等，特别是取决于界面结合状态。最佳的界面结合状态既可以有效传递载荷，又可以阻止裂纹的扩展，提高材料的断裂韧性。

在油气领域，常用的金属基复合材料有金属基复合管道、金属基复合轴承等。俄罗斯管道设计研究所对油田的管道结构、生产工艺进行了大量研究，开发出了耐高压、耐腐蚀的钢丝网骨架塑料复合管。该钢丝网骨架塑料复合管是以优质钢丝网为增强体，高密度聚乙烯为

基体，在挤出生产线上连续成型生产出的新型双面防腐压力管道。钢丝网骨架塑料复合管可用作含油污水、气田污水、油气混合物等恶劣环境的集输管道。这种钢丝网骨架塑料复合管在俄罗斯正常运行了17年无事故发生，而钢管在这些地区的使用寿命仅约为3年。

1.4 常用的材料加工技术简介

材料加工技术是制造业的关键共性技术之一，也是生产高质量产品的基础。材料加工在制造业及国民经济中占据十分重要的地位，从交通运输、通信到航空、航天，从日常生活用品到军事国防，都离不开材料加工技术。液态金属成形、金属塑性成形、焊接以及热处理等材料加工技术仍然是当今制造业，特别是装备制造业的主要加工技术。随着科学技术的发展，尤其是计算机技术和人工智能的发展，材料加工技术也在不断进步，新型材料加工技术不断涌现出来。本节简要介绍材料加工技术中的常用方法。

1.4.1 液态金属成形

液态金属成形是指将液态金属浇入铸型中使之冷却、凝固而形成所需零件的方法，也称为铸造。液态金属成形后得到的金属制品叫铸件。绝大部分铸件用作毛坯，经过机械加工后才能成为机器零件，少数铸件的尺寸精度和表面粗糙度能达到设计要求，可作为成品或零件直接使用。我国是世界上较早掌握铸造技术的文明古国之一，2000多年前以青铜器铸造为主，之后以铸铁生产为主。图1-8和图1-9所示分别为青铜编钟和明永乐大钟，彰显了我国古代人民的聪明才智，以及为人类社会的发展做出的巨大贡献。

图1-8 青铜编钟

图1-9 明永乐大钟

1. 铸造生产的特点

（1）适用范围广　铸造方法几乎不受零件大小、厚薄和复杂程度的限制，适用范围广，可以铸造壁厚范围为0.3mm~1m，长度从几毫米到几十米，质量从几克到数百吨的各种铸件。铸件形状可以非常复杂，如汽车用多缸式水冷整铸汽缸体。

（2）可以制造各种合金铸件　用铸造方法可以生产铸钢件、铸铁件、各种铝合金、铜合金、镁合金、钛合金及锌合金等铸件。对于脆性金属或合金，铸造是唯一可行的加工方法。在生产中以铸铁件应用最广，约占铸件总产量的70%以上。

(3) 铸件的尺寸精度高　通常铸件比锻件、焊接件尺寸精确，可节约大量金属材料和机械加工工时。

(4) 成本低廉　铸件在一般机器生产中约占总质量的40%~80%，而成本只占机器总成本的25%~30%。成本低廉的原因主要有：①容易实现机械化生产；②可大量利用废、旧金属材料；③与锻件相比，其动力消耗低；④尺寸精度高，加工余量小，节约加工工时和金属。

铸造生产在我国的国民经济中占有极其重要的地位。在机床、内燃机、重型机器中，铸件质量占70%~90%，在风机、压缩机中占60%~80%，在拖拉机中占50%~70%，在农业机械中占40%~70%，在汽车中占20%~30%。

2. 铸造方法分类

铸造方法有很多种，每种铸造方法的适用范围和铸件的特性不一样，因此，一个铸件到底应该选择什么样的铸造方法来制造，必须综合考虑铸件的合金种类、质量、尺寸精度、表面粗糙度、生产周期、设备条件等才能决定。铸造方法主要有砂型铸造、壳型铸造、熔模铸造、金属型铸造、压力铸造、离心铸造、真空铸造等，其中砂型铸造是应用最广的方法。在世界范围内，约有60%~70%的铸件是采用砂型铸造方法生产的。各种常见铸造方法的应用范围见表1-9。

表1-9　各种常见铸造方法的应用范围

序号	铸造工艺	适用合金种类	铸件质量范围	铸件表面粗糙度 $Ra/\mu m$	批量
1	砂型铸造	不限	不限	12.5~100	不限
2	壳型铸造	不限	几十克~几十千克	1.6~50	中、大批量
3	熔模铸造	不限(主要是合金钢、碳钢、不锈钢)	几克~几百千克	0.8~6.3	大、中、小批量
4	金属型铸造	不限(主要是非铁合金)	几十克~几百千克	3.2~12.5	中、大批量
5	压力铸造	非铁合金	几克~几十千克	1.6~6.3(铝) 0.2~6.3(镁)	大批量
6	离心铸造	不限	管件、套筒类	1.6~12.5	大、中、小批量
7	真空铸造	不限	小件	—	中、大批量

3. 液态金属的性质及充型能力

当金属受热时，随着温度升高，原子的平均热运动能量升高。在熔点以下时，原子的热运动加剧、振幅加大、原子间距加大，一般表现为金属的膨胀。当温度达到或超过熔点时，离位原子和空位数目增多，晶体失去固定的形状和尺寸，逐步转变为流体。铸造合金的液体结构很复杂，存在能量起伏和浓度起伏。液态金属的性质主要有：

1) 纯金属有固定的熔点，铸造合金则有一定的熔化（结晶）温度范围，熔化温度范围的大小取决于合金的种类和化学成分，它们会影响流动性、铸件的结晶过程和宏观组织，从而影响铸件质量。

2) 金属的蒸发热远高于熔化热，液态金属的结构与固态金属相似或接近。

3) 体积比热容高的金属在流经浇注系统时所受激冷程度较轻，容易充满型腔。

4) 液态金属的热导率影响铸件结晶过程和断面上温度分布。热导率大的合金液，凝固期间铸件断面上温度梯度小，易引起缩松，但铸件热应力小。

5) 合金液的黏度随温度升高而降低，合金的成分及杂质的数量、形状和分布情况也会

对黏度产生影响。生产中常采用提高浇注温度、选择接近共晶成分的合金、充分精炼（去除杂质）等措施，提高合金的流动性和充型能力，以获得轮廓清晰的薄壁铸件。

液态合金的充型能力是指液态合金充满型腔并使铸件形状完整、轮廓清晰的能力。充型能力首先与合金本身的流动性有关，同时也受铸型的热物理性能、浇注条件、铸件结构等许多因素的影响。流动性是合金重要的铸造性能之一，反映合金本身的流动能力。铸造工艺学中的流动性主要是指在规定的铸型条件和浇注条件下，试样的长度或薄厚尺寸，合金的流动性越好，其充型能力就越好，可以减少浇不到、冷隔等缺陷。不同的合金，其流动性也不相同。测试流动性的试样种类多，常见的有螺旋形、水平直棒形、U形、楔形、球形、竖琴形、真空试样等，工业中应用最广的是螺旋形试样。常用合金的流动性（螺旋线长度）见表1-10。

表 1-10　常用合金的流动性（螺旋线长度）

合金种类	铸型材料	浇注温度/℃	螺旋线长度/mm
铸铁 $w_{(C+Si)}=6.2\%$	砂型	1300	1800
铸铁 $w_{(C+Si)}=5.9\%$	砂型	1300	1300
铸铁 $w_{(C+Si)}=5.2\%$	砂型	1300	1000
铸铁 $w_{(C+Si)}=4.2\%$	砂型	1300	600
铸钢 $w_C=0.4\%$	砂型	1600	100
铝硅合金	金属型(300℃)	680~720	700~800
镁合金	砂型	700	400~600
锡青铜	砂型	1040	420

影响合金充型能力的因素很多，主要有以下几种：

1）合金的化学成分及热物理性质。合金的化学成分对充型能力影响较大，我们应合理选择合金成分，尽量选择共晶成分合金或结晶温度范围窄的合金。在熔炼工艺上，我们应尽量采取精炼工艺、去气去杂质、充分脱氧、先加Mn后加Si的添加顺序以及高温出炉、低温浇注等工艺提高合金的充型能力。

2）铸型条件及热物理性质。铸型的比热容、密度和热导率乘积的平方根，称为铸型的蓄热系数，蓄热系数表明铸型吸收、贮存热量的能力。实际生产中，我们应尽量选择蓄热系数小的铸型，从而增加铸型的充型能力。铸型温度高，可以提高金属的充型能力，可以采用预热铸型的方法来保证薄壁铸件的充满。涂料层的热导率小、厚度大，合金液散热慢，充型能力亦有所改善。铸型材料若有一定发气能力，会在金属和铸型之间形成一层气膜，不仅能减小流动阻力并形成一个热阻层，而且能提高合金的充型能力。设置冒口、出气口，可增加铸型的透气能力，能降低充型时型腔的气体压力，也有助于充型能力的改善。

3）浇注条件。提高浇注温度和浇注速度，能显著增加合金的充型能力。对流动性低的合金和薄壁铸件，常用上述方法保证浇满。但是，温度过高会导致金属吸气多，氧化严重，铸件晶粒粗大；浇注速度过快会引起冲砂、胀砂等弊病，故不能过高地提高浇注温度和浇注速度。一般情况下，铸钢的浇注温度为1520~1620℃，铝合金为680~780℃，灰铸铁为1200~1450℃。

4）铸件的复杂程度及模数。铸件模数（折算厚度、当量厚度）是铸件金属体积与散热表面积的比值，比较客观地反映了单位表面积要传出多大体积的金属过热量和熔化热量，铸件才能凝固。铸件模数越大，越容易充满。铸件结构复杂，合金液在型腔内流动阻力大，充型困难。

4. 砂型铸造

以型砂为主要骨料制备铸型的铸造方法称为砂型铸造。目前，砂型铸造是铸造方法中应用最广的一种，该方法不受零件的形状、大小、复杂程度及合金种类的限制，原材料来源较广、生产准备周期短、成本低，但砂型铸造也存在劳动条件差、铸件质量欠佳、铸型只能使用一次、生产率较低等缺点。简单的砂型主要由上半砂型、下半砂型、砂芯、冒口、冷铁等部分组成。

(1) 砂型的类型　常用的砂型有湿型、干型、表面干燥型和化学硬化砂型等。

1) 湿型。向石英砂中加入适量的水、黏土、煤粉等混制而成的型砂称为湿型砂。将湿型砂舂实，浇注前不烘干的砂型称为湿型。湿型不需烘干、节约能源，生产周期短、生产率高、经济、不需要特殊的型砂配方和原材料、易于实现机械化和自动化，比干型生产劳动条件好。湿型水分高、强度低，对质量要求高，不适合于高和厚壁的中、大型铸件。

2) 干型。经过烘干的砂型称为干型。铸型经烘干后增加了强度和透气性，显著降低了发气性，大大减少了气孔、砂眼、胀砂、夹砂等缺陷，但由于需要烘干，生产周期变长，需要烘干设备，增加了燃料消耗，难以实现机械化和自动化。干型主要用于质量要求高，结构复杂，单件、小批量生产的中、大型铸件。

3) 表面干燥型。铸型表面仅有很薄的一层（15~20mm）型砂被干燥，其余部分仍然是湿的。表面干燥型介于湿型和干型之间，兼具了两者的优点。

4) 化学硬化砂型。铸型靠型砂自身的化学反应而硬化，一般不需烘干，或只需低温烘烤。这种铸型强度高、节约能源、效率高，但有的成本较高，易产生粘砂等缺陷。

(2) 砂型铸造工艺　砂型铸造工艺包括造型、造芯、铸型（芯）的烘干、合箱与浇注、铸件的落砂与清理等。

1) 造型。造型分为手工造型和机器造型。手工造型是指用手工完成紧砂、起模、修整及合箱等主要操作的造型过程。手工造型操作灵活，不需要复杂的专用造型机，对铸件尺寸大小、复杂程度及合金种类没有要求，适用性强，特别适合于单件小批量及大型复杂铸件的生产。但手工造型要求工人有较高的技术水平，劳动强度大，生产率低，质量不稳定。手工造型的操作程序一般为：①准备造型场地、工具与材料；②选用砂箱与安放模样；③填砂、紧实、扎出气孔；④定位与开箱；⑤起模、修型与开挖浇口；⑥铸型烘干；⑦下芯与合箱。

机器造型是指用机器全部完成或至少完成紧砂操作的造型工序。机器造型的优点如下。①劳动生产率高。与手工造型相比，机器造型生产率可以提高10~20倍。②劳动条件改善。机器代替人工操作，可以减轻劳动强度、改善劳动条件。③铸件质量提高。机器造型砂型强度高，紧实度均匀，型腔尺寸精确、表面光洁，能提高铸件精度和降低表面粗糙度值，降低铸件的废品率。④机器造型为铸造生产机械化和自动化打下了良好的基础。⑤由于造型过程的基本操作由机器完成，对工人操作技术的要求不像手工造型那样高。当然，机器造型也有如下缺点。①设备和工装费用高，生产准备时间长。②一般只用于一个分型面的两箱造型。③机器造型一般仅适用于大量和成批生产。

2) 造芯。砂芯是铸型的一个重要组成部分，其作用如下。①形成铸件的内腔、铸孔。②形成铸件的外形。当铸件的某些局部外形妨碍起模时，可以用砂芯形成。③组芯铸型。④加强砂型的局部强度。在浇注中、大型铸件时，砂型某些部位承受较大的静压力和浮力或液体金属的冲击力，这时可在这些部位嵌入强度较高的砂芯块，防止塌裂和冲砂。砂芯工作

时，除了芯头外，全部被液体金属包围，受到液体金属的热、力和化学作用较砂型更为强烈，因此要求砂芯具有高的强度、刚度及耐火度，更高的透气性，还要求有好的退让性和溃散性，便于落砂清理，同时吸湿性和发气量要小，防止铸件产生气孔等缺陷。砂芯主要由砂芯主体、芯头、芯骨、砂芯排气系统等组成。与造型一样，造芯也分为手工造芯和机器造芯。

3）铸型（芯）的烘干。由于砂型（芯）是由混合料做成的，含有水和黏结剂，对于大型和重要铸件，普通砂型（芯）需要进行烘干处理，以除去其水分，提高其强度和透气性，减少发气量，提高铸件质量。砂型（芯）属于多孔性物体，其水分的去除分为以下两步。第一步为表面水分蒸发。砂型（芯）单位表面水分蒸发速率同饱和水蒸气压力与炉气中水蒸气压力的差呈正比关系，因此，炉温高、炉气中水蒸气少，则水分蒸发速率快。第二步为内部水分迁移（扩散）。设法使砂型（芯）内部的水分沿着毛细管向外表层扩散，去除内部水分。砂型（芯）的干燥速度决定于表面层水分蒸发速率和内部水分的扩散速度，而水分迁移速度决定于砂型（芯）内外的湿度梯度和温度梯度。在加热过程中，砂型（芯）内部湿度梯度与温度梯度的方向相反，湿度梯度使水分由内向外迁移，而温度梯度使水分由外向内迁移。为了达到快速干燥的目的，必须分阶段合理控制烘干过程，使砂型（芯）内外湿度梯度大而温度梯度小。

烘干过程分为以下三个阶段。①升温预热阶段。此阶段要求砂型（芯）内温度和湿度差小，保证能快速热透。开始时必须慢速升温，以免砂型（芯）中的温度梯度过大使水分向内部迁移和受高温而很快蒸发，否则，不仅会降低干燥速度，还可能使砂型（芯）表面过烧、开裂、松散和脱落。②高温加热、水分大量蒸发。此阶段炉温应迅速上升，达到规定的温度，并进行保温。为了使砂型（芯）内部的水分能够迅速地排出，必须使含有水分的炉气排出炉外，加速炉气循环。③炉内冷却。此阶段砂型（芯）不仅得到冷却，而且由于本身的蓄热而继续排出残余的水分，得到彻底干燥。砂型（芯）的烘干要按照一定的烘干规范进行，烘干规范规定了烘干温度和烘干时间，它们取决于黏结剂的性质、砂型（芯）的截面厚度、含水量和砂粒大小，具体参数可查阅相关手册。

烘干方法分为表面烘干和整体烘干。为了缩短生产周期，减少燃料能源消耗，降低铸件生产成本，在能达到质量要求的前提下，近年来常采用表面烘干。表面烘干的主要方法如下。①喷灯火焰表面烘干，适用于砂型（芯）局部修理后的烘干和上涂料后的二次烘干，这种烘干方法温度高而集中，烘干速度快。②移动式焦炭炉或煤气炉表面烘干，多用于地坑造型表面烘干。③远红外线辐射表面烘干，这种烘干方法穿透能力强、热源稳定、装置结构简单、热效率高、生产率高、车间卫生条件好。一般大型或较重要的砂型（芯）都要进行整体烘干，在周期作业或连续作业的烘干炉中进行。

4）合箱与浇注。合箱就是把砂型和砂芯按要求组合在一起成为铸型的过程。铸型的合箱是制备铸型的最后工序，主要包括以下步骤。①全面检查、清扫、修理和精整外形与所有砂芯，特别要注意检查砂芯的烘干程度和复杂砂芯的通气道。②按下芯次序依次地将砂芯装入砂型，并严格检查和保证铸件壁厚、砂芯固定、芯头排气和填补接缝处的间隙。然后，仔细清除干净型内散沙和全面检查下芯质量后，在分型面上沿型腔外围放上一圈泥条或石棉绳，以保证合箱后分型面密合，避免液体金属从分型面间隙流出。③放上压铁或用螺栓、金属卡子固紧铸型。

浇注是铸造过程中重要的一环，浇注前要了解浇注合金的种类、牌号、待浇注铸型的数量和所需金属液的质量；检查浇包的修理质量、烘干预热情况，及其运输与倾转机构的灵活性和可靠性；熟悉铸型在车间所处位置，确定浇注次序；检查浇口、冒口圈的安放及铸型的紧固情况；清理浇注现场，保证干净和安全。为了获得合格的铸件，浇注时必须控制浇注温度、浇注速度，严格遵守浇注操作规程。浇注温度对铸件质量影响较大，浇注温度过高，金属液体收缩大，易产生缩孔，金属含气量增加而出现气孔，对铸钢件来说，还容易产生热裂和粘砂。浇注温度过低，金属流动性差，易产生浇不足、冷隔等缺陷。浇注前，钢液从熔炼炉进入浇包，温度会降低，实际浇注时，应根据温度损失的实际情况，适当提高出炉温度，以弥补浇道的温度降低。同时，也要通过以下方法尽量减少浇包内温度的降低：①修好的浇包一定要充分烘干；②尽量减少金属液在浇包中的停留时间并缩短运输距离；③浇包加盖，减少金属液辐射热损失；④浇包采用高效保温材料。浇注前需要除去浇包中金属液面上的熔渣，然后撒一层保温集渣覆盖剂，按照规定的速度和时间进行浇注。

5）铸件的落砂与清理。落砂是指使浇成的铸件和砂型及砂箱分开的过程，清理则是从落砂后的铸件上去除浇口、冒口，清除残余的芯砂，去除铸件表面的粘砂、飞边毛刺、氧化皮，再经质量检验与缺陷修补、热处理与涂漆等工序，使其成为成品铸件的工艺过程。铸件在砂型中要冷却到一定温度后才能落砂，落砂过早，将使温度很高的铸件暴露在空气中，加快其冷却速度，造成铸件各部分冷却不均匀，容易造成应力集中，产生变形及裂纹；落砂过晚，延长占用场地和砂箱的时间，降低生产率。铸件落砂的最高温度主要取决于铸件的复杂程度、质量和合金种类。落砂方法主要有人工就地落砂和机械化集中落砂两种。人工就地落砂主要是在浇注场地就地落砂，人工用大锤及钢钎打击砂箱和捅落型砂。人工就地落砂劳动条件差，生产率低，主要用于单件小批生产的非机械化铸造车间。机械化集中落砂是指借助于机器（如滚筒式落砂机和振动落砂机）实现连续自动落砂，这种方法效率高，劳动强度低。

铸件的表面清理包括去除铸件内外表面的粘砂、分型面和芯头处的毛刺、浇冒口痕迹等。表面清理的方法有手工、机械以及化学与热能法。手工清理主要是利用钢丝刷、錾子、锉刀等工具进行，劳动强度大，卫生条件差，效率低。滚筒表面清理是利用铸件之间以及铸件与附加角钢之间的摩擦、碰撞去除铸件表面粘砂和氧化皮的方法。这种方法清理效率高；由于铸件同向转动，清理脆性材料铸件时，不易碰撞损坏；振荡频率高，可减轻噪声。喷丸清理是利用4.90～5.88MPa的压缩空气，使弹丸从喷嘴以50～70m/s的速度喷到铸件表面上，将黏附在铸件表面的型砂、氧化皮等清除掉。喷丸清理时应合理选择喷射力、喷射距离与喷射角度、喷射程度等参数，才能得到良好的清理效果。化学清理主要是利用化学药剂同型砂或氧化皮发生化学反应，达到铸件表面清理的效果。如果通以直流电，活化化学过程，可提高清理效率，称为电化学清理。化学清理法和电化学清理法粉尘少，铸件表面光洁，尤其适用于型腔复杂、清理困难的铸件，但部分化学清理剂腐蚀性较强，对人体有害。

有些铸件经过上述清理工序后，还需要进行热处理。铸铁件的热处理主要包括人工时效和退火；铸钢件的热处理包括退火、正火和回火等。经过清理、检验合格的铸件，入库前应涂上底漆，以防生锈，并作为进一步表面油漆的基底。涂漆方法常用的有刷涂法、喷涂法、浸涂法以及电泳涂漆法等。

1.4.2 金属塑性成形

塑性成形是指利用工具或模具使金属材料在外力作用下获得一定形状及力学性能的工艺，是金属加工的另一种重要方法，主要包括锻造、挤压、轧制、拉拔等。

1. 塑性成形工艺的特点

塑性成形工艺与其他金属加工工艺相比，具有以下特点：

1）材料利用率高。锻压工艺主要是利用金属在塑性状态下的形状和体积变化来实现的，不产生切屑，材料利用率高。

2）产品力学性能好。金属在塑性成形过程中，会有锻压、拉拔等工序，这会使其内部组织得到改善，减少甚至消除部分缺陷，提升其力学性能。

3）产品尺寸精度高。近年来兴起的近净成形可以实现少、无屑加工，产品可以直接使用。

4）生产率高。金属塑性成形适合大批量生产，机械化和自动化程度较高，大幅提高了生产率。

由于具有上述优点，锻压工艺在石油化工、机械、航空航天、军工船舶及日用五金等领域得到了广泛的应用，如飞机上锻压件质量占85%左右，坦克上锻压件质量占70%左右，汽车上锻压件质量占到了80%以上。

2. 塑性成形的分类

根据不同的分类标准，塑性成形有不同的分类方法。

1）根据金属变形的特点，塑性成形分为体积成形和板料成形。体积成形是指利用设备和工具、模具，对金属坯料进行体积不变而材料进行重新分配的塑性变形，得到所需形状、尺寸及性能的制件。变形区的形状随变形的进行而发生改变，属于非稳态塑性变形，如锻造工艺；在成形的大部分阶段变形区的形状不随变形的进行而改变，属于稳态塑性变形，如轧制、拉拔、挤压工艺等。板料成形是在常温下对板料进行成形，又称为冷冲压，按照金属变形的性质可分为分离工序和成形工序。

2）按成形时工件的温度不同，塑性成形可分为热成形、冷成形和温成形。

金属塑性成形的分类如图1-10所示。

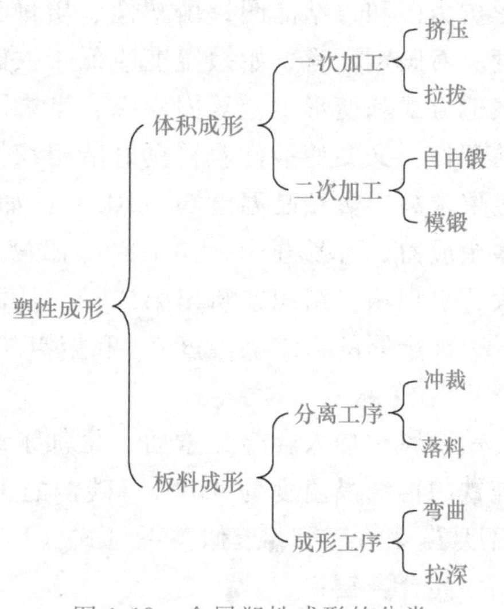

图1-10 金属塑性成形的分类

3. 锻造

锻造是一种利用锻压机械对金属坯料施加压力，使其产生塑性变形以获得具有一定力学性能、一定形状和尺寸锻件的加工方法，是锻压（锻造与冲压）的两大组成部分之一。锻造的主要目的是成形和改性，具有节约金属、生产率高、灵活性强等优点。通过锻造能消除金属在冶炼过程中产生的铸态疏松等缺陷，优化微观组织结构，同时由于保存了完整的金属流线，锻件的力学性能一般优于同样材料铸件的力学性能。因此，锻件强度高，能承受更大的冲击载荷。

（1）锻造的分类　按成形温度，锻造可分为热锻、温锻和冷锻三种，热锻是目前生产中应用最广的一种。在再结晶温度以上进行的锻造称为热锻，热锻有三个特点：①减小金属变形抗力，从而锻压设备的吨位可以减小；②改变钢锭的铸态结构，在热锻过程中经过再结晶，粗大的铸态组织变成细小晶粒的新组织，减少了铸态结构的缺陷，提高了其力学性能；③热锻提高了钢的塑性，对低温下脆性较大的高合金钢非常重要。温锻是指在室温以上再结晶温度以下进行的锻造。中碳钢和合金钢在冷锻时变形抗力大，设备难以满足要求，如果加热后温锻，可以显著减小变形抗力。温锻由于加热温度低，氧化速度慢，可以得到精度较高的锻压件。冷锻是指在室温下进行的锻造，冷锻时无须加热，没有温度波动和氧化现象，可以得到精度高、表面光洁的锻件，容易达到少或无屑加工的要求。冷锻过程中可以利用加工硬化现象来提高锻件的强度和硬度。

按金属变形所采用的设备不同，锻造可以分为自由锻造、模型锻造、胎模锻造和特种锻造四种。自由锻造简称自由锻，一般是在锻锤或液压机上，利用简单的工具将金属块料锻成所需形状和尺寸。由于自由锻不使用专用模具，因此锻件尺寸精度低，生产率不高，主要用于单件、小批量生产等。模型锻造简称模锻，是利用专用的模具使金属成形。由于模锻时金属在成形过程中受到了模具的控制，故模锻件尺寸精确，生产率高，适合于大批量生产。胎模锻造是自由锻向模锻过渡的锻造方法，利用平砧和胎模生产一些形状比较简单的工件，这种工艺比自由锻和模锻应用范围窄。特种锻造是指在专用设备上或在特殊模具内使金属毛坯成形的一种特殊锻造工艺，如精密锻造、辊锻等，可以得到一般锻造方法无法得到的锻件。

（2）锻前加热　锻前加热是热锻和温锻工艺中不可缺少的重要环节，主要目的是提高金属塑性、降低变形抗力并获得良好的锻后组织。加热方式有电加热和火焰加热，电加热应用较为广泛。电加热主要是通过把电能转变为热能来加热金属毛坯，包括了感应加热、接触电加热和电阻炉加热等方法。

锻造温度是锻造工艺的重要参数，包括了始锻温度和终锻温度。确定始锻温度和终锻温度的原则是使金属在锻造温度范围内具有良好的塑性和较低的变形抗力；锻造出的锻件力学性能及微观组织良好；锻造温度范围尽可能宽，以减少加热次数，提高生产率。

对钢铁材料而言，确定锻造温度范围主要依据钢的铁碳相图，同时参考钢的塑性图、变形抗力图和再结晶图，由塑性、质量和变形抗力三方面综合分析从而得出始锻温度和终锻温度。对碳钢而言，始锻温度应低于铁碳相图的始熔线150~250℃，同时还应结合坯料组织、锻造方式和变形工艺等因素综合考虑。终锻温度的确定原则是既要保证钢在终锻前保持足够的塑性，又要使锻件获得良好的组织性能。为了保证热锻后锻件为再结晶组织，终锻温度一般要求高于再结晶温度50~100℃，如果在终锻温度以下继续锻造，内部将出现硬化组织和残余应力，容易开裂；如果终锻温度比再结晶温度高很多，停止锻造后内部晶粒会继续长大，出现粗晶组织或析出第二相，从而影响锻件的性能。

纯金属的再结晶温度 $T_{再}$ 和熔点 $T_{熔}$ 近似关系见式（1-1）

$$T_{再} \approx 0.4T_{熔} \tag{1-1}$$

金属中加入合金元素后，增加了原子稳定性，因此合金再结晶温度比纯金属的要高。如纯铁的再结晶温度为450℃，碳钢的再结晶温度为600~650℃。高合金钢和高碳钢的再结晶温度 $T_{再}$ 和熔点 $T_{熔}$ 近似关系见式（1-2）和式（1-3）

高合金钢：
$$T_{再} \approx (0.6 \sim 0.65)T_{熔} \tag{1-2}$$

高碳钢：
$$T_{再} \approx (0.7 \sim 0.85)T_{熔} \tag{1-3}$$

（3）自由锻造　自由锻造是指利用上、下砧块和一些简单工具，使坯料在压力作用下产生塑性变形而获得所需的锻件。自由锻使用的工具简单、通用性强、灵活性大，但精度低、加工余量大、生产率低、劳动强度大。自由锻的工序包括基本工序、辅助工序和修整工序。自由锻的基本工序有镦粗、拔长、冲孔、弯曲等，主要是为了改变坯料形状和尺寸以获得锻件。辅助工序是为了完成基本工序而使坯料预先产生某一变形的工序。在基本工序完成后，为了精整锻件尺寸和形状，使锻件完全达到设计要求的工序称为修整工序。

镦粗和拔长是自由锻的两种最常用的基本工序。镦粗是指使坯料高度减小而横截面积增大的成形工序。镦粗工序主要应用于下列场合：①由横截面积小的毛坯得到横截面积较大而高度较小的饼类锻件；②冲孔前增大横截面积和平整坯料端面；③提高后续拔长工序的锻造比；④提高锻件的横向力学性能；⑤反复镦粗和拔长可以破碎合金工具钢中的碳化物，使其均匀分布。

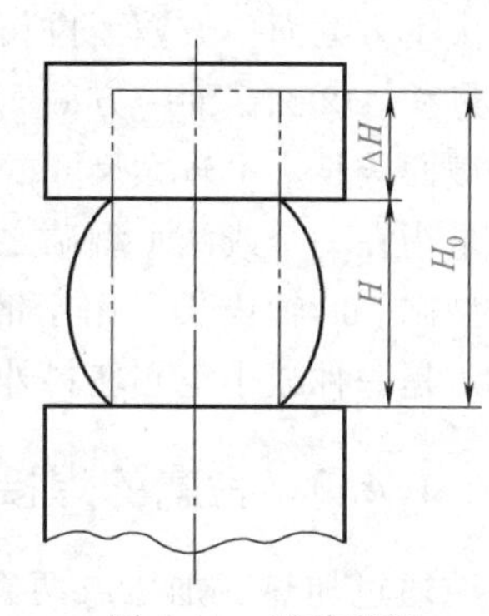

图 1-11　平砧镦粗

镦粗方法主要有平砧镦粗、垫环镦粗和局部镦粗三种。平砧镦粗是指坯料在上、下砧块间或镦粗平板间进行的镦粗，如图 1-11 所示。镦粗的变形程度可以用压下量 ΔH、相对变形程度 ε_H 和镦粗比 K_H 等参数来表征，见式（1-4）~式（1-6）

$$\Delta H = H_0 - H \tag{1-4}$$

$$\varepsilon_H = 1 - \frac{H}{H_0} \tag{1-5}$$

$$K_H = \frac{H_0}{H} \tag{1-6}$$

式中　H_0，H——镦粗前、后坯料的高度。

用平砧镦粗圆柱体坯料时，随着高度减小，金属不断向四周流动，镦粗后的侧面将变成鼓形，即中间粗，上、下两端细。镦粗过程中，锻件中间和四周应力集中程度不一样，变形难易程度也不一样，因此平砧镦粗容易出现以下缺陷：①由于上、下砧块的存在，坯料变形在上、下方向受阻，因此会在横向产生变形，出现鼓肚现象；②侧面易产生纵向或 45°方向的裂纹；③锭料镦粗后，上、下端常保留铸态组织；④高毛坯镦粗时会因失稳而弯曲，出现“双鼓肚”现象。

垫环镦粗是指坯料放在单个垫环和平砧之间或两个垫环之间进行的镦粗，也称为镦挤，如图 1-12 所示。这种镦粗方法适合于成形带有单边或双边凸肩的齿轮以及带法兰的饼块类锻件。

局部镦粗是只对坯料局部（端部或中间）进行镦粗的锻造方法。这种镦粗方法主要用于锻造凸肩直径和高度较大的饼类锻件及端部带有较大法兰的轴杆类锻件。

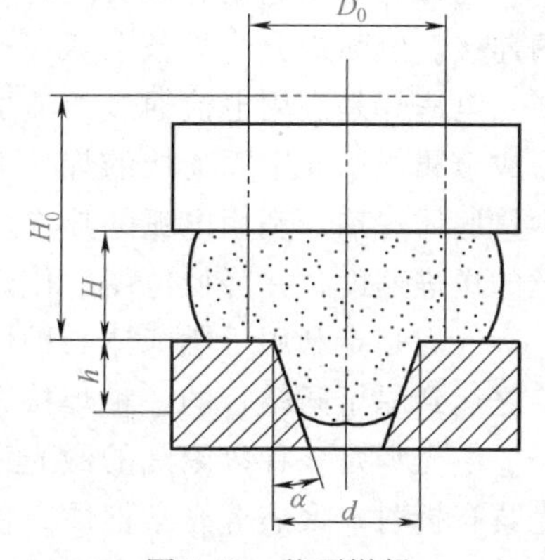

图 1-12　垫环镦粗

拔长是指使坯料横截面积减小而长度增加的锻造工序，是一种局部成形工艺。拔长主要应用于下列情况：①由横截面积大的毛坯得到横截面积小而轴向较长的轴类锻件；②改善锻件内部质量；③反复镦粗和拔长可以破碎合金工具钢中的碳化物，并使其均匀分布。

拔长工序的变形量一般用锻造比 K_L 来表示，见式（1-7）

$$K_L = \frac{A_0}{A} \tag{1-7}$$

式中 A_0，A——拔长前、后坯料的横截面积。

拔长分为平砧拔长、型砧拔长和芯轴拔长三种。平砧拔长主要有以下几种坯料截面变化过程。①方截面→方截面拔长。由较大尺寸的方截面坯料，经拔长后得到尺寸较小的方截面锻件的过程。②圆截面→方截面拔长。由圆截面坯料经拔长后得到方截面锻件的过程。③圆截面→圆截面拔长。由较大尺寸的圆截面坯料，经拔长后得到尺寸较小的圆截面锻件的过程。型砧拔长是指在一个或两个型砧之间进行坯料拔长的工艺，型砧一般为V型砧或圆弧型砧。芯轴拔长可用于锻制长筒类锻件，在带有孔的坯料中心穿一根芯轴，是一种减小空心坯料外径（壁厚）而增加其长度的成形工序。

大国工匠：
大勇不惧

1.4.3 金属的焊接

通过加热、加压或两者并用，用填充材料或不用填充材料使被焊工件的材质（同种或异种）达到原子间的结合而形成永久性连接的一种加工方法称为焊接。与铸造和锻造一样，焊接已经成为金属材料成形的重要方法之一，广泛应用于石油化工、电力、航空航天、核动力工程、微电子技术、桥梁、船舶、军工潜艇等领域。

1. 焊接的分类

焊接一般根据热源的性质、形成接头的状态及是否采用加压分为熔化焊、压焊和钎焊三种。熔化焊是将焊件接头加热至熔化状态，不加压力完成焊接的方法。因为熔化焊的焊缝缺陷相对较多，因此可以选用超声波探伤等无损检测方法进行检测。压焊是通过对焊件施加压力（加热或不加热）来完成焊接的方法。钎焊是采用比母材熔点低的金属材料作钎料，在加热温度高于钎料低于母材熔点的情况下，利用液态钎料润湿母材，填充接头间隙，并与母材相互扩散实现连接焊件的方法，它包括硬钎焊和软钎焊等。

熔化焊包括电弧焊、电渣焊、气焊、激光焊、电子束焊、热剂焊等。

电弧焊是在电极和母材之间产生电弧，依靠电弧的高温熔化焊条和部分母材来实现母材的连接。电弧焊分为焊条电弧焊（手工电弧焊）、埋弧焊、气体保护焊、等离子弧焊等。

电渣焊是利用电流通过熔渣所产生的电阻热作为热源，将填充金属和母材熔化，凝固后形成金属原子间牢固连接的焊接方法。在开始焊接时，使焊丝与起焊槽短路起弧，不断加入少量固体焊剂，利用电弧的热量使之熔化，形成液态熔渣，待熔渣达到一定深度时，增加焊丝的送进速度，并降低电压，使焊丝插入渣池，电弧熄灭，从而转入电渣焊焊接过程。

气焊是指利用可燃气体与助燃气体混合燃烧产生的火焰作为热源，熔化焊件和焊接材料使之达到原子间结合的一种焊接方法。

激光焊是一种以聚焦的激光束作为能源轰击焊件所产生的热量进行焊接的方法。由于激光具有折射、聚焦等光学性质，使得其非常适合于微型零件和可达性很差的部位的焊接。激光焊还有热输入低、焊接变形小、不受电磁场影响等特点。

电子束焊是指利用加速和聚焦的电子束轰击置于真空或非真空中的焊接面，使被焊工件熔化实现焊接。真空电子束焊是应用最广的电子束焊。

热剂焊是将留有适当间隙的焊件接头装配在特制的铸型内，当接头预热到一定温度后，将经热剂反应形成的高温液态金属注入铸型内，使接头金属熔化实现焊接的方法。因常用铝粉作为热剂，故也常称铝热焊，主要用于钢轨的焊接。

2. 焊条电弧焊

焊条电弧焊又称手工电弧焊，是以外部包覆涂料的焊条芯作为电极，利用焊条芯与金属工件之间产生的电弧将工件局部加热到熔化状态，形成熔池，随着电弧向前移动，熔池液态金属逐步冷却结晶，形成焊缝。焊条电弧焊是电弧焊方法中发展最早而且使用最广的一种焊接方法，该方法操作灵活，设备简单，适合于碳钢、低合金钢、不锈钢、铜及铜合金等金属材料的焊接。

（1）电弧　电弧是在一定的条件下电荷通过两电极之间气体空间的一种导电过程，放电过程中自身能够产生维持放电所需的带电粒子，是一种自持放电现象。电弧中的带电粒子主要由电弧空间的气体电离和电极的电子发射两个物理过程产生。焊接电弧可分为三个区域，即阳极区、弧柱区和阴极区。用钢焊条焊接时，阴极区温度为2100℃左右，放出热量为电弧总热量的38%；阳极区温度为2300℃左右，热量占42%；弧柱区中心温度可达5000~8000℃，热量占20%。

在焊接过程中，电弧产生的机械作用力与熔滴过渡、焊缝成形等都有直接关系，如果电弧作用力控制不好，焊接过程就不稳定，甚至产生焊接缺欠。电弧作用力包括：

1）电磁收缩力。电弧是断面直径变化的近似圆锥状的气态导体，中间部分相互吸引呈收缩状，由此产生的力称为电磁收缩力。靠近工件侧电弧可以扩展得比较宽，而焊条端电弧断面直径小。

2）等离子流力。焊接电弧呈近似锥形体，靠近焊条处压力大，靠近工件处压力小，焊接时新加入的气体被加热和部分电离后，受推力作用冲向工件，对熔池产生电弧等离子流力。

3）爆破力。在某些焊接过程中熔滴与熔池短路，电弧瞬时熄灭。当短路电流很大时，金属液柱中电流密度很高，产生很大的电磁收缩力，使液柱缩颈为小桥，电阻热使金属液柱小桥温度急剧升高而气化爆断，局部压力升高。

4）细熔滴的冲击力。在富氩气体保护熔化极电弧焊接时，若采取射流过渡方式，焊丝熔化金属会形成连续细滴，在等离子流力作用下，以很高的速度冲向熔池，产生冲击力。

（2）焊接材料　焊接材料是焊接时所消耗的材料的统称，包括焊条、焊剂和焊丝等，焊条电弧焊的主要焊接材料为焊条。

焊条的分类方法多，按照焊条的用途来分，可分为以下几种。

①结构钢焊条。主要用于焊接碳钢和低合金高强钢。②不锈钢焊条。主要用于焊接不锈钢和热强钢，包括铬不锈钢焊条和铬镍不锈钢焊条。③堆焊焊条。主要用于堆焊，以获得具有热硬性、耐磨性及耐蚀性的堆焊层。④铸铁焊条。主要用于焊补铸铁构件。⑤铜及铜合金焊条。主要用于焊接铜及铜合金，其中包括纯铜焊条和青铜焊条两类。⑥特殊用途焊条。主要用于水下焊接、水下切割等特殊工作的需要。

按焊接熔渣的酸碱度来分，焊条可分为以下几种。

①酸性焊条。这类焊条药皮里含有较多酸性氧化物，工艺性能好，焊缝外表成形美观，典型的酸性焊条为E4303（J422）。②碱性焊条。这类焊条药皮里含有较多碱性氧化物，也

称为低氢焊条，用碱性焊条成形的焊缝具有较高的塑性和冲击韧性，一般承受动载的焊件或刚性较大的重要结构均采用碱性焊条施工，典型的碱性焊条为 E5015（J507）。根据 GB/T 5117—2012 规定，焊条型号编制方法如下：

字母 E 表示焊条；字母 E 后面的紧邻两位数字，表示熔敷金属的最小抗拉强度代号，单位为 MPa；字母 E 后面的第三、四位数字，表示药皮类型、焊接位置和电流类型。

举例如下：

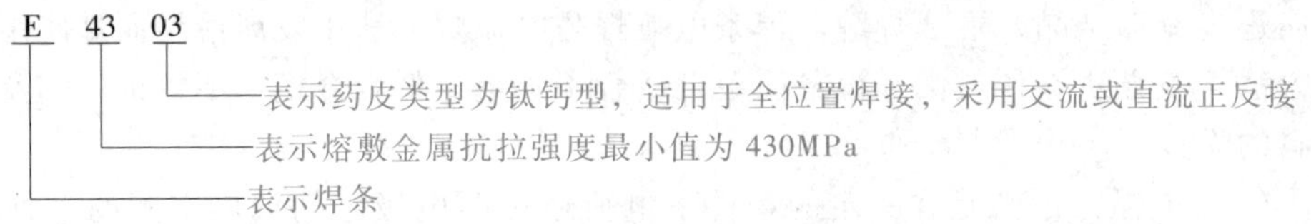

焊条由药皮和焊芯两部分组成，焊芯是焊条中被药皮包覆的金属芯，药皮是压涂在焊芯表面上的涂料层。焊芯受热熔化后作为焊缝的填充金属，其化学成分和性能将直接影响焊缝金属的质量，低碳钢焊芯的碳含量应保证与母材基本等强度的条件下越低越好，一般小于 0.1%。焊条药皮有氧化钛型、氧化钛钙型、钛铁矿型、氧化铁型等，其作用主要如下。①保护作用。电弧的热作用使药皮熔化形成熔渣，在焊接冶金过程中会产生某些气体，这些熔渣和电弧气氛起着保护熔滴、熔池和焊接区、隔离空气的作用，防止氮气等有害气体侵入焊缝。②冶金作用。焊接药皮的组成物质进行冶金反应，可以去除有害杂质，保护或添加有益合金元素，使焊缝的性能良好，能满足要求。③使焊条具有良好的工艺性能。焊条药皮可以使电弧容易起弧并稳定燃烧，焊接飞溅小，焊缝成形美观，易于脱渣。

焊条种类较多，工程上选择焊条时应考虑以下原则。①根据母材金属类别选择相应同类的焊条。如焊接低碳钢或低合金钢时，应选择结构钢焊条；焊接不锈钢或耐热钢时，应选择相应型号的不锈钢或耐热钢焊条。②应保证焊后焊缝的性能与母材相近。根据母材的抗拉强度按“等强”原则选择焊条的强度级别，对于韧性要求较高的构件应选择碱性焊条甚至超低氢焊条。③焊条工艺性能应能满足施焊操作的要求。如向下立焊、管道焊接等可选用相应的专用焊条。④焊条直径一般根据工件厚度和焊接电流大小来选择。

（3）施焊　施焊之前应烘干焊条，去除受潮涂层中的水分，以减少熔池及焊缝中的氢，防止产生气孔和冷裂纹，将坡口及两侧各 20mm 范围内的油、锈等需要清除干净；组对工件，保证结构的形状和尺寸，预留坡口根部间隙和反变形量，按照工艺卡要求进行施焊；针对刚性大的结构和焊接性差的材料，焊前可进行全部或局部预热，从而减小接头焊后冷却速度，避免产生淬硬组织，减小焊接应力变形，防止裂纹产生。

直流和交流是焊条电弧焊的两种主要电流形式。直流电弧焊接时，电弧稳定、飞溅小，有时会出现磁偏吹现象，由此可能会导致工件未焊透或未熔合等缺陷。焊接电流是焊条电弧焊的主要工艺参数。如果焊接电流过大：①可能会出现焊条尾部发红，部分涂层失效，保护效果差，产生气孔；②可能导致咬边和烧穿等缺陷；③使接头热影响区晶粒粗大，韧性降低。如果焊接电流过小，可能会出现未焊透、未熔合、气孔、夹渣等缺陷，而且生产率低。因此，我们应根据母材种类及尺寸，结合不同的坡口类型，选择合适的焊接电流大小，使接头成形美观，性能也能满足要求。

焊后有时需要对焊件进行热处理，即对焊件进行全部或局部加热或保温使其缓慢冷却，可以避免形成脆硬组织，使扩散氢逸出焊缝表面，防止产生裂纹。对于易产生脆断和延迟裂

纹的重要构件，需要进行焊后应力退火处理。

3. 焊接接头形式

用焊接方法连接的接头称为焊接接头。常见的焊接接头形式主要包括对接接头、T形接头、十字接头、搭接接头、角接接头等，如图1-13所示，其中对接接头和T形接头最为普遍。焊接接头主要有两个作用：一连接作用，二承载作用。

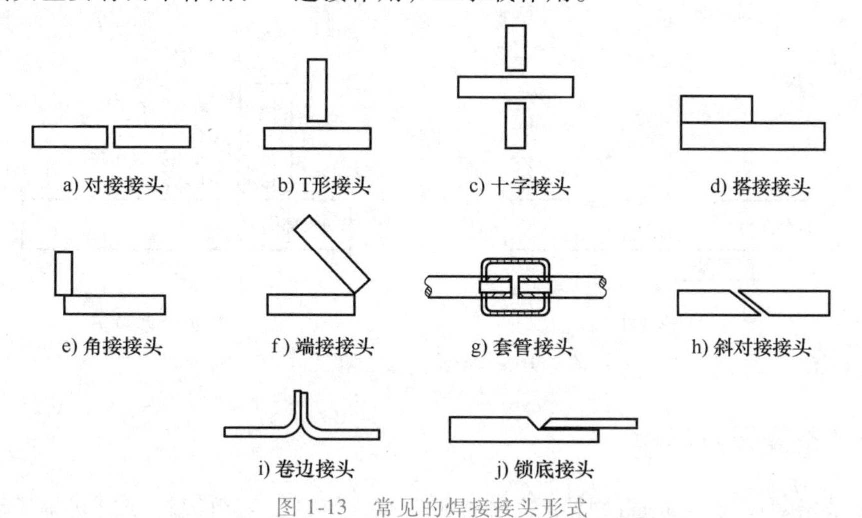

图1-13　常见的焊接接头形式

焊接接头由焊缝、熔合区、热影响区及其邻近的母材组成，如图1-14所示。焊缝是由熔池金属结晶形成的焊件结合部分。熔合区是焊接接头中焊缝与母材交接的过渡区，这个区域的焊接温度在液相线和固相线之间，一般比较窄，又称半熔化区。热影响区是在电弧热的作用下，焊缝两侧处于固态的母材发生组织或性能变化的区域，热影响区的宽度一般为母材厚度的30%，最小为10mm，最大为20mm。

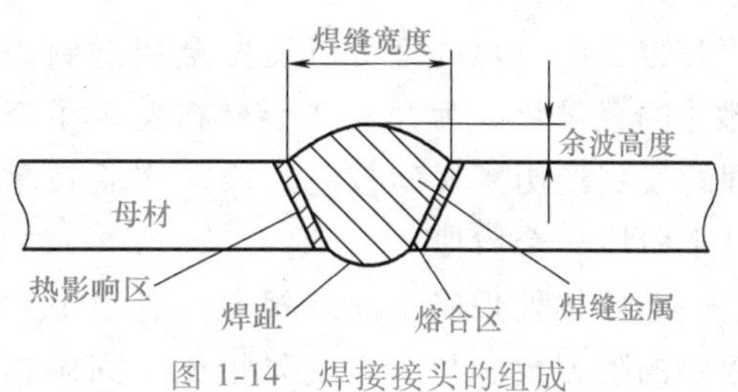

图1-14　焊接接头的组成

4. 焊缝坡口形式

将焊件的待焊部位加工成一定几何形状的沟槽称为坡口。坡口的主要作用是保证焊透。常见的坡口形式有：I形坡口、Y形（V形）坡口、带钝边U形坡口、X形（双Y形）坡口、带钝边V形坡口、K形坡口等，如图1-15所示。焊缝坡口各部位名称如图1-16所示。

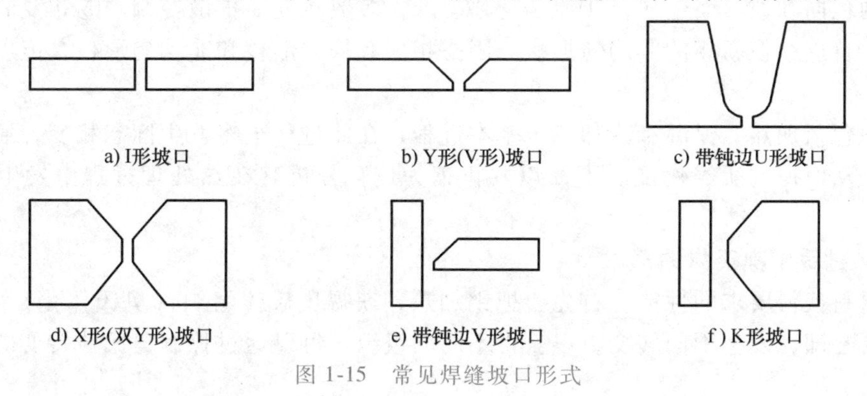

图1-15　常见焊缝坡口形式

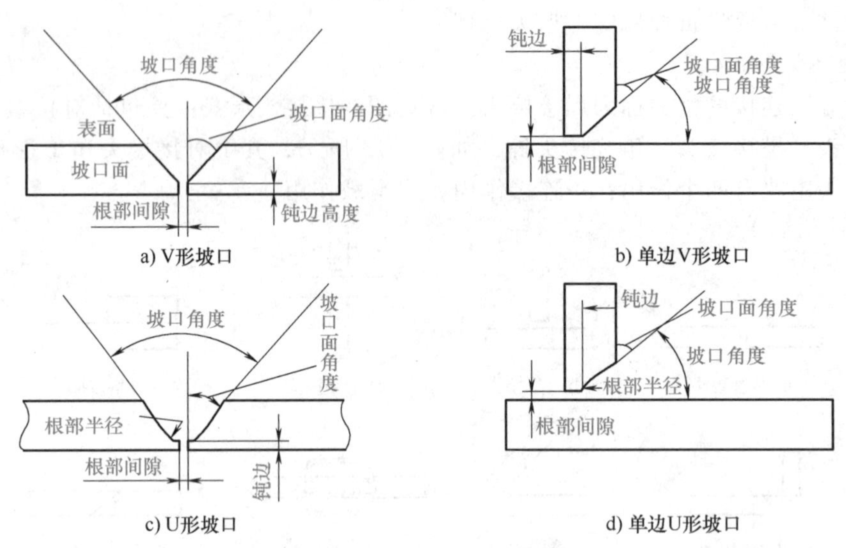

图 1-16　焊缝坡口各部位名称

1.4.4　金属的热处理

热处理是指对固态金属通过特定的加热和冷却，使之发生组织转变以获得所需性能的一种工艺过程，如图 1-17 所示。热处理是冶金、机械、航空、兵器等领域不可缺少的技术，是提高产品质量和寿命的关键工序，热处理可以发挥金属材料潜力，达到机械零部件的轻量化，为开发新型材料奠定了坚实的基础。热处理的发展经历了民间技艺阶段、实验技术科学阶段和理论科学阶段三个阶段。

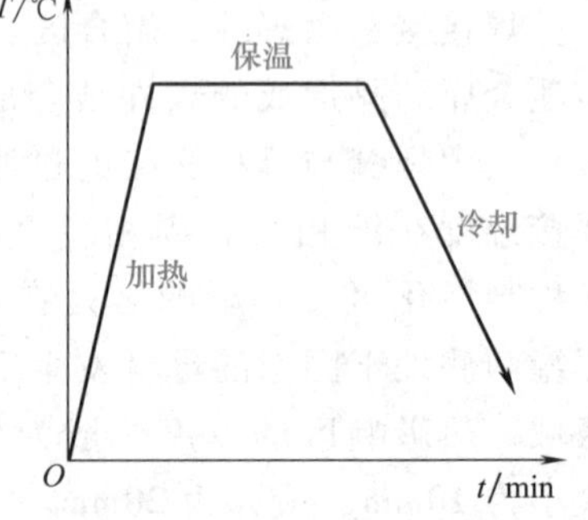

图 1-17　热处理的基本过程

金属热处理属于固态相变，有以下六个特征。①固态相变的阻力大。与液态凝固相比，固态相变只能在特定的空间内进行相变，弹性应变能大，所以阻力大。②新相一般有特定的形状。固态相变新相生成时会有不同的形状，为了减小相变阻力，新相一般会选择弹性应变能最小的形状。③新相与母相之间往往存在特定的位向关系和惯习面。不同的位向关系和惯习面对应的相变阻力不同，相变时新相会沿着阻力最小的位向和惯习面生成。④原子迁移率低，多数相变受扩散控制。⑤相变时容易产生亚稳相。⑥普遍存在新相的非均匀形核。固态相变有均匀形核和非均匀形核，但以非均匀形核为主。

热处理包括加热、保温和冷却三个基本过程，在此过程中将发生固态相变，通过改变金属的结构，从而得到所需性能。下面以共析钢为例，分析其在热处理过程中发生的相变及特点。

1. 加热过程中奥氏体的形成

欲使材料获得要求的性能，首先要把钢加热，获得奥氏体组织（奥氏体化），然后再以不同的方式冷却，发生不同转变，以获得不同的组织。可以通过控制奥氏体转变的条件获得

理想的奥氏体组织，为后续处理做好组织准备。

奥氏体（austenite）是碳溶于 γ-Fe 所形成的间隙固溶体，存在于共析温度以上，碳的质量分数最大为 2.11%。奥氏体的组织形态多为多边形等轴晶粒，在晶粒内部往往存在孪晶亚结构，如图 1-18 所示。碳在 γ-Fe 中的最大溶解度为 2.11wt%（wt 代表质量分数，本书余同），远小于理论值 17wt%（八面体间隙半径为 5.2×10^{-2}nm，碳原子半径为 7.7×10^{-2}nm）。碳的溶入使晶格发生点阵畸变，使晶格常数增大，碳在奥氏体中分布不均，有浓度起伏。

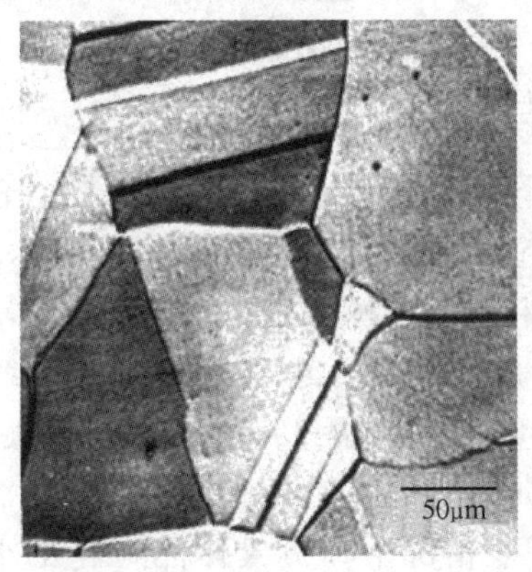

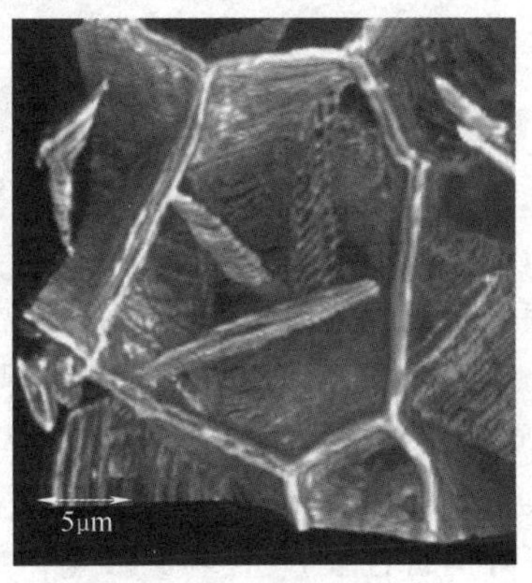

图 1-18　奥氏体的结构

奥氏体和珠光体的自由能随温度的变化曲线如图 1-19 所示。共析钢在室温下的原始组织为珠光体，当加热温度低于临界温度 A_1 时，新相奥氏体与母相珠光体的自由能差 $\Delta G_v=G_\gamma-G_p>0$，此时不满足热力学条件，相变不能发生；当加热温度刚好达到临界温度 A_1 时，新相奥氏体与母相珠光体的自由能差 $\Delta G_v=G_\gamma-G_p=0$，此时也不满足热力学条件，相变不能发生；当加热温度高于临界温度 A_1 时，新相奥氏体与母相珠光体的自由能差 $\Delta G_v=G_\gamma-G_p<0$，此时满足热力学条件，相变能够发生。

奥氏体的形成是一个渗碳体的溶解、铁素体到奥氏体的点阵重构以及碳在奥氏体中的扩散的过程，包括了奥氏体的形核、奥氏体的长大、剩余渗碳体溶解及奥氏体成分均匀化四个过程。鉴于相变对成分、结构以及能量的要求，晶核将在 α/Fe_3C 相界面上优先形成，奥氏体晶核在 α/Fe_3C 相界面上形核后，将产生三相平衡，形成 γ/Fe_3C 和 γ/α 两个相界面。由于靠近渗碳体一侧奥氏体的碳含量与靠近铁素体一侧奥氏体的碳含量不一样，存在碳浓度差，将会在奥氏体内扩散，相界面上的平衡浓度被打破，为了恢复并维持相界面上的平衡浓度，新生成的奥氏体会向铁素体和奥氏体侧推进，从而实现奥氏体长大。但由于奥氏体在长大过程中向铁素体和渗碳体推进的速度不一样，一般向铁素体一侧推进速度远大于向渗碳体一侧推进速度，所以当铁素体消耗完时，还存在未完成转变的渗碳体，经过合适的保温后，渗碳体才转变完成，并充分扩散，实现奥氏体内成分均匀。共析钢的奥氏体形成过程示意图如图 1-20 所示。奥氏体的形成受加热温度、加热速度、钢的原始组织、钢的化学成分的影响。

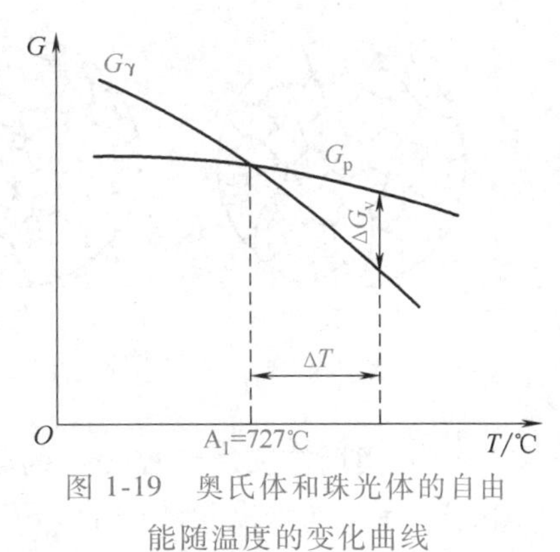

图 1-19　奥氏体和珠光体的自由能随温度的变化曲线

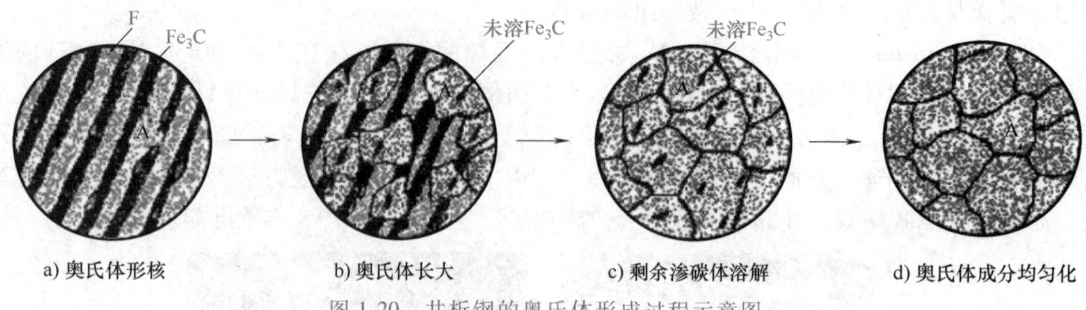

图 1-20　共析钢的奥氏体形成过程示意图

奥氏体晶粒大小用晶粒度表示，通常分为 8 级，1 级最粗，8 级最细，8 级以上为超细晶粒，如图 1-21 所示。奥氏体晶粒度主要有起始晶粒度、实际晶粒度和本质晶粒度三种，其中起始晶粒度是指奥氏体形成刚结束，其晶粒边界刚刚相互接触时的晶粒大小；实际晶粒度是指钢的奥氏体晶粒长大到冷却开始时的奥氏体晶粒大小（热处理加热终了冷却开始时的晶粒度）；本质晶粒度是指钢加热到（930±10）℃，保温 3～8h 后所得奥氏体晶粒的大小。奥氏体晶粒长大主要受加热温度、保温时间、加热速度、钢中碳和合金元素含量的影响，奥氏体晶粒大小将对钢材性能产生重要影响，一般情况下，奥氏体晶粒越细小，钢的强度越高，塑性和韧性也越好。

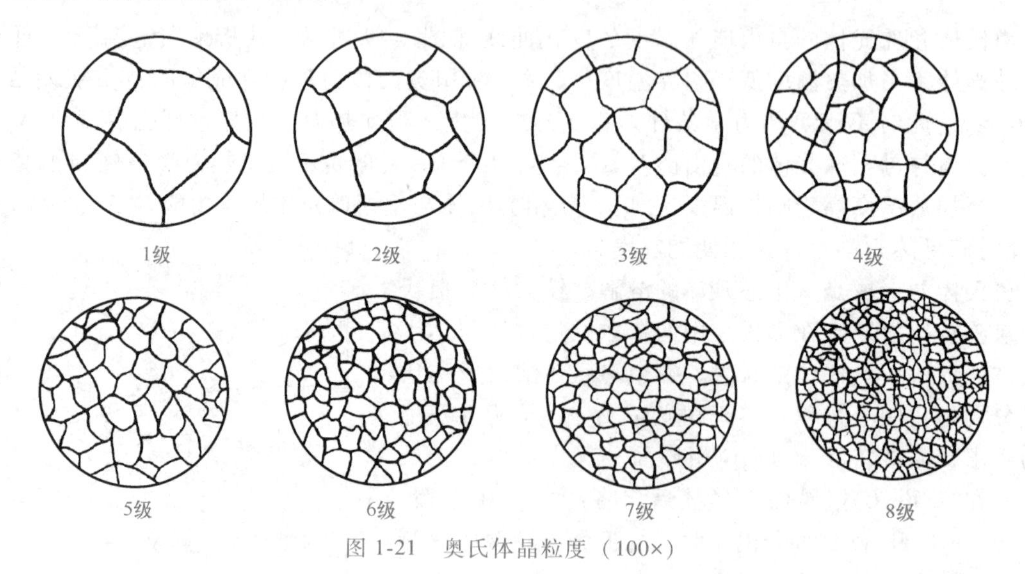

图 1-21　奥氏体晶粒度（100×）

2. 过冷奥氏体在冷却过程中的转变

在 A_1 温度（铁碳相图中的 *PSK* 线）以下未转变的奥氏体称为过冷奥氏体。奥氏体冷却过程中发生的转变均发生在这种过冷奥氏体中，称为过冷奥氏体转变。在冷却过程中，过冷奥氏体的转变包括珠光体转变、贝氏体转变和马氏体转变。由于转变温度不同，过冷奥氏体可以通过不同机制进行转变而获得完全不同的组织。在高温范围，过冷奥氏体可以通珠光体转变机制转变为珠光体；在中温范围，过冷奥氏体可以通过贝氏体转变机制转变为贝氏体；在低温范围，过冷奥氏体将通过马氏体转变机制转变为马氏体，如图 1-22 所示。对于亚共析钢和过共析钢，在高温范围内还可能出现先共析转变，析出先共析铁素体或先共析渗碳体。下面以共析钢为例，介绍过冷奥氏体在不同温度区间发生的转变。

（1）珠光体转变　过冷奥氏体在临界温度以下继续冷却时，首先发生的是珠光体转变。由于转变温度较高，在该温度区间转变时，铁和碳原子均能发生扩散，因此，珠光体转变属于扩散型转变。珠光体由铁素体和渗碳体两相组成，根据渗碳体的形状不同，珠光体又分为片状珠光体和粒状珠光体，如图 1-23 所示。珠光体根据其片层间距大小，分为珠光体、索氏体和屈氏体。如果过冷奥氏体发生的是连续冷却，则得到的最终组织为不同片层间距的珠光体、索氏体和屈氏体的混合物，组织的不均匀会导致工件的性能不均匀，造成不利影响。在实际生产中，钢在退火和正火时所发生的都是珠光体转变，退火和正火既可作为预备热处理，也可作为最终热处理（可直接交付使用）。

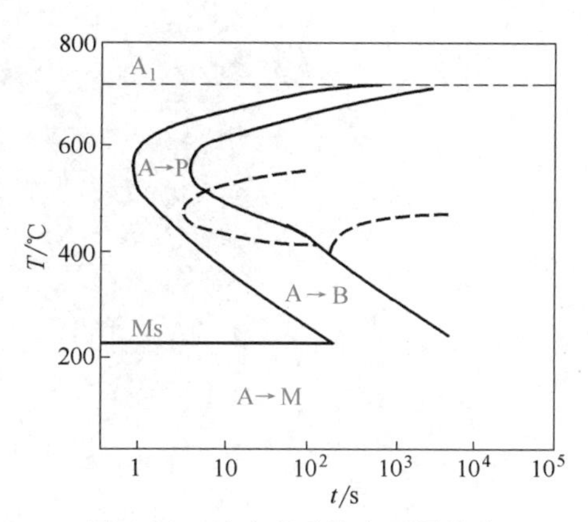

图 1-22　过冷奥氏体在不同温度区间发生的转变

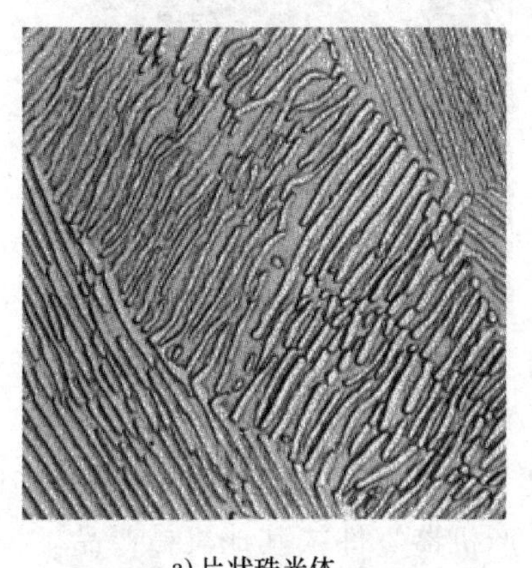
a) 片状珠光体

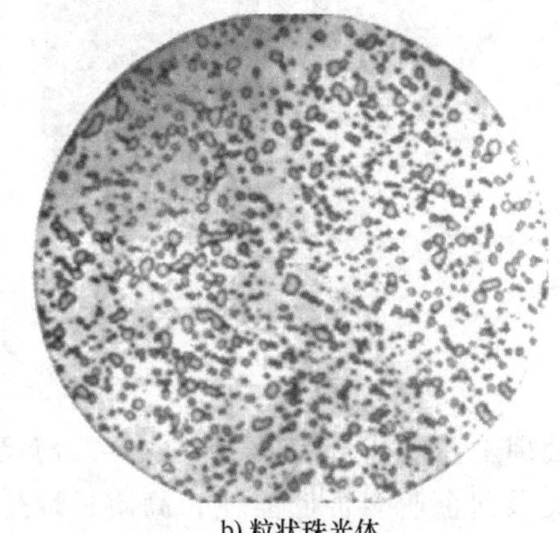
b) 粒状珠光体

图 1-23　片状珠光体和粒状珠光体

（2）贝氏体转变　当过冷奥氏体继续过冷到中温区时，将发生贝氏体转变。与珠光体转变相比，贝氏体转变温度较低，铁原子难以扩散，碳原子扩散能力下降。在贝氏体转变的较高温度范围内，碳的扩散能力较强，能扩散到铁素体之外的奥氏体中而形成上贝氏体；在贝氏体转变的较低温度范围内，碳原子的扩散能力较低，只能在铁素体内部扩散而形成下贝氏体。上贝氏体的典型形貌为羽毛状，下贝氏体的典型形貌为针状，如图 1-24 所示。

（3）马氏体转变　当过冷奥氏体继续过冷到低温区时，将发生马氏体转变。与高温的珠光体转变和中温的贝氏体转变相比，马氏体转变温度更低，此时铁原子和碳原子均不能扩散。根据钢的碳含量不同，马氏体的组织形态又分为板条马氏体和片状马氏体。板条马氏体的典型形貌为板条束状，片状马氏体的典型形貌为相互成一定角度的针状，如图 1-25 所示。

3. 钢的常规热处理方法

（1）退火与正火　钢的退火与正火是最基本的热处理工序。钢经过合适的退火和正火处理后，可以消除铸件、锻件及焊接件的工艺缺陷；改善金属材料的成形加工性能、切削加

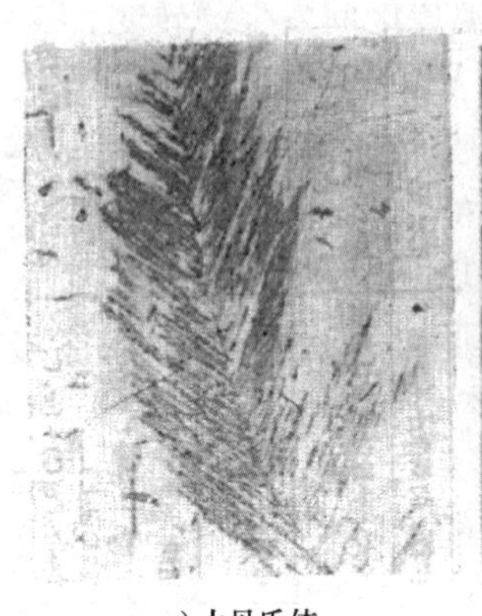

a) 上贝氏体

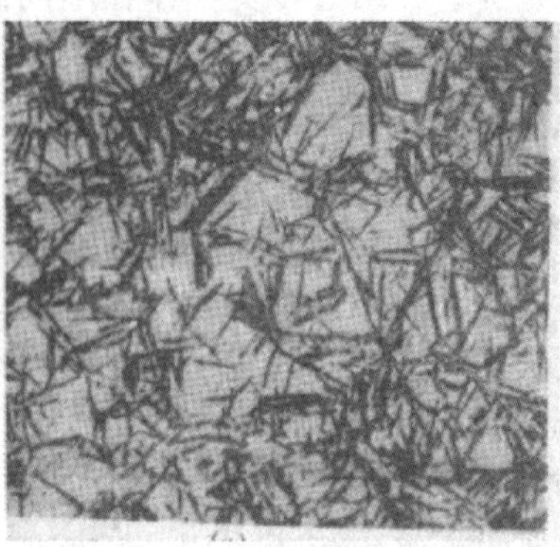

b) 下贝氏体

图 1-24　上贝氏体和下贝氏体的典型形貌

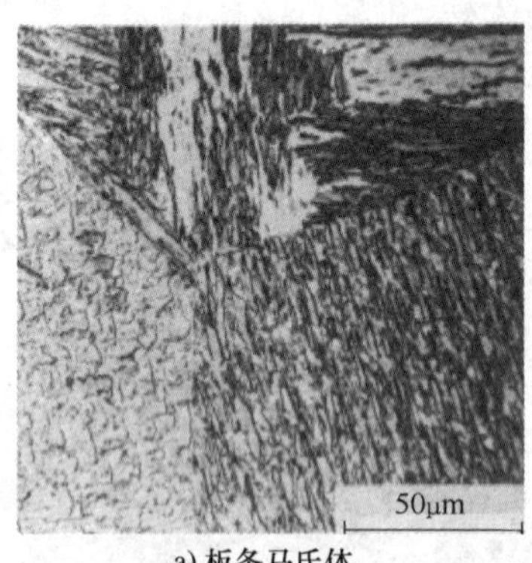

a) 板条马氏体

b) 片状马氏体

图 1-25　板条马氏体和片状马氏体的典型形貌

工性能、热处理工艺性能，以及稳定零件几何尺寸，获得一定的性能。但是，退火和正火工艺是否得当关系到企业能否低能耗、高质量地生产机器零件或其他机械产品。

将金属或合金加热到适当温度，保温一定时间，然后缓慢冷却，使其组织、结构达到或接近平衡状态的热处理工艺叫退火。退火的目的是均匀化学成分、改善力学性能及工艺性能、消除或减少内应力，并为零件最终热处理准备合适的组织。退火的种类较多，按加热温度可分为以下两大类。第一类是在临界温度以上的退火，又称相变重结晶退火，包括完全退火、不完全退火、球化退火和扩散退火等。第二类是在临界温度以下的退火，包括再结晶退火和去应力退火等。退火和正火的加热温度范围如图 1-26 所示。

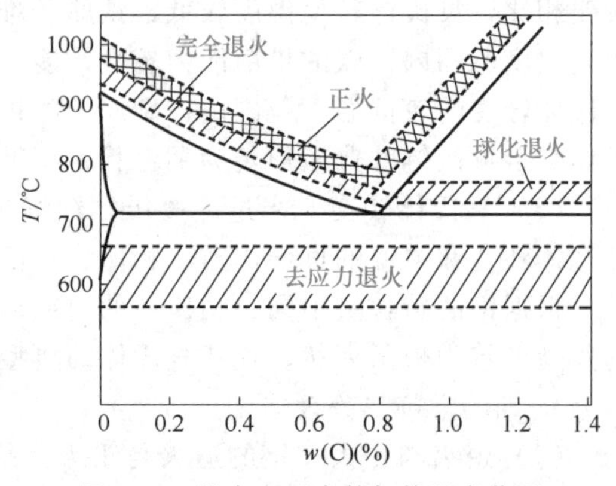

图 1-26　退火和正火的加热温度范围

完全退火是指将亚共析钢加热至 Ac_3 以上 30～50℃，保温一定时间后随炉缓慢冷却，获得接近平衡状态的热处理工艺，主要适用于 $w(C)=0.3\%\sim0.6\%$，经热机械加工后的亚共析钢或合金钢。完全退火的目的主要是细化晶

粒、降低硬度、改善切削性能以及消除内应力。过共析钢不适用于完全退火，主要是因为过共析钢经过完全退火后，很容易形成网状渗碳体，从而使得钢材性能恶化。完全退火加热温度一般为 Ac_3+(30~50)℃，保温后随炉冷却。

亚共析钢在 Ac_1~Ac_3 之间或过共析钢在 Ac_1~Ac_{cm} 之间两相区加热，保温足够时间后缓慢冷却的热处理工艺称为不完全退火。亚共析钢不完全退火时的加热温度一般为 740~780℃，加热温度低，操作条件好，节省燃料和时间。过共析钢不完全退火时的加热温度一般为 Ac_1~Ac_{cm}，较高温度奥氏体化，冷却后使之得到珠光体。

球化退火是指将共析钢及过共析钢中的片状碳化物转变为球状碳化物，使之均匀分布于铁素体基体上的一种退火工艺，是不完全退火的一种特例。球化退火适用于 w(C)>0.6%的高碳工模具钢、合金工具钢、轴承钢以及为改变冷变形工艺的低中碳钢。球化退火的目的主要是降低硬度、改善切削性能；获得均匀组织、改善热处理工艺性能；经淬火、回火后获得优良的综合力学性能。

扩散退火是将金属铸锭、铸件或钢坯在略低于固相线的温度下长期加热，消除或减少化学成分偏析以及显微组织（枝晶）的不均匀性，以达到均匀化的热处理工艺，也称为均匀化退火。扩散退火主要适用于合金钢钢锭或铸件，加热温度一般为 1100~1200℃，保温时间为 10~15h。扩散退火后钢的晶粒粗大，必须进行一次完全退火或正火来细化晶粒，消除过热缺陷，为随后热处理做好准备。

再结晶退火是指将经过冷变形后的金属加热到再结晶温度以上，保持适当时间，使形变晶粒重新转变为均匀的等轴晶粒，以消除形变强化和残余应力的热处理工艺，主要目的是消除加工硬化、提高塑性、改善切削性能及压延成形性能。再结晶退火时的加热温度一般选择在再结晶温度以上，Ac_1 以下。

去应力退火是指为了消除铸造、焊接、热轧、热锻等过程引起的内应力而进行的退火，主要目的是消除铸件、锻件、焊接件应力，稳定几何形状，防止变形和开裂。去应力退火时加热温度一般选择 550~650℃，冷却过程中当温度降到 500℃后，可以出炉空冷，加快冷却速度，提高生产率。

将钢加热到 Ac_3 或 Ac_{cm} 以上 30~50℃并保温一定时间，然后出炉在空气中冷却的热处理工艺称为正火。正火的目的是为下一步热处理做组织准备：低碳钢通过正火可以改善钢的加工性；过共析钢正火可消除网状碳化物，便于球化退火。正火可作为中碳钢或中碳合金钢的最终热处理，代替调质处理，使工件具有一定的综合力学性能。

正火加热温度一般选择在 Ac_3（Ac_{cm}）+(30~50)℃，如果钢中含有强碳化物形成元素，正火加热温度可以适当高一些，可选择 Ac_3(A_{cm})+(120~150)℃。

（2）淬火　将钢加热至临界温度以上，保温一定时间后以大于临界冷却速度的速度冷却，使过冷奥氏体转变为马氏体或贝氏体的热处理工艺称为淬火。淬火的目的是获得马氏体，从而使淬火后的钢的强度、硬度和耐磨性大大提高；同时淬火还可与不同的回火工艺配合，以提高钢的力学性能。

淬火是一种常用的热处理方法，淬火的工艺参数主要包括加热温度、加热与保温时间、冷却条件。

1）淬火加热温度。一般说来，不同钢的淬火温度不同，淬火温度是淬火工艺最重要的参数，选取是否得当，将直接影响工件热处理后的性能。淬火温度的选取原则是获得细小的奥氏体晶粒。淬火加热温度主要根据钢的成分，即临界点确定，亚共析钢的淬火加热温度为 $Ac_3+(30\sim50)$℃，而共析钢和过共析钢的淬火加热温度为 $Ac_1+(30\sim50)$℃。

亚共析钢淬火加热温度选 $Ac_3+(30\sim50)$℃的原因如下：如果加热温度过高，奥氏体晶粒粗化，淬火后马氏体组织粗大，钢的性能恶化；如果加热温度过低（$Ac_1\sim Ac_3$ 之间），淬火后含有部分铁素体，强度、硬度较低，满足不了使用要求。

共析钢和过共析钢的淬火温度选 $Ac_1+(30\sim50)$℃的原因如下：当钢的碳含量较高时，先选择球化退火作为预备热处理，淬火前的组织为细粒状的渗碳体+珠光体。当在 $Ac_1+(30\sim50)$℃的温度下加热保温后，得到的是奥氏体和部分未熔的细粒状渗碳体颗粒，淬火后，得到马氏体和未溶渗碳体颗粒，由于渗碳体硬度高，可提高耐磨性，因此能够满足使用要求。若加热温度高，将会使渗碳体溶入奥氏体的数量增多，奥氏体的碳含量增加，Ms 点降低，残留奥氏体的量增多，钢的硬度和耐磨性降低，满足不了使用要求。如果加热温度过高，会引起奥氏体晶粒粗大，淬火后得到粗大的片状马氏体，使显微裂纹增多，脆性增加，容易引起工件的淬火变形和开裂。

除此之外，加热温度的选择还应考虑加热设备、工件尺寸大小、工件的技术要求、工件本身的原始组织、淬火介质和淬火方法等因素的影响。对低合金钢，由于合金元素导热性差，元素扩散能力差，因此应适当提高淬火加热温度，一般选择 Ac_1（或 Ac_3）$+(50\sim100)$℃。

2）淬火加热与保温时间。淬火加热与保温时间主要包括加热时间、透烧时间和组织转变时间三部分，生产中常用加热系数来估算加热时间，见式（1-8）

$$t=\alpha KD \tag{1-8}$$

式中 α——加热系数（min/mm）；

K——与装炉量有关的系数；

D——工件有效厚度（mm）。

3）冷却条件（淬火方法）。淬火方法种类较多，常用的有单液淬火、双液淬火、喷射淬火、分级淬火、等温淬火和冷处理等方法，如图 1-27 所示。

单液淬火是指将奥氏体化后的工件直接淬入一种淬火介质中连续冷却至室温的方法。该方法的优点是工艺过程简单、操作方便、经济，适合于批量作业。缺点主要是对形状复杂、截面变化突然的某些工件，其在截面突变处容易因淬火应力集中而开裂。

双液淬火是指分别在两种不同的介质中进行冷却的方法，如水和油，油和空气等。在过冷奥氏体转变曲线的“鼻尖”处快速冷却可避免过冷奥氏体分解，而在 Ms 点以下缓慢冷却以减小变形开裂。

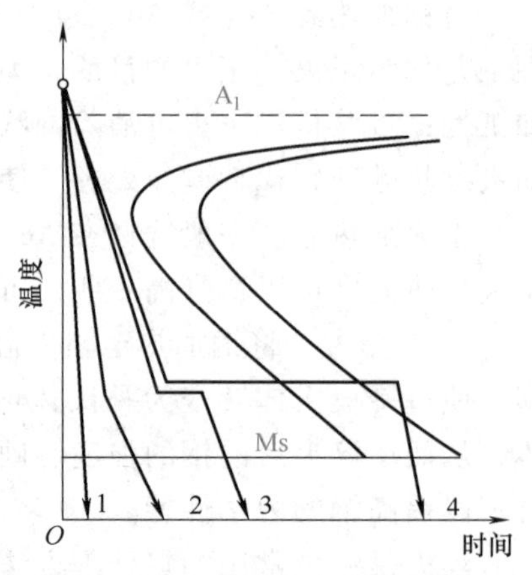

图 1-27　各种淬火方法示意图

1—单液淬火　2—双液淬火

3—分级淬火　4—等温淬火

喷射淬火是指向工件喷射急速水流的淬火方法。该方法的特点是不会在工件表面形成蒸汽膜。

分级淬火是将奥氏体化后的工件首先淬入略高于钢的 Ms 点的盐浴或碱浴炉中保温一段时间，待工件内外温度均匀后，再从浴炉中取出空冷至室温的淬火方法。

该方法的特点如下：①保证工件表面和心部马氏体转变同时进行，并在缓慢冷却条件下完成淬火；②减小或防止工件淬火变形或开裂；③克服了双液淬火时间难以控制的缺点；④冷却速度慢，适用于小工件。

等温淬火是指将奥氏体化后的工件淬入 Ms 点以上某温度的盐浴中等温保持足够长的时间，使之转变为下贝氏体组织，然后在空气中冷却的方法。

冷处理是指将淬火工件深冷到零下某一温度，使残留奥氏体继续转变为马氏体的处理方法。该方法的特点如下：①处理温度通常为-80～-60℃，也可深冷到-196℃；②对于高碳合金工具钢和经渗碳或碳氮共渗的结构钢零件，冷处理是为了提高耐磨性和硬度，或保持尺寸稳定性；③冷处理应在淬火后及时进行。

工件淬入方式的选取原则：①保证工件得到最均匀的冷却；②以最小阻力方向淬入；③使工件重心稳定。

4）淬火介质。热处理过程中为实现淬火目的所用的冷却介质称为淬火介质，冷却能力是淬火介质的主要衡量指标。一般而言，淬火介质的冷却能力越大，工件越容易淬硬，而且淬硬层的深度越深，但冷却能力过大，将产生较大的淬火应力，使工件变形和开裂。理想的淬火介质是既能保证工件得到马氏体，同时又变形小、不开裂。理想淬火介质应具有的特性如图 1-28 所示，其要求见表 1-11。

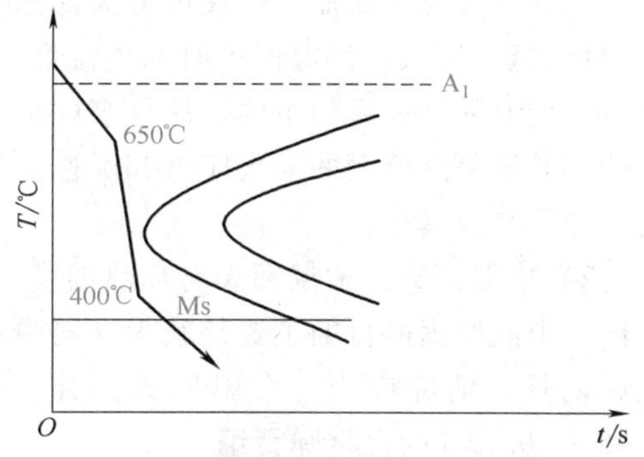

图 1-28　理想淬火介质应具有的特性

表 1-11　理想淬火介质的要求

温度/℃	对冷却速度要求	相变	应力与变形
>650	缓慢冷却	无相变	减少热应力,减少变形
650～400	快速冷却	不发生珠光体转变	—
<300	缓慢冷却	发生马氏体转变	减小组织应力,减少变形开裂

淬火介质种类较多，根据淬火时是否发生物态变化，将淬火介质分为两大类：一类是淬火时要发生物态变化的淬火介质，如水、油以及水溶液。这类淬火介质的特点如下：①沸点远低于工件的淬火加热温度；②汽化沸腾，使工件强烈散热；③工件与介质的界面还可以通过辐射、传导、对流等方式进行散热。另外一类为淬火时不发生物态变化的淬火介质，如各种熔盐、熔融金属等。这类淬火介质的特点如下：①沸点高于工件的淬火加热温度；②赤热工件淬入其中时不会汽化沸腾，而只以辐射、传导和对流的方式进行热交换。

淬火介质一般要求如下：①在过冷奥氏体不稳定的中温区域冷却要快，而在 Ms 点附近冷却速度缓慢；②适用范围宽，变形开裂倾向小；③在使用过程中不变质、不腐蚀工件、不粘结工件、性质稳定、可靠、无毒、不易燃烧；④来源充分、便宜、便于推广。

5）钢的淬透性与淬硬性。未淬透的工件上具有高硬度马氏体组织的这一层称为淬硬层。淬硬层深度是指由工件表面至半马氏体区的深度（50%M）。

淬透性是指钢在淬火时获得马氏体的能力，是钢材固有的一种属性，其大小用规定条件下淬硬层深度或能够全部淬透的最大直径来表示。淬透性取决于淬火临界冷却速度的大小，即钢的过冷奥氏体稳定性，而与冷却速度、工件尺寸大小等外部因素无关。淬硬层与钢的淬透性、工件尺寸以及所采用的冷却介质等有关。

淬硬性表示钢淬火时的硬化能力，是指钢在淬成马氏体时所能够达到的最高硬度，它主要取决于钢的碳含量，确切地说，取决于淬火加热时奥氏体中的碳含量，与合金元素关系不大。淬硬性与淬透性不同，淬硬性高的钢，淬透性不一定高，而淬硬性低的钢，淬透性不一定低。

（3）回火　将淬火后的钢件加热到低于 A_1 点的某一温度并保温，然后以适当的方式冷却到室温，使其转变为稳定的回火组织的热处理工艺称为回火。回火的目的有：①稳定工件组织和尺寸；②减小或消除淬火应力；③获得强韧性的适当配合。

根据回火温度高低，回火可分为低温回火、中温回火和高温回火三种。

1）低温回火。低温回火时加热温度一般选择 150~250℃，回火后的主要组织为回火马氏体。低温回火的目的主要是保持高硬度、高强度和良好耐磨性的同时，适当提高淬火钢的韧性，并显著降低钢的淬火应力和脆性。低温回火主要适用于高碳钢、合金工具钢制造的刃具、量具和模具等。

2）中温回火。中温回火时加热温度一般选择 350~500℃，回火后的主要组织为回火屈氏体。中温回火的目的主要是获得高的弹性极限和屈服极限、较高的强度和硬度、良好的塑性和韧性，消除应力。中温回火适用于 $w(C)=0.6\%\sim0.9\%$ 的碳素弹簧钢和 $w(C)=0.45\%\sim0.75\%$ 的合金弹簧钢。

3）高温回火。高温回火时加热温度一般选择 500~650℃，回火后的主要组织为回火索氏体。淬火加高温回火称为调质处理。高温回火的目的主要是获得良好的强韧性配合，以及优良的综合力学性能。高温回火适用于中碳结构钢和低合金结构钢制造的各种受力比较复杂的重要结构件。

回火时的保温时间根据钢材的性能决定，通常可以采用经验公式进行估计，见式（1-9）

$$t=K_h+A_hD \tag{1-9}$$

式中　t——回火保温时间（min）；

K_h——回火保温时间基数（min）；

A_h——回火保温时间系数（min/mm）；

D——工件有效厚度（mm）。

回火后一般采用空冷即可。冷却过程中为了防止重新产生应力和变形、开裂，可以采用缓冷；为了防止可逆回火脆性，可以采用快冷，以抑制回火脆性。

4. 钢的化学热处理

化学热处理是指工件在特定的介质中加热、保温，使介质中的某些元素渗入工件表层，以改变其表层化学成分和组织，获得与心部不同性能的热处理工艺。化学热处理与表面淬火的区别如下：①化学热处理后工件化学成分发生了变化；②具有更高的硬度、耐磨性和疲劳强度；③具有一定的耐蚀性。

根据渗入元素的不同，化学热处理分为渗碳、渗氮、碳氮共渗、渗硼和渗金属等。化学热处理的目的主要有以下几点：

1）提高零件的耐磨性。采用钢件渗碳淬火法可获得高碳马氏体硬化表层，合金钢件用渗氮方法可获得合金氮化物的弥散硬化表层，用这两种方法获得的钢件表面硬度分别可达 58~62HRC 及 800~1200HV。另一途径是在钢件表面形成减磨、抗黏结薄膜以改善摩擦条

件，同样可提高耐磨性。例如，蒸汽处理表面产生四氧化三铁薄膜有抗黏结的作用；表面硫化获得硫化亚铁薄膜，可兼有减磨与抗粘结的作用。近年来发展起来的多元共渗工艺，如氧氮渗、硫氮共渗、碳氮硫氧硼五元共渗等，能同时形成高硬度的扩散层与抗黏结或减磨薄膜，提高零件的耐磨性。

2）提高零件的疲劳强度。渗碳、渗氮、氮碳共渗和碳氮共渗等方法，都可使钢件在表面强化的同时，在其表面形成残余压应力，有效地提高零件的疲劳强度。

3）提高零件的耐蚀性与抗高温氧化性。例如，渗氮可提高零件耐大气腐蚀性能；钢件渗铝、渗铬、渗硅后，与氧或腐蚀介质作用形成致密、稳定的保护膜，提高耐蚀性及高温抗氧化性。

通常，钢件硬化的同时会带来脆化。用表面硬化方法提高表面硬度时，仍能保持心部处于较好的韧性状态，因此它比零件整体淬火硬化方法能更好地解决钢件硬化与其韧性的矛盾。化学热处理使钢件表层的化学成分与组织同时改变，因此它比高、中频电感应及火焰淬火等表面淬火硬化方法效果更好。如果渗入元素选择适当，可获得满足零件多种性能要求的表面层。

（1）渗碳　渗碳是将低碳钢置于具有足够碳势的介质中加热到奥氏体状态并保温，使其表层形成富碳层的热处理工艺，是目前机械制造工业中应用最广的化学热处理。碳势是指渗碳气氛与钢件表面达到动态平衡时钢表面的碳含量，碳势高低反映了渗碳能力的强弱。渗碳的目的是保持工件心部良好韧性的同时，提高其表面的硬度、耐磨性和疲劳强度，主要用于那些对表面耐磨性要求较高，并承受较大冲击载荷的零件。用于渗碳的钢主要为低碳钢或低碳合金钢，如 20 钢、20CrMnTi 钢等。这一类钢经渗碳处理后，表面碳含量高，而心部仍然保持较低的碳含量，从而满足表面高硬度高耐磨性，而心部具有良好的韧性要求。

一般渗碳前基体的 $w(\mathrm{C})=0.12\%\sim0.25\%$，渗碳后工件表层的 $w(\mathrm{C})=0.8\%\sim1.2\%$，故在渗碳过程中要严格控制碳势的高低。碳势过低，渗碳后工件表层的碳含量满足不了要求；碳势过高，会在工件表现形成炭黑，同样也满足不了要求。在渗碳过程中可通过渗剂加入的数量和速度，控制碳势的大小。渗碳温度会影响碳势、碳的扩散速度和渗层深度以及钢的组织。渗碳温度越高，渗剂的分解越快，活性碳原子的浓度就越大，碳势就越高，工件内外碳浓度差越大，渗碳速度越快。同时，渗碳温度越高，碳在钢中的扩散系数越大，扩散就越快，渗层深度越大。但渗碳温度过高时，工件表面碳浓度可能超标，工件内部碳浓度梯度增大，组织过渡不均匀，满足不了使用要求。目前，渗碳温度通常在 930℃ 左右，渗碳时间主要取决于渗层深度要求，渗碳时间越长，渗层深度就越大，目前气体渗碳时间一般为 3~8h。钢件在渗碳前的预备热处理主要采用正火处理。通过正火处理，可以提高其硬度，便于后续的切削加工，并为最终热处理做准备。钢件在渗碳后的热处理主要采用淬火+低温回火的方法来保证渗碳件的性能要求。

（2）渗氮　渗氮是将氮渗入钢件表面，以提高其硬度、耐磨性、疲劳强度和耐蚀性能的一种化学处理方法，传统的渗氮钢、不锈钢、工具钢和铸铁均可用来渗氮。渗氮的种类较多，主要包括普通渗氮和离子渗氮两种，其中普通渗氮包括气体渗氮、液体渗氮和固体渗氮，目前工业上最常用的是气体渗氮。渗氮具有以下特点。①高硬度和高耐磨性。工件渗氮后硬度可达 70HRC，可在 500℃ 环境下使用，而渗碳后硬度仅为 60~62HRC，只能在 200℃ 环境下使用。②高的疲劳强度。渗氮件表面存在残余压应力，故渗氮能够提高其疲劳强度。

③变形小而规律性强。渗氮温度低，在铁素体状态下进行且渗后无须热处理，因此变形小，而且变形原因只有渗氮层的体积膨胀，规律性强。④较好的抗咬合能力。渗氮层具有高硬度的特点，而且在高温下仍然保持较高的硬度，因此渗氮层具有较好的抗咬合能力。⑤较高的抗蚀性能。渗氮层为 ε 化合物层，该化合物化学稳定性高而且非常致密，因此具有较高的耐蚀性能。渗氮虽然具有以上优点，但也有不足的地方：①渗氮处理时间长，生产成本高；②渗氮层薄，不能承受太高的接触应力和冲击载荷，脆性大。

渗氮时主要用氨气在一定的温度下进行分解得到活性氮原子。氨气分解后，生成大量的活性氮原子，但是活性氮原子只有一部分能够被钢件表面吸收，剩下的活性氮原子会重新结合成氮分子。渗氮时应保持良好的气体循环，或有较高浓度的未分解氨气。

渗氮用钢的典型代表为38CrMoAl钢，钢中的铬、钼和铝元素在渗氮时可形成硬度很高、弥散分布的合金氮化物，但是普通碳钢渗氮后无法获得高硬度和高耐磨性。38CrMoAl钢的缺点是加工性差、淬火温度较高、易脱碳、渗氮后脆性较大。

钢件的渗碳主要是通过提高钢件表层碳含量，渗碳后再淬火+低温回火处理，表层得到回火马氏体组织，从而实现相变强化。渗氮后无须进行热处理，因此不能通过马氏体相变强化，但渗氮过程中会形成特殊的氮化物，可起到弥散强化的作用。

由于工件渗氮后不进行热处理，因此渗氮前的热处理就显得尤为重要。渗氮用钢一般为中碳钢，为了使其综合性能较好，渗氮前需进行调质处理，即淬火+高温回火，得到回火索氏体组织。淬火温度选在 Ac_3 以上 30~50℃，回火温度比渗氮温度高 50℃左右。

渗氮温度影响渗氮层深度和渗氮层硬度，渗氮温度越低，表面硬度越大，硬度梯度越陡，渗氮层深度越小，一般选择 510~560℃，比渗碳温度低。渗氮时间主要影响渗氮层深度，渗氮时间越长，渗氮层越深，一般时间为 40~60h，甚至更长。

38CrMoAl钢渗氮后能够提高硬度和耐磨性，其强化机理是氮和合金元素原子在 α 相中偏聚，形成混合 G.P 区（原子偏聚区），成盘状，与基体共格，引起较大的点阵畸变，从而使硬度提高。$\alpha''\text{-}Fe_{16}N_2$ 型过渡氮化物析出，也会使得硬度显著提高。

思考题

1. 什么是材料？什么是材料技术？
2. 列举三种油气田材料，并说明其特性。
3. 常用的材料加工技术有哪些？
4. 材料加工技术的发展趋势是什么？

参考文献

[1] 材料科学技术百科全书编辑委员会. 材料科学技术百科全书 [M]. 北京：中国大百科全书出版社，1995.
[2] 谢建新. 材料加工新技术与新工艺 [M]. 北京：冶金工业出版社，2004.
[3] 黄本生. 金属材料及热处理 [M]. 北京：石油工业出版社，2019.
[4] 黄天佑. 材料加工工艺 [M]. 北京：清华大学出版社，2010.
[5] 张文钺. 焊接冶金学：基本原理 [M]. 北京：机械工业出版社，1995.

[6] 李魁盛. 铸造工艺及原理 [M]. 北京：机械工业出版社，1989.
[7] 陈玉祥，王霞. 油气田应用材料 [M]. 北京：中国石化出版社，2009.
[8] 陈孝文. 无损检测 [M]. 北京：石油工业出版社，2020.
[9] 祝效华，李柯. 铝合金钻杆在长水平井段延伸钻进的可行性 [J]. 天然气工业，2020，40（1）：88-96.
[10] 刘冰. 新型高强度钻杆的优化设计 [D]. 成都：西南石油大学，2016.
[11] 胡滔. 石油钻头技术的现状研究及发展趋势 [J]. 中国石油和化工标准与质量，2021，41（20）：178-179.
[12] 李鹤林，张亚平，韩礼红. 油井管发展动向及高性能油井管国产化（上）[J]. 钢管，2007，（6）：1-6.
[13] 杨玉婧，刘文超，郭栋，等. 块体非晶合金铸造成形的研究现状 [J]. 特种铸造及有色合金，2017，37（12）：1354-1357.
[14] 杨智强，起华荣，郭红星，等. 国内铸造工艺数值模拟研究及应用现状 [J]. 铸造技术，2017，38（9）：2072-2075.
[15] 牛勇，权晓惠，张营杰，等. 现代自由锻造装备技术研究现状与发展趋势 [J]. 精密成形工程，2015，7（6）：17-24.
[16] 邸新杰. 低相变温度焊接材料的研究现状及发展趋势 [J]. 金属加工：热加工，2022（6）：14-18.
[17] 于兴福，王士杰，赵文增，等. 渗碳轴承钢的热处理现状 [J]. 轴承，2021（11）：1-9.

第2章 快速凝固

2.1 引言

金属液态成形是材料加工的一种重要方法，除了粉末冶金等方法直接成形产品外，几乎所有的金属制品和构件的生产都离不开液态成形，如图2-1所示。铸造工艺和铸件的微观组织、结构、性能都会对后续加工的进行和最终产品的质量产生重要的甚至是决定性的影响。液态成形时冷却速度的快慢对冷却后的组织类型、晶粒大小和性能都将产生重要影响。如果冷却速度缓慢，铸件内的成分和组织因为有充分的时间和空间进行扩散，常常会产生宏观偏析。凝固过程中也会产生微观偏析，其偏析间距相当于枝晶臂间距。常规铸造合金出现晶粒粗大、偏析严重、铸造性能不好等严重缺陷的主要原因是合金凝固时的过冷度和凝固速度很小。一般来说，枝晶臂间距与凝固时的冷却速度密切相关，对于已研究的各种工程合金材料，枝晶臂间距与冷却速度呈反比关系。为了减少或消除偏析，可以增加凝固时的冷却速度，缩短其枝晶臂间距，以获得显微结构均匀的合金。

新中国第一块粗铜锭

a) 传统铸造

b) 真空吸铸

图2-1 金属液态成形

快速凝固技术的研究始于20世纪60年代初，由杜韦兹（Duwez）教授等人在研究中提出，是材料科学工程中一个较新的研究领域。20世纪70年代出现了用快速凝固技术处理的晶态材料，20世纪80年代出现了各种常规金属材料的快速凝固制备。20世纪90年代随着大块非晶的发展与应用，由于采用快速凝固技术可以开发非晶、微晶或纳米晶等新型材料，提高了传统材料的性能，所以该技术成为研究开发高性能新材料的重要手段

之一。目前，快速凝固技术已成为冶金工艺学和金属材料学的一个重要分支。快速凝固技术既是研究开发新材料的手段，又是新材料生产方法的基础，同时还是提高产品质量、降低生产成本的好途径。

2.2 快速凝固技术简介

2.2.1 快速凝固的定义

不同的铸件冷却速度不一样，大型铸件的冷却速度约为$10^{-3}\sim10^{-1}$℃/s，中等铸件的冷却速度约为10℃/s，特薄压铸件的冷却速度可达10^{2}℃/s，特殊的快速凝固技术其冷却速度可达$10^{6}\sim10^{9}$℃/s。快速凝固技术是指在比常规凝固工艺过程快得多的冷却速度（$10^{4}\sim10^{9}$℃/s）或大得多的过冷度（可达几十至几百摄氏度）下，合金以极快的凝固速度从液态转变为固态的材料成形过程。快速凝固也可以理解为由液相到固相的相变过程进行得非常快，从而获得普通铸件和铸锭无法获得的成分、相结构和显微结构的过程。

快速冷却可产生过冷，冷却速度越快，过冷度越大。过冷度越大，产生各种亚稳相的可能性就越大，晶体的生长速度也越快。合金平衡凝固时，要通过扩散来实现溶质的再分配，而当晶体生长速度增大后，溶质来不及移动，故不能实现平衡凝固，同时，根据液固界面稳定性理论，晶体生长速度足够快时，液固界面将保持平滑，这些都预示着快速凝固可消除微观偏析。总之，快速凝固可得到新的凝固组织。

2.2.2 快速凝固的条件

实现快速凝固有以下两个基本条件：

1）金属熔滴被分散成液流或液滴，而且至少在一个方向上的尺寸极小，以便散热。

2）必须有能带走热量的冷却介质。

满足上述条件的途径有：①熔液可分散成细小液滴或接近圆形断面的细流；②散热冷却可借助气体、液体或固体表面。几乎所有的快速凝固技术都遵循这些途径。

实现液态金属快速凝固的最重要条件是，要求液固相变时有极高的热导出速度。依靠辐射散热，对于直径为1μm，温度为1000℃的金属液滴，获得的极限冷却速度只有10^{3}℃/s，可见冷却速度不高。通过对流散热，将导热良好的氢气或氦气高速流过厚度为5μm的试样，获得的极限冷速为$10^{4}\sim2\times10^{4}$℃/s。要获得高于10^{6}℃/s的冷却速度，只能借助于热传导。

用热传导方法获得高的凝固速度的条件有：①液体金属与铸型表面必须接触良好；②液体层必须很薄；③液体与铸型表面从开始接触至凝固结束的时间要尽可能短。对于尺寸足够小的凝固试件，界面散热成为控制冷却速度的主要环节。增大散热强度，使熔体以极快的速度降温，即可实现快速凝固。

利用抑制凝固过程的形核，使合金液体获得很大的过冷度，实现凝固过程释放的凝固潜热与过冷散失的物理热抵消，使凝固过程处于几乎绝热的状态，则需导出的热量很小，从而获得很大的冷却速度。过冷度与凝固潜热的关系见式（2-1）

$$\Delta T=\frac{L}{c} \tag{2-1}$$

式中　ΔT——过冷度（℃）；

　　L——凝固潜热（J/kg）；

　　c——比热容［J/(kg·℃)］。

快速凝固的目的主要是获得高的强度、塑性、耐磨性和耐蚀性等，这些优异的性能是由快速凝固后的组织特点决定的，快速凝固合金的组织特点主要有：

（1）偏析倾向减小，成分均匀化　溶质原子不均匀分布或偏析的范围减小，通常，可用枝晶偏析的二次枝晶臂间距来表征成分偏析的范围或距离。快速凝固后的合金晶粒细化、枝晶间距较小、偏析范围的数量级较小。

（2）形成超饱和固溶体　大多数液态合金是无限互溶的（$C_{\mathrm{Lmax}} \to 1$），而在快速凝固过程中，发生了非平衡或无溶质分配凝固。快速凝固合金中置换式固溶体和间隙式固溶体的溶质固溶度都会有较大的亚稳扩展，而且一般冷却速度快、扩展大。

（3）组织超细化、尺寸均匀化　随冷却速度的增大，快速凝固后的合金晶粒可能为胞状晶或树枝晶。快速凝固合金晶粒尺寸极小，而且大小分布均匀。由于凝固形核前熔体过冷度可达几十甚至几百摄氏度，而结晶形核速度比长大速度更强烈地依赖于过冷度，大大提高了凝固形核速度，同时，在极短的凝固时间内晶粒难以充分长大。通常，快速凝固晶态合金被称为微晶合金，甚至有人根据凝固速度很高的合金中晶粒可小到纳米量级，而把快速凝固晶态合金分为微（米）晶合金和纳米晶合金。

（4）晶体缺陷增加　与铸态合金相比，快速凝固合金中的空位、位错等缺陷密度有较大增加，其原因主要是因为液态合金中空位形成能（0.11eV）比固态合金中的（0.76eV）小得多，故液态合金中空位浓度高，快速凝固时大部分空位来不及消失而留在固态合金中。凝固速度快，晶体生长过程中也容易形成空位，导致固态合金中空位浓度高。由于快速凝固过程中热应力大，空位聚集、崩塌，形成位错环，导致位错密度（尤其是位错环）高。

与铸态合金相比，快速凝固合金中的层错密度也有较大增加。快速凝固合金中的空位浓度、位错密度、层错密度增大，这对合金的溶质扩散、合金中固态相变以及合金性能都会产生重要影响。

在很大的过冷度和很高的冷却速度下进行凝固，凝固组织中会出现非平衡相。把温度梯度 G 和凝固速度 R 联系起来，用 GR 表示显微组织的变化和枝晶间距（偏析间距）的变化，见式（2-2）

$$GR=\frac{\mathrm{d}T}{\mathrm{d}x}\frac{\mathrm{d}x}{\mathrm{d}t}=\frac{\mathrm{d}T}{\mathrm{d}t}=\dot{T} \tag{2-2}$$

对铸件和铸锭，通常 $GR=10^{-3}\sim10$℃/s，但对于雾化法，$GR=10^{2}\sim10^{6}$℃/s。相应地，偏析间距 λ 从 1000μm 减小到 0.01μm。从平面生长向枝晶生长的转变如图 2-2 所示。

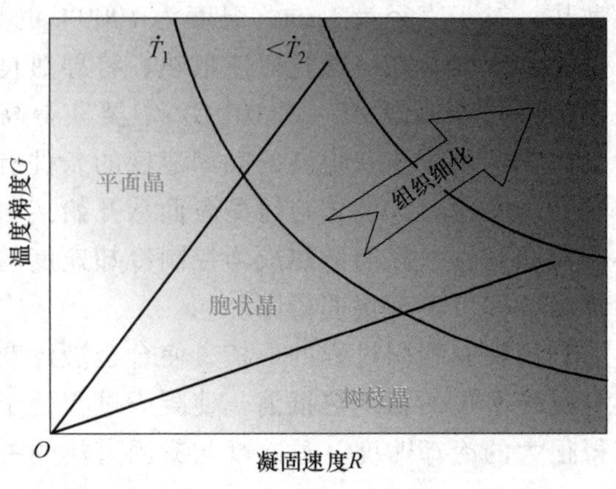

图 2-2　从平面生长向枝晶生长的转变

不同凝固速度对显微组织的影响如图 2-3 所示。

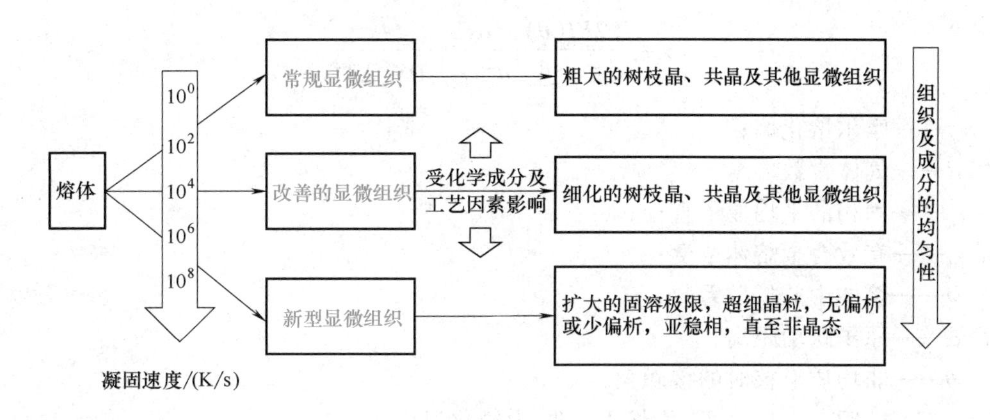

图 2-3　不同凝固速度对显微组织的影响

2.2.3　快速凝固的热力学条件

在较大的过冷度下发生的高生长速度的凝固过程中，液固界面可偏离平衡或亚稳平衡状态，直至发生无扩散、无溶质分离的凝固，乃至结晶过程完全被遏制，形成非晶结构（金属玻璃）。随着生长速度的增加，液固界面的热力学状态经历了完全的扩散（整体）平衡→局域界面平衡→亚稳局域界面平衡→界面非平衡四个过程。完全的扩散平衡通常只有在经过很长时间的保温或生长速度趋近于零的情况下才会出现，这时所有组元都无化学位梯度，每一相内的化学成分完全均匀，合金内无温度梯度，可应用杠杆定律进行分析。常规的合金凝固过程中常可保持局域界面平衡，有时出现亚稳局域界面平衡，这时只有液固界面的成分和温度同平衡或亚稳平衡状态图相符。快速凝固属于不同程度的界面非平衡过程，其特征是平衡或亚稳平衡状态图已不能给出界面处的温度和成分，界面上的溶质分配系数偏离平衡值，组元在液固界面两侧中的化学位不相等，溶质在某一相中的含量可超过状态图所允许的限度，即发生“溶质截留（solute trapping）”。然而在界面非平衡的凝固过程中，在某一界面温度下可能形成的固相成分范围，仍受自由能函数的约束，即液态固态相变所引起的自由能变化（ΔG_{LS}）必须符合 $\Delta G_{LS}<0$ 的条件。

2.2.4　快速凝固的动力学分析

在合金的快速凝固过程中，相选择是一个应重点关注的问题，因为它对整个快速凝固显微结构的特征及使用性能均有重要的影响。相选择（即各竞争形成的固相的优先析出顺序）既与相的形核速度有关，亦与相的生长速度有关。在大的起始过冷度下形核生长的快速凝固合金中，形核速度的竞争对相选择往往起着决定性的作用，因此，为判定相选择的顺序，必须从形核动力学的角度来分析各竞争相的形核速度与过冷度之间的关系。

稳态形核理论关于形核孕育期的计算方法只有在下列条件下才是适合的，即所有晶胚原子团簇在温度变化时会足够快地形成。对于在大的过冷度下开始的快速凝固过程，这种方法不再适用，而应根据时间依从（瞬态）的形核理论来计算。采用这种理论方法，最后可得到形核孕育时间（τ）与温度之间的关系，见式（2-3）

$$\tau=\frac{7.2Rf(\theta)}{1-\cos\theta}\frac{\alpha^4}{d_a^2x_{L,eff}DS_m\Delta T_r^2}\tag{2-3}$$

式中 S_m——摩尔熔化熵；

R——气体常数；

d_a——固相的平均原子直径；

$x_{L,eff}$——有效合金熔体浓度；

D——熔体中的扩散系数；

α——原子跃动距离；

θ——非均质形核时的接触角；

$T_r=T/T_m$，$\Delta T_r=1-T_r$，T_m 为熔点，T_r 为约化温度；

$f(\theta)=0.25(2-3\cos\theta+\cos^3\theta)$。

运用以上理论方法，针对不同的合金成分及不同的固态相（稳定或亚稳），即可得到：某一成分合金中不同结构的各固态相的 T（形核温度）-τ（孕育时间）图；确定在不同的熔体冷却速度下，领先形核的是哪个相；确定为避免某个初生相（常为金属间化合物）先于基体相形成所必需的临界冷却速度；预测不同粒度或厚度的粉、片中的相组成。

2.3 常用的快速凝固方法

2.3.1 快速凝固途径与技术

1. 急冷法（熔体急冷技术）

急冷法是指将金属或合金熔液以 $10^5\sim10^8$℃/s 的冷却速度凝固，形成非晶态（长程无序）或微晶结构的技术，是非晶态磁性合金的制备方法之一。熔体急冷技术最早由德国物理学家法尔肯哈根（Falkenhagen）和霍夫曼（Hofmann）于 1952 年在制备铝和过渡金属的亚稳相过饱和固溶体时采用，当时的冷却速度较低，只有 $10^3\sim10^4$℃/s。急冷法的核心是冷却速度，只有当冷却速度达到一定数值，凝固后才能得到常规冷却得不到的组织和结构。凝固速度是由凝固潜热及物理热的导出速度控制的，我们可以通过提高铸型的导热能力，增大热量的导出速度可使凝固过程快速推进，从而实现快速凝固。

在忽略液相过热的条件下，单向凝固速度 R 的计算公式见式（2-4）。在固相热导率、凝固潜热及固相密度一定的前提下，单向凝固速度主要取决于固相中的温度梯度 G_S。

$$R=\frac{\lambda_S G_S}{\rho_S\Delta h}\tag{2-4}$$

式中 λ_S——固相热导率［W/(m · ℃)］；

Δh——凝固潜热（J/kg）；

ρ_S——固相密度（kg/m^3）；

G_S——温度梯度（℃/m），由凝固层厚度 δ、凝固界面温度 T_K 和铸件/铸型界面温度 T_i 决定。

单向凝固速度与导热条件的关系如图 2-4 所示。

(1) 提高凝固速度的方法　凝固速度是急冷法的核心，提高凝固速度的方法较多，目前工程上常用的有以下几种：

1) 选用热导率 λ_S 大的铸型材料。热导率是材料本身的固有性能参数，用于描述材料的导热能力，单位为 W/(m·℃)。热导率与材料的大小、形状、厚度无关，只与材料本身的成分有关系。不同成分的热导率差异较大，导致由不同成分构成的材料的热导率差异较大，常见材料的热导率见表 2-1。从表 2-1 中可以看出，纯铜的热导率最大，用纯铜来导出铸型中熔融金属液体的热量效果较好，有助于实现快速凝固。

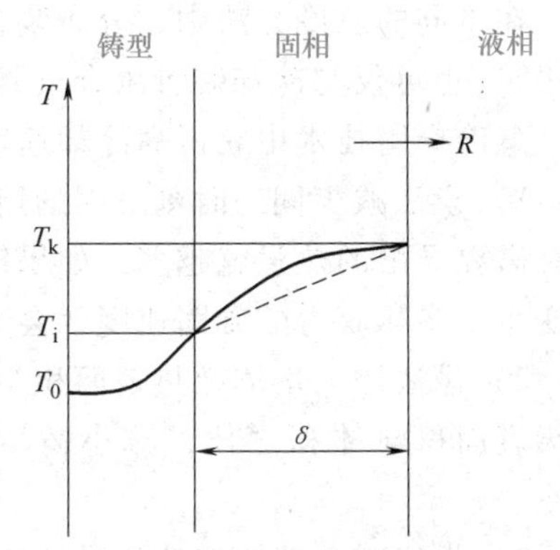

图 2-4　单向凝固速度与导热条件的关系

δ—凝固层厚度　T_i—铸件/铸型界面温度

T_k—凝固界面温度　T_0—初始温度

表 2-1　常见材料的热导率

材料名称	密度/(kg/m³)	热导率/[W/(m·℃)]
铜	8900	380
硅铝合金	2800	160
黄铜	8400	120
铁	7800	50
不锈钢	7900	17
PVC	1390	0.17
UP 树脂玻璃钢	1900	0.4
固体聚丙烯	910	0.22

2) 对铸型强制冷却以降低铸件/铸型界面温度 T_i，保持较大的温度梯度，从而提高凝固速度。随着冷却过程的进行，铸件的厚度越来越大，铸件/铸型界面温度 T_i 就越高，会降低液固界面温度梯度，对提高凝固速度不利。可以对已经冷却的铸件进行强制冷却，把铸件的热量向外导出，保持较高的凝固速度。

3) 铸件内部热阻（δ/λ_S）随凝固层厚度 δ 的增大而迅速提高，导致凝固速度下降。因此，欲通过快速凝固制备较大尺寸的铸件仍有难度，对铸型材料及热量的及时导出有较高要求。目前，快速凝固只能在小尺寸试件中实现。

(2) 急冷凝固技术的基本原理　急冷凝固要求在极短的时间内快速导出热量，因此可以通过改变熔体形状或分散熔体，避免大量凝固潜热集中释放，并改善熔体与冷却介质的热接触状况，实现快速热交换并散热，达到快冷和快凝的目的。熔体急冷凝固过程原理如图 2-5 所示。

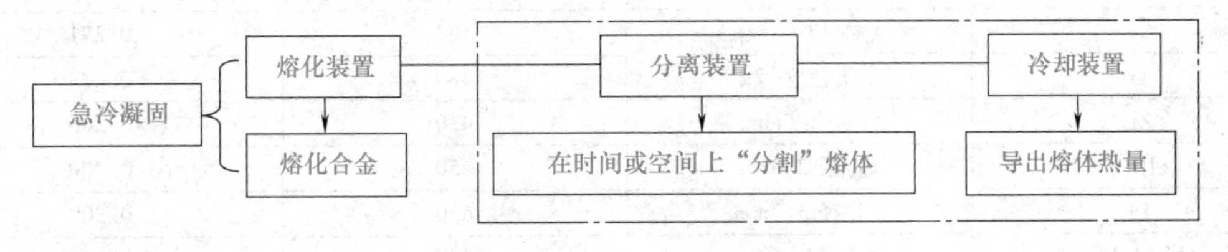

图 2-5　熔体急冷凝固过程原理

在不同的急冷方法中，分离装置可与熔化装置和冷却装置组合（离心雾化法、熔体旋转法），也可仅与冷却装置组合（熔体提取法）。

急冷凝固技术中获得高冷却速度的基本原则有：

1）设法减少同一时刻凝固的熔体体积。在其他条件不变的情况下，熔体体积越大，凝固时需要导出的热量就越多，如果铸型的温度不能及时降低，那么熔体和铸型之间的温度梯度变小，实际获得的凝固速度就会变小，到凝固后期可能就满足不了急冷的要求。

2）设法增大熔体散热表面积与体积之比。在熔体体积和铸型不变的情况下，增大熔体散热表面积与体积之比，减小铸型单位面积上需要冷却的熔体散发的热量，有助于实现急冷。

3）设法减小熔体与热传导性能好的冷却介质的界面热阻。界面热阻（interfacial thermal resistance）又称边界热阻（thermal boundary resistance），出现在不同物质之间的界面处，阻碍热流的传输。界面热阻（R）定义为界面处的温差（ΔT）与流过该界面的单位面积热流（J）之比，即 $R=\Delta T/J$。减小熔体与热传导性能好的冷却介质的界面热阻可以实现热量快速导出，使得随后凝固的铸件实现急冷。

4）尽可能主要以传导方式散热。热量传递有三种方式：传导、对流和辐射。生产和生活中所遇到的热量传递现象往往是这三种基本方式的不同组合。传导是指温度不同的物体（一般是固体）相接触传递热量；对流是指由于流体的宏观运动，冷热物体相互混合而发生热量传递的方式，这种传热方式仅发生在液体和气体中；热辐射是指物体通过电磁波来传递热量的方式。熔体冷却形成铸型后，一般用循环水等冷却介质把热量带走，这时主要以传导方式进行，散热效率高。

2. 深过冷法

深过冷法是指通过各种有效的净化手段避免或消除金属或合金液中异质晶核的形核作用，增加临界形核功，使液态金属或合金液获得在常规凝固条件下难以达到的过冷度的方法。早在20世纪50年代初，形核理论的奠基者特恩布尔（Turnbull）将十几种液态金属分散成直径为2~200μm的液滴，研究了形核过程，发现过冷度最大可达（0.18~0.2）T_m（熔点）。表2-2列出了部分液态金属或合金获得的最大过冷度。

表2-2 部分液态金属或合金获得的最大过冷度

金属或合金	试样尺寸或质量	ΔT/℃	$\Delta T/T_m$
Ga	直径10~20μm	174	0.580
Al	直径2mm	190	0.204
Cu	质量1~2g	266	0.196
Ag	质量500g	250	0.203
Fe	直径10~50μm	440	0.243
Co	直径13~134μm	480	0.271
Ni	质量0~2g	480	0.278
Zr	直径5mm	430	0.200
Rh	直径2.3mm	450	0.200
Ta	直径3.7mm	650	0.200
Al-5%Fe	直径10~20μm	290	0.260
Al-12.6%Si	直径10~20μm	119	0.140

深过冷液态金属远离热力学平衡状态，使一些在近平衡凝固过程中不可能形成的亚稳相获得一定的形核驱动力，在动力学占优的条件下即发生形核并长大。因此，多相竞争形核是深过冷熔体凝固过程的特征之一。通过控制过冷度的大小，或采用特定的异质晶核，有可能控制液态金属只发生预期相的形核，从而实现凝固过程中的相选择。

深过冷液态金属的结晶过程一般经历两个动力学特征不同的阶段。凝固初期，大量晶核迅速形成并以极大的速度向过冷熔体中生长，凝固速度不受外部散热条件的控制，通常为快速凝固阶段，随后潜热释放引起的再辉使金属温度升至平衡固相线附近后，结晶速率会受外部冷却条件的控制，通常为慢速凝固阶段。如果液态金属过冷度极大，以致再辉不可能使金属温度升至平衡固相线之上，即达到所谓“超冷状态”，则液态金属有可能完全快速凝固。

深过冷液态金属中的异质晶核得以充分去除，抑制其形核所需的临界冷却速度显著降低，因此有可能使大体积液态金属以非晶态凝固方式转变为大厚度块状非晶态合金。特恩布尔及合作者于 1982 年首次证实了这一设想，他们在 1~1.4℃/s 的慢速冷却条件下成功地制备出厚度达 10mm 的 Pd40Ni40P20 非晶态合金。

深过冷液态金属中的枝晶生长具有以下特点：

1）对于某些液态金属存在临界过冷度 ΔT^*，当 $\Delta T>\Delta T^*$ 时晶体生长形态发生“枝晶-球状晶”转变，伴随晶粒组织大幅度细化。

2）凝固初期枝晶生长速率极大，可达每秒数十米，最终枝晶分枝间距和球状晶粒直径决定于凝固后期的粗化过程，但组织粗化对枝晶晶粒尺寸无影响。

3）枝晶偏析随过冷度增大而减小，在冷却速度较快的情况下，由于凝固初期发生无偏析凝固，枝晶中心部分产生的溶质的含量接近合金平均成分的含量。

4）根据特里维迪（Trivedi）、利普顿（Lipton）和库尔兹（Kurz）的理论分析，枝晶生长存在临界过冷度 ΔT_h，当 $\Delta T>\Delta T_h$ 时枝晶生长转变为平界面生长，即出现绝对稳定性；如果枝晶生长速率足够快，溶质分配系数将趋近于 1，枝晶以无偏析方式生长。

深过冷共晶合金凝固过程中存在多相竞争形核与长大，比单相枝晶生长复杂得多，其与小过冷共晶生长相比较具有三方面特点：

1）随着过冷度增大，Ni-Sn、Al-Cu、Co-Sn、Pb-Sn、Ni-Sb 和 Ni-Mo 等共晶合金的组织形态从规则层片共晶转变为不规则共晶。

2）深过冷可以抑制 Ag-Cu 等共晶合金的共晶生长，而使之以无偏析凝固方式生成均匀单相固溶体。

3）描述规则层片或棒状共晶生长的 Jackson-Hunt 理论在深过冷条件下不再适用。

上述快速凝固是通过提高热传导速率实现的，由于试件内部热阻的限制，一般只能在薄膜及小尺寸试件中实现。那么大尺寸试件如何才能实现快速凝固呢？唯一的途径是通过降低凝固过程中的潜热导出量从而实现快速凝固。通过抑制凝固过程的形核，使合金液获得很大的过冷度，并使凝固过程释放的潜热 Δh 被过冷熔体吸收，进而可以获得很大的凝固速度。

过冷度为 ΔT_s 的熔体凝固时需要导出的实际潜热 $\Delta h'$ 见式（2-5）

$$\Delta h'=\Delta h-c\Delta T_s \tag{2-5}$$

由式（2-5）可知，凝固速度随过冷度 ΔT_s 的增大而增大。当 $\Delta h'=0$，即 $\Delta T_s=\Delta T_s^*=\dfrac{\Delta h}{c}$ 时，凝固潜热完全被过冷熔体所吸收，试件可在无热流导出的条件下完成凝固过程。

由上式所定义的过冷度 ΔT_s 称为单位过冷度。经过特殊净化处理的大体积液态金属的快速凝固等都是深过冷快速凝固技术的范例。

3. 定向凝固法

定向凝固法是在凝固过程中采用强制手段，在凝固金属和未凝固熔体中建立起特定方向的温度梯度，从而使熔体沿着与热流相反的方向凝固，以获得具有特定取向柱状晶或单晶的技术。实现定向凝固的条件是金属熔体中的热量严格地按单一方向导出，并垂直于生长中的液固界面，使金属或合金按柱状晶或单晶的方式生长。定向凝固法的原理如图 2-6 所示。

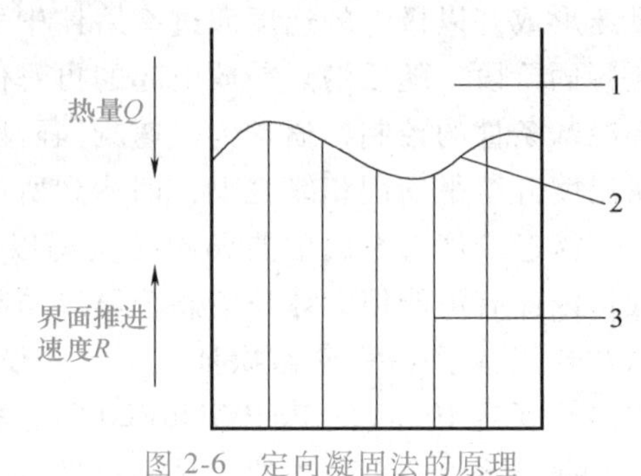

图 2-6　定向凝固法的原理

1—金属熔体　2—液固界面　3—金属晶体

定向凝固是使熔融合金沿着与热流相反的方向按要求的结晶取向凝固的一种铸造工艺。定向凝固的必备条件如下：

1）热量向单一方向流动并垂直于生长中的液固界面。

2）晶体生长前方的溶液中没有稳定的结晶核心。

定向凝固措施主要有：①避免侧向散热；②靠近液固界面的溶液中有较大的温度梯度。

2.3.2　快速凝固工艺

实现快速凝固的方法较多，常用的有雾化技术、液态急冷法和束流表层急冷法等。

1. 雾化技术

雾化技术不是一种很新颖的技术，但却是工业生产中最常见的快速凝固方法。其基本原理是将连续的金属熔体在离心力、机械力或高速流体（气体或液体）冲击力等外力作用下分散破碎成尺寸极细小的雾化熔滴，并使熔滴在与流体或冷模接触中迅速冷却凝固，凝固后呈粉末状。

根据熔炼方法、分离方式、冷却介质和冷却形式的不同，雾化技术的工艺主要有气体雾化法、水雾化法、超声气体雾化法、快速凝固雾化法、旋转离心雾化法、旋转电极雾化法、穿孔旋转杯法、机械雾化法等，雾化后可以是粉末、碎片或箔片等形式。

（1）气体雾化法　气体雾化（gas atomization）法是目前制备高性能球形金属粉末的主要方法，其原理是通过高速气流（N_2 或 Ar、He 等惰性气体）冲击金属熔体，使其破碎为细小液滴，将气体的动能转变为金属熔滴的表面能，最终冷凝形成粉末颗粒。气体雾化制粉过程通常包括金属材料熔化、熔体破碎、熔滴球化和凝固等阶段。两束或多束气体射流介质传递动能，将金属液流破碎，细小的液滴在飞行中通过对流或辐射散热凝固成粉末，气体雾化过程如图 2-7 所示。

气体雾化的工艺参数主要有射流距离、射流压力、喷嘴结构、气体和金属流速、金属过热度、气液交汇角、金属表面张力、金属熔化温度范围等，雾化气体射流压力决定了气体的动能，进而影响雾化效率和粉末质量。气体雾化法可以应用于高合金钢、铝合金、高温合金、钛合金等（活泼金属粉末采用惰性气体雾化），雾化后的粉末多呈球形。凝固冷却速度取决于颗粒尺寸和雾化介质的类型，尺寸越小，气体越轻，冷却速度越快。

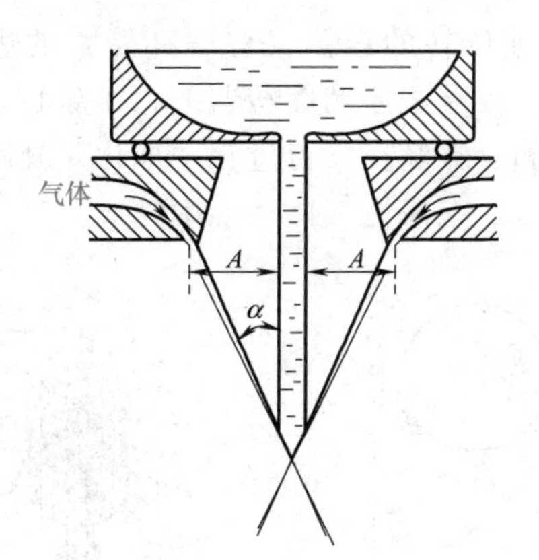

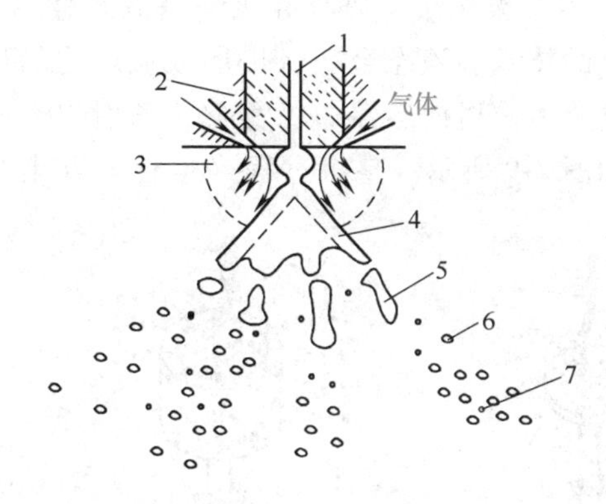

图 2-7 气体雾化过程

1—金属熔体 2—喷嘴 3—气体膨胀 4—片状 5—更小碎片 6—椭圆体 7—球形

（2）水雾化法 与气体雾化法相比，水雾化（water atomization）法除了以水射流代替气体射流外，其余与气体雾化法相似。水雾化过程如图 2-8 所示。经水雾化法制备的颗粒多呈不规则形，冷却速度可达 10^2~10^4℃/s。水雾化法与气体雾化法的比较见表 2-3。

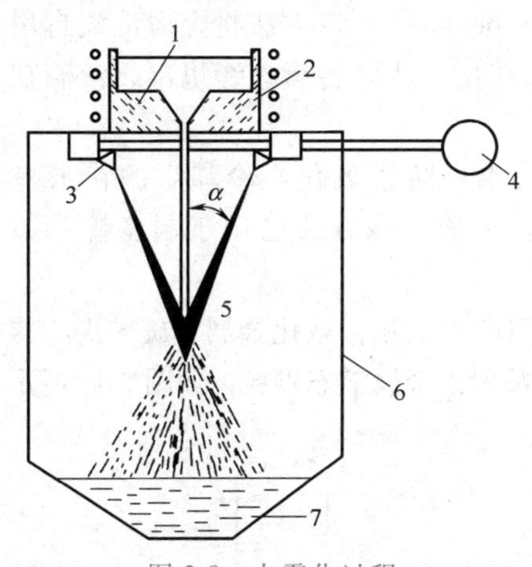

图 2-8 水雾化过程

1—金属熔体 2—熔炉 3—喷射器 4—压力源 5—水柱 6—雾化室 7—粉末

表 2-3 水雾化法与气体雾化法的比较

参数	水雾化	气体雾化
压力/MPa	3.5~21	1.4~4.2
速度/(m/s)	40~150	50~150
过热度/℃	100~250	100~200
射流角/(°)	≤30	15~90
颗粒尺寸/μm	75~200	50~150
颗粒形状	不规则，表面粗糙	光滑，球形
收得率	60%小于 35 目	40%小于 325 目

目前，水雾化法已被大规模应用于工具钢、低合金钢、铜、锡、铁粉等［钢和高温合金水雾化时，活泼元素易氧化，$w(\mathrm{O})\geqslant 1000$ppm；气体雾化时，$w(\mathrm{O})$ 大约为 100ppm］，有时，也可以油代水，以降低 $w(\mathrm{O})$。

（3）超声气体雾化法 超声气体雾化（ultrasonic gas atomization）法是气体雾化法之一，方法类似于普通气体雾化，只不过是雾化气体射流速度高，最高达 2.5 马赫，而且声波频率高达 80~100kHz。常规气体雾化射流以连续方式流动，而超声雾化射流则以 80~100Hz 的频率振动。

高速高频气流由装配在雾化喷嘴上的激波管产生，液流可有效破碎，产生的粉末更细（平均约 20μm），粒度更均匀（尺寸分布窄），平均冷却速度可达 10^5℃/s，该法主要用于铝、高温合金、Ti-Al 等粉末的生产。

（4）离心雾化法　离心雾化法是液态金属在高速旋转的容器（盘、杯等）的边缘上破碎、雾化的技术。液态金属从坩埚或从熔化的母合金棒端浇注到旋转器上，在离心力的作用下，熔融金属被甩向容器边缘雾化，喷射出金属雾滴，雾滴在飞行过程中球化并凝固。离心雾化法如图 2-9 所示。整个过程（熔化、雾化、凝固）在惰性气体环境中完成。

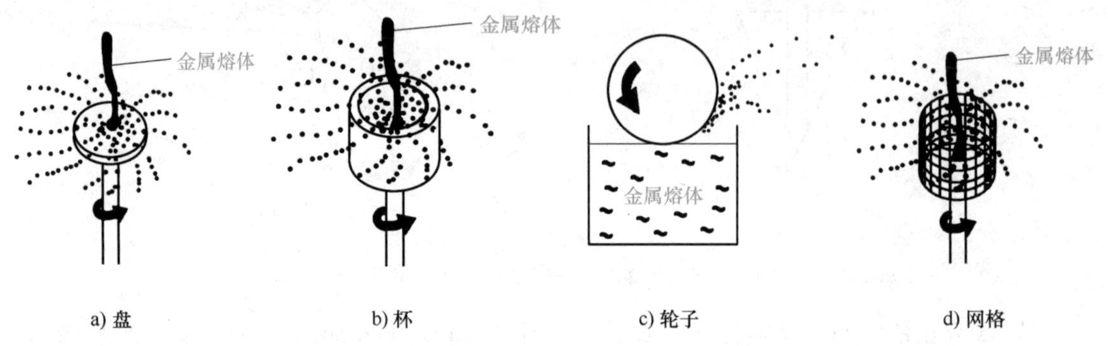

图 2-9　离心雾化法

1）快速凝固雾化法。快速凝固雾化法是离心雾化法的一种，又称快速凝固速度-离心雾化工艺（rapidly solidification rate-centrifugal atomization process）。该方法将金属液流自坩埚底浇至高速旋转的水冷水平盘，液态金属被机械打碎、雾化，从旋转盘边缘甩出，液滴在飞行过程中凝固，如图 2-10 所示。

雾化过程中，可加氦气流喷吹，加速冷却，同时也可防止氧化。冷却后的粉末多呈球形，尺寸约 20~80μm，冷却速度可达 10^4 ~ 10^6℃/s。目前，该方法已用于制备镍、铝、钛和高温合金粉末。

2）旋转离心雾化法。静止电极和带电旋转坩埚之间产生电弧，熔化金属。旋转离心雾化法是在离心力作用下，熔融金属被甩出坩埚边缘雾化，并喷射出金属液态颗粒，如图 2-11 所示。

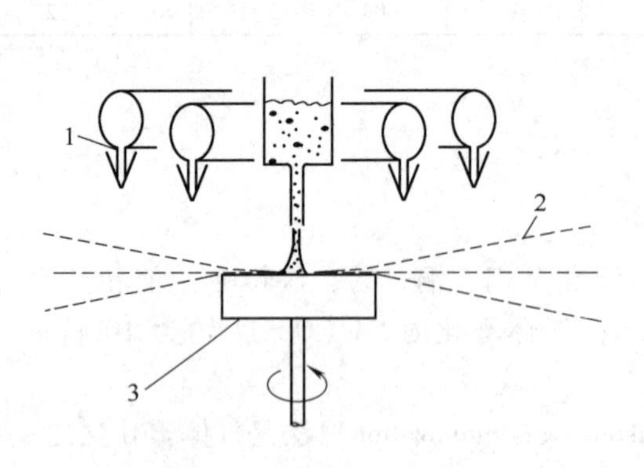

图 2-10　快速凝固速度-离心雾化工艺
1—冷却气体　2—细颗粒　3—旋转式雾化盘

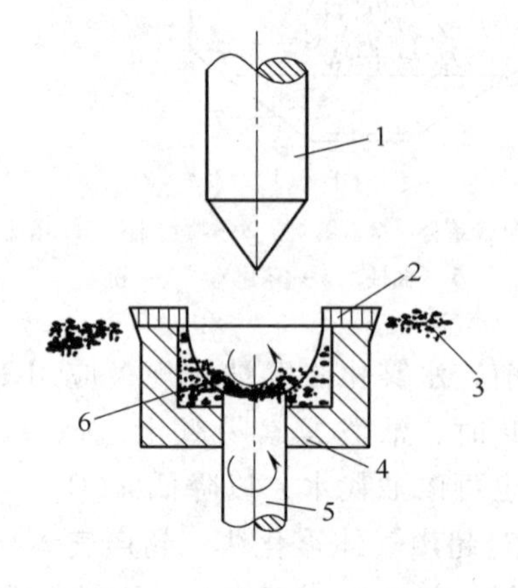

图 2-11　旋转离心雾化法
1、5—电极　2—雾化边缘　3—粉末颗粒
4—旋转坩埚　6—合金材料

3）旋转电极雾化法。将欲被雾化的棒料快速旋转，同时棒料一端被一个非自耗钨电极产生的电弧熔化，熔化的金属从旋棒上甩出，在与惰性气体室的室壁碰撞之前凝固、成粉，

如图 2-12 所示。粉末多呈球形，表面质量好，尺寸大（一般大于 200μm），冷却速度约为 10^2℃/s。

该方法已用于雾化活泼的金属，如高纯、低氧的 Ti、Zr、Nb、Ta、V 等金属及其合金，以及 Ni 和 Co 的高温合金。但该方法容易出现钨污染，为了避免钨污染，可用钛阴极或等离子体弧、激光、电子束来熔化棒料。

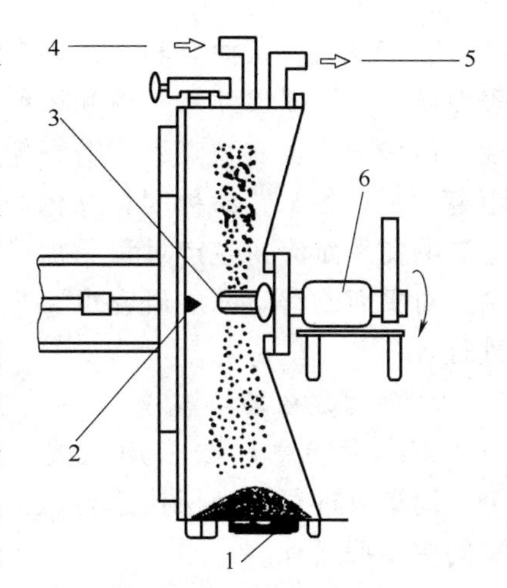

图 2-12　旋转电极雾化法

1—收集口　2—非旋转式钨电极　3—旋转式消耗电极　4—惰性气体　5—出口　6—旋转轴

4）穿孔旋转杯法。穿孔旋转杯法是将熔融金属浇至一个旋转深杯中，杯的四周穿孔，离心力使熔融金属穿过孔洞流出，在飞行中破碎、凝固，如图 2-13 所示。粉末多呈米粒形，针状，冷却速度低（只有 10~10^2℃/s）。利用该方法可连续生产板材，主要用于生产低熔点合金板，如铝、铅、锌等合金板。

5）机械雾化法。机械雾化法是利用两个反向高速旋转辊轮将金属液流雾化。经过双辊时需防凝固（用碳涂层包裹两辊），液态金属从辊下方排出，并以液滴形式甩出，并迅速落入水浴中凝固，如图 2-14 所示。

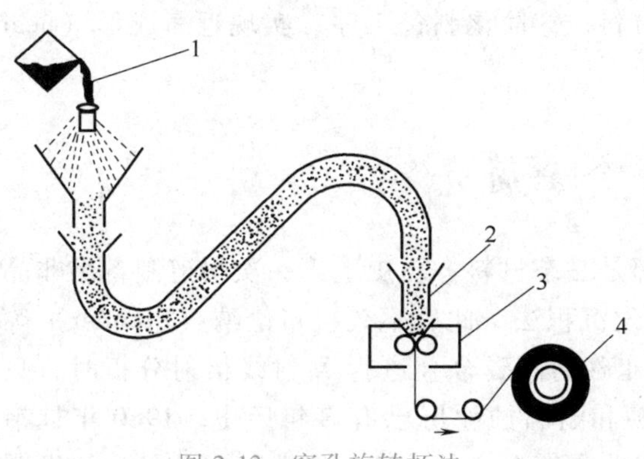

图 2-13　穿孔旋转杯法

1—浇注　2—预热　3—压实　4—卷材

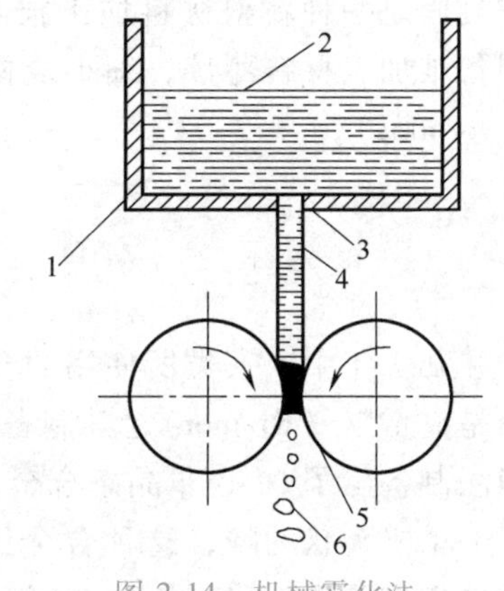

图 2-14　机械雾化法

1—坩埚　2—熔液　3—节流孔　4—喷射器　5—液固界面　6—熔融液滴

该方法冷却速度达 10^5~10^6℃/s，可制备金属薄片以及不规则颗粒或球形颗粒。将熔体液流在两个反向旋转的导热轧辊之间轧制，熔体液流垂直下落在两辊之间，可制备 10~200μm 的薄片，冷却速度达 10^5℃/s。通过精准控制工艺参数，可制备非常长的薄带。

2. 液态急冷法

液态急冷法是将液流喷到辊轮的内表面、外表面或板带的外表面来获得条带材料，包括单辊法和双辊法。单辊法包括自由喷射熔液自旋法和平面流铸法，其原理示意图如图 2-15 所示。

平面流铸法具有以下优点：①平面流铸熔潭小于自由喷射溶液自旋工艺的熔潭，熔潭的稳定性大大增加，又因为平面流铸制取的带材很薄，避免了由于熔潭自由表面不稳定而引起的湍动喷射；②熔潭和冷却辊轮表面接触良好、稳定，冷却速度的波动很小，均匀性增加，冷却速度提高，从而有利于改善条带的表面质量，保证尺寸均一性和组织均匀性。但该方法也有缺点：喷嘴辊轮间隙距离太窄；各工艺参数间相互依附、相互影响使平面流铸生产过程更加难以控制，对平面流铸熔潭的研究也更加难以进行。

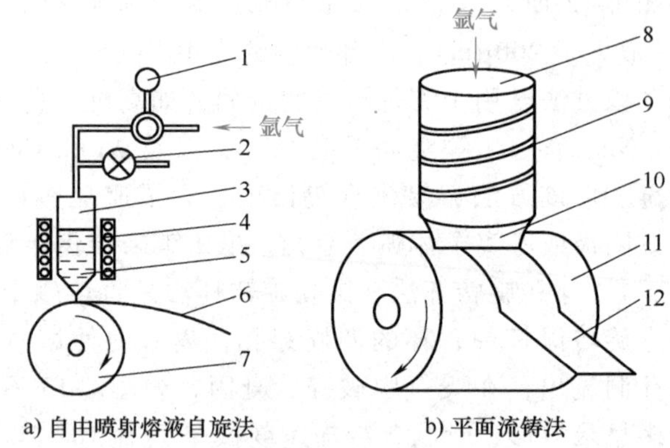

图 2-15　自由喷射熔液自旋法和平面流铸法原理示意图
1—压力计　2—排气阀　3、8—坩埚　4、9—感应加热线圈　5—合金液　6、12—金属薄带　7、11—冷却辊轮　10—喷嘴

3. 束流表层急冷法

束流表层急冷法采用激光、电子束、离子束进行表面层快速熔凝。该方法的主要特点有：

1）只改变组织，不改变成分，如表面上釉、表面非晶化等。

2）既改变成分，又改变组织，如表面合金化、表面喷涂后激光快速熔凝、离子注入后快速熔凝等。

3）在激光、电子束、离子束表面层快速熔凝方法中，最常用的是激光快速熔凝。

快速凝固是一种新型材料加工技术，其主要用途有：①获得新的凝固组织，开发新材料；②制备难加工材料薄带、细小线材和块体材料；③简化制备工序，实现近净成形（near net shape forming）。

2.4　非晶态合金简介

在以往几千年中，人类所使用的金属材料都是晶态材料。历史上第一次报道制备出非晶态合金的是克雷默（Kramer），其制备工艺为蒸发沉积法。此后不久，布伦纳（Brenner）等用电沉积法制备出了 Ni-P 非晶态合金。他们对非磁的高磷合金进行 X 射线衍射分析时，只观察到了一个馒头状的峰，这种合金用来做耐磨和耐腐蚀涂层已有多年历史。1960 年杜韦兹及其同事们发明了直接将熔融金属急冷制备出非晶态合金的方法，因为杜韦兹的这一发明具有划时代意义，且有媒体进行了正式报道，所以他也被人们认为是发明非晶态合金的鼻祖。

非晶态合金具有长程无序、短程有序的特点，也被称为玻璃态合金或非结晶合金，可由多种工艺制备，但都涉及将合金组成从气态或液态快速凝固的过程。由于凝固过程非常快，以致将原子的液体组态冻结下来后，它们有明显的结构表征，从各种性能特征显示出，在多数非晶态金属合金中确实存在最近邻域或局域的原子有序的现象。这种非晶态结构导致了独特的磁性能、力学性能、电性能和耐蚀性能等。例如，有的非晶态合金具有优异的软磁性能，在有高磁化强度性能的合金中所测得的磁损耗比大部分晶态合金的都低，并且它们的硬度高，还具有非常高的抗拉强度。一些非晶态合金的热膨胀系数接近零，其电阻率比一般的铁基或铁镍基合金高出 3~4 倍。一些非晶态合金具有非常好的耐蚀性。

非晶态合金已经显示出非常优异的、适合做大型变压器的磁性性能，并具有适合做磁头、电子装置用变压器、各种传感器的磁性能和力学性能的综合性能，因此，非晶态合金在

各种磁性器件中的应用前景是非常乐观的。镍基非晶态合金用作钎料已经很多年，这一应用技术提供了不含黏结剂的金属钎焊箔材，从而使钎焊强度提高并在较少的工时内达到较高的组装精度。

2.4.1 非晶态合金发展历程

非晶态合金的发展历程大体上可以分为两个主要阶段：

1. 第一阶段（1967—1988 年）

1967 年，杜韦兹教授率先开发出 Fe-P-C 系非晶态软磁合金，带动了第一次非晶态合金研究开发热潮。1979 年美国联信（Allied Signal）公司开发出非晶态合金宽带的平面流铸带技术，并于 1982 年建成年产 7000t 的非晶态带材生产厂，先后推出命名为金属玻璃（Metglas）的铁基、钴基和铁镍基系列非晶态合金带材，标志着非晶态合金产业化和商品化的开始。由于铁基非晶态合金带材的突出优点是铁损低，因此，其最佳应用是替代硅钢制作配电变压器铁芯，以达到节能目的。1984 年美国四个变压器厂家在 IEEE 会议上展示了实用的非晶态配电变压器，从而将非晶态合金应用开发推向高潮。在这期间，美国主要致力于铁基非晶态合金带材的大规模生产和节能非晶态配电变压器的推广应用。到 1989 年，美国联信公司已经具有年产 60000t 非晶态合金带材的生产能力，全世界约有 100 万台非晶态配电变压器投入运行。在这期间，日本和德国也十分重视非晶态合金的研究开发和产业化，并形成了自己的特色。其研究重点是非晶态合金在电力和电子元件中的应用开发，特别是在钴基非晶态合金带材方面他们有突出优势，如高级音响磁头、高频电源（含开关电源）用变压器、扼流圈、磁放大器等。其中东芝公司在 1987 年建成了年产 60t 的钴基非晶态合金带材生产线和年产 200 万只的元件生产线，东京电气化学（TDK）公司于 1981 年开始使用钴基非晶态合金制造优质磁头，年产达到 200 万只。我国的非晶态合金材料研究始于 1976 年，“七五”期间（1986—1990 年）建成百吨级非晶态合金带材中试生产线，带材宽度达到 100mm，标志着产业化的开始。在此阶段，非晶态合金带材及铁芯的制造技术基本成熟，有关研究开发活动日渐减少，产业化和商品化工作不断增强。

1980 年，日本大中逸雄（Ohnaka）首先提出采用内圆水纺法制备圆截面非晶态合金丝材，随后日本的尤尼吉可（Unitika）公司开始利用此法生产铁基和钴基非晶态合金丝。由于非晶态合金丝具有特殊的物理性能，如很高的抗拉强度（大于钢琴丝）、优异的软磁性能（10kHz 下的磁导率大于 10000）和独特的磁效应（马特西效应和大巴克豪森效应）等。因此，非晶态合金丝材既可以作为结构材料，如精密弹簧、丝锯、渔丝等，也可以作为功能材料，如小型变压器、电感元件、传感器、磁屏蔽器等。非晶态合金丝材构成这一阶段另外一个十分重要的研究领域。20 世纪 90 年代以前已经对非晶态合金丝材的制备、结构、性能、应用等进行了广泛地研究和实验，但由于市场需求和制造技术的局限性，非晶态合金丝材的产业规模和应用范围均不及非晶态合金带材。

2. 第二阶段（1988 年至今）

1988 年开始，日本井上明久（Inoue）等人相继发现一系列具有宽超冷液相区和强玻璃形成能力（glass forming ability，GFA）的多元合金体系，如镁基、镧基、锆基、钛基、铁基、钴基、钯铜基及镍基等。这类合金具有低的临界冷却速度，最低为 0.1℃/s，使得利用传统凝固工艺来生产块体非晶态合金成为可能，避免了急冷凝固工艺对非晶态合金形状和尺寸的限制。目前，已经开发出厚度大于100mm的大块结构非晶态板材和厚度达到2mm的大块非晶态软磁环形样品。大块非晶态合金的问世极大地拓展了非晶态合金的应用领域与价值，已经成为非晶态材料领域的研究焦点之一。

2.4.2 非晶态合金的结构特征

非晶态固体一词常用来表明不具有晶态结构的固体，即构成非晶态固体的原子或原子团，没有任何的长程序，只在几个原子间距的区间内具有短程序。一般从否定含义可对非晶态固体作如下定义：非晶态固体没有晶态结构，原子在三维空间呈无序排列。所谓“无序”不是单纯的混乱，而是残缺不全的秩序。例如，晶胞型无序是指尽管没有严格意义上的晶格，但在形式上还残留着规则的格子，不过占据这些格点上的原子种类却是杂乱的、随机的，即只能推知某处是否有原子存在，但不知该位置上究竟是什么原子，故又可称为成分无序或化学无序。置换型合金和混晶就属于这类无序态，即为广义非晶态。当消除了晶胞型无序中残留的长程序，使原子所处的位置也变成无序时，即为狭义非晶态，通常称为结构型无序或拓扑型无序，二者的本质是一样的。前者以金属键结合的非晶态合金为代表，而后者以共价键结合的非晶固态半导体为代表。

非晶态合金在宏观上处于非热平衡的亚稳态。这里亚稳的含义是指在同样外界条件下，非晶态合金的能量要比相应晶态的能量高。温度高于或等于熔点 T_m 的液态金属，其内部处于平衡态。从自由能观点来看，当温度低于熔点 T_m 时，在没有结晶的情况下过冷，此时体系的自由能将高于相应的晶态金属，故呈亚稳态。液态金属、液态半导体、过冷液体均处于热平衡状态，即在某个给定的外界条件下，物质表现出来的状态是唯一的。只要外界条件不变，不管到什么时候，物质将保持原有的状态不变（再现性）。处于非热平衡状态的物质是以某种亚稳态存在，从原子排列的局部来看，原子总是占据能量极小的稳定位置，而从整体来看，物质的结构并不一定满足能量最小。每当温度升高或从外界获得能量时，原子将从一个亚稳态跃迁到另一个亚稳态，在这过程中，原子要占据哪个亚稳态不仅与给定的外界条件有关，还与原子的固有性质有关。这时原子的状态只不过是暂时状态，绝不是原子本来所应有的状态，因为原子的状态总可以变为能量最低的热平衡状态。像这样处于非热平衡亚稳态的物质就称为非晶态固体。

非晶态合金的形成是有条件的，既与合金成分有关，也与凝固过程的冷却速度有关。从相变角度来看，非晶态形成的过程就是避免结晶的过程，即避免原子重排的过程。黏滞系数 η 是标志原子迁移难易程度的物理量，η 大则不易结晶。形成非晶态合金的过程是过热液态金属→过冷液态金属→非晶态合金。体积和焓与温度的关系如图2-16所示。过冷液态金属在 $T=T_m$ 时，黏滞系数 η 为 10^{-2}Pa·s，当温度降低时，η 连续增加。通常把 η 陡增到 10^{13}Pa·s的温度定义为非晶态转变温度 T_g。非晶态合金的形成能力用过冷度 $\Delta T=T_m-T_g$ 来描述。实验证明，当过冷度 ΔT 减小时，获得非晶态的概率增加。因此，提高非晶态转变温度 T_g 与降低熔点 T_m 都有利于非晶态的形成。ΔT 与非晶态合金的成分密切相关。另外，对特定成分的合金而言，只要冷却速度足够快，凝固过程中来不及结晶，就可以形成非晶态。所谓“足够快”是指在冷却速度大于某一个临界速度 R_c，使得冷凝下来的固体中的结晶体积分数小于 10^{-6}。对于不同材料，R_c 是不同的。R_c 越小的物质，形成非晶态越容易。R_c 可以从连续冷却转变图获得，这在技术上为所需的设备提供理论数据。非晶态是一种亚稳态，

在一定条件下会发生晶化，而转变为稳定的晶态。非晶合金的晶化包括两个方面：一是在制备中（快速凝固）可能发生的结晶过程，二是在随后的热处理中的晶化过程。二者都受成核与晶体生长两个阶段的控制，都是相变过程。不同点在于：前者是在 T_m 到 T_g 的整个冷却过程中进行的，扩散速度随温度的下降而急剧下降，过冷度由 0 变为 T_m-T_g，相变驱动力随温度的下降而加大，其结果与非晶形成能力密切相关。后者是在 T_g 以下温度进行的，η 很大，属于固相内的扩散，过冷度很大，因此相变驱动力很大。在多数情况下，非晶合金的晶化将导致其性能变坏，这是要尽量避免的。

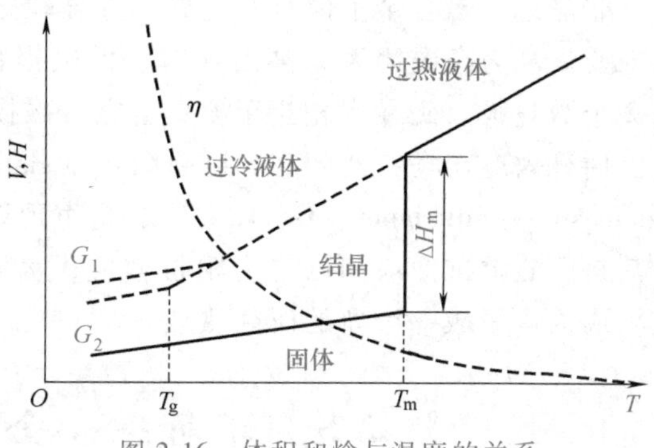

图 2-16　体积和焓与温度的关系

2.4.3　非晶态软磁合金的基本特性

在过去的几十年中，伴随着非晶态材料基础研究、制备工艺和应用产品开发的不断进步，各类非晶态材料已经逐步走向实用化，特别是非晶态、纳米晶软磁合金带材已在电力和电子等领域获得广泛应用。例如，在传统电力工业中，非晶态软磁合金带材正在取代硅钢，使配电变压器的空载损耗降低 70%以上，从节能和环境保护角度被誉为绿色材料；在现代电子工业中，非晶态软磁合金已成为促进高频开关电源向高效节能、小型轻量化方向发展的关键材料。

非晶态软磁合金中原子排布呈无序状态，磁晶各向异性消失，因而矫顽力比较低，并主要受磁致伸缩效应的影响，非晶态软磁合金的电阻率明显高于晶态合金。非晶态软磁合金通常被制成极薄的带材或极细的丝材，因而特别适用于交流场中，尤其是较高频电磁场，其铁损很低。

非晶态软磁合金主要有三类：铁基、铁镍基和钴基合金。非晶态软磁合金均由各自的基体金属和非金属（硼、磷、碳、硅等）组成，后者的主要作用是降低合金形成非晶态的临界冷却速度，易于得到非晶态。一般多种元素复合加入，效果更佳。过渡金属（锆、铪、铌等）及稀土金属也容易与铁、钴、镍形成非晶态合金，能够替代非金属元素。

铁基非晶态软磁合金中一般含有 80at%的铁和 20at%的非金属元素（硅、硼为主），是非晶态软磁合金中饱和磁感应强度 Bs 最高的，电阻率 ρ 高达 137μΩ·cm。该材料主要用于中、小功率的变压器铁芯，在美国等国家已经大量投入使用。使用铁基非晶态软磁合金的变压器，空载铁损可降低至硅钢片变压器的 50%左右，具有显著的节能效果。不过，在满负荷运转时，因为非晶态软磁合金的饱和磁感应强度明显低于 Fe-Si 合金，所以使用这两种铁芯材料的变压器，损耗水平相当。

铁镍基非晶态软磁合金是国内开发最早、用量最大的非晶合金。它的饱和磁感应强度 Bs≈0.75T，初始磁导率 μ_i 较高，最大磁导率 μ_m 很高，主要用途是代替 Fe-Ni78 坡莫合金作环形铁芯。非晶态软磁合金制备工艺简单，价格明显低于坡莫合金。

钴基非晶态软磁合金的饱和磁致伸缩系数接近于 0，因而具有极高的 μ_i 和 μ_m，很低的矫顽力和高频损耗，主要用作传感器材料，如图书防窃磁条。该合金由于含大量的钴而价格很高。

非晶态软磁合金不但具有优异的综合软磁性能，还表现出一些特殊的物理性能。物理性能主要表现为高电阻率、高磁导率、低磁损耗和一些特殊效应：电阻率比同类晶态合金高1~2个数量级，磁导率相当于坡莫合金，磁损耗只有硅钢片的1/10~1/3，特殊效应主要包括巴斯德效应、马特西效应、巨磁阻抗（giant magneto-impedance，GMI）效应、巨应力阻抗（giant stress-impedance，GSI）效应、超声延迟效应、因瓦效应、艾林瓦效应和超导电性等，尤其是巨磁阻抗效应和巨应力阻抗效应，为开发高灵敏度磁敏和力敏传感材料提供了新途径，成为该领域一个新的研究热点。

2.5 非晶态合金的形成机理及特性

非晶态合金中的原子呈现非周期排列，长程无序，短程有序；晶态合金中的原子呈现周期排列，长程有序；纳米晶合金是指由晶粒尺寸小于100nm的超微晶构成的多晶合金。非晶态、晶态和纳米晶合金结构对比如图2-17所示，非晶态和晶态合金形成过程对比如图2-18所示。非晶态合金常见的有带材、丝材、体材（大块非晶）等。

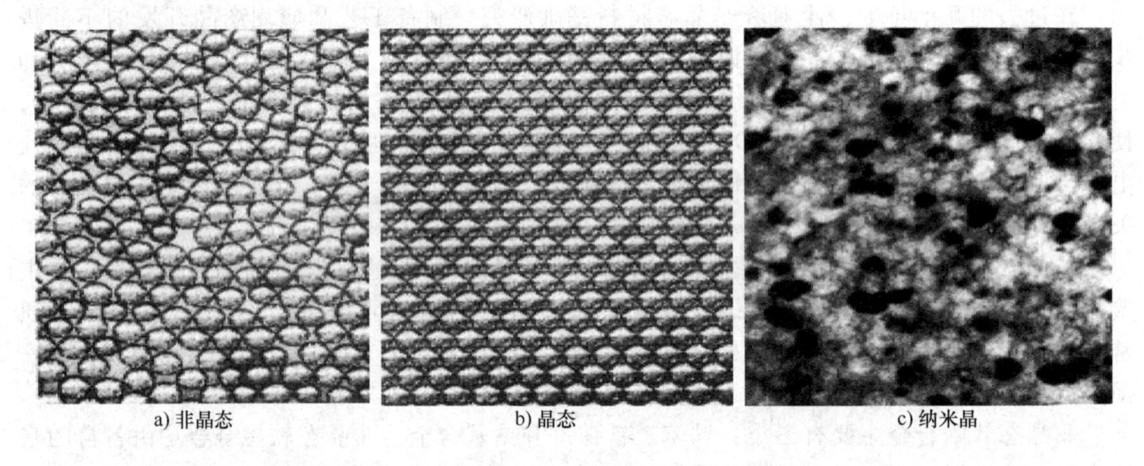

图2-17 非晶态、晶态和纳米晶合金结构对比

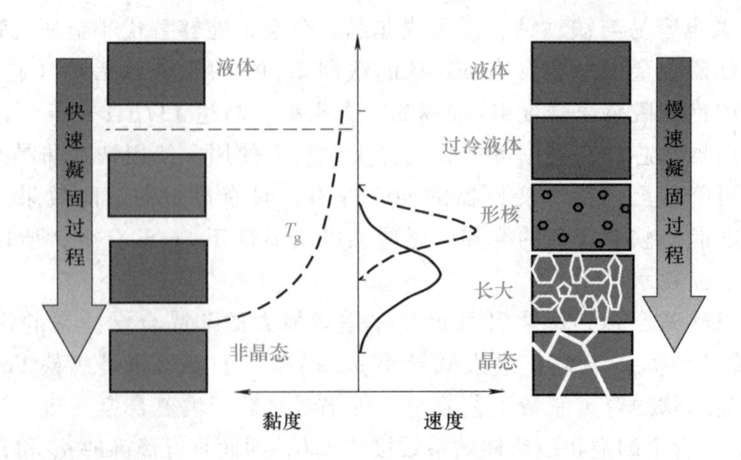

图2-18 非晶态和晶态合金形成过程对比

2.5.1 常见的非晶态合金及其分类与制备

1. 常见的非晶态合金系

非晶态合金的形成需要较大的凝固速度，常规的合金系很难满足这样的条件，因此可加入类金属、过渡金属或稀土金属提升熔融金属液体的黏度，这样有利于得到非晶态合金。常见的非晶态合金系有以下几种：

（1）后过渡金属-类金属　这类合金系主要由后过渡金属和类金属组成，如二元合金 Fe-B（13at%～25at%）和三元合金 Fe-Si-B（13at%～35at%）等。Fe-B 二元合金相图如图 2-19 所示，当硼（B）含量在 17at%左右时，Fe-B 合金的熔点最低。该合金系成形容易，价格相对低廉，目前已经在生产中得到广泛应用，主要用来制作非晶配电变压器的铁芯。

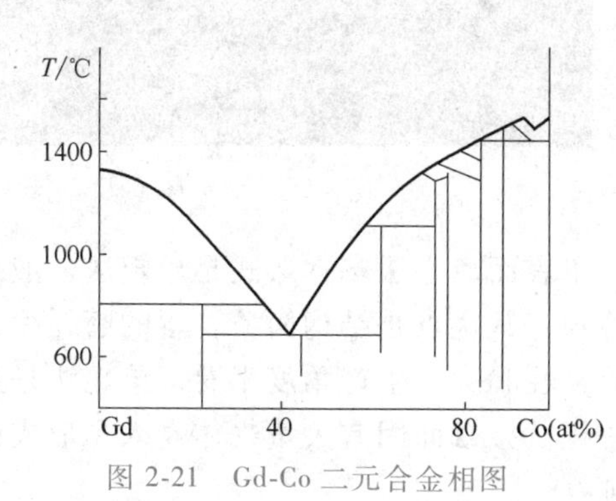

图 2-19　Fe-B 二元合金相图

（2）过渡金属-后过渡金属　这类合金系主要由过渡金属和后过渡金属组成，如二元合金 Ni-Zr（33at%～42at%）和 Fe-Zr（9at%～11at%）等。Ni-Zi 二元合金相图如图 2-20 所示，当锆（Zr）含量在 33at%～42at%时，Ni-Zr 合金的熔点较低，更有利于形成非晶态合金。

（3）稀土金属-后过渡金属　这类合金系主要由稀土金属和后过渡金属组成，如二元合金 Gd-Co（40at%～45at%）和 Gd-Fe（32at%～50at%）等。Gd-Co 二元合金相图如图 2-21 所示，当钴（Co）含量在 40at%～45at%时，Gd-Co 合金的熔点较低，更有利于形成非晶态合金。

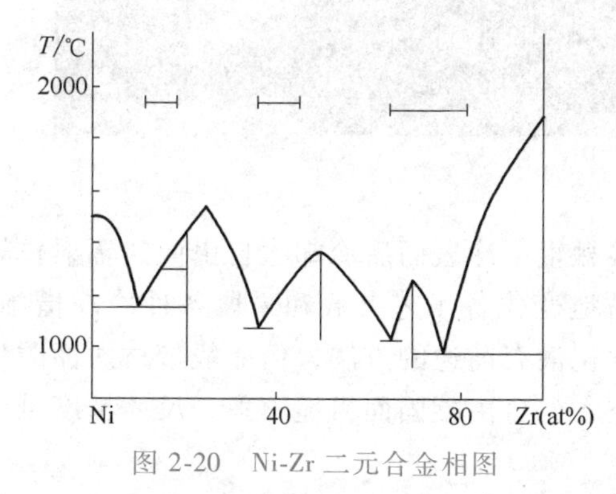

图 2-20　Ni-Zr 二元合金相图

图 2-21　Gd-Co 二元合金相图

2. 非晶态合金的分类

非晶态合金的种类较多，根据形成非晶后的形状和尺寸大小不同，一般可分为带材、丝材和块体非晶三种。此外还有非晶态合金粉末。

（1）非晶态合金带材　非晶态合金带材是目前非晶态合金最常见的形态。非晶态合金的形成要求有较快的凝固速度，为了满足凝固速度的要求，早期人们想到制备成带状，这样可以加快凝固速度，有利于得到非晶态合金。非晶态合金带材由于其尺寸和结构的限制，很难用作结构材料。目前，非晶态合金带材作为磁性功能材料已经得到广泛应用，由于其软磁性能优异，主要用作配电变压器和互感器等器件的铁芯。非晶态合金带材的主要制备方法及设备如图 2-22 和图 2-23 所示。

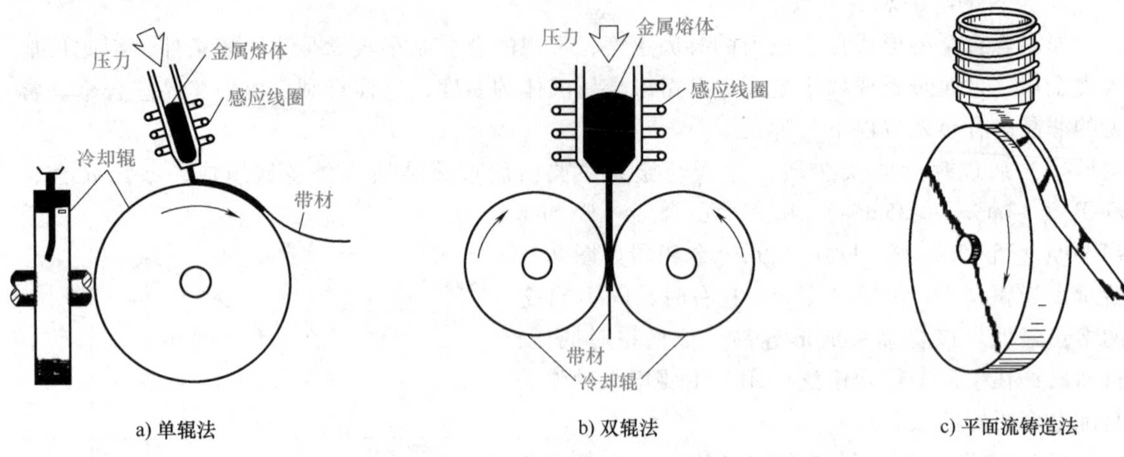

图 2-22　非晶态合金带材的主要制备方法

图 2-23　非晶态合金带材的制备设备

单表面离心法基本形式是单辊法。液态金属接触辊子冷表面后冷却，自由面热辐射作辅助冷却，其优点是结构简单，辊的磨耗少，能容易地变化各工艺参数和采取各种冷却措施。从重复性和大量生产角度来看，单辊法是走向工业化最有前途的方法，但一般带材两面质量不一样，接触面因有大量气体卷入易形成许多小空穴，自由凝固面粗糙不平，尺寸精度难以保证。

双表面轧制法基本形式为双辊法。液态金属在辊间轧制急冷凝固成带材，它接受轧辊的两面冷却，其优点是带材表面平整，厚度公差小，但此工艺中对辊面要求高，因此轧制时辊的磨耗大，必须频繁地打磨辊面，工艺参数调整困难。使用过程中，因带材中间不能迅速散热，会造成带材中间晶化，所以此法不宜制取厚度较大的带材。

混合型急冷法有两种类型，一种是以单表面冷却为主，为了增加接触弧长和改善自由凝固面质量，用另一个冷却面为辅助急冷装置，冷却面可以是一个小辊或环带；另一种是液态金属先接受单表面冷却，当金属处于液固共存态时立即转入双表面轧制急冷。

母合金的熔化，一般采用高频感应加热，也可采用电阻炉加热、非自耗电极加热、气体

喷嘴加热以及在高真空下的电子枪加热。坩埚的材质必须是耐高温、抗热冲击性好、与液态金属不起作用和易于加工的材料。在小批量生产中，使用石英对高熔点合金进行熔炼时可采用氧化铝、氧化镁等耐火材料，也可以采用石墨、氧化硼、氮化硅等材料。在规模较大的装置中，也有人用冷介质强迫冷却的金属坩埚。

冷却辊的材质通常采用热导率大的、与液态金属浸润性好的材料，表面要求进行很好的抛光。在单辊法中可用纯铜，在双辊法中因轧制时磨损大，所以必须选择强度大、硬度高的轴承钢或模具钢，也可以采用硬度和热导率不同的一对辊。

非晶态合金带材制备时主要控制其厚度和宽度，这两个指标直接与非晶态合金带材的成形质量及能否形成非晶息息相关，同时也会影响其磁性能和力学性能。非晶态合金带材的厚度主要由制备技术和带材的磁性和韧性等相关指标决定，宽度在更大程度上决定于制备技术。一旦非晶态合金带材宽度增加，带材的成形能力将急剧下降，同时带材横向厚度的一致性也很难保持一致，所以宽带的制备对设备和技术的要求更高。我国已于 2000 年成功地喷出了宽 220mm、表面质量良好的非晶态合金带材。这是我国首次成功喷出 220mm 宽非晶态合金带材，它标志着我国在该材料的研制和生产上达到国际先进水平。

（2）非晶态合金丝材　目前，作为软磁材料的非晶态合金带材已经实现了产业化，并在电力和电子等许多领域获得广泛应用。相对而言，由于制造技术和应用领域的局限性，圆截面非晶态合金丝材的发展较慢。目前，随着信息技术和自动化技术的快速发展，人们对传感器、换能器和磁记录元件提出了更高的要求，非晶态合金丝材的制造和应用引起了特别重视。

非晶态合金丝材的主要制备方法有内圆水纺法、玻璃包覆纺丝法和熔体淬取法三种，如图 2-24 所示。内圆水纺法制备非晶态合金丝材的设备及制备出的丝材如图 2-25 所示。

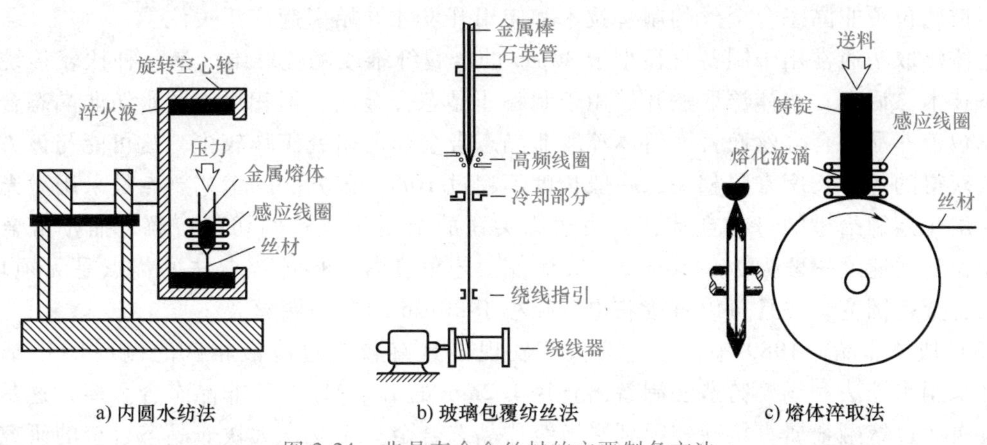

图 2-24　非晶态合金丝材的主要制备方法

1978 年，大中逸雄等人首先建立了内圆水纺法的基本概念，并检验了将熔体射流喷射到依靠离心力在鼓轮内表面形成液态冷却层过程中的稳定性。1980 年，马苏莫托（Masumoto）等人将内圆水纺法应用于制备非晶态合金丝。20 世纪 80 年代中期，日本的尤尼吉可公司率先开发出适合工业化生产的非晶态合金丝连续化制备技术，并申请了一系列相关专利。由于利用内圆水纺法稳定生产高质量非晶态合金丝的难度很大，因此尤尼吉可公司是世界上主要能够提供商品化非晶态合金裸丝的厂家。

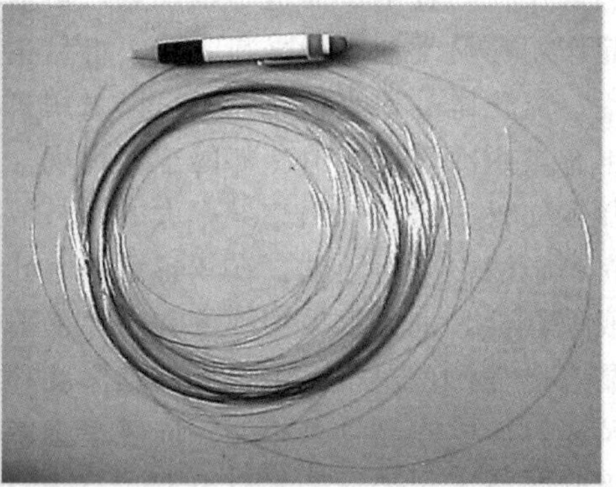

图 2-25　内圆水纺法制备非晶态合金丝材的设备及制备出的丝材

玻璃包覆纺丝法最早由泰勒（Taylor）于 1924 年提出，后经乌利托夫斯基（Ulitovsky）和瓦格纳（Wagner）改进后用于制备金属丝材。制备过程如下：将合金棒置于玻璃管内，在玻璃管下端用感应线圈使合金熔化，同时使玻璃管软化，用一个拉力机构从玻璃管底部拉出一个玻璃毛细管，金属熔体嵌入其中，在下拉毛细管过程中，用喷嘴连续喷出冷却液到毛细管上，使其中的合金快速凝固，形成玻璃包覆合金丝材。此法的工艺要点是合金熔化温度应与玻璃软化温度一致，合金与玻璃之间有很好的润湿性。玻璃包覆合金丝的直径和玻璃层厚度取决于拉伸速度，科研工作者用此法以 4m/s 以上的拉伸速度制备出直径为几个微米的 Fe-P-C-B 和 Fe-Si-B 两个系列的非晶态合金丝。20 世纪 70 年代中期已经在实验室里利用 Taylor-Ulitovsky 方法制备出玻璃包覆非晶态合金丝，但直到 20 世纪 90 年代初期，在内圆水纺非晶态合金丝应用开发不断取得重要进展的带动下，以及在突破内圆水纺工艺局限性的推动下，玻璃包覆非晶态合金丝的制备技术和应用开发才开始引起广泛关注。

熔体淬取法通常用于制备直径小于 30μm 的金属纤维或陶瓷纤维，是一种比较传统的纤维制备技术。后来，熔体淬取法开始用于制备非晶态合金丝，但相对内圆水纺非晶态合金丝和玻璃包覆非晶态合金丝而言，熔体淬取非晶态合金丝的研究工作较少，这可能与该方法能够连续获得的丝材长度有限相关，一般长度不超过 10m。该方法的工艺要点是采用激光作为热源，熔化连续给进的母合金棒，并由边缘尖锐的金属轮盘精确切削熔潭，抽拉出金属纤维，轮盘的线速度一般为 10～50m/s。从制备工艺角度看，熔体淬取法的优点是无须坩埚，适用的合金范围宽，并且可以直接获得直径小于 30μm 的非晶裸丝。

（3）块体非晶　1989 年，井上明久等发现了具有较宽过冷液相区的镧（La）基合金系，并采用水淬法和铜模铸造法制备出直径 1.2mm 的 $La_{55}Al_{25}Ni_{20}$ 非晶态合金棒，这是研究人员首次通过熔融金属直接冷却得到毫米级非晶态合金。至此，大块非晶态合金的研究进程取得了突破性进展。

大块非晶态合金的问世是非晶态合金材料制备技术的里程碑，其制备的关键是冷却过程中抑制合金的非均质形核，因此在制备大块非晶态合金中要对母合金反复进行熔炼，通过提高熔体的纯度来达到消除非均质形核点的目的。目前，大块非晶态合金的制备方法基本可以分为两大类：一类是直接凝固法，主要包括水淬法、铜模铸造法、吸入铸造法、高压铸造法、磁悬浮熔炼法等；另一类是粉末固结成形法，即在过冷液相区采用热压或温压的办法将非晶态合金粉末压制成大块非晶态合金。以下列举目前最为常用的大块非晶态合金的制备方法。

1）水淬法。如图 2-26 所示，将母合金密封在真空的石英管中，对石英管进行加热，待母合金熔化后连同石英管一起淬入冷却水中获得大块非晶态合金的方法即为水淬法。这种方法所需设备简单、操作方便，且能得到较大尺寸的大块非晶棒。缺点是石英管可能与合金发生反应造成污染，而且冷却效率差，仅适用于玻璃形成能力大的合金体系。

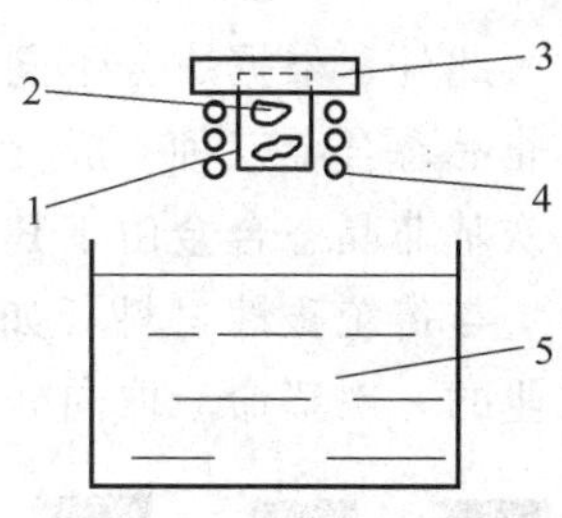

图 2-26　水淬法工作原理

1—石英管　2—母合金　3—夹具　4—线圈　5—冷却水

2）铜模铸造法。如图 2-27 所示，在加热装置的下方放置一水冷铜模，熔融的金属液体靠吸铸或浇注等方法进入水冷铜模冷却而获得大块非晶态合金。这种方法的关键在于：一是要抑制在铜模内壁上形成的不均匀晶核，二是要保持良好的液流状态，这是因为铜模的形状会影响制备出的非晶样品的形状。由于受到铜模冷却速度的限制，制备出的大块非晶态合金的尺寸也受到限制。

3）高压铸造法。图 2-28 所示为高压铸造法装置示意图。首先将母合金置于套筒内，然后经高频感应线圈加热至熔化，再在几毫秒内将熔融的液体压入水冷铜模中，因为压模速度与铸造压力均达到较高值，故能得到较高的冷却速度，所以可使合金冷却成形得到大块非晶态合金。

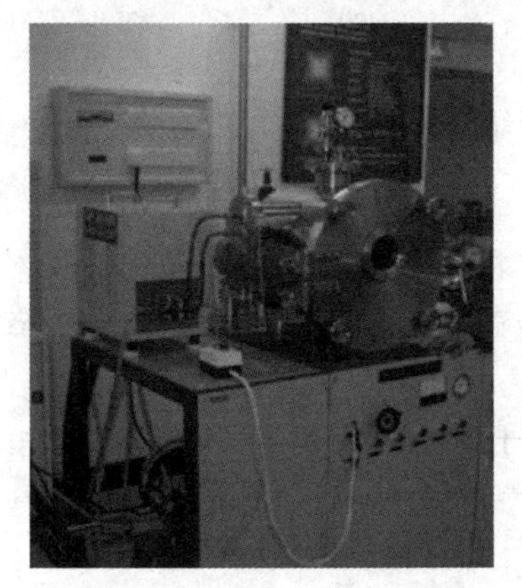

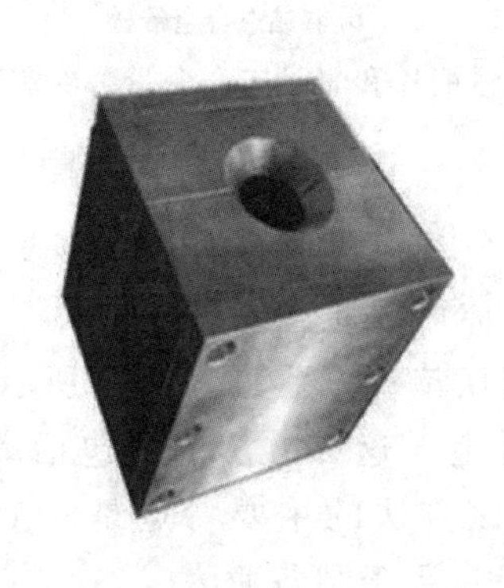

图 2-27　铜模铸造设备及水冷铜模

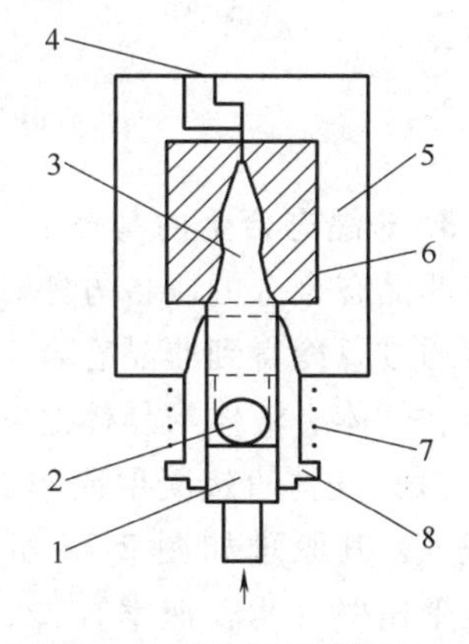

图 2-28　高压铸造法装置示意图

1—压头　2—母合金　3—氩气　4—排气孔

5、6—铜模　7—高频感应线圈　8—套筒

（4）非晶态合金粉末　非晶态合金粉末是指经快冷雾化某些合金液滴，所制得的非晶态合金粉末。已经证实，雾化法制取 FeCrBSi、FeNiPB 等金属粉末时，只要控制其冷却速度≥10^6℃/s，即可制取非晶态合金粉末。通常采用高速转轮薄带法（由于带薄，冷却速度可达 10^6℃/s），将薄带粉碎，也可得到非晶态合金粉末。雾化法得到的颗粒粒度，多数小于快冷薄带 200μm 的厚度，一般颗粒粒度均小于 100μm，因此，雾化法更有条件快速使粉末冷却成非晶态结构。非晶态合金粉末由于晶界的消除、晶体中位错的消失，从而具备优异的耐蚀性。非晶态合金粉末实物如图 2-29 所示。

图 2-29　非晶态合金粉末实物

此外，根据成分不同，还可将非晶态合金分为铁基非晶态合金、钴基非晶态合金和铁镍基非晶态合金三种。成分的差异导致了其结构和性能的不同，可分别应用于不同的领域，其中铁基非晶态合金由于其制备相对容易、成本较低而得到了广泛的应用。

与传统磁性材料（如硅钢片）相比，非晶态合金的制备工艺简单、节约能耗，是冶金工业的一次革命。取向硅钢片和非晶态合金带材的制备工艺对比如图 2-30 所示。

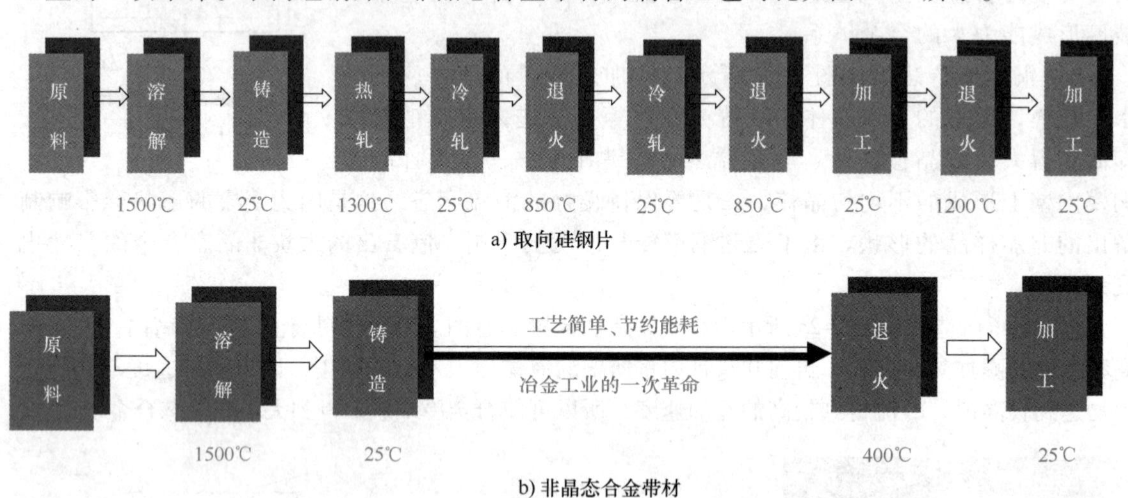

图 2-30　取向硅钢片和非晶态合金带材的制备工艺对比

3. 非晶态合金的制备

非晶态合金的制备方法较多，气体可以通过溅射、蒸发、沉积等得到非晶态合金，液体可以通过急冷得到非晶态合金，晶体可以通过辐射、注入等方式转变为非晶态合金，非晶态合金、气体、液体与晶体之间的相互转换关系如图 2-31 所示。

（1）气体直接凝聚成非晶态合金　这类方法主要包括离子溅射、真空蒸发和化学气相沉积等，其原理如图 2-32 所示。该方法的主要特点是：①冷却速度高，可超过 10^8℃/s；②凝聚速率（生长速率）慢，一般只用于制备薄膜。

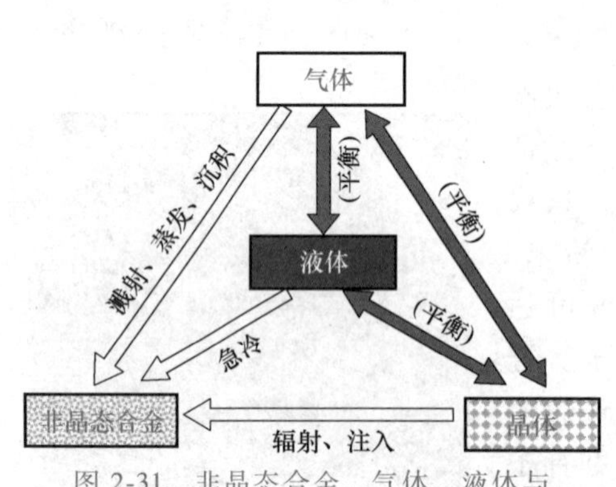

图 2-31　非晶态合金、气体、液体与晶体之间的相互转换关系

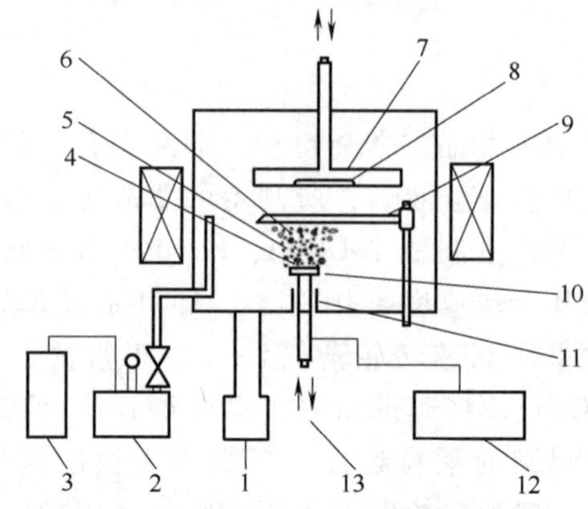

图 2-32　气体直接凝聚成非晶态合金的原理

1—排气　2—配气系统　3—氩气　4—氩离子　5—等离子体　6—溅射原子　7—电极　8—衬底　9—屏蔽板　10—靶　11—密封圈　12—高频电源　13—冷却水

（2）晶体通过辐射、注入获得表面层非晶化的改性材料　这类方法主要包括激光辐射和离子注入等，该方法的特点是：①高能量密度（≈100kW/cm^2）的激光用来辐射金属表面，可使表面局部熔化，并以 $4\times10^4\sim5\times10^6$℃/s 的速度冷却，可在表面上产生约 400μm 厚的非晶层；②高能注入离子在与被注入材料中的原子核及电子碰撞时，破坏其射程范围内的晶体结构，形成一薄层非晶材料。

（3）液体通过快速淬火获得非晶态合金　这类方法主要包括单辊法、双辊法、液态拉丝法、喷射法和铜模吸铸法等，该方法的特点是：①冷却速度可以达到 10^6℃/s，可用于制备大多数非晶态合金；②非晶态合金的形状可以是粉末、细丝、薄带和大块非晶。

2.5.2　非晶态合金的形成机理

1. 非晶态合金形成的热力学条件

根据热力学观点分析，凝固过程中极低的自由能差、低的熔化焓及高的液固界面能，都会导致体系中过冷液体与结晶相的自由能之差降低，致使热力学驱动力减小，所以结晶转变不易发生，反而易形成非晶。根据热力学原理，在凝固过程中自由能变化见式（2-6）

$$\Delta G=\Delta H-T\Delta S \tag{2-6}$$

式中　ΔG——自由能之差；

ΔH——液固转变时的焓变；

T——温度；

ΔS——液固转变时的熵变。

合金凝固是由高能态向低能态转变的过程，自由能之差越小越有利于形成非晶，因此热力学条件是非晶态形成的必要条件。

2. 非晶态合金形成的动力学分析

从动力学角度来看，若合金在快速凝固过程中，通过动力学条件来抑制结晶的形核与长大，就会增强非晶的形成能力。因此，可以根据结晶动力学所需考虑的因素来抑制结晶的形核与长大。

结晶过程的形核速率 I、生长速率 U 的表达式分别见式（2-7）和式（2-8）

$$I=10^{30}\Big/\left\{\eta\exp\left[-b\alpha\beta^{\frac{1}{3}}T_{rg}(1-T_{rg})^2\right]\right\} \tag{2-7}$$

$$U=10^2f\Big/\left\{\eta\left[1-\exp\left(1-\beta\left(\frac{\Delta T_{rg}}{\Delta T_{rg}}\right)\left(\frac{T}{T_m}\right)\right)\right]\right\} \tag{2-8}$$

式中　η——黏度系数；

b——形状因子，球形的 $b=16\pi/3$；

T_{rg}——约化玻璃转变温度，即 $T_{rg}=T_g/T_m$；

α——约化表面张力焓；

β——约化熔解焓；

f——长大界面上核心位置数；

T——体系的温度；

T_m——熔点。

一般情况下，α、β、η 可以用式（2-9）~式（2-11）来表示

$$\alpha=\frac{(NV^2)^{1/3}}{\Delta H}\sigma \tag{2-9}$$

$$\beta=\frac{\Delta S}{R} \tag{2-10}$$

$$\eta=10^{3.3}\exp[-3.34/(T_r-T_{rg})] \tag{2-11}$$

式中 N——阿伏伽德罗常数；

V——摩尔体积；

σ——液固界面能；

R——气体常数；

ΔH——熔化焓；

ΔS——熔化熵；

T_r——约化温度，$T_r=T/T_m$。

根据上述公式可以得出，通过减小 ΔH 和增大 ΔS，可以增大 α 和 β，从而使形核速率 I 和生长速率 U 减小，抑制晶核的形成与长大，进而提高玻璃形成能力。在其他参数不变的情况下，黏度系数 η 与形核速率 I 呈反比，即当合金液黏度越大时，形核速率会越小，即越容易形成非晶态合金。此外，随着约化玻璃转变温度 T_{rg} 的升高，形核速率 I 也随之降低，因此越有利于形成非晶态合金。

3. 非晶态合金的结构学规律

从成分条件上看，如果组成合金的原子间的差异越大，那么对形成随机密堆结构也就越有利，因此更容易形成非晶。大量实验发现，具有复杂拓扑密堆结构的金属间化合物更容易形成大块非晶态合金。在母合金由液态向固态转变的过程中，这种相结构的形核与长大都得依靠原子的长程扩散来实现，但是由于合金的成分为多组元且为随机密堆结构，致使原子很难实现扩散，也就不容易形成金属间化合物，反而使合金的非晶形成能力得到加强，因此更容易形成非晶态合金，这即为多组元块体非晶形成的“混乱原理”。根据这一原理，可以利用不同元素的不同特性加以组合来形成非晶态合金。

4. 熔体过冷和非晶态合金的形成

金属或合金熔化时，其原子的三维点阵排列就被破坏了。处于液态时，原子在不断迅速互相扩散的位置附近松动。熔化过程中，结晶相和液相两相并存。对纯金属来说，其体积、焓和熵进行非连续变化，焓和熵增大，除了晶体中原子堆积相当不密实以外，体积也有所增大。温度超过熔点的液体处于内平衡状态，其结构与性质和它的热历史无关，其特征是没有承受剪应力的能力。由于金属键是没有方向性的，所以金属液体有强的流动性。相反，熔融硅酸盐、硼酸盐以及类似物质的原子键为很强的共价键，从而具有很低的流动性。

由于成核能垒的缘故，液体开始结晶之前必须过冷到结晶的平衡温度以下，即具有一定的过冷度。过冷度的大小取决于多种因素，包括液体的初始黏度、黏度随温度下降的增长率、过冷液相和结晶相之间自由能之差的温度依赖性、液体和晶体的界面能、体积密度、非均匀成核粒子和冷却速度的作用等。如果用熔剂将掺杂晶核基本消除，液态过渡金属在慢冷情况下可以整体过冷到大于 200℃。同样，当金属熔体分散成细小熔滴前悬浮于液体介质中时，至少有些细小熔滴没有任何掺杂成核粒子，它们在过冷时能均匀地成核。一经成核之后，金属熔体中的晶体生长速率很大，而向周围环境的散热率却很低，因此发生再辉现象。

根据玻璃形成的动力学观点，任何金属合金只要冷却速度足够快，并且快速冷却到足以防止发生自发结晶的温度，就可能成为玻璃态。

中国第一块铂铱25合金

2.6 非晶态合金的应用

非晶态合金具有长程无序、短程有序的结构特性，导致了其具有与晶态合金不同的特性。非晶态合金不仅具有优异的力学性能，也具有优异的软磁性能。非晶态合金具有许多独特的性能，在软磁性能方面，具有高饱和磁感应强度（1.54T），在磁导率、励磁电流和铁损等多方面都优于其他软磁材料，同时还兼具耐腐蚀、小型化等特点，是现代高科技技术设备或产品中的关键磁组件。

1. 非晶态合金带材的应用

（1）低频应用 非晶态合金带材的低频应用主要是用于电力输配电领域，如配电变压器、互感器和漏电保护器等，如图 2-33 所示。

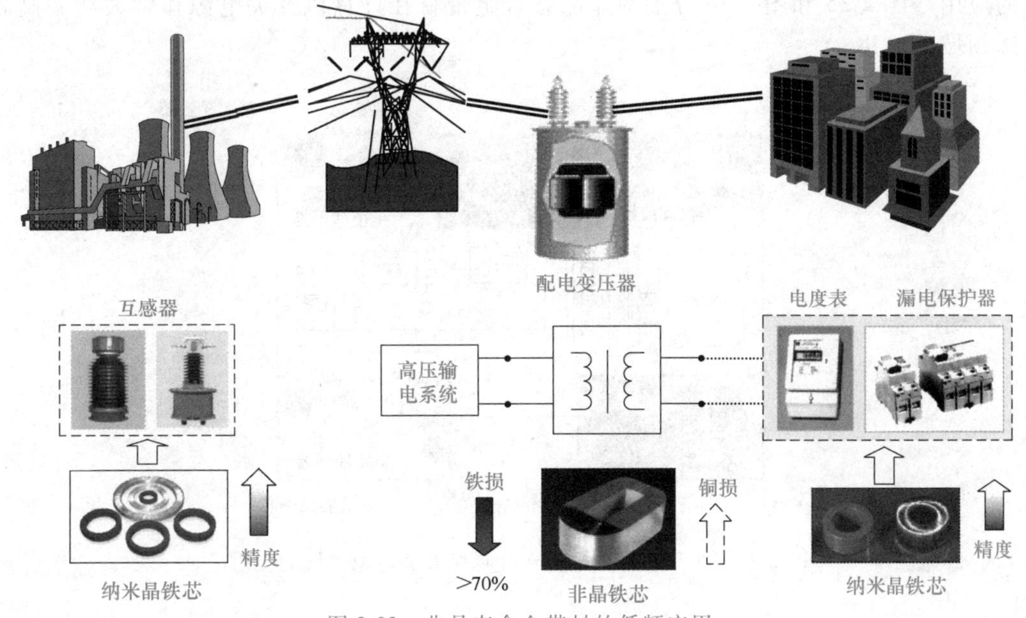

图 2-33 非晶态合金带材的低频应用

与用常规材料（如硅钢片）制备的变压器相比，非晶配电变压器具有铁损低的突出优点，但也存在价格高、工作磁感低和叠装系数低等缺点。图 2-34 所示为硅钢片和非晶态合金带材制备的配电变压器在空载时的损耗对比。两台 25kVA 配电变压器的损耗及质量对比见表 2-4。

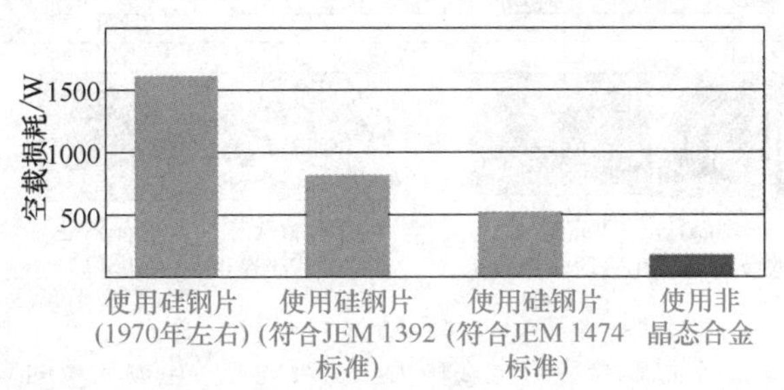

图 2-34 硅钢片和非晶态合金带材制备的配电变压器在空载时的损耗对比

表 2-4 两台 25kVA 配电变压器的损耗及质量对比

	常规配电变压器	非晶配电变压器
铁芯材料	取向硅钢片(M-4)	非晶态合金(2605S-2)
铁损/W	85	16
铜损/W	240	235
铁芯质量/kg	65	77
总质量/kg	182	164

非晶配电变压器需要进一步解决的问题主要有：①改进制带工艺，提高带材表面质量，增加叠装系数；②开发新材料，用以提高工作磁感，如新型纳米晶合金（FeZrB），或者增加带材厚度，开发出新型大块非晶态合金；③改进变压器的设计结构，进一步降低负载损耗；④加大应用推广力度，扩大产业规模，降低生产成本。

（2）高频应用 非晶态合金带材的高频应用主要是指在电力电子、中大功率高频开关电源、电子信息、计算机开关电源、网络接口设备、电源滤波器、防盗标签以及非晶钎料等领域的应用。图 2-35 和图 2-36 分别为非晶态合金带材在计算机开关电源和中大功率高频开关电源领域的应用。

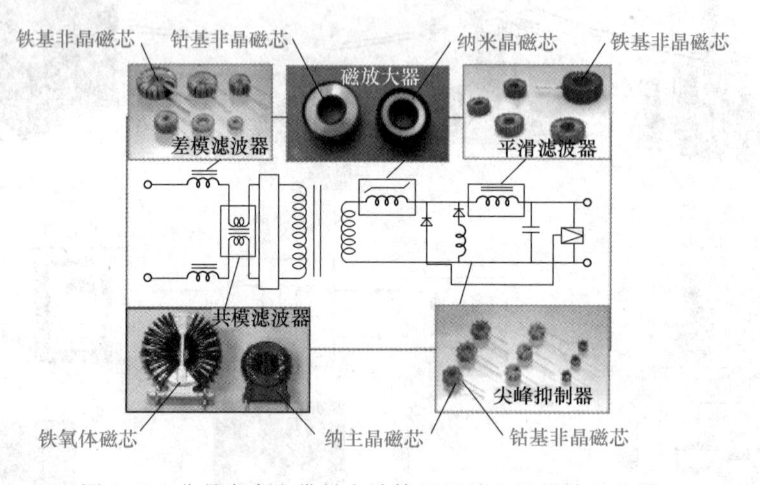

图 2-35 非晶态合金带材在计算机开关电源领域的应用

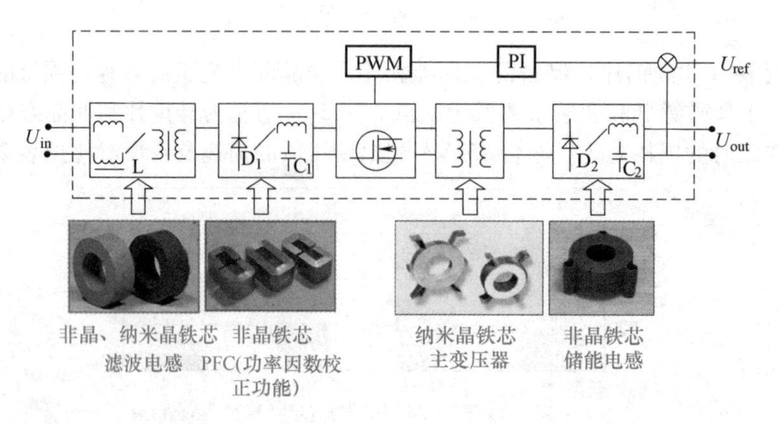

图 2-36 非晶态合金带材在中大功率高频开关电源领域的应用

由于频率的升高，对软磁材料的性能提出了更高的要求，即要求具有更高的磁导率和更低的损耗。图 2-37 所示为几种常见软磁材料的性能对比，从图 2-37 可以看出，与坡莫合金和铁氧体相比，非晶态合金和纳米晶合金具有更高的磁导率和更低的损耗，因此更适合在高频下使用。

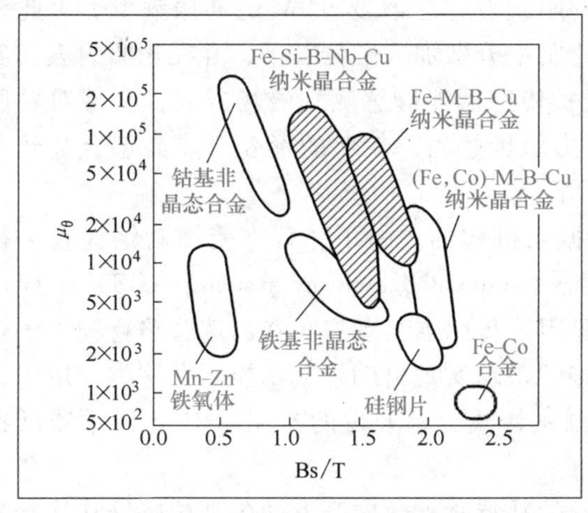

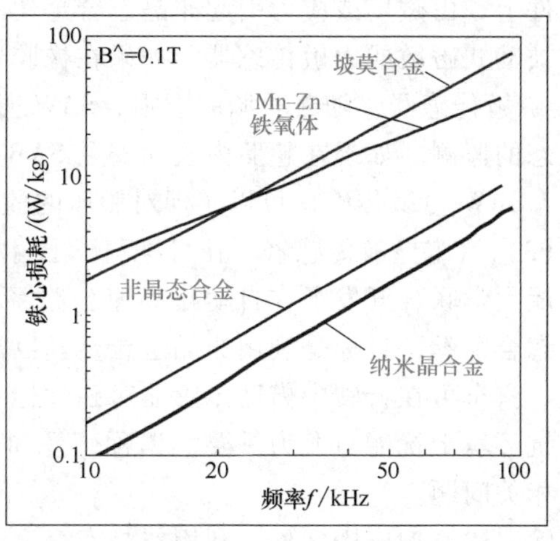

图 2-37　几种常见软磁材料的性能对比

（3）非晶钎料　非晶态是处于热力学非稳态组织的状态，钎焊过程中原子扩散与界面反应更剧烈，所需的钎焊温度低，有利于减少接头中的残余应力，从而提高接头强度。目前，银基、铝基钎料已经成功应用于钎焊钛及钛合金，可以得到综合性能良好的钎焊接头。非晶钎料具有以下特点：①表面清洁，免清洗；②可选用与基体金属一致的成分；③快速熔化，并具有优异的流动性和润湿性；④平滑的焊接表面；⑤熔流不易分支；⑥可高精度焊接。

2. 非晶态合金丝材的应用

非晶态合金丝材的应用领域较广，目前主要集中于信息技术、自动化技术和微电子技术等领域。

（1）磁性 ID 标签　磁性 ID 标签的探测和解码类似电子防盗系统（electronic article surveillance，EAS），一般可在 1m 范围以内通过激励-感应的非接触方式检测分析，如超市的商品零售、铁路和航空的货运、工厂的产品跟踪等自动化和信息化管理需要实时监测手段。已经成熟的技术是在被监测物体外表粘贴条码标签，用激光扫描仪检测。其优点是成本低，缺点是不能置于包装内、易损毁，并且条码标签与激光束的相对方位需要准确对应，中间不能有障碍物。正在发展中的技术有两种：基于半导体芯片或 LC 电路的射频 ID 标签和基于软磁合金丝或薄膜的电磁 ID 标签。与条码标签相比，这两者均可隐藏在包装体内，并且标签的方位不受严格限制。但是，仍然存在射频 ID 标签容易被金属导体屏蔽，电磁 ID 标签的响应信号弱，难以准确检测等问题。非晶态合金丝具有独特的磁化翻转效应，并且通过调整成分、处理条件和几何尺寸等可以获得特定的矫顽力，是最有希望促进电磁 ID 标签实用化的新材料。加拿大和以色列的公司正在积极开发相关非晶态合金丝材，美国的国际商业机器公司（international business machines corporation，IBM）和日本的富士电机公司（Fuji Electric）也申请了相关专利，正积极推动这一领域的发展。

（2）智能轮胎传感器　在欧洲尤里卡计划的支持下，德国、西班牙和卢森堡三国联合开发非晶态合金丝在汽车轮胎中的应用，目标是利用其巨磁阻抗效应和表面声波（surface acoustic wave，SAW）技术实现对运行中的轮胎状态遥感监测，提高汽车安全性，其中关键器件是检测轮胎磨损和胎压状态的传感器。非晶态合金丝元件作为外部负载耦合到 SAW 收发器件上，由磁场或应力引起非晶态合金丝的阻抗变化会改变 SAW 的共振频率，由此构成无线被动式磁敏或力敏传感器。如果在橡胶轮胎中分散加入磁性粒子，并在轮胎内表面安装 SAW 磁敏传感器，随着轮胎的磨损，SAW 磁敏传感器能够感测到磁场减弱，实现对轮胎磨损状态的监测。如果在轮胎内表面安装 SAW 力敏传感器，轮胎的形变对非晶态合金丝产生应力，SAW 力敏传感器可以实现对胎压的监测。

（3）汽车导航传感器　在日本科学技术振兴机构的支持下，日本爱知制钢株式会社和名古屋大学联合开发了在自动化高速公路系统（automated highway system，AHS）中应用的非晶态合金丝，目标是利用非晶态合金丝巨磁阻抗传感器实现汽车在高速公路行驶中的自动导航。汽车可在行驶中借助传感器对磁性标签的跟踪实现自动导航功能。在这类应用中，传感器抗环境干扰能力尤为重要。据称，爱知制钢株式会社开发的专用 GMI 磁传感器已经解决了相关问题。

除上述典型应用之外，利用非晶态合金丝的独特物理效应开发的各类传感器和换能器在汽车工业、自动化控制、各种安全检测和国防军工领域应用潜力极大。随着电子信息技术的快速发展，传感器在各行各业中的应用将更加广泛，非晶态合金丝作为新型功能材料将发挥越来越重要的作用。非晶态合金丝材的主要应用领域如图 2-38 所示。

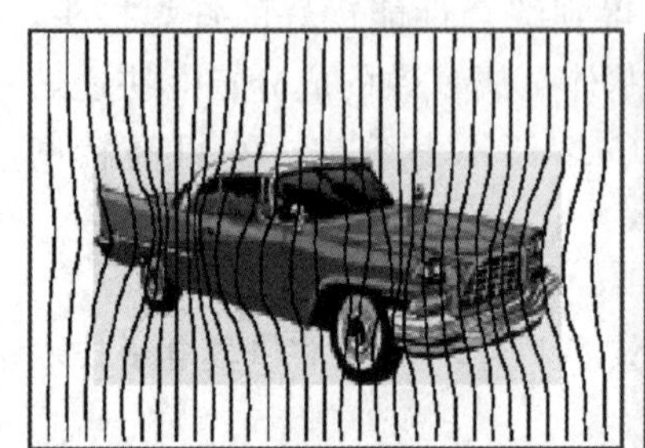
a) 汽车

b) 电子防盗系统

c) 导航系统

d) 电动机

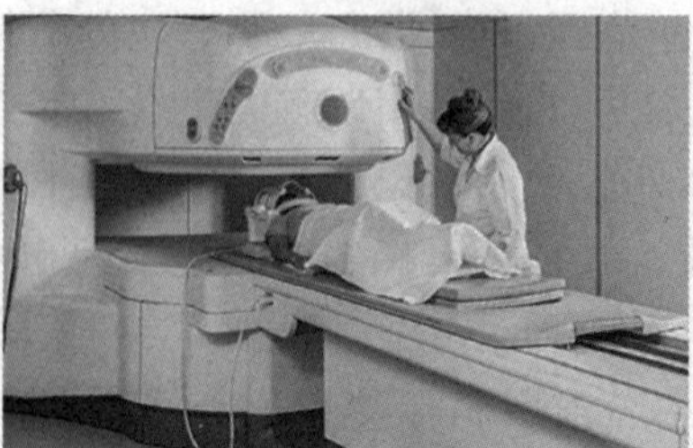
e) 医学诊断

f) 安全监控

图 2-38　非晶态合金丝材的主要应用领域

3. 块体非晶的应用

井上明久归纳了块体非晶态合金的 15 项基本性能及与之对应的应用领域，见表 2-5。在这些应用领域中，有的已经投入商业用途，有的仍然在研究阶段。

表 2-5　块体非晶态合金的基本性能及应用领域

基本性能	应用领域	基本性能	应用领域
高强度	高性能结构材料	高黏滞流动性	生物医学材料
高硬度	光学精密材料	高弯曲比	体育用品
高断裂韧性	连接材料	优良软磁性	软磁材料
高冲击断裂能	切削材料	高频磁导率	复写材料
高疲劳强度	工具材料	高磁致伸缩	高磁致伸缩材料
高弹性能	模具材料	高效电极（氯气）	电极材料
强抗蚀性	耐蚀性材料	高储氢性	储氢材料
强耐磨性	复合材料		

（1）块体非晶在结构材料领域的应用　块体非晶态合金具有超过常规结晶材料两倍以上的高比强度，在航空领域很有竞争优势。对铝合金来说，当非晶相基体上析出纳米晶颗粒时，由铝基非晶/纳米晶相组成的复合材料的极限抗拉强度可达普通结晶态铝合金数倍，是目前航空材料中强度最高的材料，是理想的航空、航天器结构材料。块体非晶态合金具有非常好的能量传递特性，最早的高尔夫球头是用不锈钢制作，能传递 60%的能量，之后的钛合金球头将传递的能量提高到了 70%，而块体非晶态合金制作的球头能传递 99%的能量。块体非晶态合金用在体育用品方面的高性能主要表现在：①强度是其他材料的 3 倍；②抗永久变形能力比普通金属高 2~3 倍；③硬度是不锈钢和钛的两倍，弹性是超级金属的 3~4 倍，密度介于钛和钢之间；④优异的固有低频振动阻尼。

（2）块体非晶在化工领域的应用　研究表明，块体非晶态合金对某些化学反应具有明显的催化作用，可以用作化工催化剂，如 $Fe_{20}Ni_{60}B_{20}$ 块体非晶态合金；某些块体非晶态合金通过化学反应可以吸收和放出氢，可以用作储氢材料。含有一定量 Cr 和 P 的块体非晶态合金具有极其优异的耐蚀性。一般说来，块体非晶态铁基合金按添加元素 Co、Ni、W、Mo、Cr 的顺序，耐腐蚀能力依次提高，原因是这些元素能够在合金表面迅速形成厚的、均匀的、高抗腐蚀的钝化膜。

（3）块体非晶在磁性材料领域的应用　块体非晶态合金具有优异的磁学性能。在非晶的诸多特性中，人们目前对这一方面的研究相对要深入些。常常有人对图书馆的书或超市物品中所暗藏的警报设施感到惊讶，其实，这不过是非晶态软磁材料在其中发挥着作用。与传统的金属磁性材料相比，非晶态合金中的原子排列无序，没有晶体的各向异性，所以电阻率高、磁导率高，是优良的软磁材料。

（4）块体非晶在空间探测领域的应用　由于非晶的特殊性能，它将在未来的太空探索中发挥独特的作用。例如，美国宇航局在 2001 年发射的起源号探测器上安装了用 Zr-Al-Ni-Cu 块体非晶态合金制成的太阳风捕集器。由于低摩擦、高强度和优异的抗磨损特性，块体非晶态合金已经被美国宇航局选为下一个火星探测计划中钻探岩石的钻头保护壳材料，且计划在未来的一系列空间计划中选用块体非晶态合金。

（5）块体非晶在生物医学材料领域的应用　高的生物兼容性是块体非晶态合金用于医学上修复移植和制造外科手术器件的一个很重要的指标。目前块体非晶态合金在生物医学上可以预见的用途有：医学上用于外科手术的手术刀、人造骨头；用于电磁刺激的体内生物传感材料、人造牙齿等。微型医疗设备（如胃肠内视镜驱动装置、血栓吸引泵、微型手术等）、微型摄像机、微型机器人等设备的关键零件（如微型齿轮、传动轴等）大都采用不锈钢材料制造，这种齿轮和轴类零件不仅强度和耐磨性达不到要求，而且加工困难。使用块体非晶态合金不但可以制备更小的金属齿轮（直径小于 1mm），且其力学性能远远高于常规金属材料制备零件的力学性能。

目前，块体非晶态合金已经在军工、机械、医疗、新能源、切削工具、手术器械、运动器械、磁性材料、贮氢材料等领域得到了广泛的应用。

思考题

1. 什么是快速凝固？快速凝固有何特点？
2. 快速凝固的热力学和动力学的特点分别是什么？
3. 非晶态合金的形成条件是什么？非晶态合金在结构上有什么特点？
4. 简述非晶态合金的应用前景。

参考文献

[1] 魏炳波. 液态镍基合金的净化、深过冷与快速凝固 [D]. 西安：西北工业大学，1989.

[2] 魏炳波，杨根仓，周尧和. 深过冷液态金属的凝固特点 [J]. 航空学报，1991，12 (5)：213-220.

[3] 问亚岗，崔春娟，田露露，等. 定向凝固技术的研究进展与应用 [J]. 材料导报，2016，30 (3)：116-120.

[4] 杨森，黄卫东，林鑫，等. 定向凝固技术的研究进展 [J]. 兵器材料科学与工程，2000，23 (2)：44-50.

[5] KLEMENT W, WILLENS R H, DUWEZ P. Non-crystalline structure in solidified gold-silicon alloys [J]. Nature, 1960, 187: 869-871.

[6] SHEN T D, HARMS U S, SCHWARZ R B. Bulk Fe-based metallic glass with extremely soft ferromagnetic properties [J]. Materials Science Forum, 2002, 386: 441-446.

[7] DUWEZ P, LIN S C H. Amorphous ferromagnetic phase in iron-carbon-phosphorus alloys [J]. Journal of Applied Physics, 1967, 38 (10): 4096-4097.

[8] SEN N, SAU R, MAZUMDAR S, et al. Physical modelling of liquid feeding for an unequal diameter two roll thin strip caster [J]. Canadian Metallurgical Quarterly, 1998, 37 (2): 161-166.

[9] 王一禾，杨膺善. 非晶态合金 [M]. 北京：冶金工业出版社，1989.

[10] 卢博斯基. 非晶态金属合金 [M]. 柯成，唐与谌，罗阳，等译. 北京：冶金工业出版社，1989.

[11] ALVES F, BARRUE R. Anisotropy and domain patterns of flash stress-annealed soft amorphous and nanocrystalline alloys [J]. Journal of Magnetism and Magnetic Materies, 2003, 254-255 (2): 155-157.

[12] 钟智勇. 非晶/纳米晶铁磁合金的巨磁阻抗理论及实验研究 [D]. 成都：电子科技大学，2000.

[13] INOUE A, ZHANG T, MASUMOTO T, et al. Glass-forming ability of alloys [J]. Journal of Non Crystalline Solids, 1993, 156 (2): 473-480.

[14] 王立强，翟慎秋，丁锐，等. 大块非晶合金研究进展 [J]. 铸造技术，2017，38 (2)：274-279.

[15] 汪卫华. 非晶合金材料发展趋势及启示 [J]. 中国科学院院刊，2022，37 (3)：352-359.

[16] INOUE A. Stabilization of metallic supercooled liquid and bulk amorphous alloys [J]. Acta Materialia, 2000, 48 (1): 279-306.

[17] INOUE A. High strength bulk amorphous alloys with low critical cooling rates (overview) [J]. Materials Transactions, JIM, 1995, 36 (7): 866-875.

[18] 陈孝文. 钴基非晶软磁合金薄带的巨磁阻抗效应研究 [D]. 沈阳: 东北大学, 2004.

[19] 惠希东, 陈国良. 块体非晶合金 [M]. 北京: 化学工业出版社, 2006.

第3章 定向凝固

3.1 引　　言

金属的定向凝固就是通过定向凝固技术在金属凝固过程中，控制或调节特定方向上的温度梯度，使得熔体沿着温度梯度的方向生长，最终获得具有特定晶粒取向的柱状晶或单晶。金属的定向凝固可以减少或消除横向晶界，使得晶界数量显著减少并规则排列。在定向凝固过程中，合金的凝固速度小，液固界面原子可以充分扩散，有助于改善化学成分与组织的不均匀性，提高凝固组织的致密性和合金的纯度。定向凝固技术在共晶凝固、定向柱状晶生长、单晶制备等方面具有重要的意义。例如，航空发动机叶片（镍基高温合金）采用定向凝固技术后，与普通铸造冶金法制得的叶片相比，合金的高温强度、高温抗蠕变性能、高温持久性、热疲劳性等方面都得到了大幅度的改善。目前活跃在各个高科技领域的人工晶体，如单晶硅、激光晶体、红外晶体等大都是利用定向凝固技术获得的。通过定向凝固技术制备获得的磁性材料、自生复合材料、高熵合金、钛铝基合金等，与传统制备方法制得的材料相比，材料的性能得到了很大的提高。定向凝固技术是定向凝固理论的基础。

“两弹一星”精神

3.2 定向凝固理论

金属或合金的凝固过程是液态到固态的相变过程，这个过程包含晶体的形核和长大，由金属凝固过程的热力学和动力学控制。定向凝固过程是扩散、传热、相变的过程，涉及凝固过程中溶质的再分布、液固界面失稳、液固界面形貌演化等。液固界面形态是凝固理论研究的重要组成部分，而成分过冷理论、界面稳定性理论是对凝固过程液固界面失稳的描述，也是人们对定向凝固过程的深刻认知过程。

3.2.1 成分过冷理论

过冷理论是针对单相二元合金凝固过程界面成分的变化提出来的。当一种二元合金凝固时，由于溶质在固相和液相中的分配系数不同，当分配系数小于 1 时（如图 3-1a 所示，$k<1$），溶质原子随着凝固的进行，被排挤到液相中，在液固界面（x'处）的液相一侧堆积溶质，离液固界面越远，溶质含量越低，最后接近原始合金成分 C_∞，其溶质分布情况 $C(x)$ 如图 3-1b 所示，从而形成一定的固溶度梯度。合金在凝固过程中，液相的热量主要是通过已凝固合金散发出去的，因此，凝固过程中液固界面附近的温度分布情况如图 3-1c 所示，其中，$T_a(x)$ 为液固界面前沿液相的实际温度分布。液固界面前沿溶质浓度呈梯度分布，

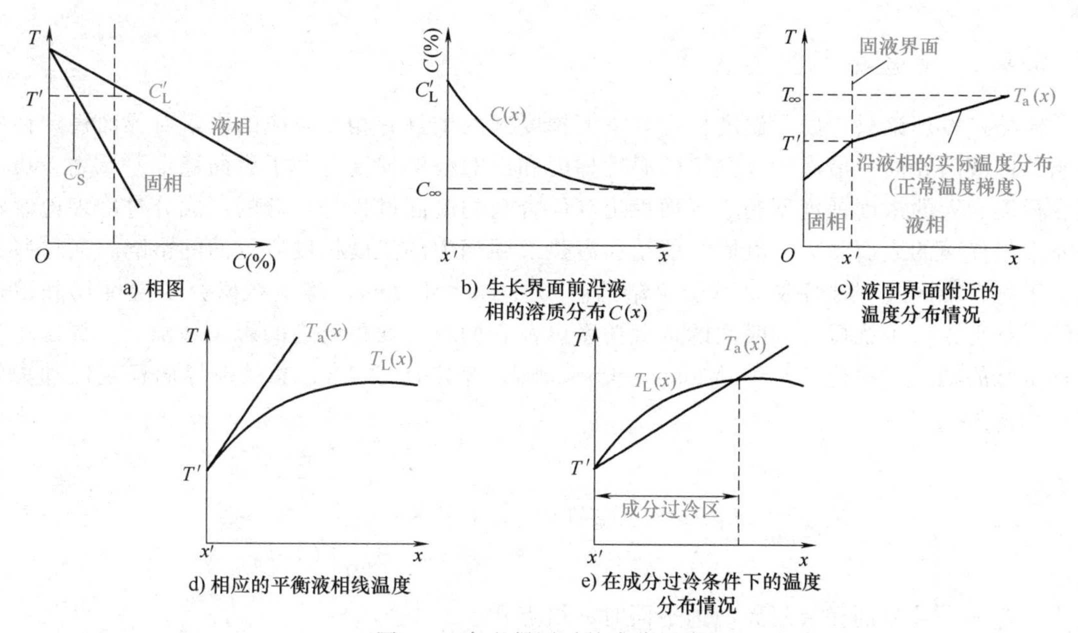

图 3-1　合金凝固时的成分过冷

（C'_S，C'_L分别表示温度 T'下的平衡固相和液相的溶质质量分数）

如图 3-1b 所示，这种溶质浓度的梯度分布使得液固界面前沿液相的液相线温度也呈梯度分布，如图 3-1d、e 中的 $T_L(x)$ 所示。在凝固过程中，液固界面前沿液相的实际温度一般呈线性梯度分布，如图 3-1c 中的 $T_a(x)$ 所示，而液相线温度 $T_L(x)$ 与真实温度 $T_a(x)$ 分布之间往往是不一致的，具有不同值，如图 3-1d、e 所示。当这种差值 $T(x)$ ［式（3-1）］小于等于零时，固液界面以平面晶形式向液相稳定推进，逐渐凝固，如图 3-1d 所示。但当这种差值 $T(x)$ 大于零时，则该部分熔体（界面前沿部分）处于过冷状态，即液相凝固温度低于实际温度，有形成固相的可能性而影响界面的稳定性，如图 3-1e 所示。

$$T(x)=T_L(x)-T_a(x) \tag{3-1}$$

平界面凝固的稳定条件为无成分过冷区，即

$$\frac{G}{V}\geqslant-\frac{m_L C_0(1-k)}{kD_L} \tag{3-2}$$

式中　G——温度梯度；

V——固液界面迁移速度（凝固速度或界面生长速率）；

k——平衡溶质分配系数；

C_0——合金原始成分；

m_L——液相线斜率；

D_L——溶质液相线扩散系数。

由式（3-2）可知，定向凝固中液固界面的形态受 G/V 的值控制，当温度梯度 G 足够高，凝固速度 V 足够小时，就可以实现平面凝固；当 G/V 逐渐减小时，平面晶就有可能失稳，逐渐发展为胞状晶，直至树枝晶和等轴晶，如图 3-2 所示。

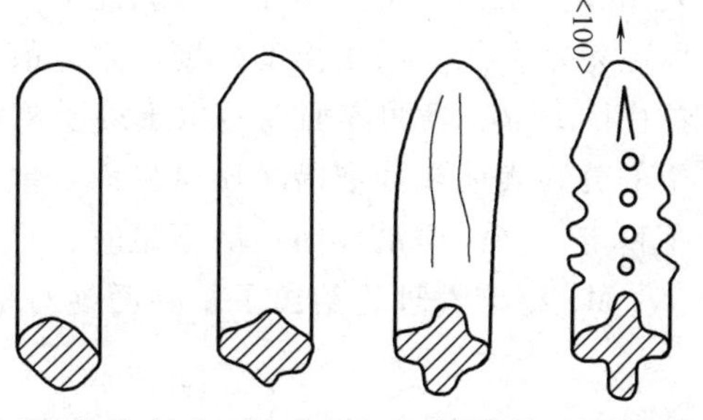

图 3-2　随着 G/V 的减小，胞状晶转变为树枝晶的过程

3.2.2 界面稳定性理论

成分过冷理论只考虑了温度梯度和浓度梯度这两个具有相反效应的因素对界面稳定性的影响，即液固界面前沿液相一侧正的温度梯度和小的浓度梯度有利于界面稳定，反之，负的温度梯度和大的浓度梯度不利于界面稳定。但合金的凝固过程是复杂的，成分过冷理论忽略了非平衡界面的表面张力、凝固时的结晶潜热及固相中的温度梯度等方面的影响，而这些影响或干扰在凝固过程往往又是不能忽略的。马林斯（Mullins）等人在研究了温度场和浓度场的干扰行为、干扰振幅和时间的依赖关系以及它们对界面稳定性的影响基础上，提出了界面稳定性的动力学理论［MS（Mullins 和 Sekerka）稳定性理论］，总结出界面稳定性动力学理论判据为

$$S(\omega)=-T_0\Phi\omega^2-\frac{1}{2}(g'+g)+m_L G_C\frac{\omega^*-\frac{V}{D}}{\omega^*-\left(\frac{V}{D}\right)(1-k_0)} \tag{3-3}$$

式中 T_0——纯溶剂在液固界面为平面时的熔点；

m_L——液相斜率；

G_C——未产生波动时的溶质浓度梯度；

$\Phi=\frac{\sigma}{H}$，σ 为液固界面的比表面能，H 为单位体积溶剂的结晶潜热；

$g'=\frac{K_S}{K_a}G'$，K_S 为固相的热导率，G'为固相中的温度梯度；

$g=\frac{K_L}{K_a}G$，K_L 为液相的热导率，G 为液相中的温度梯度，$K_a=\frac{K_S+K_L}{2}$；

$\omega^*=\frac{V}{D}+\left[\left(\frac{V}{D}\right)^2+\omega^2\right]^{\frac{1}{2}}$，表示液相中沿液固界面溶质波动的频率，$\omega$ 为空间干扰频率，V 为固液界面迁移速度，D 为溶质在液相中的扩散系数，k_0 为平衡系数。

$S(\omega)$ 的正负决定干扰振幅是增长还是衰减，如果 $S(\omega)$ 符号为正，则意味着波动增加，界面不稳定；如果 $S(\omega)$ 符号为负，意味着波动衰减，界面稳定。该判据的第一项主要由界面张力决定，界面张力只能为正值，故第一项始终为负值，界面张力越大，意味着界面越稳定。第二项由温度梯度决定，故温度梯度为正，界面稳定，反之，界面不稳定。第三项中的 $m_L G_C$ 表明界面前沿由于溶质富集出现了浓度梯度，增加了界面的不稳定性。第三项中的分式表明界面前沿溶质沿界面扩散对稳定性的影响，当溶质沿界面扩散能力强时，界面不稳定，当溶质沿界面扩散不足时，界面稳定。

MS 稳定性理论给出了平界面绝对稳定性判据

$$\frac{kT_M\Gamma V^2}{m_L GD^2}\geqslant 1 \tag{3-4}$$

式中 k——平衡溶质分配系数；

T_M——平衡凝固界面温度；

Γ——吉布斯-汤姆孙（Gibbs-Thomson）数；

m_L——液相斜率；

G——液相中的温度梯度；

D——溶质在液相中的扩散系数。

液固界面达到绝对稳定的临界凝固速度 V_c 为

$$V_c = \frac{m_L C_0 (1-k) D}{k^2 \Gamma} \tag{3-5}$$

根据 MS 稳定性理论，随着凝固速度即界面迁移速度的增加，液固界面形态将从平面晶→胞状晶→树枝晶→带状组织→绝对稳定平界面，依次转变。即根据 MS 稳定性理论，在高速凝固时，液固界面将恢复平面状生长，即达到所谓的绝对稳定性。在液固界面的形态演化中，凝固速度起着重要而复杂的作用：一方面起促进成分过冷效应增强的作用，另一方面起促进界面曲率效应强化的作用。当两者相互平衡时，表面成分过冷效应和界面曲率效应的作用相互抵消，从而达到界面的绝对稳定。

MS 稳定性理论是研究液固界面形态特征的重要理论，成功地预测了很多液固界面形态的变化规律，但该理论仍然无法解释在低冷却速度下，平界面失稳后得到胞状晶，再到树枝晶，直至绝对稳定性这一广阔区间内界面形态的转变过程。

金属或半导体在凝固过程中，尤其在定向凝固过程中，液固界面的平界面生长尤为重要。而平面晶的生长，即平面晶生成的稳定性问题往往受到液固界面的温度梯度、浓度梯度、界面动力学等多方面的复杂影响。

3.3 传统定向凝固技术

定向凝固技术又称定向凝固法或定向凝固工艺，是指为实现定向凝固组织的技术手段和工艺方法，不同的定向凝固技术适用于不同化学成分的材料或不同形状的铸件或产品。其本质是通过技术手段或工艺方法调节或控制凝固参数定制定向凝固组织，从而获得准确的成分-组织-工艺-性能之间的对应关系。定向凝固技术是研究合金凝固过程的重要方法，是获得新型高性能产品的重要手段。根据成分过冷凝固理论，要获得定向凝固组织，主要取决于合金本身的物理性质及凝固工艺参数。合金本身的物理性质包括合金的化学成分 C_0、合金液相线斜率 k 和溶质在液相中的扩散系数 D；凝固工艺参数是指凝固过程中的凝固速度 V 和温度梯度 G。因此，从定向凝固技术的发展来看，定向凝固技术的研究方向有两个：一个是优化合金的化学成分，另一个是优化合金的凝固工艺参数。根据定向凝固的成分过冷理论分析可知，凝固过程中液固界面的液相一侧的温度梯度是控制定向凝固组织的关键因素之一。从定向凝固技术的发展历史来看，定向凝固技术的发展就是不断提高设备的温度梯度。

3.3.1 炉外结晶法

炉外结晶法（exothermic powder method，EP 法）又称发热剂法，是定向凝固工艺中最为原始的方法之一。维森德尔（Versnyder）等人早在 20 世纪 50 年代就将该法应用于实验中，其基本原理是采用水冷铜模底座作为底部水冷模具，零件模壳安装在水冷铜模底座上部，顶部覆盖发热剂，侧壁采用隔热材料绝热保温，浇入金属熔体后，就人为构造了一个自下而上地温度梯度，从而使铸件自下而上地产生定向凝固，炉外结晶法装置示意图如图 3-3 所示。

这种定向凝固技术简单直接，成本较低，但无法准确调节和控制温度梯度和凝固速度，单向热流条件也比较难以保证，也无法保证铸件凝固组织和性能的重复性，只能用于生产小型铸件，难以生产高质量的大型铸件。

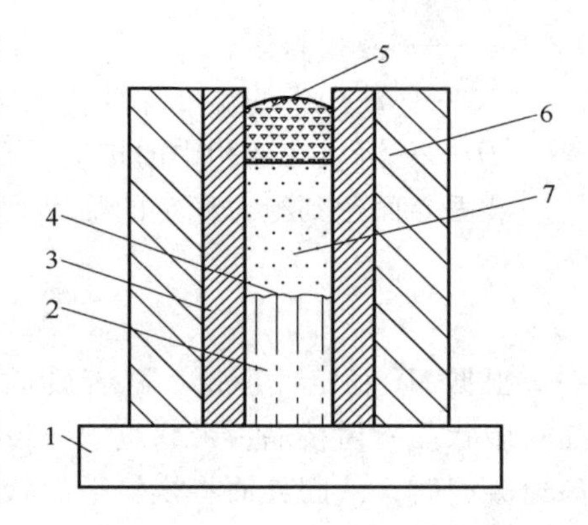

图 3-3 炉外结晶法装置示意图
1—水冷铜模底座 2—已凝固铸件 3—铸件模壳 4—液固界面 5—发热剂 6—隔热材料 7—合金熔体

3.3.2 功率降低法

功率降低法（power down method，PD 法）由维森德尔等人在 20 世纪 60 年代提出来，其装置示意图如图 3-4 所示。

如图 3-4 所示，功率降低法底座采用水冷铜模底座，开放的铸件模壳安置在水冷铜模底座上方，炉体采用石墨感应加热器，石墨感应加热器有上、下两部分感应线圈。加热时，上、下两部分感应线圈全通电，在模壳内部建立所需的温度场，然后浇入合金熔体，下部感应线圈断电，通过调节上部感应线圈功率，使模壳内部熔体产生一个轴向的温度梯度，从而产生所需的金属定向凝固组织。

该定向凝固技术通过已凝固合金及水冷底座传递热量，最终热量由循环水带走。与炉外结晶法相比，其散热条件并没有显著改善，能达到的温度梯度较小（约 10℃/cm），所获得的定向排列组织仍然较短，柱状晶与柱状晶之间的平行度较差，合金铸件不同部位显微组织差异较大，制备出的合金叶片，其长度仍然十分有限，在应用上十分受限。

3.3.3 高速凝固法

高速凝固法（high rate solidification method，HRS 法）由埃里克森（Erichson）等人于 20 世纪 70 年代初提出来，其装置示意图如图 3-5 所示。

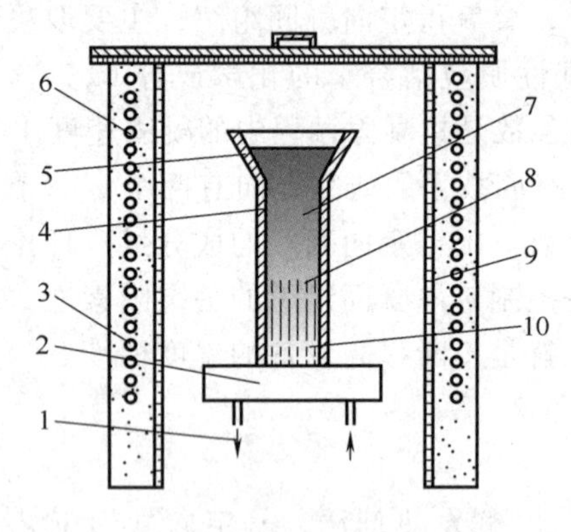

图 3-4 功率降低法装置示意图
1—冷却水 2—水冷铜模底座 3—下部感应线圈 4—铸件模壳 5—浇口杯 6—上部感应线圈 7—合金熔体 8—液固界面 9—受热体 10—已凝固铸件

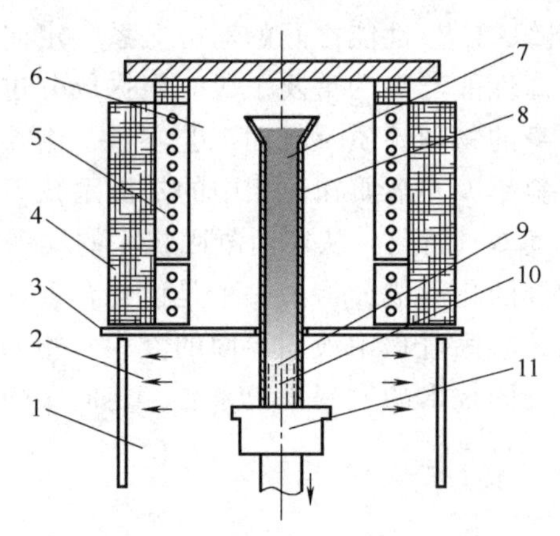

图 3-5 高速凝固法装置示意图
1—冷室 2—冷却介质（空气或水等） 3—隔板 4—隔热材料 5—加热装置 6—热室 7—合金熔体 8—铸件模壳 9—液固界面 10—已凝固铸件 11—水冷铜模+牵引机构

由图 3-5 可知，高速凝固法（HRS 法）装置与功率降低法（PD 法）装置非常类似，只是 HRS 法多了个牵引机构。HRS 法的提出本身是为了改善 PD 法其热导能力随着离结晶器底座（水冷铜模底座）的距离增加而明显降低这个缺点。牵引机构可以使模壳按一定的速率向下移动，从而加强其散热条件。当加热模壳到预定温度后，浇注合金熔体，保持一段时间（几分钟），此时，熔体与周围模具达到热稳定状态，熔体首先在隔板开口的模壳底部（即水冷铜模底座）表面生成一薄层固态金属，当牵引机构以一定速度将铸件从隔板开口中移出（或牵引炉子移离铸件），在冷却介质中强制冷却（空气或其他冷却介质），底座已凝固金属层与熔体的液固界面将随着铸件的牵引而逐渐移动，而炉子始终处于加热状态，远离液固界面的金属熔体将仍然处于热稳定状态。

这种技术方法避免了炉膛温度分布对已凝固层的影响，且利用了冷却介质（空气或其他冷却介质）的强制冷却，从而获得了较高的冷却速度。与 PD 法相比，HRS 法的凝固速度提高了 2~3 倍，可达 300mm/h，所获得的铸件柱状晶较长，组织细密挺直均匀，铸件性能得以提高，在生产中有一定的应用。但 HRS 法的凝固层仍然是通过辐射或气体（或其他介质）介质对流换热来强制冷却的，故获得的温度梯度和冷却速度仍然十分有限。

3.3.4 液态金属冷却法

为了获得更高的温度梯度和凝固速度，在 HRS 法的基础上，以液态金属替代循环空气（氮气、水或其他冷却介质），可极大增强装备的排热能力，从而大大提高液固界面前沿液相一侧的温度梯度，这种将牵引出的已凝固铸件部分浸入具有高热导率、低熔点、高沸点、热容量大的液态金属中，形成的一种新的定向凝固方法称为液态金属冷却法（liquid metal cooling method，LMC 法），是由贾梅伊（Giamei）等人于 1976 年提出的，其装置示意图如图 3-6 所示。

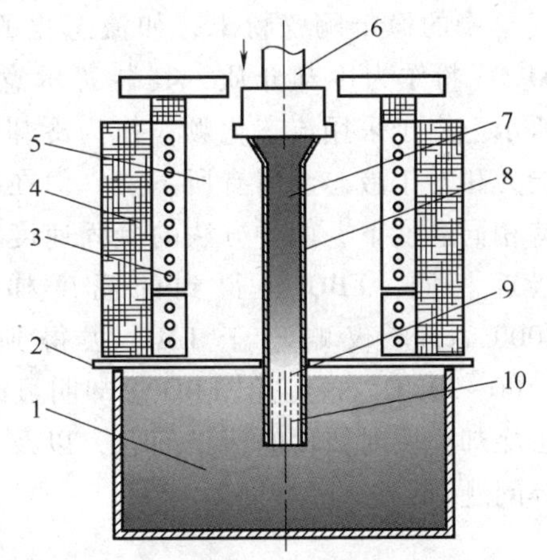

图 3-6　液态金属冷却法装置示意图

1—冷室（液态 Sn 或其他）　2—隔板　3—加热装置　4—隔热材料　5—热室　6—浸入机构　7—合金熔体　8—铸件模壳　9—液固界面　10—已凝固铸件

当已凝固铸件直接浸入液态金属介质中冷却时，冷却介质与模壳迅速达到热交换平衡，从而使得铸件液固界面前沿液相一侧获得很大的温度梯度。LMC 法不仅能获得高的温度梯度和凝固速度，而且在较大的凝固速度范围内使液固界面前沿的温度梯度保持稳定，凝固过程可在相对稳态下进行，从而获得较长的单向柱状晶。

常用的液态金属有 Ga-In 合金、Ga-In-Sn 合金、Sn、Al 等，前两种合金熔点低，但价格昂贵，只适用于实验室条件。Sn 熔点稍高（232℃），但由于价格相对便宜，冷却效果也比较好，可适用于工业条件，已被美国等国家用于航空发动机叶片的生产。生成 Mar-M200 合金三种定向凝固工艺的比较见表 3-1。由表 3-1 可明显看出液态金属冷却法的相对优势。

表 3-1 生成 Mar-M200 合金三种定向凝固工艺的比较

工艺参数	功率降低法	高速凝固法	液态金属冷却法
过热度/℃	120	120	140
循环周期/min	170	45	15
模具直径/cm	3.2	3.2	1.43
温度梯度 G/(℃/cm)	7~11	26~30	73~103
凝固速度 V/(cm/h)	3~12	23~30	53~61
糊状区宽度/cm	10~15	3.8~5.6	1.5~2.5
局部凝固时间/min	85~88	8~12	1.2~1.6
冷却速度/(℃/h)	90	700	4700

3.3.5 流态床冷却法

LMC 法虽然具有优势，但成本较高、工艺复杂，其采用的低熔点的合金，尽管只与模壳接触，但也有可能与铸件本体表面反应，有可能污染未凝固的熔体，或在铸件中产生低熔点金属化合物，使其产生脆性。为了克服这种工艺上的不足，中川（Nakagawa）等提出了流态床冷却法（fluidized bed quenching method，FBQ 法）来提高温度梯度，即以悬浮在惰性气体（通常是氩气）中的稳定陶瓷粉末，如流态化的 ZrO_2 粉或 Al_2O_3 粉作为冷却介质，其装置示意图如图 3-7 所示。由于采用流态化颗粒作为冷却介质，激冷能力相对于液态金属有所下降，但在冷却介质保持相同温度下，两种方法的凝固速度糊状区宽度接近相同，FBQ 法得到的温度梯度（100~200℃/cm）仅略小于 LMC 法得到温度梯度（100~300℃/cm）。但 FBQ 法却明显改善了 LMC 法冷却介质对铸件的污染问题，以及工艺复杂性等问题。

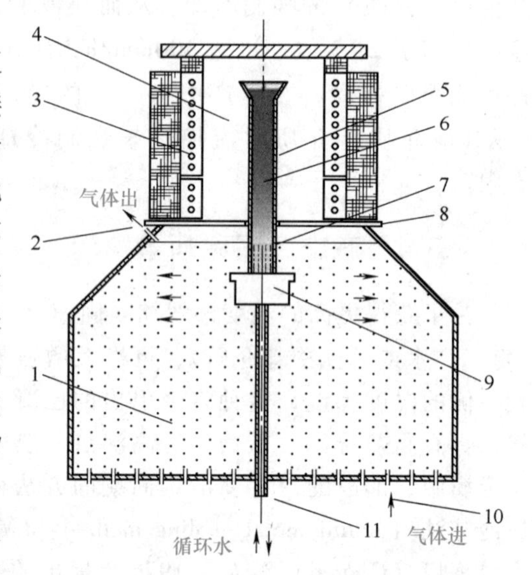

图 3-7 流态床冷却法装置示意图

1—冷室（流态化陶瓷颗粒） 2—出气装置 3—加热装置 4—热室 5—铸件模壳 6—合金熔体 7—液固界面 8—隔板 9—水冷铜模 10—进气装置 11—牵引机构（内置循环水）

3.4 现代定向凝固技术

传统的定向凝固技术在工艺上都存在诸多问题，例如 PD 法和 HRS 法，存在温度梯度和冷却速度低的缺点，LMC 法存在工艺复杂，容易引入外在因素导致铸件质量不可控等缺点。随着现代装备的发展，对实际产品成本及使用性能的要求越来越严苛，温度梯度和凝固速度低已经成为定向凝固技术进一步发展和应用的阻碍因素。从 20 世纪 80 年代开始，研究机构和生产企业在充分吸收其他先进凝固技术优点的基础上，提出了很多新型的定向凝固技术。

3.4.1 区域熔化液态金属冷却法

20世纪90年代初，在LMC法的基础上，人们提出了通过改变加热方式，发展了新型的定向凝固技术——区域熔化液态金属冷却法（zone melting and liquid metal cooling method，ZM LMC法），其装置示意图如图3-8所示。

该方法的冷却方式与LMC法相同，加热部分则利用固定的感应线圈产生热量，在距离冷却金属液面极近的位置使金属局部快速熔化过热，产生的熔化区很窄，将整个液固界面位置下压，同时使液相中的最高温度尽量靠近已凝固区域，如图3-8所示。

当起动牵引机构时，铸件下拉，熔化区域随同下移，逐渐进入液态金属冷却介质区域，从而获得极大的冷却速度。同时为了防止液态金属冷却介质外溢或液态金属冷却介质进入合金溶液或浸润铸件，通常需要在金属铸件的外部套上高导热的陶瓷外壳。

由于液态金属冷却介质与铸件的接触时间大大缩短，减少了金属与陶瓷的反应。同时，确定的固态合金成分不断补给有限的熔化区（如图3-8中“7”所示），熔化区的金属熔体可以保持在一个稳定的合金成分范围内，与传统定向凝固技术相比，减少了成分上的偏析。

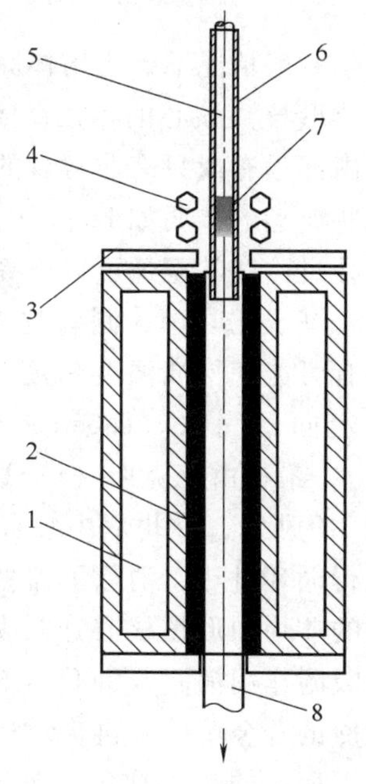

图3-8 区域熔化液态金属冷却法装置示意图

1—循环冷却介质 2—液态金属 3—隔板 4—感应线圈 5—铸件 6—铸件陶瓷模壳 7—熔化区 8—牵引机构

同时，利用感应加热，可以将热量快速且有效地集中在液固界面前沿的液相一侧，充分发挥过热度对温度梯度的影响，从而有效地提高液固界面液相前沿的温度梯度。一般情况下，熔化区越窄，在同等加热功率下，液固界面前沿液相一侧的温度梯度就越高。这种技术的温度梯度甚至可达1300K/cm，冷却速度可达50K/s。因此，这种技术又称为亚快速定向凝固技术或超高温度梯度定向凝固技术。

对于定向凝固铸件技术，追求的是高的温度梯度和凝固速度，定向凝固技术的发展就是温度梯度逐渐增大的发展历程。ZM LMC法的一个重要优势是具有极大的温度梯度，扩大了所允许的凝固速度范围，可显著提高凝固速度，细化组织、改善偏析，提高定向合金凝固使用性能。

目前，传统的、用于生产的定向凝固技术，其温度梯度一般不超过150K/cm，获得的定向凝固组织一次枝晶间距一般比较大。例如，采用传统定向凝固技术制备的高温合金，一次枝晶间距的典型值大于200μm，并且二次枝晶（侧向分支）仍然十分发达。但采用ZM LMC法，温度梯度大，凝固速度快，意味着液态金属可在较快的生长速度下进行定向凝固，一次枝晶间距明显变小，二次枝晶（侧向分支）的生长也受到极大的抑制，形成特殊的超细微观组织特征，定向结晶合金和单晶合金的性能都有明显提高。例如，K10钴基合金，采用ZM LMC法，持久寿命可提高3倍以上；采用ZM LMC法制备的NASAIR100单晶镍基合金的持久强度可提高到1050℃、160MPa时的228.3h。

但是，ZM LMC 法只是单纯采用强制加热的方法来提高温度梯度和冷却速度，其冷却速度的提高仍然十分有限，一般很难达到真正的亚快速凝固速度，这种方法在应用上仍然有待进一步改进。

3.4.2 深过冷定向凝固法

一般情况下，当熔体凝固时，由于合金熔体内部或器壁具有较多的非均匀形核（又称异质形核）核心的存在，因此，凝固所需的过冷度往往只有几摄氏度。然而，清洁的熔体在内部没有或只有非常少的非均匀形核核心条件下凝固时，往往需要非常大的过冷度。对于一些典型的金属如 Fe、Ni，这种过冷度可超过 300℃，达到熔点的 20%以上，对于少数材料这种过冷度甚至还可以更高。

基于此原理，制备这种高度清洁的深过冷熔体并使之凝固，便有可能获得高温度梯度和冷却速度的定向凝固组织。这种深过冷定向凝固法（supercooling directional solidification method，SDS 法），最初由卢克斯（Lux）等人在 1981 年提出，其装置示意图如图 3-9 所示。在坩埚中装有合金试样，真空感应电磁悬浮熔炼线圈进行循环过热，消除了器壁非均匀形核核心，同时将合金熔体内部的非均匀形核核心通过蒸发或分解的方式去除，或通过净化剂的吸附作用消除或钝化合金中的非均匀形核核心，以此获得可深过冷的合金熔体。再将坩埚底部激冷，从而在金属液内建立一个自下而上的温度梯度。凝固过程中，首先在底部形核，晶体自下而上生长，形成定向排列的树枝状骨架，枝晶间是残留的合金液。在随后的冷却过程中，枝晶间残留的合金液依靠外界散热，并在已有的枝晶骨架基础上继续凝固，从而形成定向凝固组织。

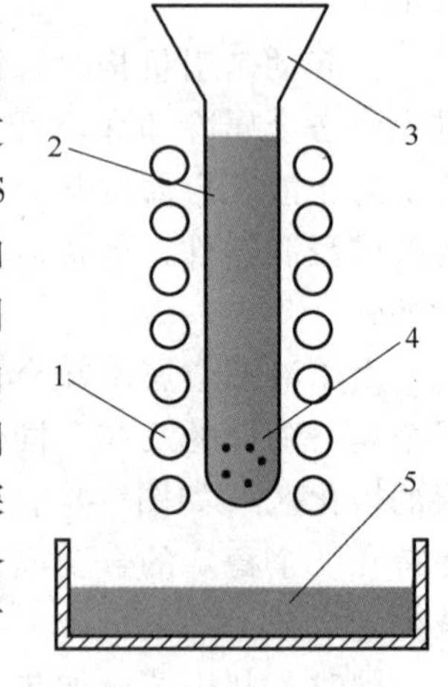

图 3-9 深过冷定向凝固法装置示意图

1—真空感应电磁悬浮熔炼线圈
2—熔体 3—石英坩埚
4—净化剂 5—激发源

从热力学分析可知，当熔体处于很大的热力学过冷时，即形核处于深过冷这种亚稳定状态时，由于液固两相的自由能差 ΔG 相差很大，一旦形核，其晶体的生长速度很快，基本上不会受外界散热条件的影响，此时，金属体积对深过冷定向凝固的影响已经不是很大，可以克服传统定向凝固法受过冷度和试样尺寸的限制，这非常有利于工艺控制和生产率的提高。

SDS 法，本质是通过磁悬浮熔炼或净化剂净化来获得高过冷度的合金熔体，然后底部首先激冷形核，形成定向排列的枝晶，最终形成定向凝固组织。该技术的实际应用尚有很大的困难：首先，合金过冷熔体激冷形核后枝晶生长方式和显微组织形成规律要利于定向凝固组织的形成，这通常需要根据合金熔体物理性能、合金凝固热力学和动力学、定向凝固装备等进行优化并确定；其次，虽然采用 SDS 法在理论上可解决大体积定向凝固，但在实际生产过程中，铸件的形成通常采用熔模铸造等形式，模壳或其他铸型器壁很容易产生大量非均匀形核核心，使得合金熔体过冷度的控制工艺变得非常困难。因此，如何解决深过冷熔体的制备以及与铸件凝固成型之间的矛盾，是未来 SDS 法走向实际生产的关键。

3.4.3 电磁约束成形定向凝固法

20 世纪 90 年代初，在 ZM LMC 法的基础上，人们提出了一种新型的电磁约束成形定向凝固法（directional solidification by electromagnetic shaping method，DSEMS 法），此方法是利用电磁感应加热直接熔化感应区域内的金属材料，利用金属熔体表层部分产生的电磁力约束已熔化的金属熔体形状，从而实现定向凝固的方法。该方法本质上是将电磁约束成形技术和高温度梯度定向技术相结合的新型定向凝固制备技术。这是一种无坩埚熔炼、无铸型、无污染的定向凝固技术，其装置示意图如图 3-10 所示。

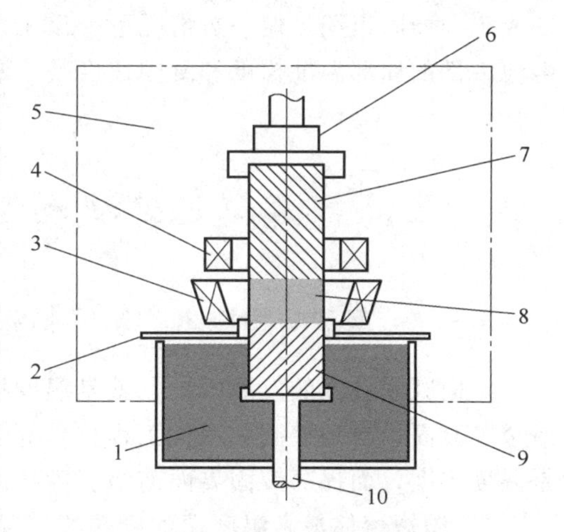

图 3-10　电磁约束成形定向凝固法装置示意图

1—液态金属　2—隔板　3—成形感应器　4—预热感应器　5—真空室　6—送料机构　7—固态坯件　8—熔化区域　9—已凝固铸件　10—牵引机构

对于 ZM LMC 法，金属铸件的外部通常需要套上陶瓷模壳，但因陶瓷模壳热导率的限制，从而导致模壳与液态金属接触时，其散热能力受制于陶瓷模壳的结构设计、定向凝固工艺参数及陶瓷模壳本身的热导率。电磁约束成形定向凝固法，则直接取消了铸型或模壳，冷却介质（液态金属或其他冷却介质）直接与铸件表面接触，显著提高了铸件的散热能力，增强了熔体本身的凝固冷却能力。同时，该工艺又避免了陶瓷外壳可能与熔体产生的反应，提高了铸件本身的表面性能及外观质量。

电磁约束成形定向凝固法既能使熔体在区域范围内产生很高的温度梯度，又能极大增强铸件固相的冷却能力，使得定向凝固组织更加均匀且细化；同时，该工艺可避免铸件受到铸型或冷却介质的污染，从而提高铸件的表面性能及综合性能。

电磁约束成形定向凝固法特别适用于高熔点、易氧化、高活性的特种合金，以及多种界面形状、中小尺寸的坯件。但不同的合金，其密度、导热性、电磁参数等方面的差异，将影响电磁对合金熔体约束力及合金熔体内外温度一致性，从而影响液态合金熔体的稳定性和成形性。因此，相关理论的深入研究，是目前复杂形状铸件成形自动控制急需解决的问题。

3.4.4　激光超高温度梯度定向凝固法

激光具有能量高度集中的特性，早在 20 世纪 70 年代克莱因（Cline）等就已采用激光进行定向凝固试验，其装置示意图如图 3-11 所示。激光超高温度梯度定向凝固法以激光束作为热源，照射到固定在陶瓷衬底上的高温合金薄片，使得金属表面迅速熔化，形成熔池，

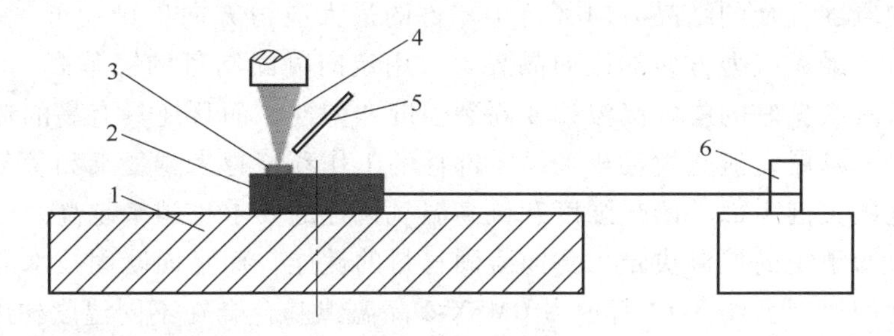

图 3-11　激光超高温度梯度定向凝固法装置示意图

1—工作台　2—铜板　3—试样　4—激光束　5—保护气体　6—电动机

获得很高的过热度，并且由于自身的热传导作用而产生很大的冷却能力。这种工艺产生的凝固界面温度梯度可达 5×10^4K/cm，凝固过程中，首先在熔池基体表面形核，并外延生长，形成定向凝固组织。但一般情况下，该工艺获得的并不一定是定向凝固组织，这主要是因为熔池内部的局部温度梯度和凝固速度是不断变化的，导致凝固界面位置和温度梯度方向不断变化。

3.5 定向凝固技术的发展趋势及定向凝固材料

3.5.1 定向凝固技术的发展趋势

定向凝固技术的发展历史，就是温度梯度和凝固速度不断提高的历史，是合金热力学、冶金、凝固、自动控制、现代工程技术等多学科交叉的技术发展历史。定向凝固技术的关键是温度梯度，而提高液固界面前沿温度梯度的途径在理论和技术方面有以下几种：

1）缩短熔体最高温度端到冷端的位置距离。

2）增强冷却强度。

3）降低冷却介质的温度。

4）提高熔体的最高温度。

5）净化熔体，获得可深过冷的合金熔体。

每一种定向凝固技术，都有其自身的特点和优势，都有一定的适用范围。随着基础理论的发展、实验技术的改进、现代装备和现代信息控制的发展，定向凝固技术在技术、装备、理论等方面都处于快速发展中，新一代的定向凝固技术必将为新型先进材料制备和加工技术的开发提供有力的工具。

定向凝固组织独特的显微组织显示出其独特的性能，定向凝固技术的成功应用最早开始于高温合金，随着人们对晶体生长控制技术的发展，由此开发并推动了定向单晶、磁性材料、涡轮叶片、定向凝固复合材料等具有特殊性能的新材料。并且，随着凝固理论及新的定向凝固技术的发展，也必将推动新的具有特殊性能的材料出现。

3.5.2 定向凝固材料

1. 镍基高温合金

歼击机

定向凝固的镍基高温合金已被广泛应用于航空发动机的涡轮叶片和导向叶片。因定向凝固合金的结晶方向平行于零件的最大应力方向，最大可能地消除了垂直于最大应力方向的横向晶界。采用定向凝固制备的镍基高温涡轮叶片不仅具有良好的中、高温蠕变断裂强度和塑性，而且还具有高的热疲劳性能。随着航空航天技术的发展，航空发动机关键零部件的工作环境越来越复杂和苛刻，使用温度也越来越高，对这些关键零部件的热强度和抗高温氧化性的要求也越来越高。

定向凝固显微组织的控制决定了定向凝固材料的性能，而定向凝固技术的关键在于温度梯度和凝固速度的控制。图 3-12 所示为 CMSX-2 高温镍基合金在不同温度梯度（G）和拉出速度（v）下的生长形貌。由图可知，在 G=200K/cm 下，CMSX-2 随着定向凝固铸件拉出速度从 0.13μm/s 增加到 100μm/s 时，合金中的凝固界面变化依次为平面晶、胞状晶、胞枝

晶、粗枝晶、粗枝晶、细枝晶、细枝胞晶，如图 3-12a～g 所示。当拉出速度 $v=100\mu m/s$，温度梯度 $G=1000K/cm$ 时，界面为超细胞晶，如图 3-12h 所示。一些镍基高温合金名义化学成分见表 3-2。

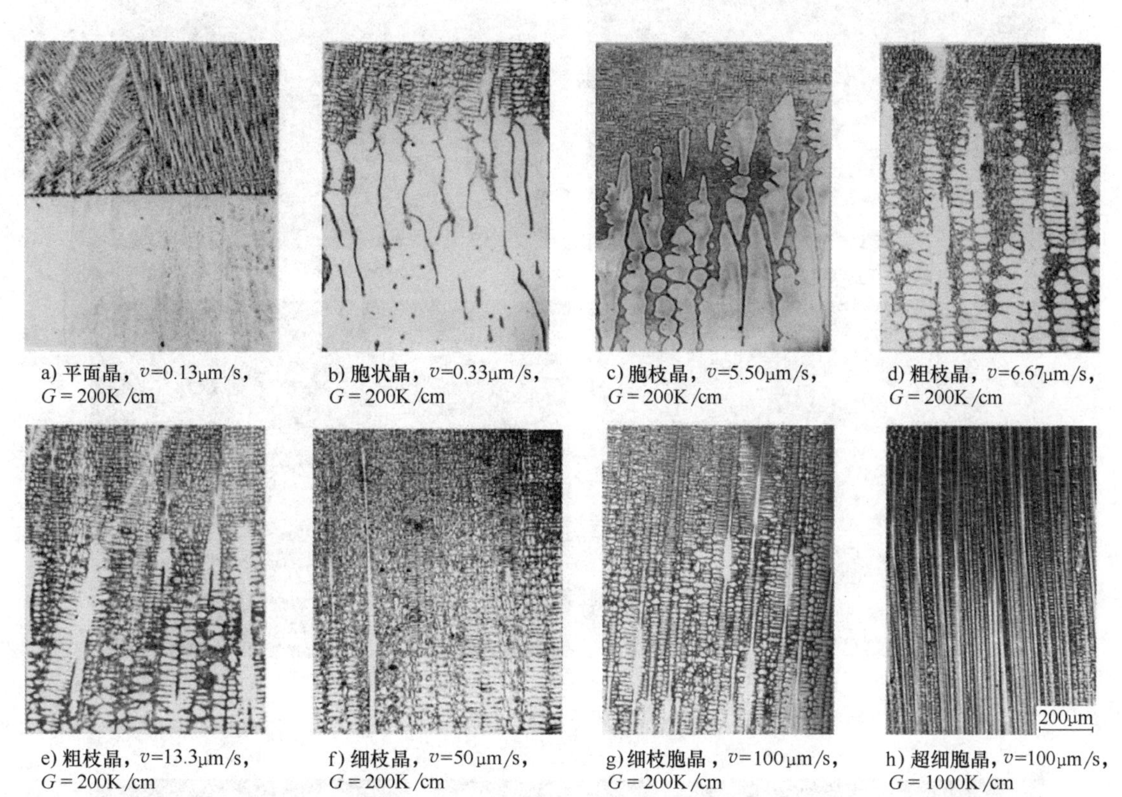

a) 平面晶，$v=0.13\mu m/s$，$G=200K/cm$
b) 胞状晶，$v=0.33\mu m/s$，$G=200K/cm$
c) 胞枝晶，$v=5.50\mu m/s$，$G=200K/cm$
d) 粗枝晶，$v=6.67\mu m/s$，$G=200K/cm$
e) 粗枝晶，$v=13.3\mu m/s$，$G=200K/cm$
f) 细枝晶，$v=50\mu m/s$，$G=200K/cm$
g) 细枝胞晶，$v=100\mu m/s$，$G=200K/cm$
h) 超细胞晶，$v=100\mu m/s$，$G=1000K/cm$

图 3-12　CMSX-2 高温镍基合金在不同温度梯度（G）和拉出速度（v）下的生长形貌

表 3-2　一些镍基高温合金名义化学成分（wt%）

合金	Al	Ti	Cr	Co	Mo	Ta	W	Re	Hf	C	Ni
CMSX-2	5.6	1.0	8.0	4.8	0.6	6.0	8.0	0	0	0	余量
CMSX-4	5.6	1.0	6.5	9.0	0.6	6.5	6.0	3.0	0.1	—	余量
CM186LC	5.7	0.7	6.0	9.0	0.5	3.0	8.0	3.0	1.4	0.07	余量
CMSX-10	5.7	0.2	2.0	3.0	0.4	8.0	4.0	6.0	0.03	—	余量

图 3-13 所示为 CMSX-4 在不同生长速率（$v=5mm/h$、$50mm/h$、$180mm/h$、$1280mm/h$）下的枝晶形态，其中图 3-13a～c 为电子背散射图（electron back scatter diffraction，EBSD），图 3.13d 为金相图（optical microscope，OP）。图 3-14 所示为 CMSX-4 合金定向凝固枝晶形态的精细结构图（EBSD 图）。从图 3-13 和图 3-14 可知，定向凝固枝晶组织随着冷却速度的增加，其形态发生显著变化，且一次枝晶、二次枝晶间距随着冷却速度的增加而快速减小。在大的温度梯度和大的冷却速度下获得的超细胞晶组织，使得合金断裂寿命显著提高，并增加了伸长率和断面收缩率。

在定向凝固中，单晶高温合金则是完全消除了所有晶界，从而从根本上去除了可能的裂纹源，因此，具有良好的持久寿命、低的蠕变速率和良好的抗热疲劳性能。由于单晶镍基高

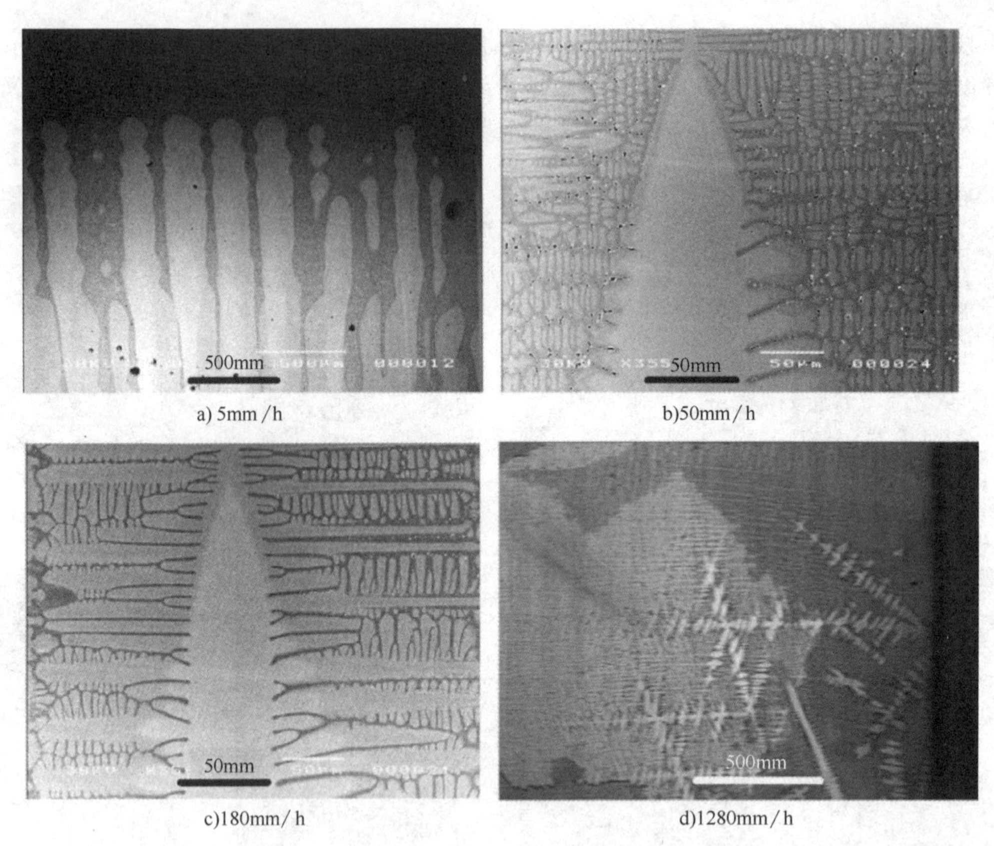

a) 5mm /h　b)50mm / h
c)180mm / h　d)1280mm / h

图 3-13　CMSX-4 在不同生长速率下的枝晶形态

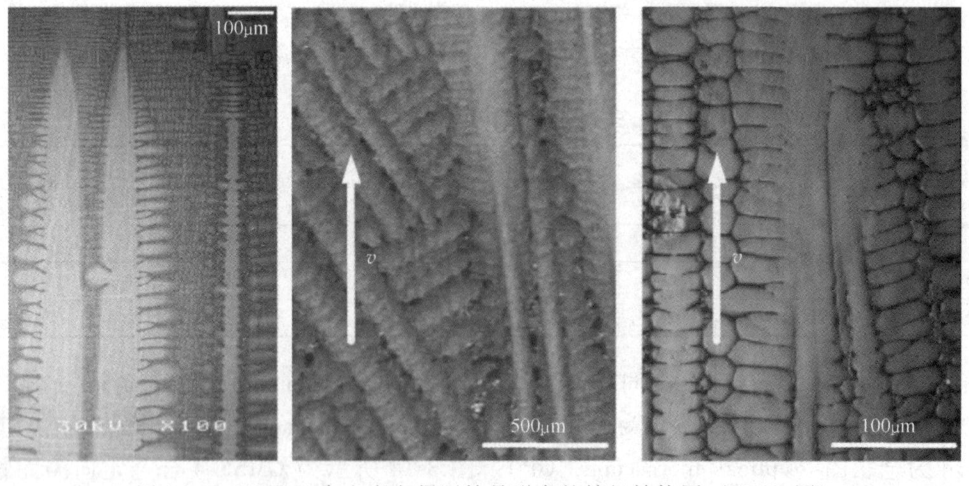

图 3-14　CMSX-4 合金定向凝固枝晶形态的精细结构图（EBSD 图）

温合金为面心立方结构，在单晶生长过程中，往往会产生择优取向，以〈001〉方向为生长最快的择优方向。因此，单晶镍基高温合金在性能上是各向异性的。对于单晶镍基涡轮叶片的制备一般要求最小弹性模量方向〈001〉与最大载荷在方向上一致，但在实际生产过程中，择优方向往往严重偏离载荷方向，导致热循环应力并没有发生预想的下降。因此，在定向凝固过程中，要精确调节和控制晶体的择优方向，减少与择优方向偏离的杂晶出现。

2. 铝基合金

在金属结构材料中，铝合金密度小，是重要的轻量化材料，铝基合金的发展对轨道交通、车辆工程、航空航天、能源工业等具有重要的意义。铝合金熔点低，对于定向凝固技术，比较容易实现温度梯度和冷却速度的调节和控制，其应用也是非常成功的。铝基定向凝固合金包括二元铝基合金，如 Al-Cu、Al-Ni、Al-Si 等，以及包含 Mg、Si、Fe 等元素的多元铝基合金。

采用定向凝固技术制备的铝基合金相对于传统的铸造铝基合金，在性能上有明显的改善和提高。例如，采用定向凝固制备的 Al-Si 合金，其强度和伸长率都有大幅度提高；采用定向凝固技术制备的 ZAlSi12（A356）铝合金，在抗拉强度和伸长率方面，都得到了显著提高。

图 3-15 所示为定向凝固 Al-11wt%Si 二元合金沿凝固方向纵截面的显微组织，图 3-16 所示为定向凝固 Al-11wt%Si-5wt%Ni 多元合金沿凝固方向纵截面的显微组织，冷却速度 v = 1.1～1.6℃/s、温度梯度 G = 3.1～5.9℃/mm。在图 3-15 中，Al-11wt%Si 二元合金主要由 α-Al 枝晶，以及位于 α-Al 枝晶之间的共晶组织（α-Al+Si）组成，并且也发现有初晶 Si。α-Al 初晶以柱状晶的形式沿着铸件凝固的方向生长。在图 3-16 中，Al-11wt%Si-5wt.%Ni 多元合金主要由 α-Al 枝晶，以及位于 α-Al 枝晶之间的共晶组织（α-Al+Al_3Ni）组成，α-Al 初晶以柱状晶的形式沿着铸件凝固的方向生长。图 3-17a 所示为定向凝固 Al-11wt%Si 合金深度浸蚀的扫描电镜（scanning electron microscope，SEM）图，可见第二相 Si 呈无规则类平板状；图 3-17b 所示为定向凝固 Al-11wt%Si-5wt%Ni 多元合金深度浸蚀的扫描电镜（SEM）图，第二相形态为无规则 Si 和 Al_3Ni 相。从图 3-15 和图 3-16 可知，沿着凝固方向，铸件的冷却速度是逐渐降低的，随着冷却速度的降低，定向凝固显微组织形貌发生了明显的改变，α-Al 初晶及二次枝晶间距明显增大，定向生长的柱状晶形态也逐渐发生变化。

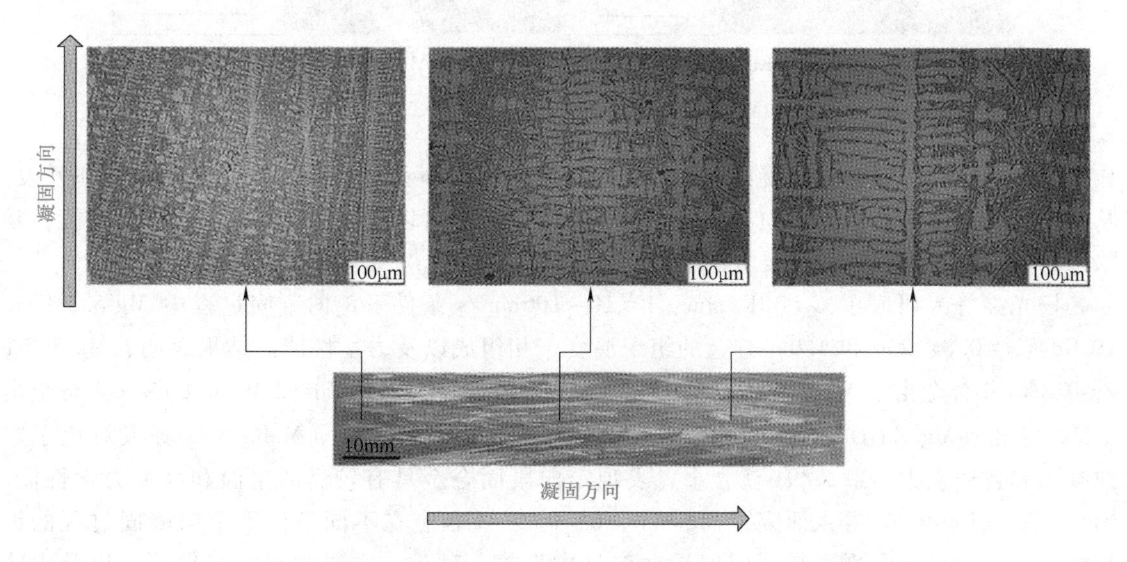

图 3-15　定向凝固 Al-11wt%Si 二元合金沿凝固方向纵截面的显微组织

3. 镁基合金

由于在轻量化方面的优势，镁基合金在交通、航空航天、国防军工、生物材料等领域的

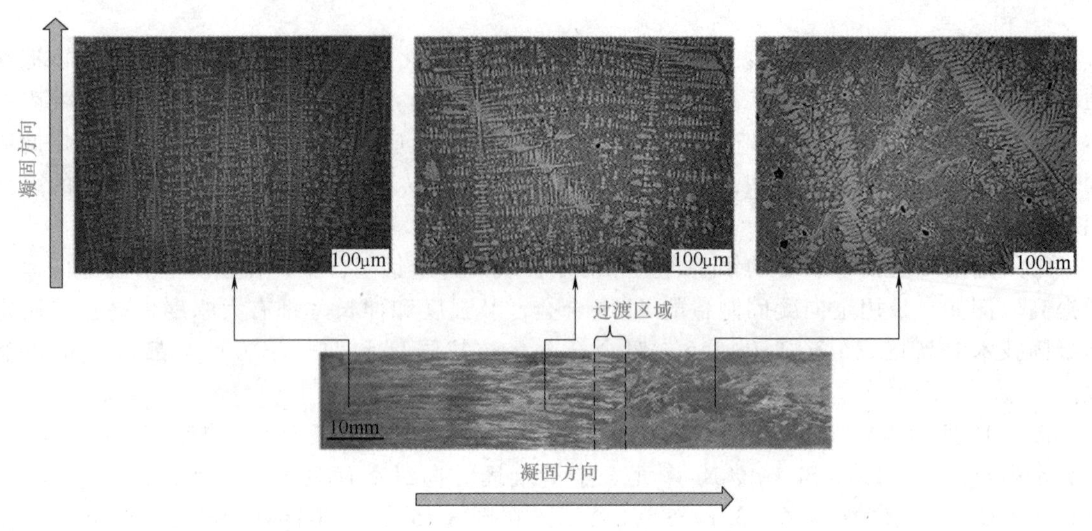

图 3-16 定向凝固 Al-11wt%Si-5wt%Ni 多元合金沿凝固方向纵截面的显微组织

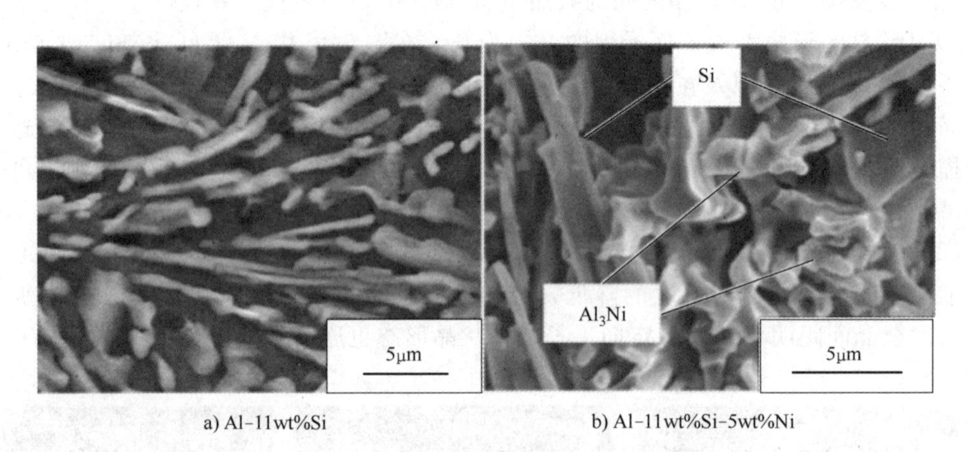

图 3-17 定向凝固 Al-11wt%Si 和 Al-11wt%Si-5wt%Ni 合金深度浸蚀的 SEM 图

应用越来越广泛。镁基合金凝固组织的精确控制将推动新型高性能镁基合金的研究和开发。从目前的研究来看，采用定向凝固技术和快速凝固技术可以有效地提高镁基合金的性能，是未来镁基合金材料发展的重要方向。

杨光昱等人研究了 $G=30K/mm$、$V=10\sim100mm/s$ 条件下定向凝固过程中 Mg-5.5%Zn-x%Gd（x=0.8、2.0 和 4.0）合金的组织演变、相组成以及力学性能。结果表明，Mg-5.5%Zn-0.8%Gd 合金由 α-Mg 和 I 相（Mg_3Zn_6Gd）组成，Mg-5.5%Zn-(2.0，4.0)%Gd 合金由 α-Mg、I 相（Mg_3Zn_6Gd）和 W 相（$Mg_3Zn_3Gd_2$）组成。马布奇（Mabuchi）等人对比了定向凝固和普通重力铸造 AZ91 镁合金，发现定向凝固合金具有较高的室温和高温力学性能。帕利瓦尔（Paliwal）等人研究了 Mg-（3，6，9）%Al 合金在不同条件下定向凝固过程的组织演变，并对比定向凝固与不同模具（包括楔形模、砂型、石墨和铜模）铸造，以及水冷等不同冷却速度 R（0.05~1000K/s）下获得的显微组织。王（Wang）等人利用同步辐射技术观察了不同冷却速度条件下 Mg-Gd 合金在定向凝固过程中的组织演变，发现随着冷却速度的增加，由于过冷度的不同，柱状晶的生长方向逐渐向热流的方向转变，界面生长速率和

枝晶间距随冷却速度的增加而增大。刘（Liu）等人的研究表明，随 Li 含量的增加，Mg-Li 合金定向凝固组织中离异共晶（Li 含量 6.3%，质量分数，下同）先转为层状结构（6.6%），然后变为层状结构（6.9%）与棒状 α-Mg 组织（7.2%）共存，最后变为棒状 α-Mg 组织（7.5%、7.8%）。此外，他们还发现生长速率越快，层状组织越直，分布越均匀；棒状组织越细小，相邻棒状组织的间距也越小。

思考题

1. 什么是定向凝固？其对定向凝固理论和技术的研究有何意义？
2. 什么是成分过冷？定向凝固界面状态受哪些因素的影响？
3. 简述功率降低法、高速凝固法、液态金属冷却法三种定向凝固技术在工艺上的差异。
4. 区域熔化液态金属冷却法的优势有哪些？
5. 从凝固理论说明深过冷定向凝固法的原理。
6. 从定向凝固原理说明 CMSX-2 高温镍基合金在不同温度梯度（G）和拉出速度（v）下的生长形貌的差异。

参考文献

[1] 贾红敏，常剑秀. 定向凝固镁合金的研究进展及应用前景［J］. 材料导报，2022，36（6）：139-145.

[2] 范晓明. 金属凝固理论与技术［M］. 2版. 武汉：武汉理工大学出版社，2019.

[3] 朱业超，江民红，杨平生. 双向定向凝固超磁致伸缩材料的磁性能研究［J］. 稀土，2005（1）：42-45.

[4] 潘利文，郑立静，蒋冬文，等. 定向凝固超高强度 NiTi 基自生复合材料［J］. 复合材料学报，2013，30（1）：141-146.

[5] 赵林飞，李慧，梁精龙. 高熵合金制备工艺的研究进展［J］. 腐蚀与防护，2021，42（7）：42-47.

[6] 刘桐，骆良顺，王亮，等. TiAl 基合金定向凝固中领先相的确定及影响因素研究进展［J］. 稀有金属材料与工程，2017，46（9）：2737-2743.

[7] 苏彦庆，郭景哲，刘畅，等. 定向凝固技术与理论研究的进展［J］. 特种铸造及有色合金，2006，26（1）：25-30.

[8] 徐瑞. 合金定向凝固［M］. 北京：冶金工业出版社，2009.

[9] VERSNYDER F I，SHANK M E. The development of columnar grain and single crystal high temperature materials through directional solidification［J］. Materials Science and Engineering，1970，6（4）：213-247.

[10] VERSNYDER F L，BARLOW R B，SINK L W，et al. Directional solidification in the precision casting of gas turbine parts［J］. Modern Casting，1967，52（6）：68-75.

[11] MA D. Novel casting processes for single-crystal turbine blades of superalloys［J］. Frontiers of Mechanical Engineering，2018，13（1）：3-16.

[12] NAKAGAWA Y G，MURAKAMI K，OHTOMO A，et al. Directional growth of eutectic composite by fluidized bed quenching［J］. Transactions of the Iron and Steel Institute of Japan，1980，20（9）：614-623.

[13] LIU L, HUANG T W, ZHANG J, et al. Microstructure and stress rupture properties of single crystal superalloy CMSX-2 under high thermal gradient directional solidification [J]. Materials Letters, 2007, 61 (1): 227-230.

[14] WAGNER A, SHOLLOCK B A, MCLEAN M. Grain structure development in directional solidification of nickel-base superalloys [J]. Materials Science and Engineering: A, 2004, 374 (1-2): 270-279.

[15] ZHOU Y Z, VOLEK A, GREEN N R. Mechanism of competitive grain growth in directional solidification of a nickel-base superalloy [J]. Acta Materialia, 2008, 56 (11): 2631-2637.

[16] D'SOUZA N, ARDAKANI M G, WAGNER A, et al. Morphological aspects of competitive grain growth during directional solidification of a nickel-base superalloy, CMSX-4 [J]. Journal of Materials Science, 2002, 37 (3): 481-487.

[17] 潘清跃. 激光快速凝固下材料的组织形成规律研究 [D]. 西安：西北工业大学，2023.

[18] KAKITANI R, CRUZ C B, LIMA T S, et al. Transient directional solidification of a eutectic Al-Si-Ni alloy: Macrostructure, microstructure, dendritic growth and hardness [J]. Materialia, 2019, 7: 100358.

[19] REINHART G, GRANGE D, KHALIL L A, et al. Impact of solute flow during directional solidification of a Ni-based alloy: in-situ and real-time X-radiography [J]. Acta Materialia, 2020, 194: 68-79.

[20] KAYA H, GÜNDÜZ M, ADRL E, et al. Dependency of microindentation hardness on solidification processing parameters and cellular spacing in the directionally solidified Al based alloys [J]. Journal of Alloys and Compounds, 2009, 478 (1-2): 281-286.

[21] 吴国华，陈玉狮，丁文江. 高性能镁合金凝固组织控制研究现状与展望 [J]. 金属学报，2018，54 (5): 637-646.

[22] YANG G, LUO S, LIU S, et al. Microstructural evolution, phase constitution and mechanical properties of directionally solidified Mg-5. 5 Zn-xGd (x=0. 8, 2. 0, and 4. 0) alloys [J]. Journal of Alloys and Compounds, 2017, 725: 145-154.

[23] MABUCHI M, KOBATA M, CHINO Y, et al. Tensile properties of directionally solidified AZ91 Mg alloy [J]. Materials Transactions, 2003, 44 (4): 436-439.

[24] PALIWAL M, JUNG I H. The evolution of the growth morphology in Mg-Al alloys depending on the cooling rate during solidification [J]. Acta materialia, 2013, 61 (13): 4848-4860.

[25] WANG Y, PENG L, JI Y, et al. The effect of low cooling rates on dendrite morphology during directional solidification in Mg-Gd alloys: in situ X-ray radiographic observation [J]. Materials Letters, 2016, 163: 218-221.

[26] LIU D, ZHANG H, LI Y, et al. Effects of composition and growth rate on the microstructure transformation of β-rods/lamellae/α-rods in directionally solidified Mg-Li alloy [J]. Materials and Design, 2017, 119: 199-207.

第4章 半固态金属加工技术

4.1 引 言

在传统的液态合金凝固过程中，随着时间的延长和温度的降低，液态金属转变为固态。在这个过程中会包含了几个改变熔融金属微观结构形成的过程，具体可以分为以下几个阶段：首先，树突（在形态上是树状的）相互独立形成；其次，枝晶生长并最终开始扩散到整个大块金属区域，形成互连网络；最后，一旦达到固相线温度，所有剩余的液相都会瞬间凝固，并将网络及其结构固定。在小型零件的凝固过程结束时，通常会有数亿至数万亿枝晶，实际数量取决于确切的冷却条件、成分和体积大小。这种树枝状微结构通常由液态金属的传统凝固过程产生。初生相组分的准确尺寸、形状和数量对半固态流体的黏度和加工性有很大影响，这些特性取决于固态阶段应用的加工技术和相关参数，而初生相的这种形成过程又决定了材料和所生产零件的最终性能。

20世纪70年代初，美国麻省理工学院弗莱明斯（Flemings）教授组的一名博士生在测量Sn-15wt%Pb合金的半固态金属（semi-solid metal，SSM）黏度的实验工作中，使用流变仪测量其冷却到半固态的黏度时发现，与将材料直接冷却成半固态然后再搅拌相比，在冷却过程中不断搅拌材料，材料的剪切阻力明显变小。在这项早期工作中，熔融金属在冷却过程中从高于液相线温度搅拌到半固态温度区时，相关的微观结构从树枝状变为球状是黏度降低的主要原因。球状显微结构受到剪切作用后导致了二次枝晶的释放，并从枝晶臂根部发生断裂和球化。获得这些结构并由此形成零件形状的过程称为SSM成形。迄今为止，半固态加工理论体系已经比较完整，广泛应用于钢铁材料、铝合金、镁合金及复合材料的制备加工中，为了改进获得所需球形微观结构的方法，业内也开展了大量研究工作。本章将详细讨论半固态加工原理、半固态加工方法、半固态粉末成形技术，以及半固态加工在能源领域的应用。

4.1.1 半固态加工原理

1. 枝晶球化机制

半固态坯体的组织具有球状晶特征，以保证在半固态温度下，材料具有流变性和触变性，但目前并未有统一和确定的理论讨论枝晶的球化机制。当前有以下几种半固态初生晶粒转变的假说，试图说明或解释初生晶粒转变为非枝晶的转变机制：①正常熟化引起的枝晶根部熔断假说；②枝晶臂机械折断假说，该假说与实验结果不符，难以被广泛接受；③枝晶塑性变形破碎假说，这是被广泛接受的假说；④抑制晶粒呈枝晶状长大假说，主要是指凝固中的金属处于一种特殊的凝固条件下，即均匀温度场、均匀成分场，枝晶生长受抑制，而生成球状晶。

1）正常熟化引起的枝晶根部熔断假说，重点强调凝固过程中产生的溶质富集和热溶质对流对枝晶根部的二次枝晶臂有直接影响，二次枝晶臂通过熔化而非断裂进行分离，从而产生晶粒倍增。层流将生长形态从规则的树枝状调整为蔷薇状，同时湍流将蔷薇状生长形态调整为在强制对流下凝固成球形，如图4-1所示。

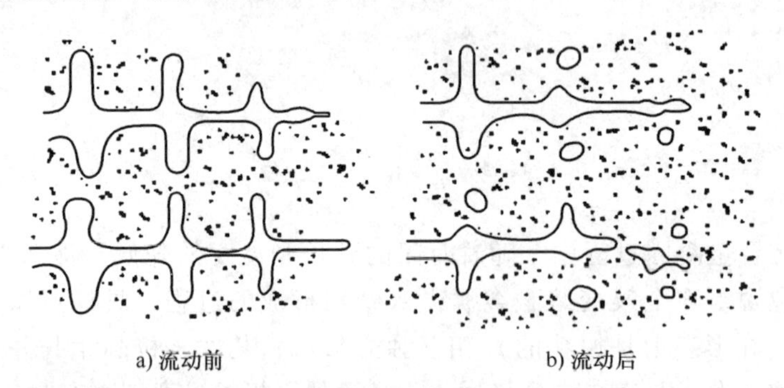

图4-1　枝晶增殖理论示意图

2）枝晶塑性变形破碎假说，在过去的40年中，不同的研究人员提出了许多不同的机制，以解释从树突到球状形态的转化机制。这些机制包括枝晶臂断裂、枝晶臂根部重熔和生长控制机制。然而，枝晶向球形形态转变的准确机制仍不清楚。沃格尔（Vogel）等人认为：枝晶臂具有塑性，这使得它们在剪切过程中能够发生弯曲变形，从而在枝晶臂内部引入大量晶粒取向从而形成位错；在熔化温度下，位错发生重排形成晶界，如果晶界之间的取向偏差大于20°，晶界能量变为液固界面能的2倍以上，就会导致液态金属润湿晶界并最终分离枝晶臂。图4-2所示为机械剪切过程中半固态晶粒尺寸和形状随时间发生的微观结构演变过程。

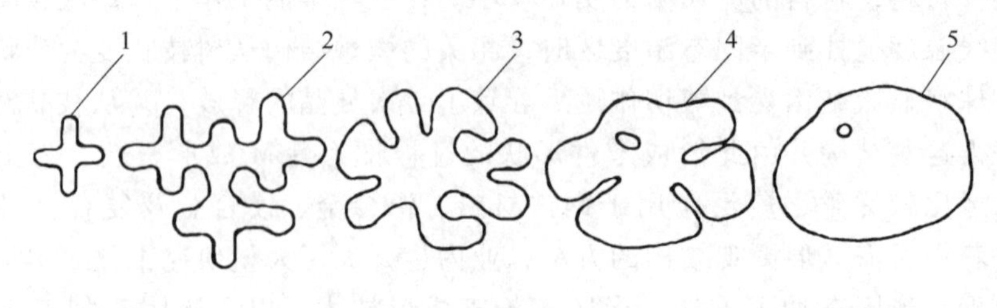

图4-2　在剧烈搅拌下凝固过程中一次固相结构的演变过程
1—初始枝晶碎片　2—枝晶生长　3—蔷薇状化　4—成熟蔷薇状　5—球状

2. 半固态金属的流变行为

半固态金属主要表现出以下几种特性：①变温非稳态流变行为；②伪塑性行为；③触变行为；④等温动态流变行为。半固态金属的流变学性质一般通过采用Couette、Searle同轴圆筒式黏度计测定合金的表观黏度来研究。通过使用同轴圆筒式黏度计测得的Al和Cu合金在半固态下的应力-应变曲线发现，在连续冷却条件下，半固态合金的表观黏度随冷却速度的

降低和剪切速率的升高而降低。

样品中的固相分数随温度的变化可以通过相图计算得到，但是当合金中包含很多化学元素时，相图便不能准确反映固相分数与温度之间的关系。在这种情况下，可以通过修正相图曲线的方法间接得到多合金元素固相分数与温度间的关系。在准确得到固相分数与温度关系的前提下，最后得到在剪切速率恒定时，表观黏度随固相体积分数的增加而增加。当在剪切力作用下，表观黏度随时间推移连续下降，静止时表观黏度又随之恢复，则称该材料具有触变性。另外，还可以清晰地得到温度高于固相线温度时，半固态金属的流变应力迅速降低，而且流变应力的减少程度由固相分数决定，而半固态金属中的化学元素对流变应力的减少幅度只有很小的影响。这几乎是令人难以置信的，因为固相部分的流变应力与液相部分的黏度之间的差距要明显高于不同半固态金属中固相部分的流变应力差距，而且也高于不同半固态金属间液相部分的黏度差距。综上所述，液相数量或固相分数是决定半固态金属流动和变形的主要因素。

固相晶粒的尺寸和形貌对半固态金属的流变应力有一定影响，含有大而长的固相晶粒的半固态金属的流变应力的减小速率要低于含有圆整而小的固相晶粒的半固态金属的流变应力的减小速率。除此之外，半固态金属中应变速率对变形的影响要小于固态金属中应变速率对变形的影响，这对理解铸造中液态金属的充型过程有一定帮助。一般情况下，液态金属的黏度可以通过旋转同轴双筒法得知。通过测试液态金属和半固态金属的黏度得知，半固态金属的黏度在固相分数超过一个临界值时会迅速增加，即半固态金属的流变机制开始从流体转向浆料。有研究还认为半固态金属表观黏度随切变速率的增加而增加，属于胀流型，与稳态流变特性（伪塑性）相差甚远。

3. 半固态金属的触变行为

材料的黏度随着剪切速率和剪切时间的增加而降低，这就是半固体金属的触变性。触变材料具有固相骨架，需要一定时间在高压（或低温）下形成，并且施加剪切应力时该固相结构会被破坏。对于真正的触变材料（与伪触变材料相反），这种固相结构可以在足够大的剪切应力下被完全破坏，从而可以在短时间内获得牛顿流体。如果有足够的时间消除应力，固相结构会重新形成。在石蜡矿物油的测量过程中，流体黏度计可经常观察到触变性，因为其中沉降片施加的应力太小，无法破坏结晶蜡的结构。Couette 黏度计可以施加足够大的应力，几乎观察不到石蜡矿物油的触变性。

利用材料触变性成形的工艺称为触变成形，它是一种利用金属在固相线和液相线温度范围内的流变行为的成形工艺。目前，触变成形的许多研究工作主要是优异力学性能和优异可成形性部件的半固体坯料的制备，尤其是在汽车工业中坯料的制备。此外，触变成形工艺产生的铸件缺陷较少，如宏观缩松、收缩和气孔等较少。这一系列优势使得触变成形工艺成为被广泛研究的对象。当然，该工艺也存在弱点，如由于无法回收剩余坯料而导致生产成本较高，广大研究人员正在研究各种方法来突破触变成形的局限性。目前广泛使用的触变成形方法有触变铸造、触变锻造、触变轧制、触变挤压和触变注射成形。此外，新的触变成形方法也开拓了诸如微观结构演变、加热和浇注温度、模具温度、力学性能、黏度和最终产品质量等探索性研究。

4. 半固态金属的塑性变形机制

半固态浆料中具有一些与固态或液态完全不同的力学特征。①由于液相在晶界间相互流动，那么固相晶粒间的结合力非常微弱甚至有时候几乎为 0。基于这些特点，可以得出金属在半固态区间内的变形很容易发生。②半固态浆料中的固相分数 f_S 为 60%~95%时，半固态金属表现出像黏土一样的变形特征；当固相分数低于 60%时，半固态金属在重力作用下就能发生流动；当固相分数进一步增大到 95%时，金属表现出固态金属的变形特征。③当固相分数低于 90%时，半固态金属可以被搅拌和加入其余材料，如陶瓷颗粒、陶瓷纤维等，所以可以制备出多种复合材料。④如果半固态金属在搅拌的同时又发生凝固，固相晶粒在搅拌力的作用下将会发生分离、形状逐渐球化。所以，半固态金属最终呈现出颗粒状或粉末状。⑤由于存在液相，那么两块半固态金属在液相的作用下能够粘结成一块，而且当它们的界面相互粘结在一起时，液相部分在两个部分中都存在并相互流动和扩散，最后凝固成一个整体，实现半固态金属间的冶金结合。⑥半固态金属是黏性流体，它的黏度要高于液态金属，这是因为固相晶粒分布在液态金属中的缘故。⑦半固态金属的黏度受到分散的固相晶粒的数量和大小的影响。⑧固相晶粒的大小随着剪切速率或搅拌速率的增大而减小。晶粒在搅拌过程中会长大，所以控制温度和搅拌速率能够得到理想的晶粒大小。⑨在成形过程中需要得到高固相分数、低黏度的半固态金属，因为低的黏度能够使半固态金属具有充分的流动性，高的固相分数能够避免缺陷的产生，从而得到更加连续、高质量的产品。

一般而言，固相金属的宏观变形不仅包含单个晶粒的微观变形还包含单个晶粒的相对转动和滑动。在固相金属中，晶粒间的机械约束相互影响，限制了其变形、转动和分离。如果这些机械界面和约束在润湿的固相界面的作用下而产生分离后，那么固相晶粒间的转动和滑移便能轻易地进行，从宏观上表现出来的就是半固态金属在很微弱的力作用下便能发生变形。液相承担的压力是由多孔固体骨架的体积变化引起的液体流动的阻力发展而来的。随着晶界间润湿的进行，从固态到半固态金属的变形行为变化非常剧烈。固相晶粒间的约束被迅速解除，多晶体结构的机械强度迅速降低。当液相数量增加到足够使固相晶粒转动、滑移和分离的时候，半固态金属开始像浆料那样流动。当半固态浆料变形时，液相趋向于在固相晶粒间流动，这与黏性流体在通道中流动的情况类似。随着固相分数的降低，液相部分的流动越来越自由，在特殊情况下，液相部分甚至可以通过通道从内部流到自由表面。然而当固相分数高于 60%时，液相倾向于在固相晶粒间被封闭，在这样的情况下，固相晶粒间的约束不会被降低得很快，所以，半固态金属的流变应力不会降低得非常明显。另外，还应该注意的是尽管固相晶粒相互约束，但它们之间的连接力在晶界间的液相作用下已经被削弱到非常低的水平，即对于半固态金属，尽管固相分数很高，但它的延长率很小。

综上所述，半固态金属的变形机制有：①晶粒接触处的弹塑性变形；②固相晶粒间粘结约束的破坏；③相对于固相的液相流动阻力；④晶粒重新排列的阻力。

4.1.2 半固态加工应用

自 20 世纪 90 年代初以来，尽管工程中那些高完整性零部件的半固态金属铸造仅在具有显著效应的时候得到了应用，但也展示出了很大的潜力。目前，半固态加工已广泛应用于宽凝固范围的钢铁材料、铝合金、镁合金等，以及它们的复合材料，相关产品大量服务于汽车工业和 3C 领域。对于流变铸造工艺，不需要加热半固态坯料。然而，对于触变工艺，一般的方法是在转盘装置中使用感应加热，以便坯料随时可以进行加工。感应加热顺序可以逐步进行，以便在坯料上获得尽可能均匀的温度分布（假设感应加热通过趋肤效应起作用）。这

对过程控制要求很高，因为微观结构必须保持横截面上尽可能均匀，且具有均匀的液相/固相分数。黏性柱塞必须保持其形状，直到施加剪切力。经验表明，除非设备具有实时和闭环控制，否则很难获得令人满意的触变加工工艺。例如，必须要实时进行反馈，以便在柱塞进行冲程时，不断监测速度并将其控制在一个固定值。否则，当压头挤压材料进入模具遇到越来越大的阻力时，压头将减速。在实际实践中，最佳的半固态加工工艺曲线是基于压力、速度与时间进行优化的。以下应用案例是关于半固态加工在功能和经济上均适用的零件类型的代表。

1. 汽车类

SSM 工程化零部件最具有潜力的用途之一就是汽车底盘和悬架系统。截至目前，已经有多个此类零部件的重要应用案例。因为这些零部件的设计和应用涉及的具体细节属于汽车制造商的商业机密，所以，下面的大多数案例都没有详细描述，仅提供有关部件图片、合金体系和热处理工艺、质量范围和截面厚度等一般信息。对于那些已经批量生产且已广泛应用的组件则有更详细的描述。

1）多链副车架。图 4-3 所示为阿尔法-罗密欧多链杆端，该组件由 3604（A357）铝合金的连杆臂端部组成，每个铸件重约 7.4kg，经 T5 回火。然后由一对 SSM 铸件焊接到 6××× 铝合金挤压构件上，形成完整的一副框架。

2）主体框架。图 4-4 所示为某一主体框架部件，通常此类零件壁非常薄（1.5~4mm），并且必须具有非常高的强度和延展性（>12%伸长率）。虽然仍还继续寻找具有更高延展性的合金，但是已经证实 ZAlSi12（A356）铝合金能够达到这个要求。无镁元素合金，如 Al-Si7Fe（国际标准）（与 ZAlSi12 相同，但不含镁），经 T4 回火后（仅 SHT，无淬火，无时效），可以实现 20%伸长率。5×× Al-Mg 系列合金在没有任何热处理的情况下，可以实现中等的强度和延展性（淬火应力变形的可能性较小）。

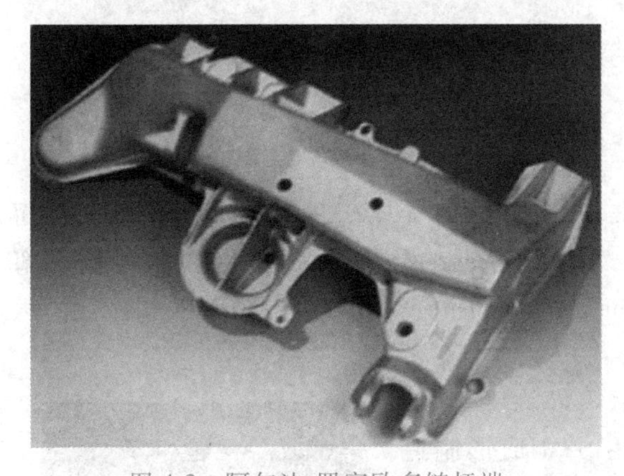

图 4-3　阿尔法-罗密欧多链杆端

图 4-4　某一主体框架部件

3）转向节和车轮托架。适合 SSM 系列的组件是 ZAlSi12 和 3604 铝合金，经 T6 回火后可得到最高的强度和延展性，非常适合应用于前轮转向节，而经 T5 回火可用于后轮托架。典型的零件质量为 1.4~3kg，壁厚可以相对较厚（25mm 或更厚）。

4）控制臂。图 4-5 所示为半固态加工的悬架控制臂（保时捷汽车）。同样，原材料首选 ZAlSi12 铝合金，因为该合金经 T5 或 T6 回火后会比 3604 铝合金具有更高的延展性。图 4-5 所示零件具有均匀的薄壁（2~3mm），经 T6 处理后达到的极限强度和屈服强度分别为

320MPa 和 245MPa，伸长率为 12%。其他合金系列的控制臂可能更厚（15mm 或 20mm），经 T6 处理后其强度和延展性稍低。

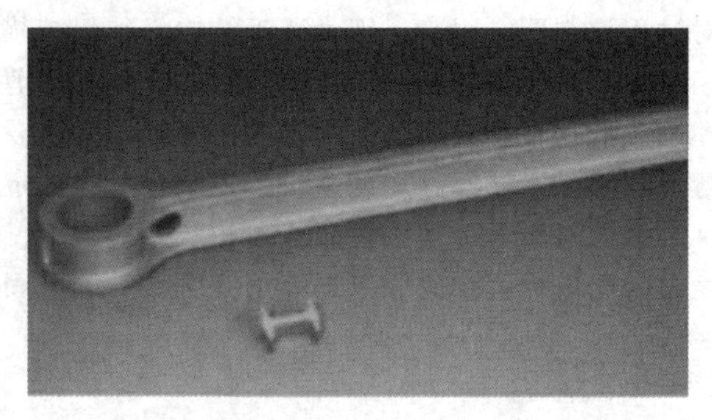

图 4-5　半固态加工的悬架控制臂（保时捷汽车）

5）燃油管。燃油管是 SSM 工艺最早的应用案例之一，至今仍在继续使用该工艺生产。最早是欧洲采用 SSM 工艺制造燃油管，随后北美开始使用 SSM 工艺制造该零部件。燃油管通常由 3604 铝合金制成，质量为 0.5～1kg，对其的主要要求是坚固性和无泄漏，此外，成本效益同样重要。

6）制动缸。图 4-6 所示为主制动缸，从该零件的剖视图可知，采用 SSM 工艺制造的制动缸无孔隙缺陷。

7）涡旋压缩机。图 4-7 所示的涡旋压缩机零件是由 ZAlSi7Cu4 铝合金或过共晶 A390（美国牌号）铝合金制造的。对于该零件，主要要求其具有高完整性、高温工作强度，以及良好的耐磨性。

图 4-6　主制动缸

图 4-7　涡旋压缩机

2. 非汽车类

SSM 成形已被证明是铸造部件的首选方法，如制造导槽（属于尺寸公差、精度、表面粗糙度要求非常高的一类）、散热器（薄壁件，且尺寸控制严格）、发动机和压缩机活塞［过共晶 Al-Si 合金和金属基复合材料（meutal matrix composite，MMC），具有良好的耐磨性、优异的刚度、高温强度和硬度］等零部件。

1）船用发动机支架（图 4-8）。图 4-8 所示零件为 ZAlSi12 铝合金制造的船用发动机支架，重 3.2kg，利用 SSM 成形制造的该零部件具有优异的疲劳性能和具有竞争力的低成本。

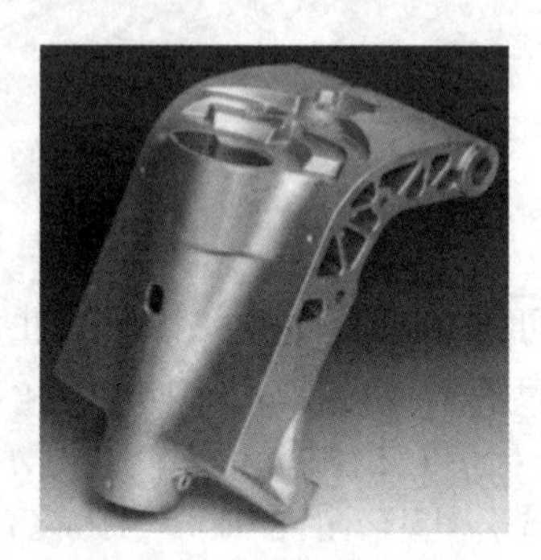

图 4-8　船用发动机支架

2）娱乐设施零部件（图 4-9）。对这一类别中的各种组件要求各不相同，但高完整性、强度和延展性是必要的，且该类零件壁薄，质量小。最常见的合金是经 T5 或 T6 回火处理后的 ZAlSi12 和 3604 铝合金。例如，针对高尔夫球杆等产品，就要求其具有良好的硬度和耐磨性，高尔夫球杆是金属基复合材料的最佳应用产品门类。

3. 商用组件类

由于近净成形的要求，触变成形制造的部件可以包括计算机散热器（图 4-10）、工业螺栓连接器、赛车摇臂、计算机磁盘驱动电动机底座和山地自行车悬架部件等。对于其他零件而言，触变成形具有显著增强力学性能的能力，如摩托车底盘车架臂和山地车叉。在某些情况下，触变成形可以生产出压力密封部件，而压铸无法生产出形状复杂的气体控制阀。压铸的问题之一是湍流会导致氧化膜的掺入，但这在半固态加工中不会发生，因为在半固态加工过程中，半固态金属液进入模具的流动是平滑和层流的。防漏加压应用示例包括主制动缸、丙烯腈-丁二烯-苯乙烯系统阀、导弹连接器支架和安全气囊罐，这些都由铝合金制成，通常为 ZAlSi12 或 3604 铝合金，且都需经过热处理。移动手机、便携式计算机和汽车上应用的许多部件都是由镁合金通过触变注射成形制造的（图 4-11 和图 4-12）。

图 4-9　娱乐设施零部件

图 4-10　T5 条件下由 ZAlSi12 制成的计算机散热器：近净成形、高导电性

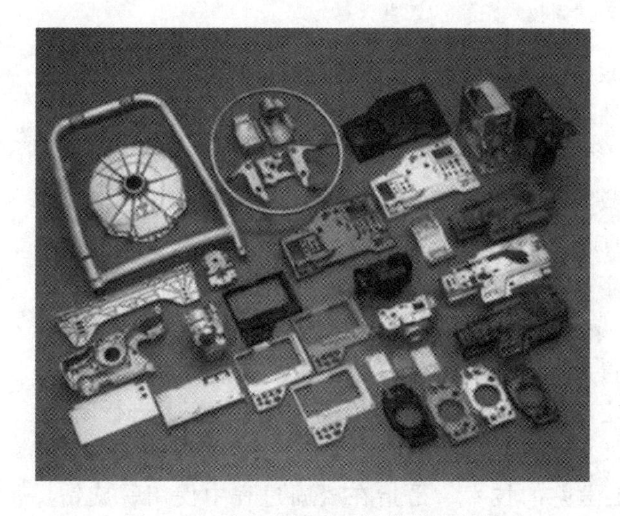

图 4-11　触变注射成形的镁合金部件

图 4-12　汽车座椅框架

4.2 半固态加工方法

4.2.1 半固态浆料制备方法

图 4-13 所示为半固态加工常用技术路线示意图，图中通过搅拌获得具有球状微观结构的半固态浆料，搅拌后，该半固态浆料凝固后并将其切割成坯料，然后再加热。如果将重新加热的坯料放入压铸机的模具中成型，该工艺称为触变铸造，且通常加热后坯料中含有的液相分数约为 60%或更高。如果将半固态坯料放置在闭合的模具中并挤压成型，则为触变锻造，半固态坯料含有较高的固相分数（约 60%或更高）。因此，触变成形作为半固态加工方法的一种，有时涵盖了触变铸造和触变锻造，或涵盖了将坯料放置在压头上并挤压进入模具的触变注射等混合工艺。在图 4-13 中，变形坯料代表了制备球状微观结构的固态变形技术路线；当该变形坯料再加热到半固态温度时，材料发生再结晶，并在新晶粒周围形成液相，这些晶粒细小且均有等轴晶，此工艺也是制备含有球状固相颗粒的半固态浆料常用的一种技术路线。如果将搅拌后的半固态浆料直接进入压铸机中（图 4-13），则是流变铸造，这将在下一小节中详细讨论。

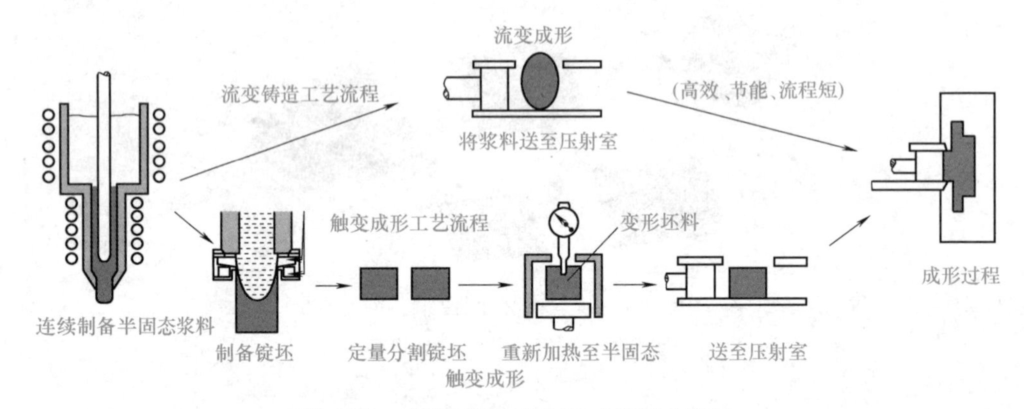

图 4-13 半固态加工常用技术路线示意图

总之，半固态加工常用技术路线可根据原始材料的状态分为两大类：液相路线和固相路线。近年来，已经开发了许多用于制备含有细球形固相颗粒微观结构的半固态浆料方法，同时对半固态浆料的生产也进行了大量研究。本书下面主要回顾各种工艺路线，突出各自优势，以及简要概述在半固态浆料制备过程中微观组织的演变机制。

如上所述，生产具有触变特性的坯料是成功实施半固态加工 SSM 的关键工序。此外，我们已经看到，基于起始材料的状态，半固态加工技术分为两大类：①在特定条件下通过控制凝固过程（通过激活生长的固相晶体增殖或通过提高成核速率）从液态合金中获得非枝晶；②通过重塑性变形和再结晶从固相中获得非枝晶。在过去 40 年中开发了许多半固态坯料生产路线，每一条生产线都是基于最终确定的构件冶金性能，尤其是基于触变性进行制定的。下面简要介绍最有效的方法以及商业实践中最常用的方法。

1）机械搅拌法：这种方法源自麻省理工学院的技术，是指在凝固过程中使用螺旋钻、桨叶或叶轮搅拌器对加热炉中的熔体进行剧烈搅拌，以获得非枝晶的显微组织结构。采用该

方法制备的原料可以直接在半固态浆料状态下使用，用于流变铸造或触变注射成形，具有近净成形特点，因此，分别称为触变铸造和触变锻造。凝固期间过热熔融金属的剧烈搅拌使得枝晶臂变形和熔化，枝晶臂在液相基体中形成等轴晶粒。由于周围的游离液相仍含有少量过热金属液，这些凝固后的颗粒将重新熔化，只有少量固相颗粒继续存在于熔融金属中。这些优异的固相颗粒是在预定的一段时间内，由熔融金属经历冷却后凝固形成的细小非枝晶状晶粒。高凝固速率和高剪切速率会使液相基体中产生细小和均匀的固相颗粒。然而，由于以下缺点，该路线并不适合所有商业化应用：蔷薇状固相颗粒的形成、气体卷入的风险、搅拌器的腐蚀（尤其是高熔点合金）、浆料被化学反应污染和搅拌过程中造成的氧化，以及在工业化中控制该工艺过程涉及的具体困难。

2）磁力搅拌法：为了解决直接机械搅拌所遇到的问题，美国国际电话电报公司（international telephone and telegraph，ITT）开发了磁力搅拌工艺，该工艺可以通过旋转电磁场产生非枝晶合金，该电磁场提供局部剪切力，从而在连续铸模内破碎枝晶。采用这种方法，可将浆料中的气体卷入减至最小，同时也可将任何其他外来物质掺入其中，从而将污染降至最低。此外，浆料经过滤和脱气，以较快的生产速率产生大量细小晶粒，直径通常为30μm，并且具有一致的质量稳定性，这对于商业化应用非常重要。由于这些原因，磁力搅拌工艺迅速成为触变成形最广泛使用的坯料生产方法。当电磁搅拌作用于冷却模具表面凝固点附近的熔体时，半固态糊状区中的强流体流动会产生必要的剪切应力，该剪切应力导致枝晶臂变形和熔化，从而在液相基体中形成等轴晶粒。由于周围的游离液相仍含有少量过热液相，这些固相颗粒将重新熔化，与机械搅拌一样，只有少量固相颗粒继续存在于熔体中。通过在预定时间内对熔体降温，这些固相颗粒逐渐生长并固化成细小的非树枝状微观结构。在该工艺中，有三种模式可用于获得旋转流以实现电磁搅拌：竖直搅拌、水平搅拌和螺旋搅拌，如图4-14所示。在竖直搅拌模式中，凝固区附近的枝晶经历对流转移到较热区域以重新熔化，球状化机制由热循环控制而非由机械剪切控制。在水平搅拌模式中，固相颗粒的移动保持在几乎等温的平面内，球状化机制由机械剪切控制。螺旋搅拌模式是水平模式和竖直模式的组合。虽然该方法是对机械搅拌的改进，但仍存在一些问题，如固相颗粒形成不完全圆形的蔷薇状，以及铸坯横截面中微观结构的不均匀性导致加热时间增加。由于这些问题，坯料生产以及零件实际加工过程中会涉及额外步骤从而导致生产成本增加，因为在形成零件之前必须对坯料进行再加热，并且难以就地回收非树枝状浇口、边角料和其他废料，使得磁力搅拌工

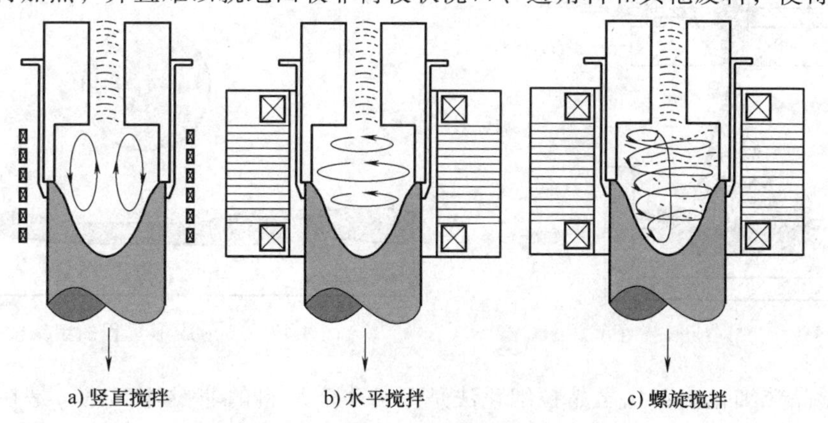

图4-14　不同搅动模式系统示意图

艺路线成本高昂。然而，20多年来，磁力搅拌一直是最有效和最常用的方法。图4-15所示为通过磁力搅拌获得的3604合金坯料的显微组织。

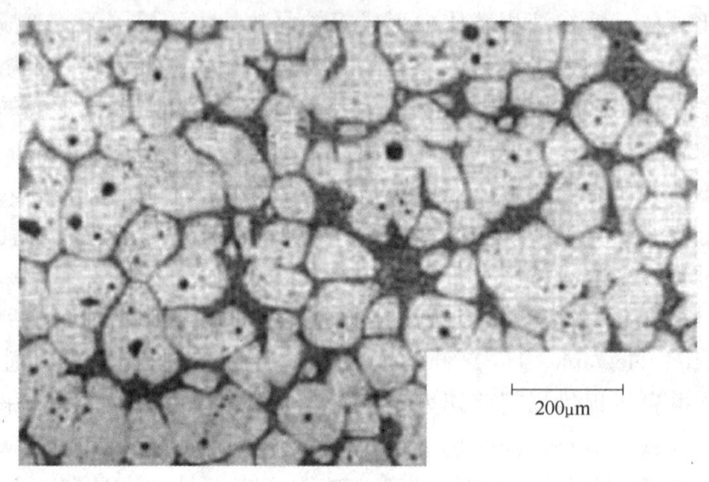

图4-15　通过磁力搅拌获得的3604合金坯料的显微组织

3）喷射铸造法：喷射铸造或喷射成形是一种用于坯料生产的非搅拌工艺，可用于生产晶粒小于20μm的半固态坯料。喷射成形的原理是使用气体射流将液态金属雾化成一股微小尺寸的熔滴流，这些不同尺寸的熔滴以高飞行速度撞击到冷却的基板上，熔滴的凝固在雾化过程中开始，其装置示意图如图4-16所示。在该过程开始时，小熔滴直接凝固，大熔滴仍完全为液态，而中间大小熔滴以半固态沉积在基板的上表面，如图4-17所示。在最终凝固前，从树枝状晶粒得到细小晶粒的微观结构，其形成机制非常复杂，且极难获得。喷射铸造的成本昂贵，因此使用频率较低，坯料的尺寸通常不小于60mm。然而，它非常适用于高熔点合金（如钢和高温合金）的触变成形。

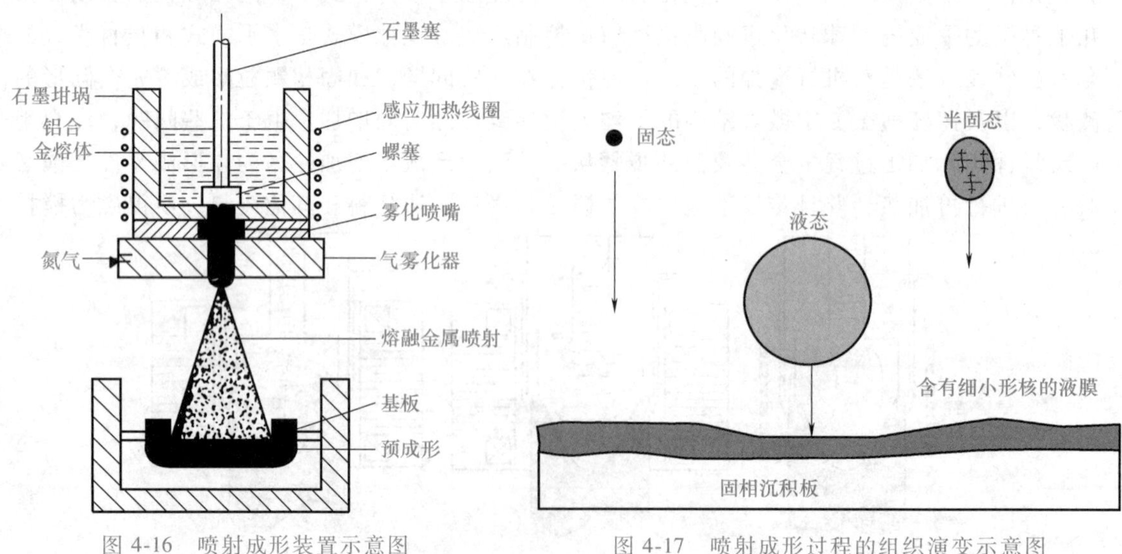

图4-16　喷射成形装置示意图

图4-17　喷射成形过程的组织演变示意图

4）化学晶粒细化法：化学晶粒细化法是一种生产坯料的非搅拌工艺，是在合金连铸过程中涉及的额外工序。该方法通常适用于特定类型的合金体系，如铝基合金，通过在熔体中

添加 Ti-B 中间合金，以促进铸造中等轴晶粒生长而非柱状晶生长。非均质形核剂会抑制枝晶生长，在铸造产品或凝固后的铸锭中生成均匀分布的细小等轴晶和 α-Al 初生相。这可能是一种生产半固态成形坯料既廉价又完美的方法，得到的晶粒约 100μm。然而，这种方法不能单独使用，它必须与生产坯料的另一种工艺相结合，如浇注或磁力搅拌。这种方法的缺点是，形核剂只能作用于某些合金体系，并且可能会生成含有高液相分数的不规则球状固相晶粒，对工艺质量产生不利影响。

5）液相铸造法：也称为新流变铸造（new rheomdash casting，NRC）法或低过热度铸造法，是一种用于触变坯料生产的低成本替代非搅拌技术。新流变铸造开始于在接近或略高于液相线温度的均匀温度下对熔体施加较低的过热度，然后，将熔融金属倒入模具中，并在模具中保持预定时间，以调节成细小的非树枝状晶浆料，该浆料可装入竖直挤压铸造机的倾斜套筒中，如图 4-18 所示。该技术中枝晶断裂的机理如下：将过热的熔融金属倒入套筒中使得枝晶臂变形和熔化，由于分布在周围的液相仍含有少量过热金属，固相颗粒将重新熔化。形核发生在熔体中，只保留了少量固相颗粒，并且在熔体过冷预定时间后，这些固相颗粒生长成细小的球状晶。通过 NRC 方法获得的 ZAlSi12 铝合金的显微组织如图 4-19 所示。使用该技术生产铸锭时，为确保成功应考虑两个问题：首先，熔体过热不应超过 10℃；其次，熔融金属的凝固速度对初始晶体结构的形状有直接影响。

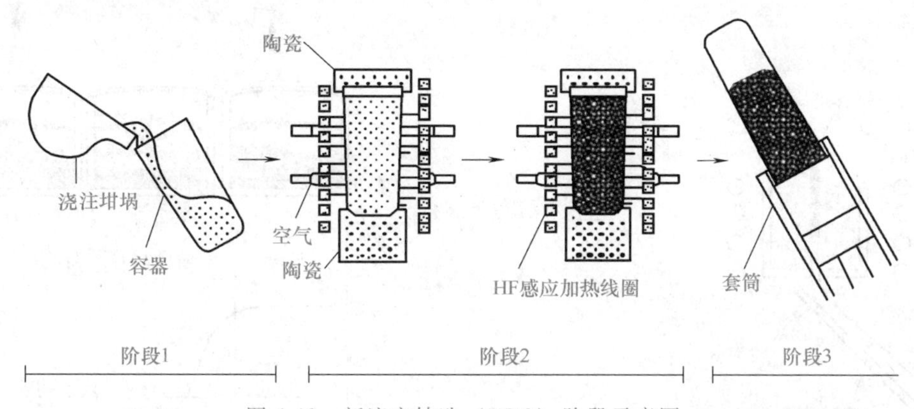

图 4-18　新流变铸造（NRC）阶段示意图

6）斜坡冷却法：斜坡冷却法是最简单的非搅拌工艺方法，可用于生产液相基体中含有近球形固相颗粒的坯料。这是一种连续铸造工艺，可通过在接近或略高于液相线温度的均匀温度下对金属施加低过热度来实现。半固态浆料是通过将熔融金属倒入冷斜面并在模具中收集来得到的。该工艺的枝晶破碎机制基于晶体分离理论，晶粒的形核发生在冷斜板的接触面，由于熔体在重力的作用下流动，斜坡壁上的形核将熔融金属移入加热模具中，从而确保球形晶粒尺寸为细小，如图 4-20 所示。由于易卷入气体、氧化反应对浆料的污染，以及工艺难控制等原因，该工艺

图 4-19　通过 NRC 方法获得的 ZAlSi12 铝合金的显微组织

并不适用于所有应用。对显微组织有直接影响的主要变量是冷却斜坡的长度和角度、熔融金属过热度和模具材料。

7）新 MIT（Massachusetts Institute of Technology，麻省理工学院）法：新 MIT 法是一种搅拌和近熔体浇注的混合搅拌工艺，该方法于 2000 年在麻省理工学院开发，也称为新 MIT 法或半固态流延工艺。通过该路线制备半固态浆料可分为三个阶段：第一阶段，使熔融金属维持在略高于其液相线温度一段时间，以达到均匀的温度梯度；第二阶段，将冷却棒（通常由石墨制成）插入熔体中，一边搅拌，一边快速冷却，直到金属达到略低于其液相线温度的温度（即开始凝固温度）；第三阶段，取出冷却棒并将金属熔体直接置于铸造装置中，或缓慢冷却以达到所需的固相分数。新 MIT 法工艺过程示意图如图 4-21 所示，最后生产出了细小的球形组织。这种技术的枝晶断裂机制如下：置于液态金属中的石墨冷却棒产生的低过热度导致许多细小的树枝状颗粒在搅拌器表面成核。通过搅拌熔体，这些固相颗粒很快被破碎，并作为非常细小的固相颗粒分散在熔体中。由于周围分布的液态金属中仍有小面积的过热熔体，这些固相颗粒被重新熔化。最后，熔体经过冷却一定时间后形成细小晶粒，从而形成非枝晶组织。图 4-22 所示为在空冷条件下通过新 MIT 工艺获得的 ZAlSi12 铝合金的显微组织。

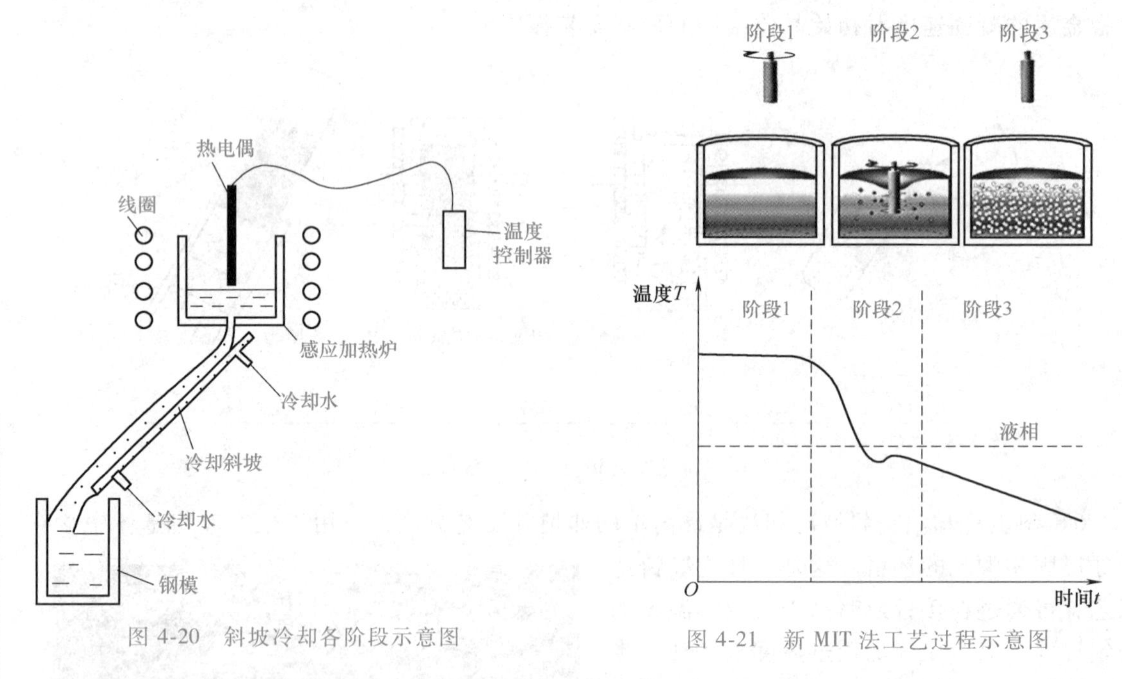

图 4-20　斜坡冷却各阶段示意图

图 4-21　新 MIT 法工艺过程示意图

8）旋转热焓平衡装置法：旋转热焓平衡装置（swirl enthalpy equilibration device，SEED）法是一种半固态成形工艺坯料制备方法，于 2002 年获得国际专利。该方法将模具内半固态温度区间的糊状金属，利用偏心搅拌而实现枝晶的破碎，搅拌时需要保持模具内的温度分布均匀。通过该路线制备半固态浆料或坯料主要有三个步骤：①将成分和温度合适的熔融合金液倒入圆柱形容器中，然后旋转容器，使得在容器器壁上形成的初生固相颗粒均匀分布于容器内，旋转时间依照合金类型和制备坯料重量的不同而有所不同，旋流作用有助于确保生成固相，并在容器表面形成多个形核位置；②待旋转停止后，容器底部阀门打开，残余液相渗出并得到排空，根据工艺条件选择合适的排空时间和液相排空比例，通常排空多余液

相以获得密实、能支持自身重量的坯料；③待排空过程结束后，翻转容器就可以得到供后续加工用的坯料，在压力作用下可以加工成设定形状的零件。该技术的枝晶断裂机制如下：旋流作用有助于确保在容器表面形成多个成核位置，随后在缓慢的冷却过程中，防止枝晶臂的生长。通过 SEED 法获得的 ZAlSi12 铝合金的显微组织如图 4-23 所示。通过该技术制备铸锭时，应考虑两个参数以确保工艺的顺利进行：一是搅拌强度，二是浇注温度。这两个参数是直接影响树枝晶到球状晶微观结构演变和尺寸的重要因素。

图 4-22　在空冷条件下通过新 MIT 工艺获得的 ZAlSi12 铝合金的显微组织

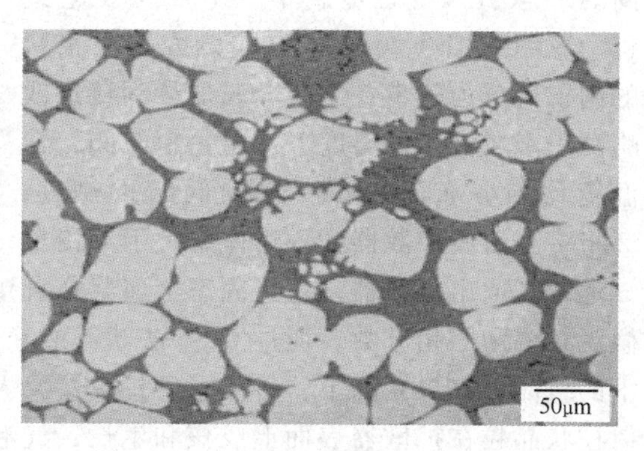

图 4-23　通过 SEED 法获得的 ZAlSi12 铝合金的显微组织

9）直接热法：都柏林大学于 2002 年开发了流变铸造的直接热法作为生产触变坯料的替代技术，该工艺将低过热金属液体倒入具有高电导率和低热质量的薄壁圆柱形模具中。在熔融金属与模具壁第一次接触时，熔融金属会快速吸收热量，从而提供多次形核率。在这些前提条件下，通过向大气中散热使得熔体温度降低到合金液相线（凝固范围）以下的某一个平衡温度，这时熔融合金的冷却速度较低。模具和合金熔体之间的热平衡一直保持在一个动态等温状态下，但实际上一直有一个小的温度梯度在进行低热对流传递。基于优化的微观结构和设定的温度，模具及其合金需在水中快速淬火以保留组织。直接热法工艺过程示意图如图 4-24 所示。该工艺的枝晶破碎机制如下：在工艺开始时提供多个形核位置，然后缓慢冷却以防止枝晶臂的生长，而不使用任何特殊的加热设备或特定的绝缘装置。这种方法成本低，非常适合获得有限尺寸坯料的实验室环境。通过直接热法获得的 ZAlSi12 铝合金的显微组织如图 4-25 所示。

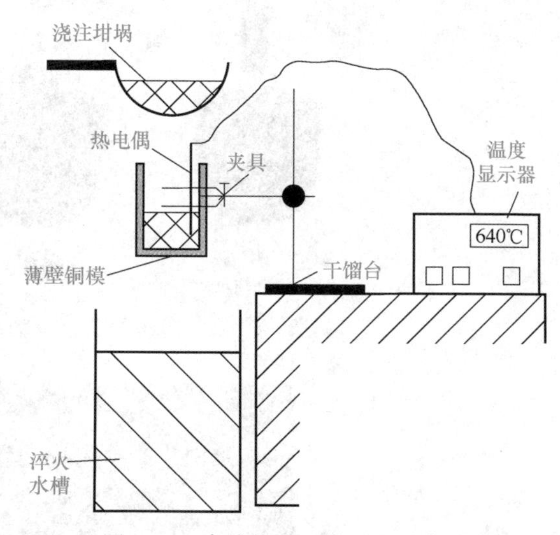

图 4-24　直接热法工艺过程示意图

10）气体诱导半固态加工法：它利用了快速热提取和剧烈局部提取的理论来获得细小的非树枝状晶粒，在凝固过程中插入石墨扩散器，利用净化气泡的注入在熔体冷却至半固态范围时搅拌熔体，实现快速热抽离和强力局部抽离。由气体诱导半固态（gas induced semi-solid，GISS）加工法制备半固态浆料已经在多种凝固中得以实现，如静止凝固、振动凝固、重力凝固、流变挤压凝固等。同时，GISS 加工过程能够制备多种合金，包括铸造铝合金、静止铸造铝合金、锻造铝合金和锌合金。在 GISS 工艺中，细气泡可以以不同的形态引入熔融金属中。GISS 法工艺过程示意图如图 4-26 所示，在该方法中浆料的制备可分为三步：①将金属加热到接近或略高于金属液相线温度下保温一定时间，使温度均匀分布，并有一个较低的过热度；②将多孔石墨扩散器插入熔体中，引入惰性气泡；③取出扩散器，将半固态金属浆料直接倒入铸造装置中或缓慢冷却，直到获得最佳的微观结构和固相分数。通过 GISS 法获得的 ZAlSi12 铝合金的显微组织如图 4-27 所示。该技术的枝晶破碎机制如下：将冷石墨扩散器浸入熔体中，由于较低的过热温度使得许多细小的树枝状晶粒在扩散器表面上成核和生长，气泡的流动使得这些固相颗粒能够迅速被冲刷到熔体中。因为周围分布的金属熔体中仍含有小面积的过热液体，所以这些细小颗粒被重新熔

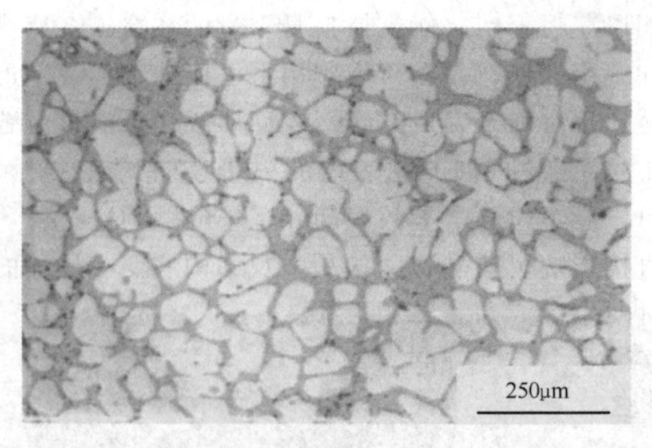

图 4-25　通过直接热法工艺获得的 ZAlSi12 铝合金的显微组织

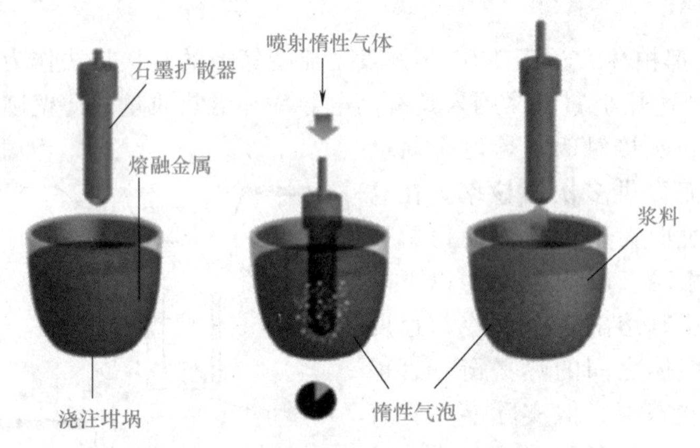

图 4-26　GISS 法工艺过程示意图

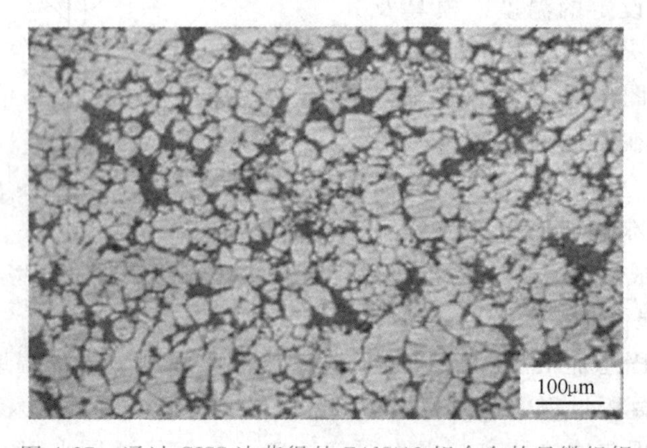

图 4-27　通过 GISS 法获得的 ZAlSi12 铝合金的显微组织

化，只有少量固相颗粒继续存在于熔融金属中。熔体在预定时间内冷却，这些固相颗粒从而进一步得到生长，最终获得细小的非树枝状显微组织。GISS 加工工艺适用于加工不同类型的合金，如锌合金、铸造铝合金、锻造铝合金和压铸铝合金。

11）超声波振动法：超声波振动法是制备半固态成形工艺坯料的另一种方法，该方法向冷却熔体中施加高功率超声波（高频机械波）以增加凝固形核的数量。如图 4-28 所示，在凝固过程中对熔体施加脉冲超声波会产生空化现象，造成熔体压力和温度的巨大瞬时波动，从而产生细小的球形晶。通过超声波振动获得的 A390 铝合金的显微组织如图 4-29 所示。该工艺的枝晶破碎机制由以下两种基本物理现象解释：声空化和声流效应。声空化包括熔体中微小气泡的形成、生长、振动和破裂。这些不稳定状态的压缩率可能很高，以至于它们的坍塌会产生液压冲击波，而液压冲击波又会破碎初级晶粒并产生人造形核核心。高强度超声波的传播还涉及熔体中稳态声流的起动。这些不同类型的熔体流的总效应是剧烈混合的，从而使得熔体成分更均匀。当在凝固过程中施加超声波时，显微组织可以概括为：细小的平均晶粒尺寸、控制良好的偏析以及具有更均匀的化学成分的物相，从而使产品表现出优异的力学性能。

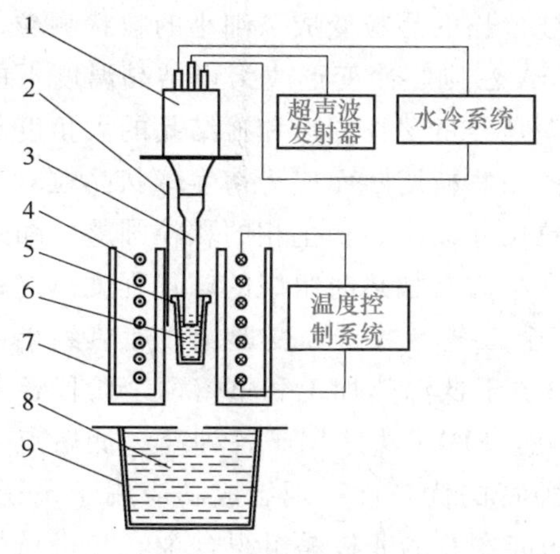

图 4-28　超声波振动装置原理图

1—超声波换能器　2—热电偶　3—超声波发射器
4—电阻加热器　5—铁坩埚　6—熔融金属
7—陶瓷管　8—水　9—油箱

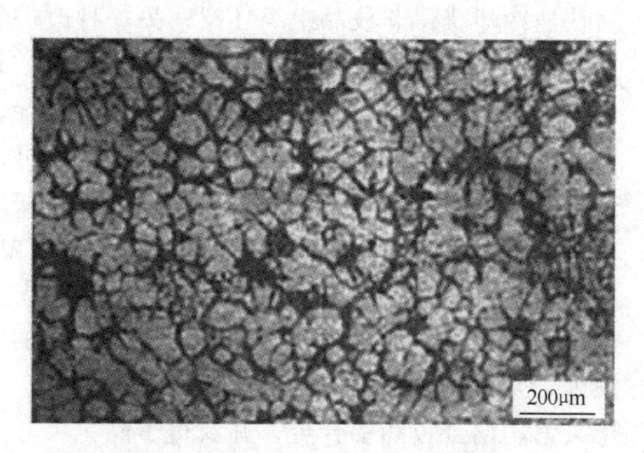

图 4-29　通过超声波振动获得的A390 铝合金的显微组织

12）剪切-冷却-轧制法：剪切-冷却-轧制（shearing cooling rlling，SCR）法由日本的三雄（Mitruo）和内村（Uchimura）等人开发，于 1996 年申请了美国专利，其工艺过程示意图如图 4-30 所示。SCR 装置由一旋转的剪切/冷却辊、固定在支承架上的弯曲模块和一个出料导板组成，滚筒和导板的间隙以及温度可调。工作时，熔融金属由顶部进入滚筒与弯曲模板的间隙中，由旋转的滚筒所产生的摩擦力将其卷入间隙内部。此时，熔融金属被冷却、凝固，并出现树枝晶生长的趋向，但随即又被旋转滚筒和固定弯曲模板所产生的剪切力冲刷成细小颗粒分散在剩余液相中，最终成为初生相，具有近球形的半固态浆料，从下方的出料导板排出。

SCR 法易与连续成形方法相结合，实现半固态合金浆料制备与连续成形一体化，应用于生产大尺寸的金属制品。SCR 法具有冷却速度快、装置简单、结构紧凑、操作维修方便和生产率高等特点，同时 SCR 法中轧辊能提供较大的剪切力，对金属的剪切搅拌作用明显，可制备高熔点和高固相体积分数的半固态金属浆料。因为滚筒表面与熔融金属周期性接触，所以温度不会升得很高，可以降低对滚筒材料的高温强度要求。滚筒和模板的冷却也较易实现，如需要达到更高的冷却速度可以使用空心滚筒。此外，滚筒与模板表面的温度以及两者之间的间隙可独立调整，因此比较容易达到制坯所需的工业条件。

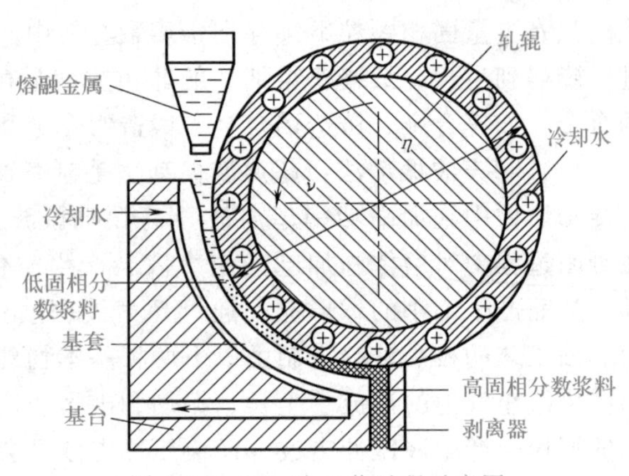

图 4-30　SCR 法工艺过程示意图

13）应力诱发熔体激活（stress induced melt activation，SIMA）法：该工艺是由杨（Young）首先开发并经柯克伍德（Kirkwood）及其同事发展的一种半固态坯料制备方法，它是将常规铸锭经过挤压、辊压、轧制等变形工艺产生足够的冷变形、温变形甚至热变形，制成具有强烈拉伸形变结构显微组织的棒料，然后加热到固液两相区，并保温一定时间，被拉长的晶粒变成了细小的粒状颗粒，随后快速冷却获得非枝晶组织坯料；另一种改进的 SIMA 法则将冷变形改为再结晶温度下的温变形，以保证最大应变硬化效果。一般认为，其机理是经过塑性变形和再结晶的大角度晶粒晶界，在半固态加热温度区间被液态金属润湿，树枝晶侧枝熔断而成为初生球状晶粒。

通过添加微量元素和进行循环热处理，可使晶粒尺寸减小、初生相的颗粒圆整，缩短初生相球粒化的时间。一般锭坯承受的有效应变越大，半固态加热时组织的球化程度越好，球化后的组织越细小、越均匀。SIMA 法中最重要的三个工艺参数是预变形量、加热到半固态期间的温度和保温时间。因此 SIMA 工艺效果主要取决于低温热加工和重熔两个阶段，若在两者之间设置冷加工工序，则可以增加工艺的可控性。SIMA 法适用于各种高、低熔点合金系列，尤其对制备较高熔点的非枝晶组织合金具有独特的优越性，现已成功应用于不锈钢、工具钢、铜合金和铝合金，并获得了晶粒尺寸为 20μm 左右的非枝晶组织合金。与机械搅拌法和电磁搅拌法相比，SIMA 法不需要复杂的设备，制备的金属坯料纯净、产量较大，是一种有前景的坯料制备方法。由于 SIMA 法坯料制备需要增添塑性变形工序，使得 SIMA 法生产坯料的成本较电磁搅拌法的高 3~5 倍，因此目前只生产小批量、小尺寸的半固态坯料。

14）再结晶重熔（recrystallization and partial remelting，RAP）法：该工艺类似于 SIMA 法，但本质区别在于 RAP 法初始变形发生在再结晶温度以下，即冷加工期间。碎裂是高能液态金属流经大角度晶界以获得精细的非树枝状微观结构的结果。如图 4-31 所示，该技术由柯克伍德及其同事在低于再结晶温度下将冷加工改为热加工，以确保得到最大应变硬化。为了确保效果，需要确定以下工艺参数：加热持续时间、再加热温度，塑性变形量，以及它们对半固态显微组织的影响关系。通过 RAP 法获得的 7075 铝合金的显

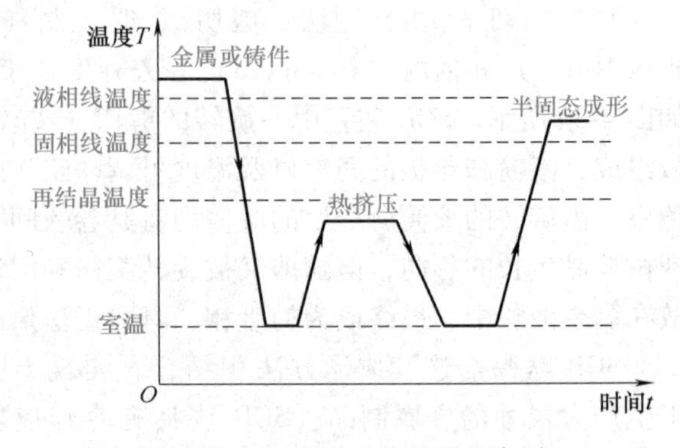

图 4-31　RAP 法工艺过程示意图

微组织如图 4-32 所示。

15）直接部分重熔法（direct partial remeltiny method，DPRM）：该工艺被认为是生产非树枝状微观结构最有效和最能商业化应用的半固态加工工艺之一（尤其是高熔点金属），它能在半固态时对起始材料的微观结构演变有一定控制。部分重熔实验可以直接从初始状态重新加热至半固态范围内，而无须经过常规原料制备路线。图 4-33 所示为通过 DPRM 获得的 W6Mo5Cr4V2 工具钢的显微组织。

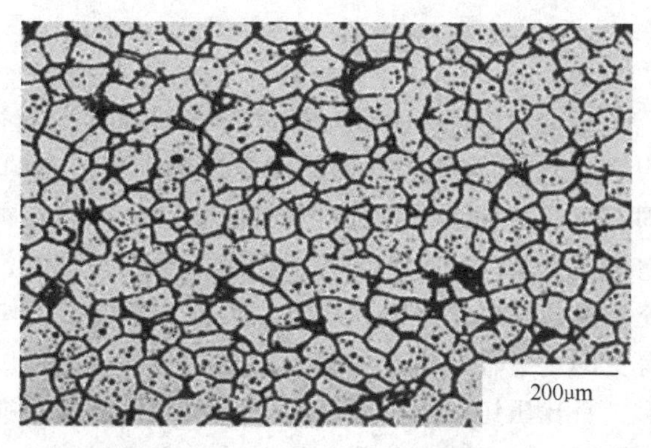

图 4-32　通过 RAP 法获得的 7075 铝合金的显微组织

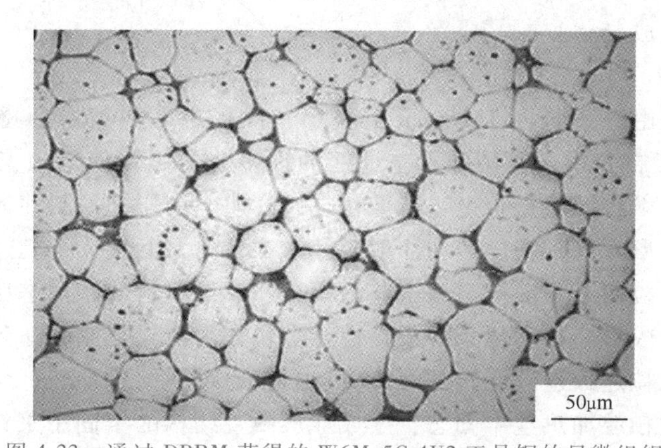

图 4-33　通过 DPRM 获得的 W6Mo5Cr4V2 工具钢的显微组织

16）固溶处理和部分重熔法：该方法类似于 DPRM，其本质区别在于，该方法经等温处理（固溶处理）后，将材料部分重熔至半固态温度范围，而不是从初始状态开始。换言之，如果将传统铸造合金直接进行部分重熔，则无法获得某些具有球形固相颗粒的半固态浆料。同时，当合金在部分重熔前进行固溶处理足够长的保持时间内，会获得细小的球形固相颗粒。随后的固溶处理可能会使得枝晶间共晶相发生溶解，枝晶逐渐转变为均匀分布的显微组织。由于液相渗透和前晶界附近残余共晶的熔化，枝晶的粗化和合并是离散的，这些非枝晶粒可适用于半固态金属加工应用。图 4-34 所示为重熔样品固溶处理过程中显微组织演变示意图。

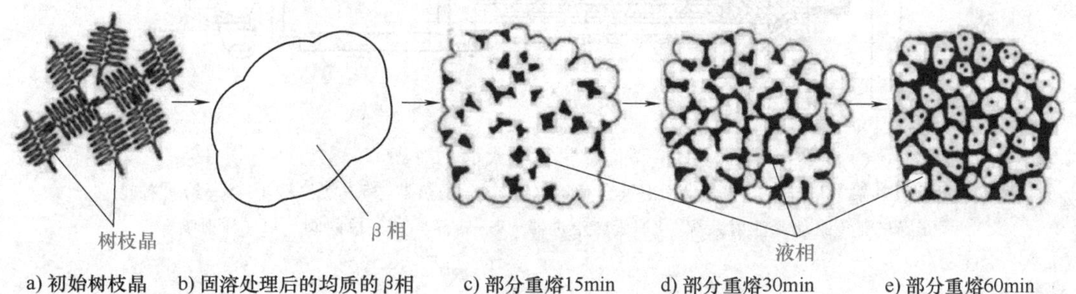

图 4-34　重熔样品固溶处理过程中显微组织演变示意图

4.2.2 触变成形

对冷却过程中金属熔体进行连续搅拌后获得的微观结构是球形的（即由球状固相和液相组成），而在不搅拌的情况下冷却到半固态的材料，其微观结构是树枝状的。这种具有半固态球状微观结构的材料具有触变性，即当它被剪切时逐渐变薄且应力变小，停止剪切时，它再次变厚。这种特性特别适用于半固态加工，尤其是在充型过程中。与压铸相比，半固态充型的流动属于平滑和层流，因此，所制造的零件其力学性能得到了显著提高，同时可以做得更薄、更轻。由于材料不必从液态一直冷却，因此固态收缩较小，零件可以更接近近净形，且比压铸的浇注温度更低，则对模具的磨损更少。此外，零件可以进行热处理，表面质量得到大幅提高。与锻造相比，触变成形可以一次成形复杂的形状，而且需要的成形压力更小，因此，所需的成形设备也可以更小。基于半固态金属合金的触变行为发展出的一系列加工路径，统称为触变成形。

1. 触变注射成形

触变注射成形是由一家名为 Thixomat 的公司首次提出并申请专利授权的半固态成形工艺，如图 4-35 所示。在日本、美国和远东地区的许多公司主要使用该工艺生产镁合金零部件。触变注射成形技术将低熔点合金进行熔化，以高速、高压把原料注入金属模具内进行成形，采用了一体化成形方式，将压铸和注射工艺合二为一，因此，该工艺类似于流变铸造，但起始材料是固体颗粒而不是液体。该工艺的模具和成形材料与半固态压铸工艺的相似，工艺过程则接近于注射成形。在室温条件下，镁合金颗粒由料斗强制输送到料筒中，料筒中旋转的螺旋体将合金颗粒送入连续旋转的螺杆中；当其通过料筒的加热部位时，叠加剪切产生的能量有助于将合金颗粒加热至半固态，生成球形微观结构的半固态浆料，当其积累到预定体积时，以高速将其注射到抽真空的预热模具中成形。该方法的优点之一是，它允许在5%~60%的固相体积分数下成形。成形时，加热系统采用了电阻、感应复合加热工艺，同时通入氩气进行保护。触变注射成形的铸造压力高，能促进金属模具和镁合金料间的热传递，使表面附近的晶粒微细化，赋予成形产品高耐蚀性和高机械强度，还能提高产品对金属模具的复制性，使得加强筋和凸起部分的成形更容易。

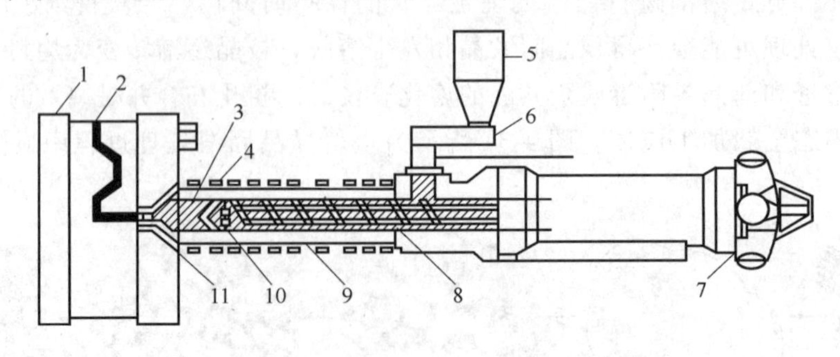

图 4-35 触变注射成形示意图

1—模具架 2—模具 3—半固态镁合金累积器 4—加热器 5—镁粒料斗 6—给料器 7—旋转驱动急注射系统 8—旋转给进器 9—料筒 10—单向阀 11—注射嘴

2. 触变工艺

在触变铸造中，所用的原材料初始状态是固相，合金经过处理后，当再加热至半固态

时，会获得球状的微观结构，且液相含量相对较高（体积分数>50%）。为了便于处理，坯料的液相体积分数通常小于50%（体积分数），加热器可以是电阻炉或感应加热炉。从加热炉中转移到模具中时，过高的液相分数会使得坯料骨架逐渐坍塌。触变铸造工艺在商业上已被广泛用于制造汽车燃油管。触变锻造涉及将坯料加热至半固态，并将其置于合模中，然后锻压成形出所需形状的零件，由于没有流道、浇口和补缩等，原材料得到了充分利用。该方法尚未在商业上得到应用，可能是因为产品质量的重复性较差。在触变成形中，通常将坯料加工成竖直圆柱体（与触变铸造相反），然后将其水平或竖直地压入模具中。液相含量在30%~50%（体积分数）。在工业上，一系列汽车和其他零部件都是通过这条路线生产的。坯料在带有感应装置的转盘上加热，这对过程控制的要求很高，但是加热时间与压铸的加热时间非常相似，有可能更快，因为该工艺不需要完全凝固，而是处于半固态。

4.2.3 流变成形

1. 流变铸造

在流变铸造中，金属熔体在冷却过程中搅拌获得半固态浆料，并在半固态区间浇注到模具中。其中，非树枝状微观组织可通过机械搅拌、固相颗粒的激冷成核（如NRC工艺）、在套筒进行电磁搅拌或通过亚液相铸造获得。但是，在成形过程中坯料的转运容易造成表面氧化皮进入铸件和轧辊中，形成缺陷。采用NRC工艺，触变成形的坯料不需要经过特殊处理，且废料可以在厂内回收利用。然而，有一个问题会导致其缺乏灵活性，即坩埚的尺寸和加热/冷却装置必须是定制的，且与金属坯料的体积要保持一致。在亚液相铸造中，除了需要有大直径和短行程的压铸机，不需要其他加工设备，无须浇口，因此无后续去除毛边等工序，熔体可以通过添加形核剂实现晶粒细化。

2. 流变注射成形

流变注射成形与聚合物的注射成形相似，如图4-36所示。它是采用单螺杆或双螺杆将半固态的液态金属注射入金属模具中，同时通过旋转螺杆进行机械搅拌，被注射入模具中的半固态金属在充型过程中发生凝固。该工艺可以用于大批量金属零部件的连续生产，并且不需要特殊工艺制备的坯料。布鲁塞尔大学的工作人员将流变注射成形进行了商业化应用试验，且找到了一种解决方案，以应对螺杆和套筒使用何种材料才能避免与铝合金相互反应产生的不利影响。

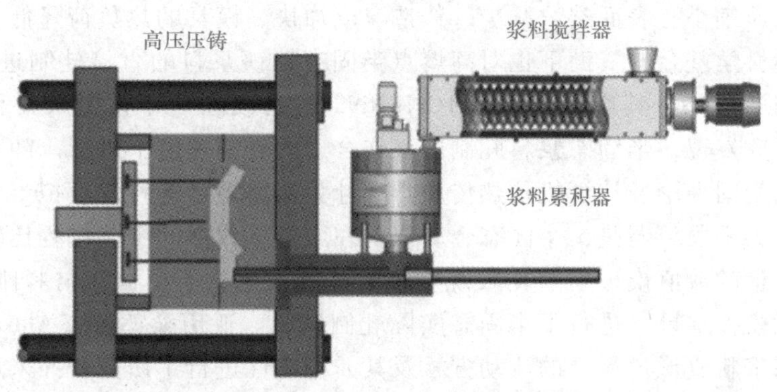

图4-36　流变注射成形示意图

4.2.4 半固态轧制

半固态轧制主要用于制备金属板、带材，其工艺可分为流变轧制和触变轧制两大类。流变轧制：在金属凝固过程中，通过施加搅拌或扰动、改变金属的热状态、加入晶粒细化剂等手段，改变合金熔体的凝固行为，获得半固态浆料，并利用此浆料直接轧制成带材。触变轧制：获得半固态浆料后，将其进一步凝固成坯料（通常采用连铸工艺），根据需要将坯料切分，把切分的坯料重新加热至固液两相区形成半固态坯料，利用这种半固态坯料进行加工成形。

经过 30 多年的发展，半固态轧制技术经历了从流变轧制到触变轧制再到流变轧制的螺旋式发展。早期，在半固态浆料的制备、保存和运输方面的难题使得半固态流变成形技术发展缓慢，从而使得半固态流变轧制的发展受到限制。半固态触变成形刚好可以解决半固态浆料保存、运输方面的问题，并易于实现自动化操作，因此半固态金属触变成形是目前最主要的实际应用工艺。随着触变成形技术的推广和应用，其主要缺陷也逐渐暴露出来：第一，触变成形效率低、能耗高、设备投资大，半固态坯料的成本高，且电磁搅拌制备的半固态坯料的成分（微观偏析）和微观结构（晶粒形状和晶粒分布）不均匀；第二，电磁感应加热半固态坯料的能耗高，坯料表面氧化严重；第三，二次加热增加了生产成本。

流变成形最显著的优势在于半固态浆料在线制备、工艺流程短、低能耗，料头和废品等可以及时就地回收。从凝固过程角度看，流变成形的工艺过程可以概括为液态金属在流变成形过程中主要经历两次凝固过程，即一次凝固和二次凝固，而流变成形所面临的挑战与这两个凝固过程密切相关。流变轧制工艺过程如下：连续制备的半固态合金浆料从流变器的下孔连续不断地直接流到胶带上，该胶带从轧辊中间通过，轧辊对半固态合金浆料进行轧制，最后得到了合金薄带材。大量实验研究表明薄带的表面质量和裂纹同浆料的固相分数和轧制条件有关。另外有研究还表明半固态合金薄带的厚度取决于轧制力、固相分数、流变器的搅拌速度和胶带的速度，当轧制力一定时，薄带的厚度随着固相分数的增加、搅拌速度的增大和胶带速度的降低而增加；如果没有侧封措施，薄带中间最厚，两边最薄，当采用侧封时，薄带厚度差别将减小；薄带存在偏析，而且轧制变形越大偏析越严重；对不同轧制区域的半固态合金薄带进行金相观察发现，半固态浆料经轧制变形后，纵向和厚度上的显微组织没有明显的变化，但薄带横向上的显微组织有一定的变化。

自 2000 年以后，日本学者尝试了将钢铁半固态浆料与轧机直接合成来连续轧制金属薄带材，薄带的晶粒细小、表面裂纹减少、铸造速度加快、模具的热负荷降低。北京科技大学学者在国家自然科学基金的资助下也对高熔点半固态钢铁浆料的直接轧制进行了基础研究，并获得了一系列的成果。其中对半固态 1Cr18Ni9Ti（已废除）不锈钢浆料和 60Si2Mn 弹簧钢轧制过程的研究发现，半固态浆料轧制应该在合适的轧制速度下进行。随着计算机技术的发展，利用金属凝固理论、计算机传热传质学、计算流体力学等科学模拟半固态流变轧制过程已是一种常规的手段。但是，半固态金属浆料在压力下成形的工艺过程比较复杂，因此半固态浆料充型过程的数值模拟发展比较晚。康永林等人建立了半固态材料刚-粘塑性分析模型，结合有限元模拟结果，进行了半固态实际轧制试验。亚历桑德罗（Alexandrou）等人在对铝合金半固态浆料成形过程中的流动方式及其非稳定性进行了研究，并采用了帕帕纳斯塔修（Papanastasiou）所提出的浆料表观黏度与剪切应力相关的关系式。东北大学学者在充分

考虑温度场对轧制力能参数作用的条件下，利用 ANSYS 软件对不锈钢铝复合带液固相复合轧制过程的力学参数（包括变形体内部的应变、应力分布及变形体与轧辊接触面的应力分布和轧制力）进行了计算。

总体说来，半固态轧制工艺主要还是集中在铝合金和镁合金上，但是，不论是流变轧制还是触变轧制，其发展都因各自工艺上的特点受到限制。目前，关于半固态轧制技术的研究仍旧处于工业应用的前期阶段，且研究逐渐减少，开始进入瓶颈。一方面，上述问题不能很好解决从而限制了其工业化应用；另一方面，半固态成形的理论研究没有上到一个更高的台阶。

4.3 半固态粉末成形技术

半固态粉末成形（semi-solid powder forming，SPF）是基于半固态成形的一种新型近净成形技术，通过将半固态成形中的块体材料换成粉末材料使得这一技术又具有了粉末冶金的特点，因此，该技术也可看成是粉末冶金工艺的一种延伸。因该技术能够制备出具有半固态组织且晶粒更细小、成分更均匀的零件，添加的增强相更多，产生微观或宏观缺陷的概率比流变铸造更低，基于这一系列优势和工艺特点，越来越多的研究者将注意力聚焦于该技术的工艺研究，并以各种工艺形式制备具有宽结晶范围的合金及其复合材料（如铝合金、镁合金等），以及功能材料，尤其在制备复合材料方面具有突出优势。

4.3.1 半固态粉末成形概述

半固态粉末成形技术的发展历史非常短且研究有限，最早可追溯到 1986 年，英国萨里大学（University of Surrey）学者第一次将半固态成形中的块体材料换成 Al-Mg 粉末，然后将混合粉末加热到半固态温度区间，再高速注射到模具中，最后成形，成功制备出自行车踏板曲柄和臂。使用这种方法制备出的材料含有近球形的晶粒，与半固态成形技术制备出的材料显微组织类似。另外，他们还尝试了使用该技术制备陶瓷纤维增强材料，为复合材料的制备提供了一条具有前景的道路。随后在 1995 年，日本武藏（Musashi）研究所学者使用了半固态粉末成形技术制备了 Al-Si 合金，他们首先将混合粉末加热到液相体积分数为 30%的温度下，然后一边搅拌一边注射到模具成形，最后得到显微组织和力学性能都优异的材料。由于半固态粉末成形中是以粉末为原料，这样可以使用不同成分的合金粉末为原料，并添加一定数量的增强颗粒从而制备出所需求的复合材料。因此，2000—2006 年哈尔滨工业大学罗守靖等人使用半固态粉末挤压法制备了 SiC_p、Al_2O_3、TiC_p 等颗粒增强铝基复合材料，其力学性能都要高于铸造方法制备出的复合材料。2003 年，英国的汉尔米顿（Hamilton）等人使用这一技术制备出了 SiC 颗粒增强铝基复合材料，在他们的研究中首次使用了三种不同的黏度方程模拟了半固态粉末的流变特性和温度分布，这是半固态粉末成形中首次涉及数值模拟。另外，日本的文（Wen）等人使用半固态粉末技术制备了生物医用钛合金材料（Ti-6Al 及 Ti-6Al-4V 基合金），并通过不同的合金化处理得到了非常优异的力学性能。2005 年，我国台湾的陈（Chen）等人采用半固态粉末成形技术制备了 Al-Si 合金，得到的材料中硅粒子细小并均匀分布，具有优异的力学性能。然而，以上的研究基本上还是处于实验初级阶段，没有系统深入地分析半固态粉末成形的成形机理。直到 2009 年，美国金（Kim）等人使用半固态粉末压制法制备了铝合金及铝基复合材料，分别添加了 SiC、碳纳米管和石墨烯作为增强材料。他们较为全面地分析了半固态粉末压制的压缩行为、致密化过程以及半固态粉末的流变特性，并分析了当以 SiC 为增强颗粒时，铝基复合材料中高 SiC（体积分数为 50%时）的受力及其分布情况，且使用数值模拟技术分析了在压制过程中的密度分布和应力分布曲线。2010 年，华南理工大学刘允中课题组使用半固态粉末轧制工艺制备铝板带材，并深入系统研究了其成形机理、协同机制和组织演变规律，还使用数值模拟技术对轧制过程进行了分析。至此，才开始了对半固态粉末成形技术的理论研究阶段。虽然后来浙江大学、兰州理工大学等单位学者也采用半固态粉末微成形和半固态粉末触变技术制备了继电器和铝基复合材料，但依然没有深入到机理。罗霞等研究人员自 2011 年开始研究半固态粉末轧制铝板带材，由于曾经从事过粉末注射成形方面的研究，于 2017 年提出将半固态粉末成形与触变注射成形结合用于制备镁合金，尤其是制备具有一定形状的医用 Mg-Zn 系合金。截至目前，此团队已经开发出不同组分的 Mg-Zn 系合金，探索了工艺参数、组织演变、成形微观机理等基础理论。通过该工艺获得的医用镁合金具有更均匀和细小的组织，降解性能优异，在动物体内表现出了良好的生物适配性。这为高性能医用镁合金的制备开创了另一种可行的、具有巨大潜力的方法，在一定程度上弥补了现有镁合金制备与加工方法的不足。

图 4-37 所示为半固态成形（SSF）与半固态粉末成形（SPF）之间的对比，由图中可以看出，SPF 就是将 SSF 中的块体材料换成粉末材料。总体来说，SPF 大体可以分为四步：制粉；预成形；加热；成形。在半固态成形中，涉及半固态浆料的制备过程；在半固态粉末成形中，不需要制备浆料。所以，使用半固态粉末技术制备出材料的显微组织由近球形的细小晶粒组成，且一步成形，属于近净成形技术。一直到现在，英国、日本、美国等高校，以及国内的哈尔滨工业大学、华南理工大学、浙江大学、兰州理工大学等都有关于采用金属粉末制备半固态浆料然后成形制备铝合金、钛合金及其复合材料、功能材料的报道，逐渐提出并形成“半固态粉末成形”工艺，并不断对其开发和应用。总体看来，半固态粉末成形技术仍旧处于理论研究的初级阶段，大部分的核心内容还放在对工艺过程、显微组织和力学性能的分析过程中，对成形的微观机制和半固态粉末成形的数值模拟仍旧处于相对空白的阶段。所以，有待研究和解决的问题还相当多。

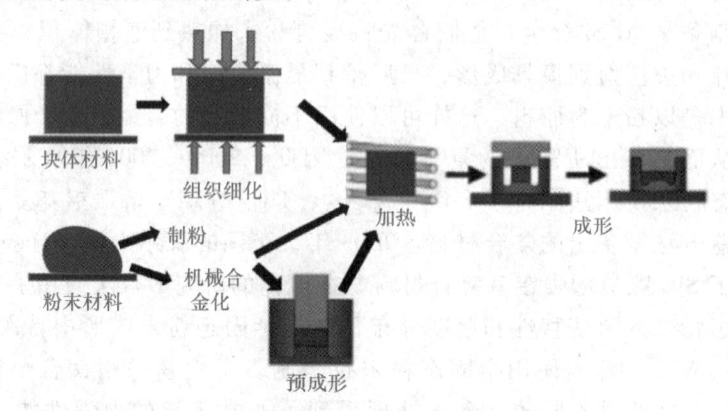

图 4-37 半固态成形与半固态粉末成形之间的对比

4.3.2 半固态粉末成形原理

SPF 涉及液相和固相共存时粉体材料的变形、致密化和凝固的协同进行。然而，关于半

固态粉末成形的屈服准则和模拟的理论研究很少，许多模拟研究的模型几乎都是基于半固态成形或粉末成形的。到目前为止，爱荷华州立大学的武（Wu）和金（Kim）团队，以及华南理工大学的刘允中、罗霞和吴敏等人对半固态粉末轧制的成形原理进行了比较深入系统地研究，并基于所提出的理论创建了一些模型来研究该工艺原理。

1. 粉末成形的理论基础

目前，粉末成形的数值模拟大多采用有限元方法，主要基于连续介质力学，粉末的塑性力学模型与有限元技术的结合已成为研究的热点。清华大学的研究人员对 Drucker-Prager Cap 模型进行了修改，以模拟 Bi-2223/Ag 复合带材的轧制过程。华南理工大学的刘明俊等人使用 Shima 屈服准则推导了铁粉和铝粉的有限变形弹塑性本构模型，然后利用 Abaqus 软件模拟了粉末轧制的滑移、移动和致密化过程，模拟结果的相对密度与实验结果吻合较好。畅（Chang）等人使用 Lagrange-Euler（拉格朗日-欧拉）方法模拟了热轧过程中铁粉的温度场分布，并基于 Shima 模型预测了粉末运动和相关力学参数，使用 Deform-3D 有限元模拟软件通过热压缩提出了多孔材料的本构方程。穆里阿迪（Muliadi）等人基于二维有限元采用了 Drucker-Prager 模型，然后基于约翰逊（Johanson）模型，分别计算了粉末轧制后的咬入角、法向应力、相对密度和最大咬入量，Drucker-Prager 屈服准则用于模拟气雾化粉末轧制和相对密度分布。将 Shima-Oyane 本构模型嵌入 MSC。Marc 软件中，从而模拟粉末轧制过程。艾诺（Esnault）等人根据 Jenike 屈服准则，假设渗透率是材料密度和颗粒尺寸的函数。根据以往的文献综述，已知粉末成形的模拟非常复杂，通常的处理方法是将粉末视为可压缩连续体，然后使用多孔 Shima 椭球屈服准则或 Drucker-Prager Cap 屈服准则进行模拟。然而实际上，粉末是非连续的。

2. 半固态粉末成形的理论基础

对于半固态金属（SSM），通常分为固相区域和液相区域。首先，固相区域（A_S）在变形时被假设为多孔材料，而液相区域（A_L）被视为多孔材料中的孔隙。假设固相区域为多孔材料，获得作用于固相区域的应力（σ_{Sij}）和作用于液相区域的应力（σ_{ij}）后，将作用于液相区域的压力（p）加到固相区域，即实际作用于整个 SSM（A_T）的应力 σ_{Tij}，表示如下

$$\sigma_{Tij}A_T=\sigma_{Sij}A_S+\sigma_{ij}pA_L \tag{4-1}$$

$$\sigma_{Tij}=\sigma_{Sij}\frac{A_S}{A_T}+\sigma_{ij}p\frac{A_L}{A_T}=\sigma_{ij}+\sigma_{ij}pf_L \tag{4-2}$$

式中　f_L——半固态金属的液相分数。

此外，半固态金属的固相分数 f_S 相当于多孔材料的相对密度 ρ，故固相分数表示如下

$$f_S=\frac{V_S}{V_S+V_L}=\rho \tag{4-3}$$

式中　V_S——固相区域的体积；

V_L——液相区域的体积。

多孔材料的 Shima-Oyane 屈服准则表示如下

$$A=\frac{1}{27}f^2,\ B=1,C=f'=f_S^{k'} \tag{4-4}$$

$$F=[3(AJ_1^2+BJ_2')]^{\frac{1}{2}}=C\overline{\sigma}_0 \tag{4-5}$$

$$f=\frac{1}{a(1-f_S)^b},\ k'=2.5,\ a=2.49,\ b=0.514 \tag{4-6}$$

式中 J_1——应力张量第一不变量；

J_2'——应力张量第二不变量；

$\overline{\sigma}_0$——初始应力屈服强度；

A——塑性变形对静水应力的贡献；

B——塑性变形对偏应力二次不变量的贡献；

C——热容；

F——屈服准则；

f'——固相与半固态的应力比；

f——施加于多孔材料上的偏应力与静应力参数；

a、b、k'——材料参数。

如图 4-38 所示，施加在半固态粉末上的压力同时作用于固相骨架和孔隙，其总应力用式（4-2）表示。虽然 Shima-Oyane 模型最初是由多孔烧结金属推导而来的，但已被成功用于预测冷压粉末压实过程的变形行为。有研究者认为当液相均匀分布于半固态骨架中时，该模型可用于计算温度在 550~630℃时半固态基体相变形所需的应力，对应公式如下

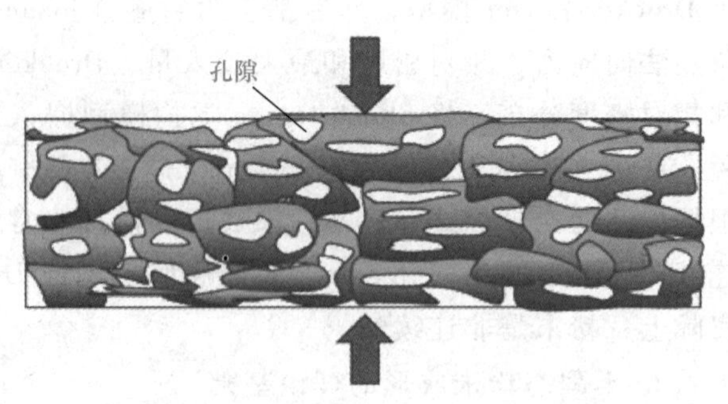

图 4-38　半固态粉末压缩示意图

$$f'\sigma_{eq}=\left[\frac{(\sigma_1-\sigma_2)^2+(\sigma_2-\sigma_3)^2+(\sigma_1-\sigma_3)^2}{2}+\left(\frac{\sigma_m}{f}\right)^2\right]^{\frac{1}{2}} \tag{4-7}$$

式中 σ_{eq}——施加在全致密基体相上的等效应力；

σ_1、σ_2、σ_3——施加在粉末压块上的主应力；

f'——施加在粉末压块上的表现应力与施加在全致密基体相上的等效应力的比值，$f'=D^n$，D 为压坯的体积相对密度，n 为材料参数；

$\sigma_m=(\sigma_1+\sigma_2+\sigma_3)/3$；$f=1/(af_L^b)$，$a$、$b$ 为材料参数。

当液相体积分数 f_L 较高时（>30%），Shima-Oyane 模型在一定程度上不能预测半固态粉末的变形行为。

吴敏基于 Shima-Oyane 多孔屈服准则和多瑞鲁德（Doraivelu）塑性准则预算了半固态粉末轧制过程的轧制力，结果表明当液相体积分数高于 30%时，模拟值与实验值吻合；模拟了 2024 铝合金在不同半固态温度的轧制过程，尤其是在 580℃和 600℃这两个重要参数下，模拟的相对密度和轧制力结果与实验值差异较小，基本可接受。从而为半固态粉末成形的工艺控制与优化提供了理论指导，促进了半固态粉末成形模拟的发展，并为相应的理论提供了一些新的见解。

4.3.3 微观结构和力学性能

对于半固态成形来说，液相含量影响黏度和变形抗力，从而导致其微观组织与力学性能改变。因半固态粉末成形包含结合过程、致密化过程和凝固过程，液相分数也是影响其产品性能的主要因素。半固态成形的微观结构具有玫瑰状晶粒和近球形或等轴晶粒的特征，除此之外，半固态粉末成形因其原料为粉末，因此其微观结构还具有气雾化形成的特性。为了分析半固态粉末成形过程中的微观组织演变，首先要观察半固态粉末的微观结构。

1. 半固态粉末的微观组织

半固态粉末中液相的形态指标包括位置和分布，这些参数影响其结合机理和流动行为，从而影响成品的微观组织与力学性能，因此研究半固态粉末成形的液相形态非常重要。为了获得粉末在半固态的微观组织，首先用电炉将粉末加热到半固态温度范围，保温一段时间后水冷。本章文献［21］和［26］中提出，在 7050（图 4-39）和 6061 铝合金粉末中先形成孤立的液相，然后液相延伸到颗粒边界。随着温度也就是液相分数的增加，粉末内部液相逐渐形成网状（图 4-40）。当温度继续升高形成液相，从而产生不规则的固相，这与半固态 2024 铝合金粉末微观组织的变化趋势相同。通过分析半固态粉末微观组织的转变，发现半

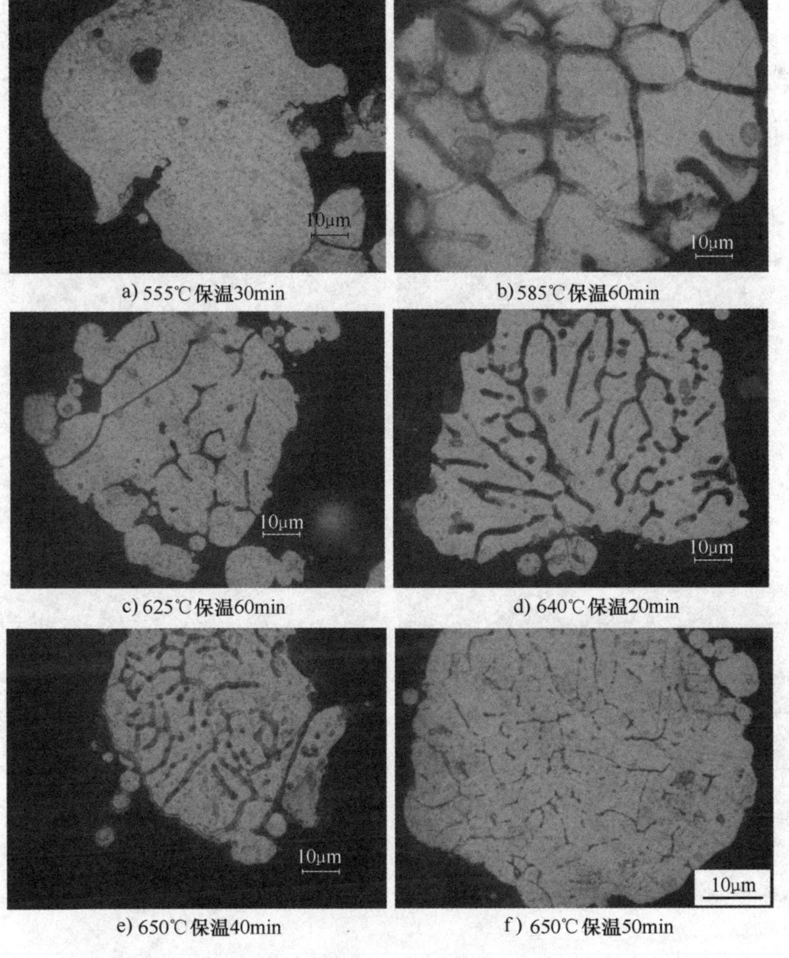

图 4-39　7050 铝合金粉末在不同半固态温度下的微观组织

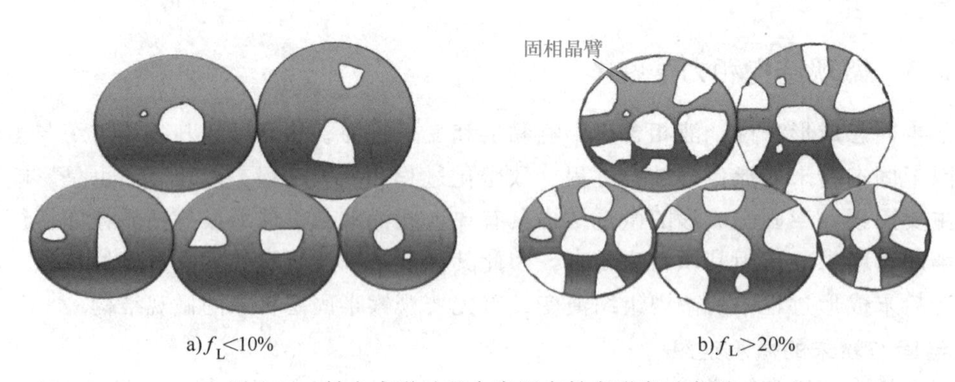

图 4-40 粉末成形过程中半固态粉末形态示意图

固态粉末材料与致密材料相似，都由粗大的颗粒或等轴晶粒形成。奥斯特瓦尔德（Qstwald）熟化机制可用于解释其粗化机理，但其粗化速率远小于致密材料，这可能是粉末表面存在的氧化层或者孔洞阻碍晶粒扩散导致的。文献中还提出了计算半固态粉末液相分数的三种不同方法：Thermo-Calc 软件法，DSC（differential scaning calorimetry）法和金相法，最终结果表明 DSC 法比其他两种方法更准确。

2. 微观组织与力学性能

半固态粉末成形相关的所有研究都认为该方法可以获得均匀等轴晶粒的微观组织，在制备具有高体积分数增强颗粒的复合材料方面非常具有潜力。半固态粉末成形技术结合了半固态成形和粉末冶金技术的优点，因此很容易获得具有这些特征的微观组织。

如图 4-41 所示，2024 铝合金粉末半固态轧制所得带材的微观组织由大量细小晶粒和少

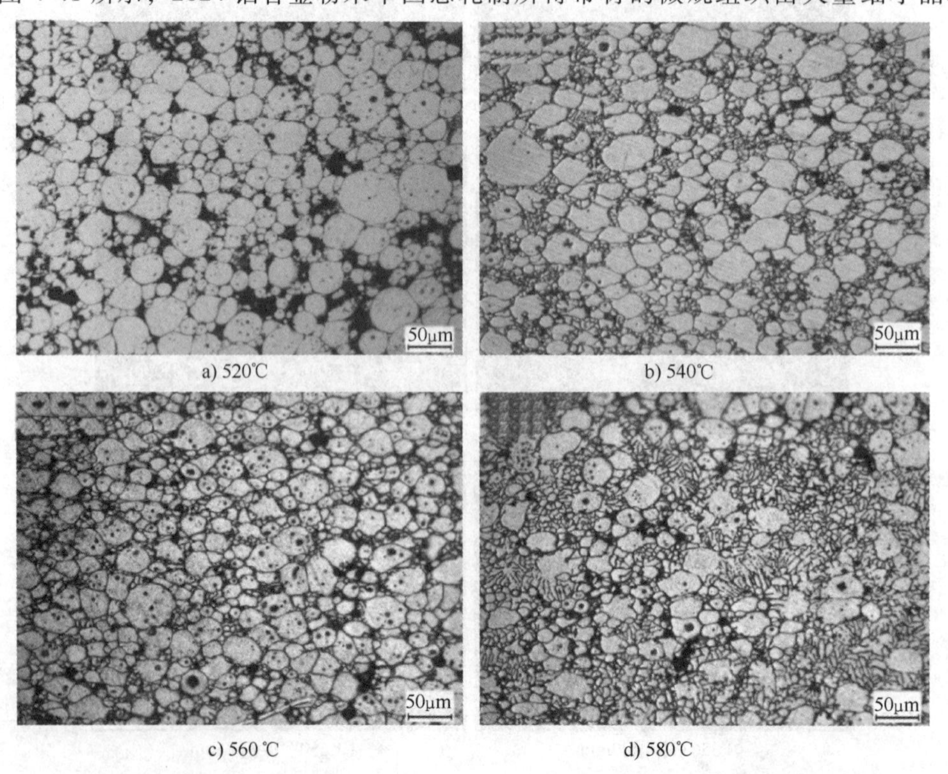

图 4-41 2024 铝合金粉末在不同半固态温度下轧制所得带材的微观组织和相对密度

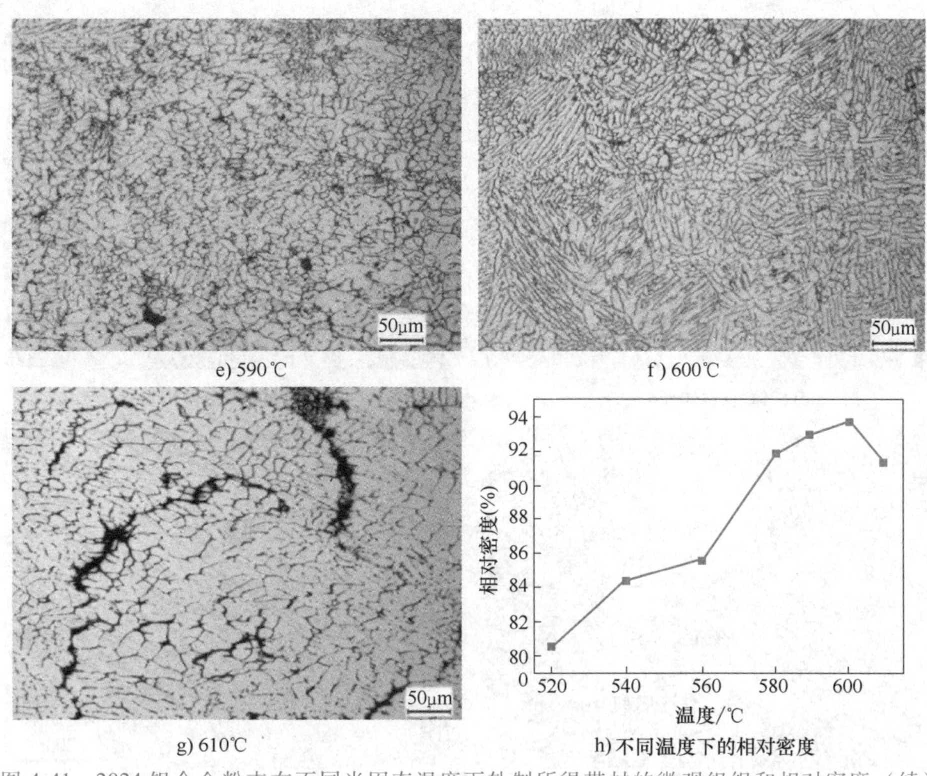

图 4-41　2024 铝合金粉末在不同半固态温度下轧制所得带材的微观组织和相对密度（续）

量球形晶粒组成，具有半固态粉末成形的特征，但也观察到了树枝晶。随着轧制温度的升高，带材的孔洞和晶粒尺寸逐渐减小。当轧制温度继续升高，球形颗粒转变为等轴细晶，然后长大变成长条状晶粒。当在 610℃轧制时，观察到明显的裂纹和晶粒粗化。带材的相对密度随着温度的升高而增加，但在 610℃略微下降。因此，2024 铝合金粉末最佳的轧制温度为 600℃，这与多孔材料半固态压缩的结果一致。

图 4-42 所示为半固态 7050 铝合金粉末在不同条件下轧制所得带材的微观组织，图 4-43 所示为其对应的显微硬度和相对密度。当在低温轧制时，所得带材微观组织的特征是随机分布的玫瑰状晶粒，具有孤立的孔洞和少量变形或破碎的粉末颗粒。在 555℃时，其相对密度

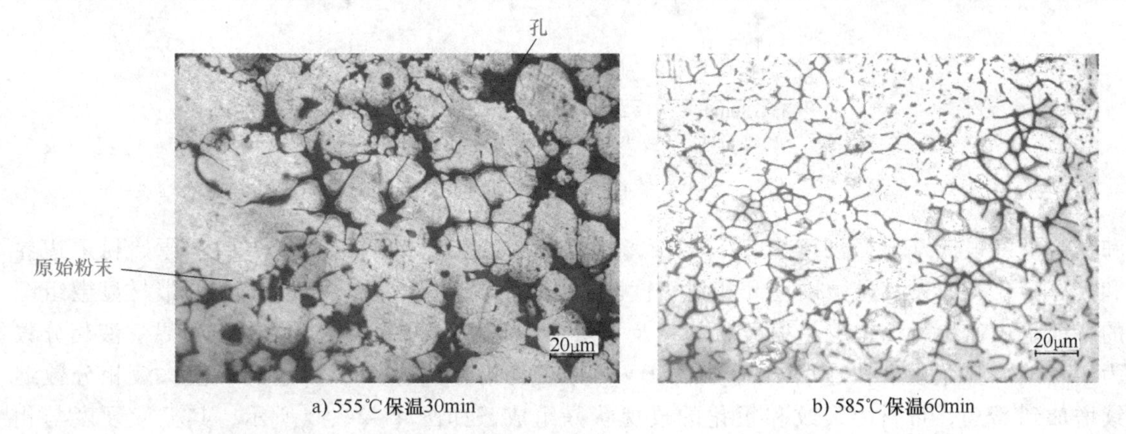

图 4-42　半固态 7050 铝合金粉末在不同条件下轧制所得带材的微观组织

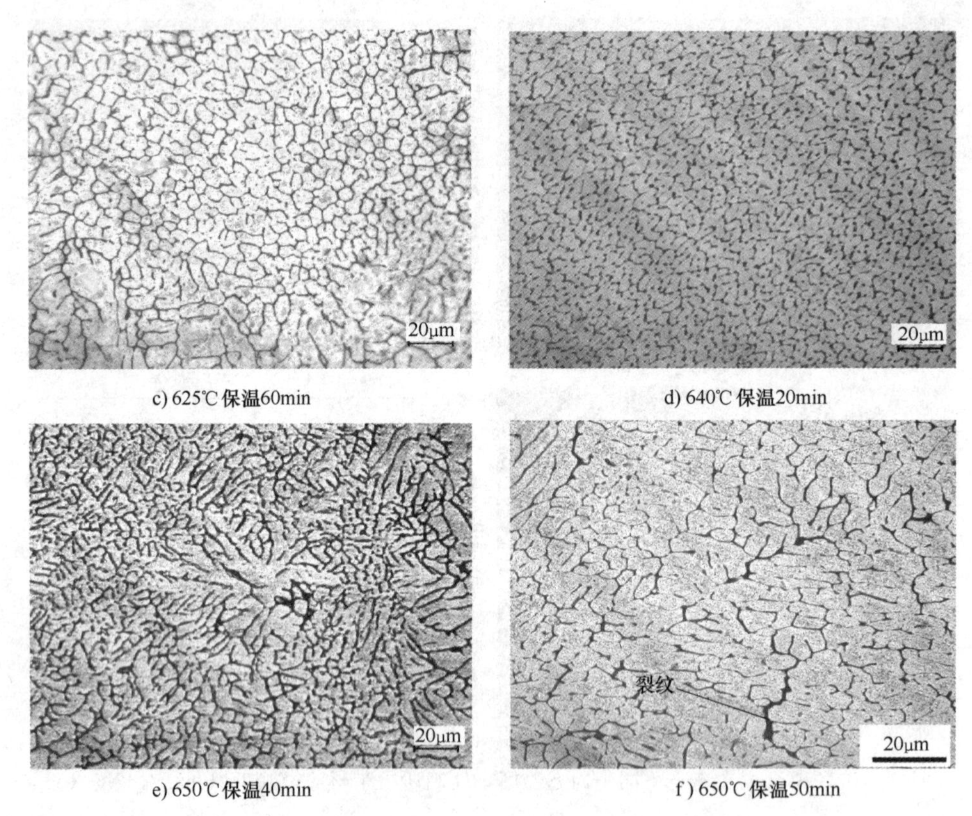

c) 625℃保温60min　　d) 640℃保温20min

e) 650℃保温40min　　f) 650℃保温50min

图 4-42　半固态 7050 铝合金粉末在不同条件下轧制所得带材的微观组织（续）

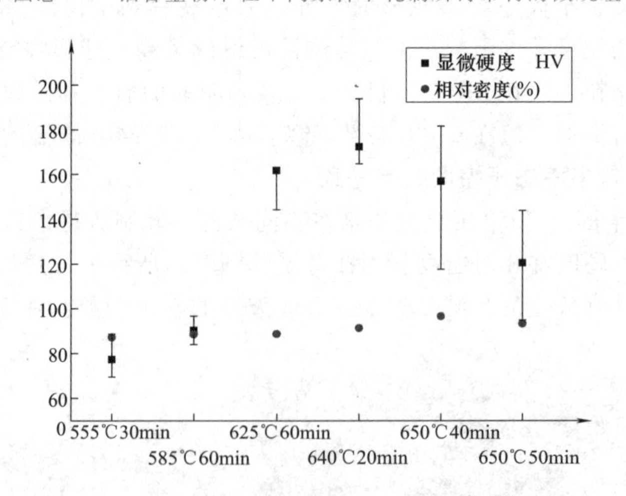

图 4-43　半固态 7050 铝合金粉末在不同条件下轧制所得带材的显微硬度和相对密度

和显微硬度很低（显微硬度为 77.32HV，相对密度为 87.1%）。在 585℃时，原始粉末边界和大部分孔洞消失，显微硬度和相对密度略微增加。液相分数在 45%~65%的带材显微组织的特征是玫瑰状组织，少量树枝状晶粒及大量细小等轴晶粒，未见原始粉末边界。液相分数为 45%时，显微硬度快速增加到 161.6HV，并在液相分数为 65%时达到峰值。液相分数继续增加到 85%，带材由裂纹和粗化的玫瑰状晶组成，如图 4-42e、f 所示，其显微硬度与相对密度也略有下降。

由金（Kim）和武（Wu）等人的研究可知，半固态粉末挤压样品的显微组织也是由细小球形的晶粒组成。随着温度升高或液相分数的增加，许多粉末边界消失形成冶金结合，晶粒尺寸减小，相对密度增加。然而，液相含量过多会导致晶粒粗化，产生裂纹。由此可知，半固态粉末成形所得样品的显微组织受液相分数的影响很大，其变化趋势基本相同。液相在某种程度上起着粉末间黏结剂的作用，从而产生冶金结合。液相含量不同，粉末结合的机理不同。半固态粉末轧制过程中凝固、致密化和变形同时发生，液相在其中的作用不同于半固态成形。因此，半固态成形的某些理论不能直接用于半固态粉末成形。

此外，通过研究粉末尺寸对于显微组织和力学性能的影响，得出其拉伸性能见表 4-1。结果表明，粉末尺寸对拉伸强度有很大的影响。随着粉末尺寸的增加，相同的轧制温度下更多液相被挤出，从而导致相对密度和轧制力增加。由此可知，大颗粒的粉末具有较好的流动性，这与固相粉末成形的结论一致。从镁合金触变注射成形中很容易理解到这点，这是因为触变注射成形中原材料是条状或粗大的金属颗粒，而半固态粉末成形采用的是细小粉末。如果粉末尺寸较大，粉末会被当作颗粒，然后变为触变注射成形。基于此，编者（罗霞）提出了半固态粉末注射成形的方法，其充分结合了半固态粉末成形和触变注射成形的优点，目前已成功用于制备医用 Mg-Zn 系合金，且此类合金获得了优异的性能。

表 4-1　半固态粉末轧制 7050 铝合金带材热处理后的拉伸性能

材料		抗拉强度 /MPa	屈服强度 /MPa	伸长率 (%)
处理条件	粉末尺寸			
528℃保温 30min	270μm	444±18	400±7	6.9±1.6
555℃保温 30min	270μm	439±14	391±4	8.3±1.0
585℃保温 30min	270μm	390±4	382±1	9.6±0.3
625℃保温 30min	270μm	352±21	332±19	8.8±2.1
625℃保温 30min	147μm	382±1	367±1	10.9±0.1
625℃保温 30min	104μm	383±4	326±4	12.8±0.2

在不同温度下保温 15min 半固态粉末注射成形的 Mg-Zn 系合金的显微组织如图 4-44 所示。随着温度的升高，孔洞变少（图中箭头处）。当注射温度较低时，可观察到明显的颗粒边界和孔洞，还有少量原始粉末形状，对应的相对密度较低，体积分数为 83.4%（图 4-45）。随着温度增加，孔洞逐渐消失，颗粒或粉末发生变形，产生更多冶金结合。当注射温度增加到 600℃时，可见细小等轴晶，大多数孔洞消失，相对密度达到了最大值 97.4%。当注射温度继续升高到 620℃时，晶粒在垂直于挤出方向被拉长，少量液体被挤出，相对密度降低到 91.4%，这说明过高的温度会造成过多液相，并不利于成形。

图 4-46 所示为在不同参数下半固态粉末注射成形 Mg-3Zn 合金的显微硬度随着温度升高的变化趋势。随着注射温度的升高，显微硬度也增加，与相对密度的变化趋势相同。当注射温度为 600℃时，显微硬度达到最大值 125HV，注射温度继续升高后，显微硬度降低。图 4-47 所示为不同参数下半固态粉末注射成形 Mg-3Zn 合金的压缩性能。当温度低于 600℃时压缩应力基本没太大变化，接近 300MPa，在 600℃时达到最大值 315MPa。其显微硬度和压缩强度明显高于铸造所得的 Mg-Zn 合金。材料的晶粒越细小，显微硬度和压缩强度越大。从显微组织和力学性能来看，液相也是受温度影响的关键因素。随着温度增加，晶粒尺寸细化，

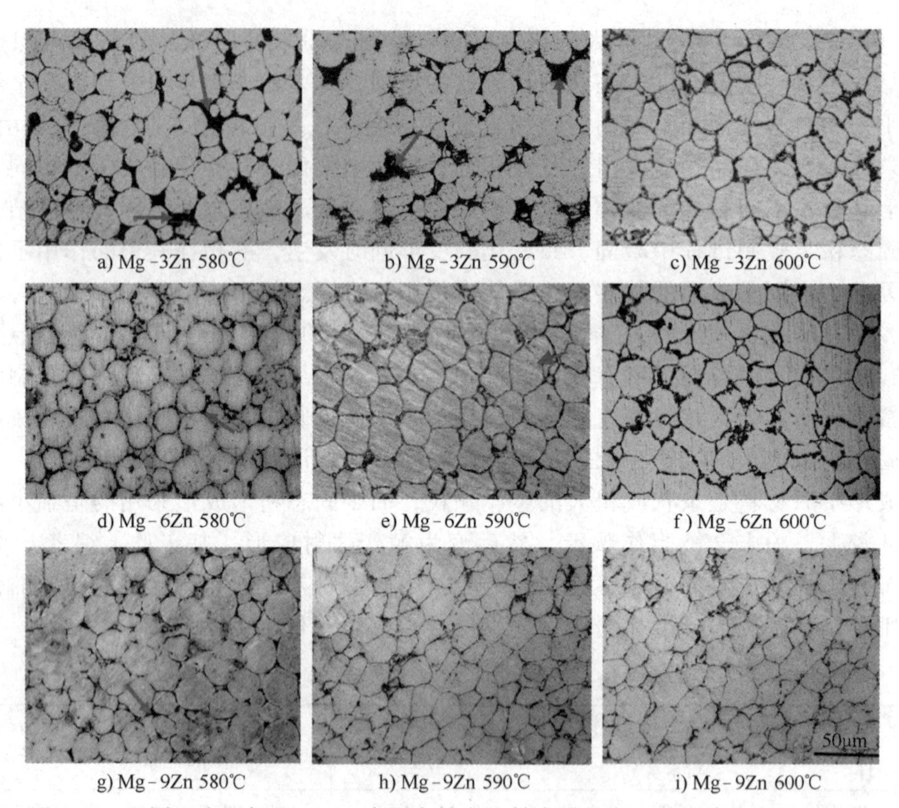

图 4-44 不同温度下保温 15min 半固态粉末注射成形的 Mg-Zn 系合金的显微组织

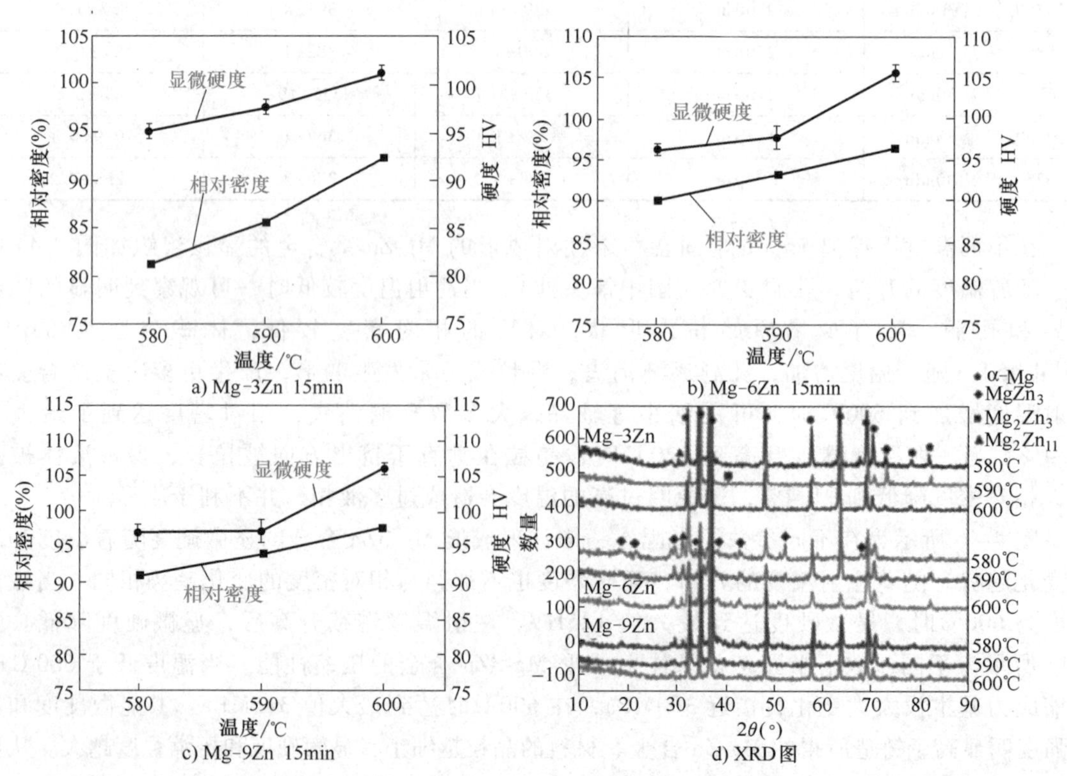

图 4-45 不同参数下半固态粉末注射成形 Mg-Zn 系合金的相对密度、显微硬度和 XRD 图

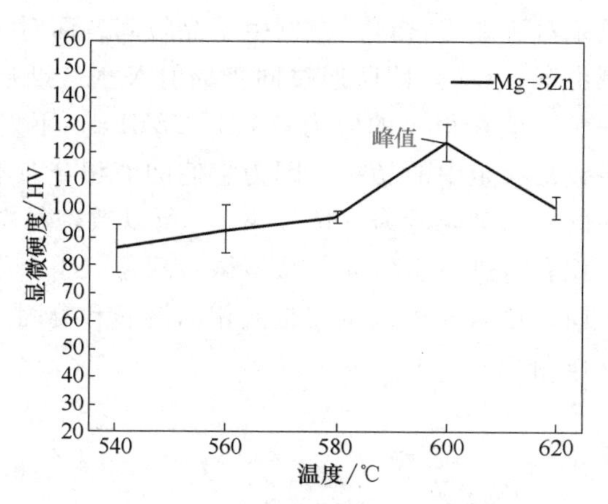

图 4-46 不同参数下半固态粉末注射成形 Mg-3Zn 合金的显微硬度随着温度升高的变化趋势

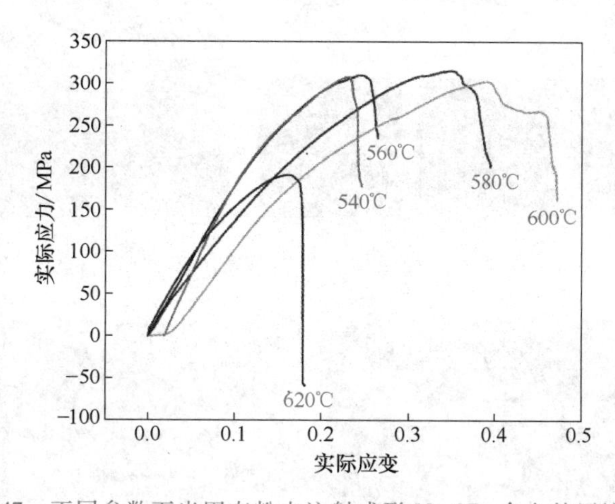

图 4-47 不同参数下半固态粉末注射成形 Mg-3Zn 合金的压缩性能

孔洞和颗粒边界消失，相对密度和强度增加到最大，温度继续增加后，显微组织和力学性能会变差。半固态粉末轧制或挤压都遵循这种变化规律。

在不同温度下（580℃、590℃、600℃）保温 15min 制备的 Mg-xZn 合金（x 可取 3%、6%、9%，为质量分数），晶粒细小（≈30μm）、组织均匀、相对密度可达 95%以上，显微硬度可达 105.6HV。37℃下在 Hank's 溶液中连续动态浸泡 3 天、6 天、9 天后，通过失重法计算的腐蚀速率随着 Zn 含量的增加呈现先降低后增加的趋势，Mg-6Zn 合金表现出最低的腐蚀速率。通过分析在腐蚀过程中的 pH 值变化情况，发现 pH 值整体的变化趋势为先迅速增加后逐渐变缓，相对而言 Mg-6Zn 合金的 pH 值变化程度明显比另外两种成分要小，这与失重法计算出来的腐蚀速率的变化规律也是一致的。通过对腐蚀形貌和腐蚀产物进行分析，发现用半固态粉末成形方法制备的 Mg-Zn 系合金具有良好的生物相容性。因此，采用半固态粉末成形工艺制备 Mg-Zn 系合金的最佳成分为 Mg-6Zn。

中国创造：散裂中子源

4.3.4 半固态粉末成形的微观机制

在研究半固态粉末注射成形 Mg-Zn 系合金的显微组织演变过程中，发现致密材料半固态压缩的穿晶熔断机制（图 4-48）似乎也发生于粉末材料的半固态成形过程中，只是对于致密材料，它发生于晶粒间，而对于半固态粉末成形，它发生于粉末颗粒间。此机制由李（Lee）团队通过同步辐射 X 射线断层成像发现，该团队揭示出它是晶粒细化机制的一种，能在很小的应力（1.1～38MPa）下发生。假设将半固态粉末成形中的粉末颗粒等同于致密合金中的晶粒，因为它们的液相分布不同以及半固态粉末的离散和非连续性，以及存在的粉末破碎行为（图 4-49），所以致密材料的穿晶熔断机制与半固态粉末成形的是否一致，就有待进一步研究。从该微观现象入手，发现液相烧结中的粉末致密化过程几乎不适用于半固态粉末成形，尤其是液相的浸润和凝固过程，而液相对材料的显微组织和性能起着决定性作用。

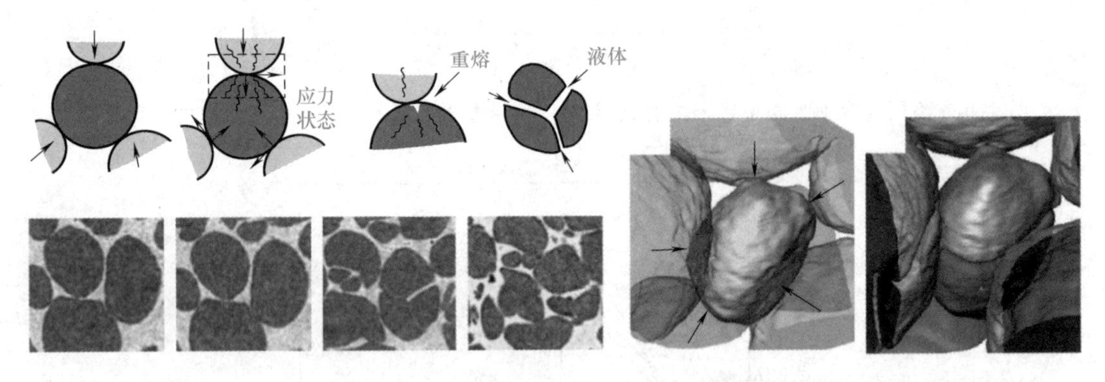

图 4-48　穿晶熔断机制示意图和 3D 图

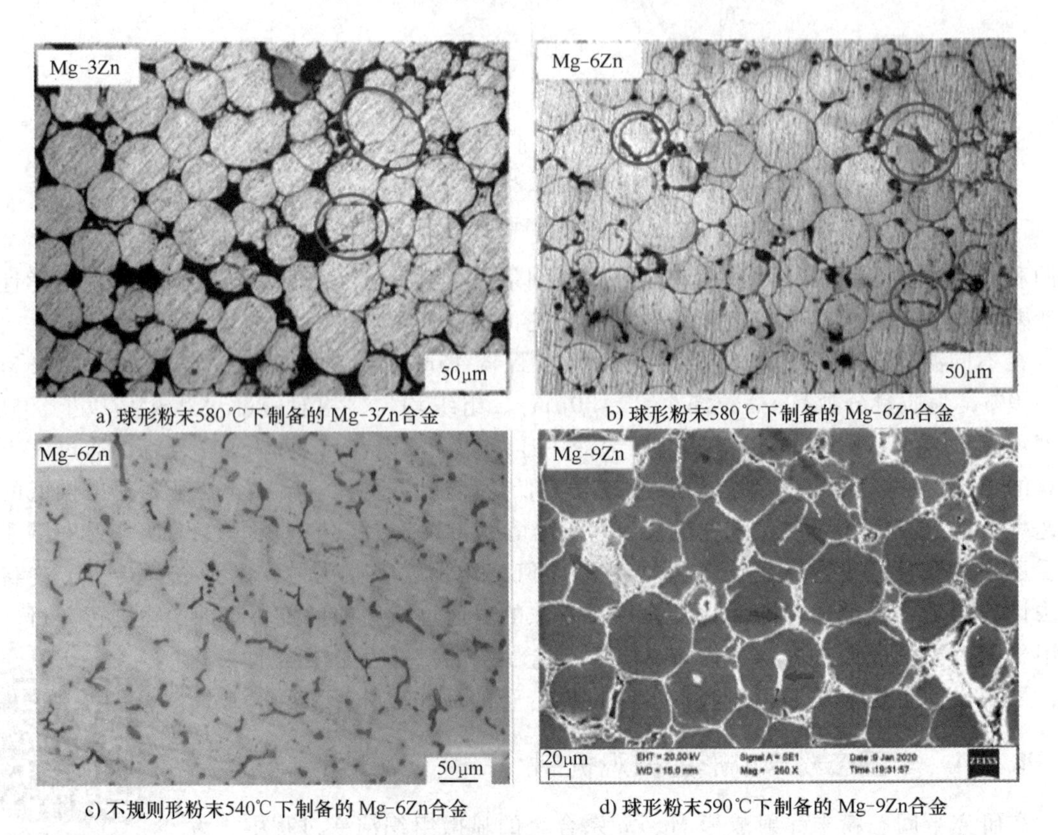

a) 球形粉末580℃下制备的 Mg-3Zn合金　b) 球形粉末580℃下制备的 Mg-6Zn合金

c) 不规则形粉末540℃下制备的 Mg-6Zn合金　d) 球形粉末590℃下制备的 Mg-9Zn合金

图 4-49　Mg-Zn 系合金的显微组织

在 Al-Si 混合粉末的液相烧结过程中发现液相数量同材料成分和温度密切相关，该研究与本书中 Mg-Zn 混合粉末半固态等温处理过程极其相似，具有重要的参考价值。但是，本书工艺中液相在压力（12~15MPa）作用下发生流动和填充行为，并伴随着快速凝固的进行和固相骨架（粉末颗粒或晶粒）的变形与破碎从而完成致密化；在液相烧结过程中，液相是在毛细管力作用下进行迁移和浸润，液相烧结时间长达数小时，凝固速度慢，且长时间的烧结会导致晶粒的粗化；半固态粉末成形只需短短数分钟，甚至更短，凝固速度更快，晶粒更细小。在半固态粉末成形中，液相在应力和凝固协同作用下如何流动和填充孔隙实现致密化，目前仍旧处于混沌状态。

另外，通过对合金粉末的半固态等温处理和多孔 2024 铝合金的半固态热模拟压缩，发现奥斯特瓦尔德（Ostwald）粗化机制同样适用于金属粉末，但其粗化速率要远远低于致密材料，粉末的破碎主要在应力集中处以挤压破碎、晶界被撕开破碎、沿着晶界滑移破碎三种形式进行。由此可见，半固态粉末成形过程涉及凝固、变形与致密化的协同进行，它同半固态成形和粉末成形既有相似之处，又有极大的不同。

半固态粉末是一种与土体材料类似的，由固、液、气三相构成的非连续可压缩介质。虽然土力学在一定程度可以为半固态粉末成形提供理论依据，但其变形过程不涉及凝固以及液固界面的反应等。例如，在致密材料和复合材料的半固态压缩中，均观察到了类似于无黏性土的应力应变特性（剪胀），从而引起孔洞的形成。在多孔 2024 铝合金的半固态压缩最后阶段也发生了相对密度的降低，预示着新孔洞的产生。在致密材料的半固态压缩中，应力-应变曲线的峰值应力与剪胀过程中的分离重排晶粒有关，它进一步引起压缩过程中的孔隙长大，同时将自由表面拖拽到液相中，最终造成裂纹的产生。但在半固态粉末成形中，应力-应变曲线并未表现出明显的峰值应力且变化趋势平缓，那么其关键影响因素又有哪些呢？

从这些微观现象看来，似乎已有的组织演变规律、致密化机制、变形机制和本构模型还是无法准确描述以及模拟成形过程中的微观机理，如液相的流动与填充行为，凝固和变形协同下的致密化过程，孔隙的三维形貌演变，晶粒的细化机制、流变特性等。所以，非常有必要从微观角度研究半固态粉末的成形机理，为半固态粉末成形的工艺控制及组织性能优化打下坚实的理论基础。

截至目前，已有大量关于同步辐射 X 射线断层扫描致密材料半固态单向压缩或拉伸的研究，且有学者系统分析了液相流动、膨胀、局部液相增加、局部变形、孔洞和裂纹的产生等微观现象。最近还有一些关于半固态合金流变特性演变和采用离散元法模拟合金半固态压缩的研究，以及凝固过程中液固界面组织演变的研究，但几乎未见观测粉体材料半固态压缩的报道。从实验技术来看，目前已采用热模拟试验机（Gleeble-3500）实现了半固态压缩不同初始密度的多孔 2024 铝合金和 Mg-6Zn 混合粉末预坯的实验，得到了其应力-应变曲线，并基于齐纳·霍洛蒙（Zener-Hollomom）经验公式得到了本构方程。笔者通过压缩后的显微组织图分析了半固态粉末的破碎机制、变形行为和机理、晶粒粗化和致密化机制等，得到了一些可喜的结果。

另外，笔者通过同步辐射对 600℃-30min 制备的 Mg-6Zn 合金进行了三维重构，观察到合金内部孔隙和第二相的分布、形貌，揭示了半固态粉末成形的微观机理，并试图应用该理论调控、优化医用 Mg-Zn 系合金的显微组织，从而达到提高耐蚀性和力学性能的目的。本书重点讨论的主要有：微观组织的演变规律、粉末的破裂方式、晶粒细化机制、液相的流动与填充行为、缺陷如孔隙的产生和演变、应力-应变与流变特性等一系列微观机理。

本章对600℃-30min参数下半固态粉末成形制备的Mg-6Zn合金进行了同步辐射和三维重构。如图4-50a所示，互连的析出相主要由单一的蓝色组成。为了解释三维渲染颜色与析出相分布之间的关系，规定析出相的颜色相同意味着这些相之间是相互连接接触的。析出相由许多具有不同空间分布和相互连接取向的空心多面体组成。析出相的表面曲率从绿色到红色不等，绿色占绝大多数，仅析出相边缘凸起部位为红色，表面曲率值接近0，这表明析出相结构规则较平滑，沿晶界均匀分布。图4-50c显示了析出相放大后的三维形貌，其结构为相互连接的空心多面体且呈网状分布。表面曲率基本呈绿色，仅边缘突起部分呈红色，厚度分布的颜色与表面曲率相对一致，厚度分布大多为蓝色，边缘部分厚度较大呈红色，平均厚度为（3.02±1.89）μm，这表明析出相在各方向上的生长速率相近，析出相表面表现出均匀性。结合Mg-6Zn合金二维的显微组织，合金成形过程中液相在外部压力和毛细管力的双重作用下流动并填充颗粒间的孔隙，并在颗粒与颗粒间形成第二相。析出相的三维形貌表明，析出相在合金内是均匀且呈网状分布的，一方面，沿着晶界均匀的第二相阻碍晶粒的长大得到组织细小的晶粒结构，提高了合金的综合力学性能；另一方面，连续网状分布第二相能将α-Mg基体与腐蚀介质分离开来，减弱晶间的电偶腐蚀，提高了合金的降解性能。这或许是半固态粉末成形制备的镁合金具有优良力学性能和耐蚀性的关键所在。

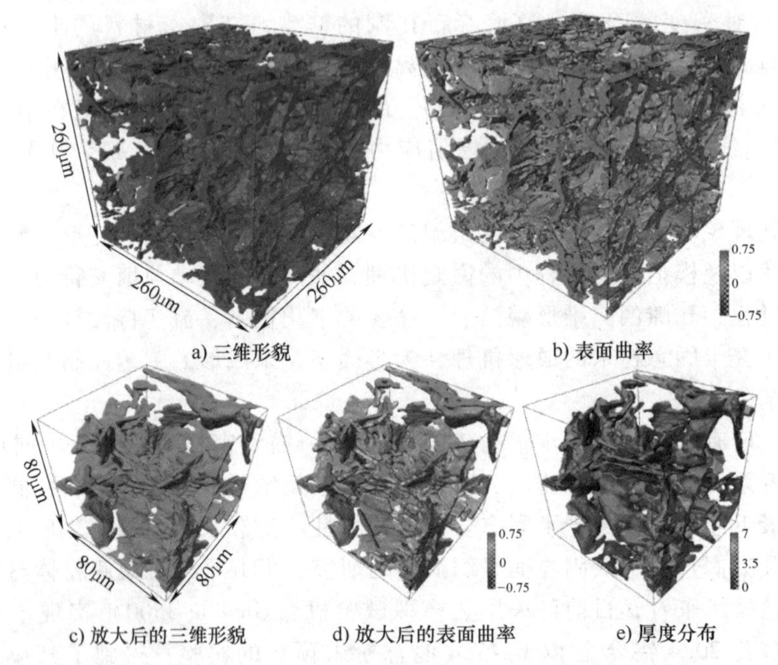

图4-50　600℃-30min参数下成形的Mg-6Zn合金析出相

图4-51a所示为Mg-6Zn合金内部孔隙的三维形貌。在Mg-6Zn合金半固态粉末成形的过程中，粉末颗粒之间的冶金结合主要靠液相在压力作用下的流动与填充，以及压力作用下的粉末黏塑性变形来实现，从而使孔隙减少，这与液相烧结过程的致密化是截然不同的。液相Zn在压力作用下的流动与填充会减少孔隙间的连通性，Mg-6Zn合金的孔隙连通率仅4.1%±1.1%；孔的连通性较低，随后孔的形状会向球形发展，这与所得的值为0.84的孔隙球形度

一致（表 4-2），如图 4-51a 所示，孔隙的形貌大多趋近球形。孔隙的表面曲率如图 4-51b 所示，孔隙表面曲率基本为均匀的绿色，曲率值接近 0，这表明孔隙表面较规则平整。

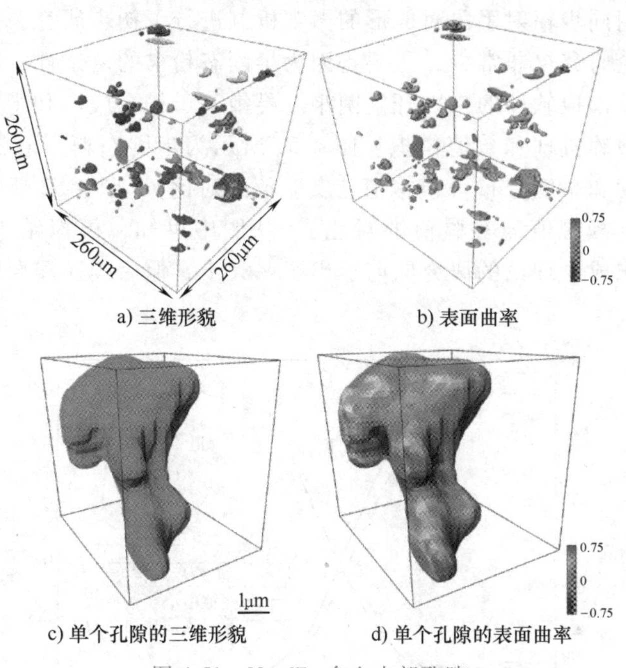

a) 三维形貌　b) 表面曲率

c) 单个孔隙的三维形貌　d) 单个孔隙的表面曲率

图 4-51　Mg-6Zn 合金内部孔隙

表 4-2　Mg-6Zn 合金孔隙参数

	孔隙连通率(%)	孔隙球形度	孔隙体积/nm^3
Mg-6Zn	4.1±1.1	0.84	53989.3

在合金腐蚀降解过程中，孔隙的连通性越小，表面曲率越接近 0，孔隙的表面积与体积之比越小，孔隙与腐蚀介质的接触面就会越小，越不利于合金点蚀的发生，使合金更趋向于均匀腐蚀。因此，Mg-6Zn 合金中主要是连通性低、形貌近球形且表面曲率接近 0 的孔隙，这有利于减缓其降解速率，这也是半固态粉末成形工艺制备的医用镁合金表现出优异降解性能的另一个原因。由此可知，固液两相共存时，Mg-6Zn 合金的组织演变机制是液相流动与填充，以及原子扩散。在没有施加压力的情况下，样品中仍然存在很多孔隙，无法实现完全致密化，这是因为液相仅靠毛细管力和物质的扩散是很难在短时间内完成致密化的。但施加压力后，一方面液相在压力下快速流动并填充孔隙；另一方面，粉末颗粒在双重作用下发生变形甚至破碎，在短时间内快速实现完全的致密化。在后期的生物适配评价中，由半固态粉末注射成形制备的医用镁合金具有优良的降解适配、组织适配和力学适配，这充分说明半固态粉末成形工艺为镁合金的制备开创了另一条技术路径。

4.3.5　展望与未来

半固态粉末成形是一项非常有发展前景的近净成形技术，可制备具有细小均匀显微组织、优良力学性能的产品，可随意调配增强相的种类和数量，在制备复合材料方面具有极大的优势。目前，半固态粉末成形技术主要用于铝合金及其复合材料的制备，近些年在其他材料体系的应用也逐渐增加，如医用镁基合金。

半固态粉末成形的研究目前主要集中在工艺参数、结合机制、致密化机制、凝固机制等方面，虽然笔者采用同步辐射手段对成形的微观机制进行了初步研究，但仍旧不成体系，另外，数值模拟的理论研究也非常少，主要是因为半固态粉末的复杂性，以及本构模型的建立较困难，而且还涉及模拟软件的二次开发困难。吴敏基于粉末成形和半固态成形的理论，研究了半固态粉末的破碎机理和数值模拟。图 4-52 所示为半固态粉末轧制带材表面与中心在轧制方向的相对密度和温度分布（模拟值与实验值的对比），图 4-53 所示为半固态粉末轧制带材的轧制力分析（模拟值与实验值的对比）。从图中可知，模拟结果与实验结果基本吻合，表明半固态粉末成形理论的研究向前迈出了一大步，但后续还需要加强以下几个方面的研究。

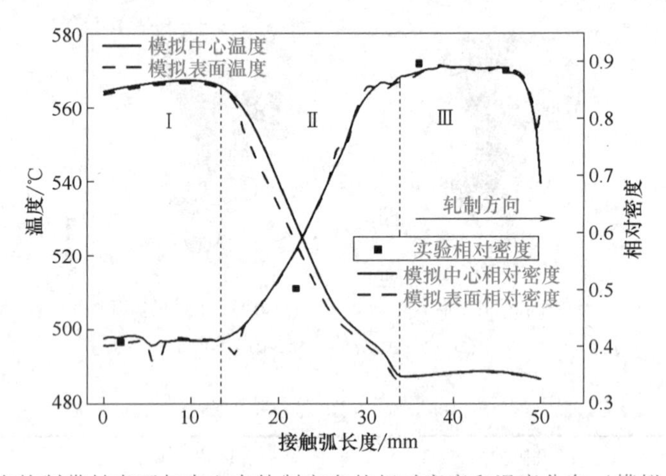

图 4-52　半固态粉末轧制带材表面与中心在轧制方向的相对密度和温度分布（模拟值与实验值的对比）

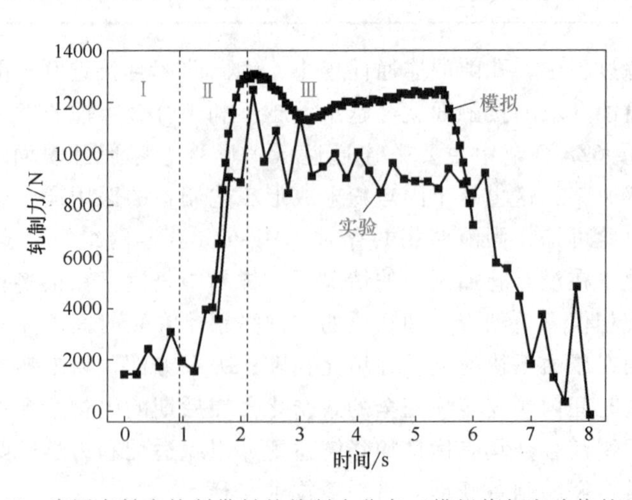

图 4-53　半固态粉末轧制带材的轧制力分布（模拟值与实验值的对比）

1）液相与粉末或碎片一起在粉末间或孔洞内流动有利于变形和致密化，但液相流动行为、动力和数学模型目前尚不清楚，需要进一步研究。另外，在较高温度的半固态粉末轧制模拟中未考虑液相的流动。通过改变液相的黏度有望将液相流动的影响加入模拟过程中，使其更接近实际成形过程。

2）由于具体的变形阻力是不可控制的，因此无法模拟保温时间与粉末尺寸的影响。希望能够建立考虑保温时间和粉末尺寸影响的本构方程，以细化半固态粉末形成的模拟。

3）在前述研究的基础上建立半固态粉末的屈服准则和理论模型。

此外，应继续优化近净成形工艺并实现商业化批量生产。

思考题

1. 什么是半固态成形技术？它与铸造、塑性变形有何区别？
2. 半固态成形工艺分为哪两种典型工艺？各有什么特点？
3. 哪些合金适合半固态成形制造零件？哪些不合适？为什么？
4. 半固态浆料的制备方法有哪些？其机理是什么？
5. 半固态粉末成形技术与半固态成形技术有什么根本区别？简述两者的应用范围。

参考文献

[1] FLEMINGS M C. Behaviour of metal alloys in the semisolid state [J]. Metall urgical and Materials Transactions B, 1991, 22, 957-981.

[2] KIRKWOOD D H, SUERY, KAPRANOS P, et al. Semi-solid processing of alloys [M]. Heidelberg: Springer-Verlag 2010.

[3] KOPPER A, APELIAN D. Microstructure evolution during re-heating of 247 aluminum alloy and its effect on the flow properties in a semi-solid metal casting operation [C]. Turin: Proceedings of the Conference on Semi-Solid Processing of Alloys and Composites, 2000.

[4] SATYANARAYANA K G, OJHA S N, KUMAR D N N, et al. Studies on spray casting of Al-alloys and their composites [J]. Materials Science and Engineering A, 2001, 304 (1): 627-631.

[5] KAPRANOS P, KIRKWOOD D H, SELLARS C M. Semi-solid processing of aluminum and high melting point alloys [J]. Proceedings of the Institution of Mechanical Engineers B, 1993, 207 (12): 1-8.

[6] ROBERT M H, ZOQUI E J, TANABE F, et al. Producing thixotropic semi-solid A356 alloy: microstructure formation forming behavior [J]. Journal of Achievements in Materials and Manufacturing Engineering, 2007, 20 (1): 1-2.

[7] LIU D, ATKINSON H V, KAPRANOS P, et al. Microstructural evolution and tensile mechanical properties of thixoformed high performance aluminium alloys [J]. Materials Science and Engineering A, 2003, 361 (1; 2): 213-224.

[8] YURKO J A, MARTINEZ R A, FLEMINGS M C. Commercial development of the semi-solid rheocasting (SSR) process [J]. Fonderie Sous Pression International, 2004 (2): 30-34.

[9] BROWNE D J, HUSSEY M J, CARR A J, et al. Direct thermal method: new process for development of globular alloy microstructure [J]. International Journal of Cast Metals Research, 2003, 16 (4): 418-426.

[10] WANNASIN J, JANUDOM S, RATTANOCHAIKUL T, et al. Research and development of gas induced semi-solid process for industrial applications [J]. Transactions of Nonferrous Metals Society of China, 2010, 20 (S3): 1010-1015.

[11] ZHANG Z Q, LE Q C, CUI J Z. Microstructures and mechanical properties of AZ80 alloy treated by pulsed ultrasonic vibration [J]. Transactions of Nonferrous Metals Society of China, 2008, 18 (S1): 113-116.

[12] LUO S J, KEUNG W C, KANG Y L. Theory and application research development of semi-solid forming in China [J]. Transactions of Nonferrous Metals Society of China, 2010, 20 (9): 1805-1814.

[13] WANG S, CAO F, GUAN R, et al. Formation and evolution of non-dendritic microstructures of semi-solid alloys prepared by shearing/cooling roll process [J]. Journal of Materials Science and Technology, 2006, 22 (2): 195-199.

[14] CHAYONG S, ATKINSON H V, KAPRANOS P. Thixoforming 7075 aluminium alloys [J]. Materials Science and Engineering A, 2005, 390 (1; 2): 3-12.

[15] OMAR M Z, ATKINSON H V, HOWE A A, et al. Solid-liquid structural break-up in M2 tool steel for semi-solid metal processing [J]. Journal of Materials Science, 2009, 44 (3): 869-874.

[16] ARIF M A M, OMAR M Z, MUHAMAD N, et al. Microstructural evolution of solid-solution-treated Zn-22Al in the semisolid state [J]. Journal of Materials Science and Technology, 2013, 29 (8): 765-774.

[17] 康永林, 毛卫民, 胡壮麒. 金属材料半固态加工理论与技术 [M]. 北京: 科学出版社, 2004.

[18] 毛卫民, 赵爱民, 云东, 等. 1Cr18Ni9Ti 不锈钢半固态浆料的制备和轧制 [J]. 金属学报, 2003, 39 (10): 1071-1075.

[19] 康永林, 宋仁伯, 任学平, 等. 变形参数对半固态轧制影响规律的有限元模拟 [J]. 塑性工程学报, 2002, 9 (3): 66-71.

[20] 许光明, 崔建忠. 液固相复合轧制力能参数的 ANSYS 软件模拟 [J]. 钢铁研究学报, 2001, 13 (1): 19-21.

[21] NAFISI S, GHOMASHCHI R. Semi-solid processing of aluminum alloys [M]. Switzerland: Springer International Publishing, 2016.

[22] HIRT G, KOPP R. Thixoforming: semi-solid metal processing [M]. Weinheim: Wiley, 2009.

[23] 罗霞. 半固态粉末轧制 7050 铝合金带材的工艺及过程原理研究 [D]. 广州: 华南理工大学, 2015.

[24] LUO X, WU M, FANG C, et al. The current status and development of semi-solid powder forming (SPF) [J]. Journal of the Minerals, 2019, 71 (12): 4349-4361.

[25] LUO X, FANG C, FAN Z, et al. Semi-solid powder moulding for preparing medical Mg-3Zn alloy, microstructure evolution and mechanical properties [J]. Materials Research Express, 2019, 6: 076528.

[26] 吴敏. 半固态 2024 铝合金粉末成形/多孔材料变形的过程原理与数值模拟 [D]. 广州: 华南理工大学, 2018.

[27] KARAGADDE S, LEE P D, CAI B, et al. Transgranular liquation cracking of grains in the semi-solid state [J]. Nature Communications, 2015, 6 (24): 8300.

[28] 吴敏, 刘健, 罗霞, 等. Al-Cu-Mg 合金粉末在半固态的组织演变及晶粒粗化机制 [J]. 材料导报, 2023, 36 (24): 7.

[29] 杨上挥, 罗霞, 李铭宇, 等. 半固态粉末成形温度对 Mg-6Zn-xMn 显微组织和力学性能的影响 [J]. 粉末冶金材料科学与工程, 2022, 27 (4): 372-381.

[30] LUO X, LI M Y, REN J, et al. Deformation micromechanism and constitutive analysis behind the semi-solid powder compression of medical Mg-Zn alloy [J]. Journal of the Minerals, 2022, 74 (3): 899-908.

[31] 任俊, 罗霞, 蔡晓文, 等. 半固态粉末压缩 Mg-6Zn 合金过程数值模拟 [J]. 粉末冶金工业, 2022, 32 (3): 49-56.

[32] LUO X, YANG S H, LI M Y, et al. The properties evolution of medical Mg-Zn alloys prepared by semi-solid powder moulding [J]. Transactions of the Indian Institute of Metals, 2021, 74 (12): 3063-3073.

[33] 任俊，罗霞，蔡晓文，等. 半固态粉末成形医用 Mg-6Zn 合金的预压过程数值模拟 [J]. 南方金属，2021 (4): 1-6; 19.

[34] LUO X, FANG C, YAO F J, et al. Effect of sintering parameters on the microstructure and mechanical properties of medical Mg-3Mn and Mg-3Zn prepared by powder metallurgy [J]. Transactions of the Indian Institute of Metals, 2019, 72 (7): 1791-1798.

[35] LUO X, LIU Y Z. Effect of particle size on the mechanical properties of semi-solid powder-rolled AA7050 strips [J]. Journal of the Minerals, 2016, 68 (12): 3078-3087.

[36] WU M, LIU J, LIU Y Z, et al. Microstructure evolution and densification of sintered porous 2024 aluminum alloy compressed in a semi-solid state [J]. Materials Research Express, 2021, 8: 066503.

[37] LUO X, LIU Y Z, MO Z Q, et al. Semi-solid powder rolling of AA7050 alloy strips: densification and deformation behaviors [J]. Metallurgical and Materials Transanction A, 2015, 46 (5): 2185-2193.

[38] LUO X, LIU Y Z, WANG B. Study on the post-treatment process of semi-solid powder rolling [J]. Acta Metallurgica Sinica, 2015, 28 (10), 1305-1315.

[39] LUO X, LIU Y Z, JIA H F. The oxidation behaviors of 7050 aluminum strips during semi-solid powder rolling and mechanical properties of strips [J]. Oxidation of Metals, 2015, 83: 55-70.

[40] LIU Y Z, LUO X, LI Z L. Microstructure evolution during semi-solid powder rolling and post-treatment of 7050 aluminum alloy strips [J]. Journal of Materials Processing Technology, 2014, 214 (2): 165-174.

[41] LUO X, LIU Y Z, GU C X, et al. Study on the progress of solidification, deformation and densification during semi-solid powder rolling [J]. Powder Technology, 2014, 216: 161-169.

第5章 连续铸轧与连续挤压

5.1 引　　言

连续铸轧是指金属熔体在连续铸造凝固的同时进行轧制变形的过程。将液态金属直接浇入辊缝中，轧辊起结晶器作用的同时又对金属进行轧压变形，此过程又称为液态轧制或无锭轧制。1857 年英国贝塞麦（Bessemer）首创提出二辊式铸轧机。连续铸轧工艺与通常的连铸连轧工艺不同，后者是待金属在连铸机中凝固成连铸坯后，趁热装炉或稍经补热后直接进行轧制，其节能效果和经济效益逊于前者，但技术上比前者较容易实现。连续铸轧和连铸连轧都是当代冶金技术的主要发展方向。连续挤压技术是挤压成形技术中一项较新的技术，以连续挤压技术为基础发展起来的连续挤压复合、连续铸挤技术为有色金属管、棒、型、线及其复合材料的生产提供了新的技术手段和发展空间。20 世纪 70 年代人们开始致力于挤压生产的连续性研究。1971 年，英国原子能局的格林（Green）发明了连续挤压（continuous extrusion forming，CONFORM）技术，连续包覆（continuous clading，CONCLAD）技术则是在此基础上发展起来的。

5.2 连续铸轧与连续挤压概述

新中国最早的
万吨水压机

近几十年来，为了降低能耗、简化工艺，人们一直追求一种将连续铸造和热轧这两种不同的成形过程融为一体的工艺。为此，国内外对液态金属直接轧制进行了大量的研究与开发工作，并卓有成效。现在该技术已经得到广泛应用，例如有双辊连续铸轧等成形工艺。双辊连续铸轧是一种连铸和热轧相结合、一次性生产板材的新型技术，其明显的经济和技术优势使之成为研究热点。1935 年美国首先在有色金属方面取得液态轧制的工业性生产成就。20 世纪 50 年代苏联液态轧制铸铁板取得工业生产的成功，建造了几十套铁板铸轧机，每年生产 10 万到 20 余万吨铁板，供农业机械及屋面板使用。20 世纪 50 年代末我国东北工学院（现东北大学）等单位研究建造过一套 600mm 宽的铸轧机，除铸轧铁板之外，还试验铸轧出百余吨钢板。由于钢板质量较差，经叠轧精轧后只能做烟筒等低级产品之用。20 世纪 60 年代工业发达国家陆续开发的各种不同形式的有色金属连续铸轧机，已成为有色金属压力加工锭坯生产的重要方法，其中有很大一部分铝板、铝带、铝箔的坯料是由不同类型的铸轧法生产的。有色金属及合金的连续铸轧法根据铸轧辊和液体金属料的浇注方式可分为亨特铸轧法和 3C 铸轧法两种。这两种连续铸轧薄板坯方法已在我国推广和应用。到 20 世纪 80 年代，近净形连铸（near net shape continuous

casting）得到进一步重视和发展。在薄带连铸轧钢方面仍以二辊式连续铸轧机研制最为普遍，如日本、美国、德国及中国等都相继在不锈钢薄带（厚 1~3mm）铸轧中取得试验成功，我国还在高速钢薄带铸轧试验中取得成功，生产出晶粒很细及碳化物分布弥散的优质钢带。

生产实践证明，连续铸轧法具有以下一系列优点：

1）生产率高。

2）生产过程简化、设备投资少、能源消耗少；有利于实现铸轧生产连续化、自动化、科学化管理并改善劳动环境。

3）在产品质量上具有铸轧结合的坯料生产特点，如金属组织致密，消除了缩孔和疏松。

4）切头、切尾损失少，成材率高，生产成本低，经济效益显著。

连续挤压是有色金属、钢铁材料生产与零件生产、零件成形加工的主要生产方法之一，也是各种复合材料、粉末材料等先进材料制备与加工的重要方法。有色金属挤压制品在国民经济的各个领域获得了广泛应用。连续挤压与传统挤压技术相比，在生产连续化、降低能耗、节省人力、提高材料利用率等方面具有显著优势，现已被广泛用于加工铝及铝合金的管材与型材、铝包钢丝、有线电缆、电力机车铜合金接触线、光纤复合架空地线、优质铜扁线、铜母线、铜型材等产品，连续挤压具有以下一系列优点：

1）采用连铸连轧的盘条作为原材料，供应方便，没有挤压余料，材料利用率高，一般可达 95%，组织均匀性好。

2）连续挤压利用摩擦所产生的热量升温，无须加热，从而节省了能源。

3）工序少，生产率高，产品成品率高。以管材加工为例，此加工工艺比一般管材加工方法省略 15 道以上工序，且成品率可达 90% 以上，而一般方法生产同类管材成品率只有 50% 左右。因为连续挤压加工工艺可缩短工艺流程和生产周期，所以成本较低，提高了产品的竞争能力。

4）坯料既可用线材、颗粒状原料，也可以直接用液体原料，甚至能利用废屑不经重熔而直接再生成材。

5）可实现产品的连续生产，无间隔时间。

6）可生产超长制品。传统加工方法生产的产品长度一般不超过 30~50m，而利用连续挤压法生产的产品长度一般可在数千米与数万米之间，呈卷状交货，运输方便。

7）既适用于大批量生产，也适用于小批量多品种生产。

8）产品性能好，尺寸精度高，表面质量好。

5.3 常用连续铸轧方法

1. 双辊薄带连铸（twin roll casting，TRC）

为了支持金属材料的可持续发展，全球对环境友好和节能技术的需求不断增加。双辊薄带连铸（TRC）是钢铁工业中最前沿的技术之一，也是一种近净成形的制造方法。TRC 的最初构想是由贝塞麦（Bessemer）于 1856 年提出的，它可以直接从液态金属中生产厚度为 1~2mm 的薄带材，从而减少或消除后续的轧制步骤。因此，完全符合下一代高性能金属材料的绿色制造趋势，并具有缩短材料制造工序的潜力。TRC 工艺还具有高效、优质和节能的优点，这将极大地促进现代工业的可持续发展。

图 5-1 所示为 Nucor CASTRIP 设施布局示意图，这是最典型和最成功的 TRC 项目之一。浇注前，中间包、过渡段、侧坝和其他耐火材料需要预热；在浇注过程中，钢水从钢包开始，依次流经中间包、过渡段和型芯喷嘴，进入由侧坝和铸轧辊形成的熔池；同时，高速冷却水被送入铸轧辊，钢水在铸轧辊表面逐渐凝固；当通过铸轧辊间隙时，铸轧辊将两侧的凝固层轧制挤压成一定厚度的带材。随后，带钢被传送到夹送辊，从夹送辊进入热轧机，将带材轧制至目标厚度后，通过水冷系统将其冷却至目标温度，并进入卷取机进行卷取。

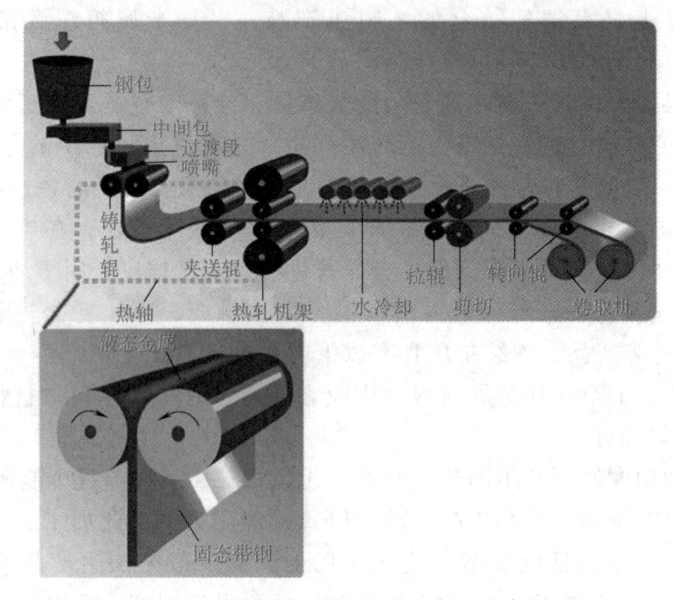

图 5-1　Nucor CASTRIP 设施布局示意图

TRC 过程与传统的连续铸造过程不同之处在于，TRC 过程中，壳体和铸轧辊以紧密接触的方式向下旋转通过熔池，而传统的连续铸造过程中，需使模具振动以便于取出板坯。此外，与传统或薄板坯连铸相比，TRC 工艺的凝固基础有很大不同。从供料嘴前沿到铸轧辊中心线之间的距离称为铸轧区，液体金属通过供料嘴进入铸轧区时，立即与两个相转动的铸轧辊相遇，液体金属的热量不断从垂直于铸轧辊面的方向传递到铸轧辊中，使附着在铸轧辊表面的液体金属的温度急剧下降，因此，液体金属在铸轧辊表面被冷却、结晶、凝固。随着铸轧辊的不断转动，液体金属的热量继续向铸轧辊中传递，并不断被铸轧辊中的冷却水带走，晶体不断向液体中生长，凝固层随之增厚。液体金属与两个铸轧辊基本同时接触、同时结晶，其结晶过程和条件相同，形成凝固层的速度和厚度相同，当两侧凝固层厚度随着铸轧辊的转动逐渐增加，并在两个铸轧辊中心线以下相遇时，即完成了铸造过程，并随之受到这两个铸轧辊对其凝固组织的轧制作用，这就是连续铸轧的基本原理。

通常，在 TRC 过程中，冷却速度可以达到 102~104K/s，这属于亚快速凝固过程。利用亚快速凝固的主要特征，以及凝固、固态转变和变形的结合，TRC 已经成为一种有意义的加工工艺，来应对传统铸造工艺中出现的挑战性问题，例如金属材料加工过程中的元素偏析、夹杂物沉淀、不均匀凝固和微观组织粗化等。自 21 世纪初以来，TRC 为材料制造做出了重要贡献，它吸引了诸多致力于 TRC 研究的机构，如卡内基梅隆大学、马克斯·普朗克

研究所、麦吉尔大学、首尔大学、日本东北大学、悉尼大学、亚琛工业大学、上海交通大学、东北大学、中南大学、中国科学院等。此外，多种钢材，包括普通碳钢、不锈钢、Fe-Si 电工钢、高强度钢、含铜轴承钢，还有其他合金材料，包括铝合金、镁合金等其他合金或复合材料，已经通过 TRC 工艺进行了研究或制造。

由此可见，通过供料嘴从铸轧辊的一侧源源不断地供应液体金属，经过铸轧辊的连续冷却、铸造、轧制，从铸轧辊的另一侧不断铸轧出铸轧板，使进、出铸轧区的金属量始终保持平衡，这样就达到了连续铸轧的稳定过程。在薄板坯连铸技术中最引人注目的是薄板坯连铸连轧技术的开发，其主要特点为：

1）具有扁平状新型浸入喷嘴的直弧形结晶器。

2）连铸时可以带液芯压下和全（半）凝固压缩，以获得更薄的板带坯，可直接进行热卷取。

3）设有新型克列蒙纳（Cremona）式热卷取机，利用热板卷进行输送保温，不仅节能效果显著，而且简化了输送保温设备，节约了基建投资。1992 年在意大利建成的薄板坯连续铸轧及直接轧制生产厂，年产 50 万 t 薄板，产品质量优良。此后世界各国对薄板坯连铸连轧技术也都给予了极大的关注。

2. 半固态连续铸轧技术

半固态连续铸轧其实是流变成形的一种，其过程为将熔化后的金属注入流变器进行电磁搅拌，搅拌处理后的半固态金属浆料经过输送热管，进入由一对旋转的水冷轧辊和侧封组成的 V 形型腔，半固态浆料从辊面开始冷却凝固直到中心，当已经凝固的金属板中心获得足够强度来支持压轧力时，热轧过程随之出现。与热轧相比，半固态连续铸轧内部经半固态到固态的凝固过程，其与常规塑性加工有很大区别。在具体铸轧中，压轧速度与半固态合金凝固速度的协调是保证连续铸轧成形工艺产品质量的关键。综上所述，半固态连续铸轧取决于浆料制备、浆料输送以及热轧等关键技术的基础研究。

半固态连续铸轧中金属凝固分为两个阶段：第一阶段在半固态合金浆料电磁搅拌制备过程中形成近球形组织，并在随后的铸轧中发生流动与聚集，当固相率较高时，铸轧中的晶粒将发生塑性变形；第二阶段是半固态合金浆料的液相部分在轧辊的冷却作用下凝固，液态金属通过接触冷却界面散热凝固，与此同时，轧制力的作用使之产生变形。变形使得坯料的液相部分冷却和凝固加快。整个凝固比较复杂，要经历晶粒形核、长大以及粗化三个过程。在铸轧过程中，液固相两者相互制约、相互影响。当浆料输送到连续铸轧的 V 形区域，与水冷的辊面接触时，合金浆料迅速冷却。热量沿与辊面垂直的方向传输，合金浆料液相部分随之凝固，其具体凝固方式主要受合金成分、金属板厚、固相率以及铸轧速度等因素的影响。由于电磁搅拌、轧辊辊面的快速凝固和随后出现的热轧对半固态合金连续铸轧中组织演变的交互作用，铸轧形成的金属板组织结构较为细小，整个断面出现细小的等轴晶和球状晶。

一般说来，铸轧区域的长度对保证连续铸轧质量是至关重要的，而区域的建立与浇注温度、冷却强度以及铸轧速度等工艺因素有关。在具体操作中，当某一因素变化引起铸轧区内金属熔体凝固点的位置变化时，一般通过调整铸轧速度使铸轧保证连续。因此铸轧速度作为铸轧技术的主要工艺参数被加以控制。

1）铸轧速度与铸轧区长度。铸轧速度过低将导致半固态合金的铸造区过短，引起的过度冷却使坯料的变形抗力增大，甚至导致供料处凝固，使铸轧过程中断。铸轧速度过高，半固态金属凝固不充分，将造成分层、内裂以及组织粗大。

2）铸轧速度与固相率。固相率是半固态成形的一个重要参数，它的变化不仅影响铸轧速度而且影响合金组织形态。固相率高可以提高铸轧速度，使合金完全凝固点处于一个合适的位置，铸轧过程需要大的轧力，当固相率达到较高时，组织不易出现偏析，几乎不发生液相独立流动现象。固相率低则必须降低铸轧速度，以延长凝固时间。在轧制过程中，低固相率合金固液相容易发生相互流动，出现偏析。一般适宜的固相率选择为30%~50%。

3）铸轧速度与辊缝宽度。辊缝宽度减小，坯料变形加大，合金液相部分的冷却和凝固相应加快。与此同时，固相部分发生塑性变形。坯料形状变化冷却面加大从而加快铸轧速度。

4）铸轧速度与冷却速度。在满足连续铸轧的条件下，冷却强度是影响铸轧速度的重要因素，在冷却强度增大一倍的情况下，铸轧速度明显增大。所以设法提高铸轧辊与冷却水的换热效率，是提高铸轧机生产能力的重要措施。

3. 喷射轧制

喷射轧制是最早的一种喷射沉积工艺。这种工艺可连续生产厚度1mm以上的带材，生产铝合金的最大厚度可达18mm。喷射轧制存在两个问题：一是喷射沉积难以保证沉积在带材宽度方向具有均匀的宽度，以使后续轧制不引起明显的带材形状问题，对于大多数带材加工来说，厚度的误差不得大于2%；二是是否可用它来生产宽带材。戴维（Davy）所设计的装置有个匹配的喷嘴，并且喷射密度高。他采用该装置生产出了各种铝合金带材。通过该方法，铝合金性能得到了极好的改善但其厚度精度仅为5%，这对于传统的轧制来说是不够的。德国的曼内斯曼·德马格（Mannesman Demag）采用了在快速振荡喷射下横向往返扁平收集器的方法，喷射振荡能够保证金属横贯收集器宽度均匀分布，利用此方法已经生产了1000mm×2000mm×（5~10）mm的钢带。喷射轧制适用于低喷射密度下，在控制气氛中致密化来制造快速凝固产品。Alcan公司所做的工作表明，喷射轧制Al-4%~8%Fe合金已达到快速凝固的效果，该合金高温性能优良，但冲击性较差，造成的原因可能是喷射室中坯的内氧化或空气中热轧前的内氧化。范德韦尔（Vandervell）开发了钢基铝合金带状轴承材料，该材料可用于制造汽车工业用的轴瓦，且已完成企业化。

喷射轧制技术与双辊薄带连铸的主要区别如下。

1）在双辊薄带连铸中，金属结晶潜热的去除主要靠水冷辊的热传导，而在喷射轧制中，主要通过雾化液滴的对流传热和辊面的热传导来传递热量，这就使传热和生产率都大大提高，从而减小了合金偏析和铸造缺陷。

2）在双辊薄带连铸中，与辊面接触的是液态金属，而在喷射轧制中则是半固态金属。在半固态材料中均匀分布的固态颗粒将成为形核地点和剩余液体的热阱。

5.4 常用连续挤压方法

5.4.1 连续挤压（CONFORM）

传统的挤压方法主要有正向挤压、反向挤压、静液挤压等。正向挤压时，挤压杆运动方向与挤压产品的出料方向一致，坯料与挤压筒之间产生相对滑动，存在很大的摩擦，这种摩

擦阻力使金属流动不均匀，从而给挤压制品的质量带来不利影响，导致挤压制品组织性能不均匀，挤压能耗增加，由于强烈的摩擦发热作用，限制了挤压速度且加快了模具的磨损。反向挤压和静液挤压等方法虽然从不同的角度对正向挤压进行了改进，但是这些传统的挤压方法都存在共同的缺点，即生产的不连续性，制品长度受到限制，前后坯料的挤压之间需要进行分离压余、填充坯料等一系列辅助操作，影响了挤压生产的效率。为了解决传统挤压中的问题，20 世纪 70 年代人们开始致力于挤压生产的连续性研究。1971 年，发明了连续挤压（CONFORM）方法，此方法以颗粒料或杆料为坯料，巧妙地利用了变形金属与工具之间的摩擦力。

连续挤压工作原理如图 5-2 所示，挤压轮在动力驱动下沿箭头方向做旋转运动，在挤压轮圆周上有一环形沟槽，腔体内表面工作圆弧与挤压轮的外圆表面相吻合、腔体上的挡料块与挤压轮的沟槽相吻合，构成密封带。坯料经压料轮压紧在挤压轮的沟槽内，在摩擦力的作用下被连续送入由挤压轮沟槽和腔体内表面构成的挤压腔，坯料在腔体挡料块处沿圆周方向的运动受阻，进入型腔，然后通过装在型腔内的模具挤成产品。连续挤压时坯料与工具表面的摩擦发热较为显著，因此，对于低熔点金属，如铝及铝合金，不需进行外部加热即可使变形区的温度上升至 400～500℃ 而实现热挤压。在常规的正向挤压中，变形是通过挤压轴将所需的挤压力直接施加于坯料上来实现的，由于挤压筒的长度有限，要实现无间断的连续挤压是不可能的。一般来讲，要实现连续挤压需满足以下两个条件：

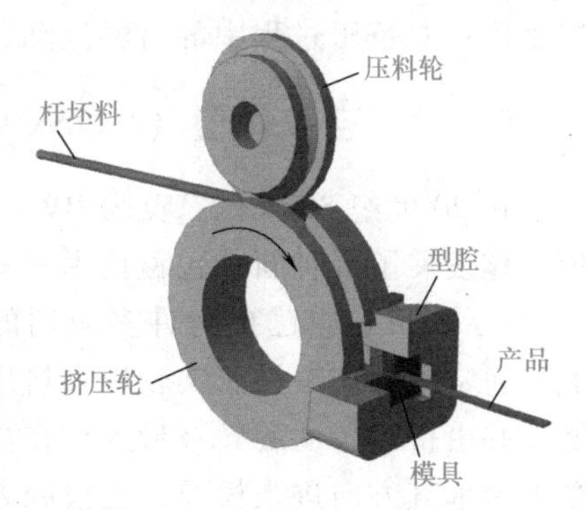

图 5-2　连续挤压工作原理

1）不需借助挤压轴的直接作用，即可对坯料施加足够的力实现挤压变形。

2）挤压筒应具有无限的连续工作长度，以便实现无限长度的坯料供给。

为了满足第一个条件，其方法之一是用带矩形断面的运动槽块和将挤压模固定在其上的固定矩形块构成一个方形挤压筒，以代替常规的圆形挤压筒。当运动槽块沿箭头所示方向连续向前运动时，上下两面上方向相反的摩擦力相互抵消，坯料在两侧面的摩擦力作用下向前运动而实现挤压。为了满足上述第二个条件，其方法之一是采用挤压轮来代替槽块。随着挤压轮的不断旋转，即可获得无限长度的挤压筒。挤压时，借助挤压轮表面的主动摩擦力作用，坯料连续不断地被送入，通过安装在挤压靴上的模具挤出所需断面形状的制品。综合以上两方面考虑，CONFORM 连续挤压机做了如下设计，其主要由四大部分组成。①轮缘车制有凹形沟槽的挤压轮，它由驱动轴带动旋转。②挤压靴，它是固定的，与挤压轮相接触的部分为一个弓形的槽封块。该槽封块与挤压轮的包角一般为 90°，起到封闭挤压轮凹形沟槽的作用，构成一个方形的挤压型腔，相当于常规的挤压筒，不过这一方形挤压筒的三面为旋转挤压轮槽的槽壁，第四面才是固定的槽封块。③固定在挤压腔出口端的堵头，其作用是把挤压型腔出口端封住，迫使金属只能从挤压模流出。④挤压模，它或安装在堵头上，实行切向挤压；或安装在靴块上实行径向挤压。这样，当从挤压型腔的入口端连续喂入挤压坯料时，由于它有三面是向前运动的可动边，在摩擦力的作用下，轮槽咬着坯料，并牵引着金属向模孔移动，当夹持长度足够时，摩擦力的作用足以在模孔附近产生高达 1000MPa 的挤压应力，迫使金属从模孔流出。可见 CONFORM 连续挤压原理是巧妙地利用了挤压轮凹槽槽壁与坯料之间的机械摩擦作用作为挤压力，只要挤压型腔的入口端能连续地喂入坯料，便可达到连续挤压出无限长制品的目的。

由此可见，连续挤压技术的关键是控制金属在摩擦驱动下的材料变形过程。这需要充分了解材料的变形机制与温度、应力的分布规律及其影响因素，它们既是连续挤压工艺的核心，也是工模具及设备设计的基础。连续挤压的变形过程远比传统挤压复杂，因为它是包含热、摩擦和机械耦合作用的三维空间流动的非线性系统，所以采用塑性力学方法对整个变形过程进行统一描述十分困难。但可以通过观察和分析，就不同区域的变形特点进行有限分区，俗称“切块法”，对各分区先进行研究，进而连接拓展到整个变形区。同时采用数值模拟手段可对挤压过程中的材料流动、应变和温度变化情况进行分析研究。

5.4.2 连续包覆（CONCLAD）

在 20 世纪 80 年代，英国 BWE 公司率先使用连续旋转挤压方法制备了包套和涂层，这项工作发展了一种新的包覆技术——连续挤压包覆技术（简称连续包覆），其工作原理如图 5-3 所示，目前它已成为许多应用的行业标准。通常两根坯料被压实轮压入挤压轮的轮槽，并由挤压轮的旋转被带入，在挡料块处受阻沿垂直方向进入模腔，在模腔内的高温高压环境下，已经发生塑性变形的两根坯料被完全压合，形成对芯线的围合。随着芯线的连续送入和坯料的连续供应，可以实现生产近似“无限长”的包覆产品。CONCLAD 工艺有两种形式——硬核直接包覆和软核间接包覆。

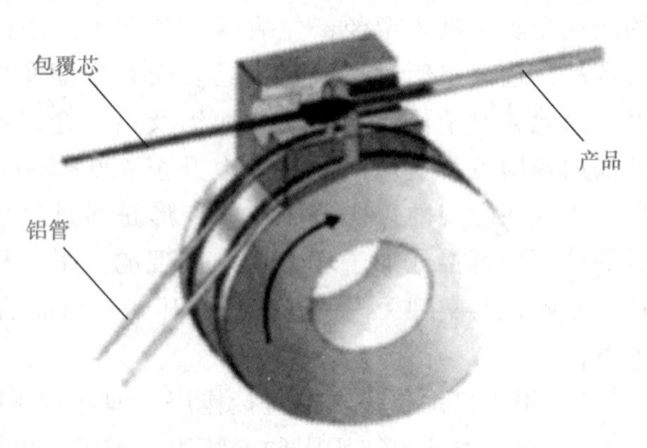

图 5-3 连续包覆工作原理

CONCLAD 有以下三种工艺流程：

1）高压直接包层——芯材直接暴露在挤压压力下。该方法用于芯材和包层材料之间，可用于需要可测量结合层（扩散结合）的情况。通常，芯材在进入机器之前立即在惰性气体中加热。高压直接包层的一个应用案例是双绞型安装电线。

2）低压直接包层——芯材与包层材料接触，但受到充分挤压压力的保护。该方法用于芯材强度不足以承受挤压压力的情况，如用铝包覆铜线。

3）间接包层或护套——芯材对温度敏感或不希望与包层材料结合的情况。在这种情况下，管子被挤压得很大，随后被拉成一条直线，以便根据需要紧密或放松配合在芯材上。

5.5 连续铸轧及连续挤压应用

5.5.1 连续铸轧的应用

钢铁是经济社会中使用最广泛和消耗最多的金属材料，由于优异的力学性能、可成形性、可回收性和相对较低的生产成本，使其在现代工业和农业生产中一直占有重要地位。公

元前 1500 年左右，人造铁制品首次出现在安纳托利亚高原，即使在今天，人类社会仍然将钢铁作为重要的物质基础。2019 年，全球粗钢产量达到 18.7 亿 t。因此，很难想象没有钢铁我们的世界会是什么样子。TRC 技术在钢铁加工领域发挥着越来越重要的作用，它可以显著缩短传统生产工艺流程，已逐渐成为钢铁绿色制造的新方向。TRC 工艺研究中涉及普通碳钢、不锈钢、Fe-Si 电工钢、高强度钢、含铜轴承钢，以及其他合金的制造。

1. 普通碳钢

普通碳钢是全球使用最广泛的金属材料，因为其低成本、良好的成形性和力学性能可以满足大多数工程结构的要求。普通碳钢的 TRC 工艺始于 20 世纪末，然而，关于普通碳钢的 TRC 工艺只有几项已发表研究，主要是因为某些钢材缺乏出色的性能来满足现代工业日益增长的要求。碳钢 TRC 工艺中影响带材的关键因素是铸造参数、表面质量和力学性能等。如果在 TRC 工艺之后添加适当的轧制和退火处理，则可以提高碳钢的力学性能。通过测量试验双辊连铸机上轧辊与熔体之间界面的瞬时传热行为发现，传热行为会显著影响铸态组织、带材质量和生产限制。

2. 不锈钢

容器、管道、阀门和泵经常与腐蚀性介质接触，通常会因金属/介质腐蚀现象而失效，不锈钢因其优异的防腐能力而成为社会的主力材料，并已广泛用于石油、化工和化肥等多种重要行业。根据其在环境温度下的微观结构，它们大致可分为三种：奥氏体不锈钢、铁素体不锈钢和双相不锈钢（duplex stainless steels，DSSs）。与碳钢的 TRC 工艺相比，关于不锈钢的 TRC 工艺报道更多。在早期的研究中，304 不锈钢是最受欢迎的类型，而 TRC 工艺生产 304 不锈钢的关键问题之一就是表面质量难以保证，特别是在铸造过程中易出现表面裂纹现象，它与不均匀凝固直接相关。另外，铸造过程中形成的黑色氧化物会阻碍界面传热并造成不均匀的应力从而导致产品开裂。TRC 工艺在生产具有特殊晶粒取向的 Fe-Si 软磁材料方面具有良好的潜力。

值得一提的是，20 世纪人们研发了一些模拟装置（如沉降仪、快速凝固装置等）来模拟 TRC 过程中的亚快速凝固过程，并将这些装置用于不锈钢 TRC 工艺的研究中。近年来，装置不断得到改进，使得铸造参数的研究更加方便，也为 TRC 新型不锈钢提供了新的研究方法，为高性能不锈钢，如 DSSs、超奥氏体不锈钢（super austenitic stainless steel，SASS）和高硼化不锈钢等的研究提供了新的途径。DSSs 是由奥氏体和铁素体组成的高级不锈钢，它们有效地结合了单一铁素体和奥氏体结构的优点以及良好的力学性能，与奥氏体 304、316 相比，它们具有良好的耐蚀性，尤其是耐氯化物应力腐蚀开裂性。TRC 工艺具有较大的冷却速度，可有效控制 DSSs 的微观结构和组织演变。此外，随后的冷轧和退火可以优化其力学性能。

SASS 以其优异的韧性和耐蚀性而闻名，这是因为其含有较高的合金元素。但是当合金元素处于高水平时，更可能发生偏析行为，而 TRC 工艺在控制 SASS 加工过程中的元素偏析和二次相沉淀行为方面显示出相当大的优势。通过对比发现，铸态 TRC 带材中的合金元素比传统铸锭中的分布更均匀，通常其力学性能也优于传统工艺生产的带材。高硼化不锈钢是一种新型奥氏体不锈钢，通过添加了（1.5~2.25）wt%的 B 元素进行了改性。它具有优异的耐蚀性和热中子吸收性能，在核电行业具有良好的应用前景。然而，传统连铸钢组织中形成的大网状硼化物会严重损害其热加工性能和力学性能。相反，通过 TRC 工艺获得的不锈钢，其微观组织晶粒超级细小，大多数硼化物小于5μm，没有网状分布，经热轧和固溶处理后，带材具有优异的力学性能。因此TRC工艺为金属材料加工中脆性第二相的处理提供了潜在的解决方案。

简而言之，不锈钢的TRC工艺比普通碳钢更成功，TRC生产的一些不锈钢也显示出良好的力学性能。

3. Fe-Si电工钢

Fe-Si电工钢是必要的软磁材料，广泛用于电动机、变压器、电子设备和其他领域。根据其结构和织构，硅钢可分为无取向电工钢（non-oriented electrical steel，NOES）和晶粒取向电工钢（grain oriented electrical steel，GOES）。

NOES具有优异的磁性能（如高磁导率、低磁心损耗等），每年的消耗量可达百万吨甚至更高。电动机的定子和转子铁芯通常由NOES制成，可以降低电动机的噪声和能耗。NOES的晶体结构和织构对其磁性起着关键的作用，获得优异磁性能的关键是提高｛100｝织构的强度并控制NOES产品的最佳晶粒尺寸。在常规工艺中，热轧阶段经常发生剧烈的动态再结晶，导致晶粒细化并影响织构分布，而细化晶粒增加了晶界，并削弱了NOES的磁性。此外，由于高硅含量NOES的延展性和可变形性有限，采用传统方法大规模制造6.5wt% Si的NOES带材具有很大挑战。然而，在TRC工艺中可以有效地控制NOES的凝固结构和晶粒取向。此外，TRC工艺可以显著减少轧制变形，并且在生产6.5wt%Si NOES方面具有明显的优势。例如，在Si含量为（0.7~6.5）wt%的NOES的TRC工艺后，通常要经过热轧、冷轧、退火和其他工艺，以获得定制的微观结构、纹理和磁性。在这些工艺中，轧制和退火对NOES的磁性有显著影响，轧制温度对微观结构、织构和磁性有相当大的影响。此外，最终退火的加热速率对NOES的再结晶行为有显著影响，加热速率快有利于优化结构和织构。卷绕温度对NOES的TRC整个过程也至关重要，较高的卷绕温度可以显著改善NOES的再结晶微观结构、织构和磁性，这是因为卷取效果与常规热带正火相似。

GOES中的Si含量约为3wt%，GOES也是一种重要的软磁材料，经常用于变压器和其他设备。强大的｛110｝〈001〉微观结构中的晶粒取向（戈斯织构）对其磁性起着重要作用。尽管已经有许多关于GOES生产工艺的研究，但高质量GOES的低成本和高效生产方法尚未成熟，仍需要进一步深入研究，而TRC工艺为GOES的生产提供了新的可能性。

戈斯织构通常是由热轧阶段的剪切变形引起的。尽管初始的凝固结构不同，但随着热轧压下量的增加，戈斯织构逐渐细化，当用50%压下量热轧粗晶带材时，组织中显示出强度更高的戈斯织构。近年来，开发了几种新的TRC加工路线，包括一种或多种后续热轧、正火、冷轧和退火。冷轧是这些新路线中最关键的工艺。由于缺乏足够的剪切变形，在热轧带钢中仅观察到少量的戈斯织构，有时没有观察到戈斯织构，这是因为大多数戈斯织构是在第一个冷轧阶段形成的。在冷轧或退火过程中，显微组织进一步细化和均匀化。最后，它显示出以突出的戈斯织构为特征的发达的二次再结晶组织。此外，两级或三级冷轧是获得合适组织和织构的有效途径。采用TRC与三级冷轧相结合的新方法，获得了具有戈斯织构的完全二次再结晶GOES带材。

4. 高强度钢

近几十年来，高强度钢因其优异的力学性能被视为最有前途的汽车材料。它还应用于冶金、采矿、机械、电力、造船和国防等许多工业领域的承重和承压关键部件。截至目前，已

有大量高强度钢的 TRC 工艺研究。其中，研究最广泛的是双相钢（daul phase steel，DP 钢）、相变诱发塑性钢（transformation induced plasticity steel，TRIP 钢）、高/中锰钢和高强度低合金钢（high strength low alloy steel，HSLA 钢）等。

5. 含铜轴承钢

铜是废钢中的一种重要残留元素，这是因为它在炼钢过程中很难被去除。铜在高温下会导致热脆性，被认为是钢中的有害元素。此外，由于近年来的环境压力和资源匮乏，回收废钢尤为迫切。TRC 工艺在回收废钢方面显示出潜在的优势，高冷却速度可以消除或减少杂质和残余元素的危害。通过使用浸渍试验机对含铜钢进行研究，发现铜在铸态带材中会溶解，但随后在退火后沉淀析出。随着铜含量的增加，通过固溶强化、细晶强化和沉淀强化提高了最终产品强度。当 TRC 工艺生产的铜含量低于 5wt%时，铜元素在含铜钢中处于固溶状态，但较高的铜含量会导致大量富铜沉淀的形成，使含铜钢从点蚀转变成选择性腐蚀，从而使得腐蚀现象恶化。

6. 铝合金

TRC 技术将铸造和轧制结合在一起，以实现亚快速凝固，并为生产铝合金提供了一种有效且经济的方法。尽管 TRC 技术已经发展了几十年，但目前只有 1×××、3×××、8×××系列等低强铝合金可用该工艺试制。随着运输用高强度低成本铝合金需求的不断增加，促使人们开始研究高强铝合金的生产，如 5×××和 7×××系列。

大多数铝合金的偏析和表面质量问题很难通过热处理工艺去除，这些问题将导致最终产品的机械不稳定性。例如，5182 铝合金的 TRC 工艺中，发现熔体静压会增强熔体和轧辊之间的传热行为，低过热铸造可以获得更好的微观结构，其中铸造速度可以达 150m/min。

通过 TRC 工艺制备 Al-Cu 合金时，合金的硬度随着铸造速度的增加而增加，随着熔体过热的增加而降低。制备 Al-Mg 合金时，观察到带材表面有周期性纹路，并发现轧辊表面和喷嘴尖端之间液态金属弯月面的振荡是形成周期性纹路的可能原因之一。另外，还发现，随着铸造速度的增加，Al-Mg 合金带材中心偏析逐渐从沟道偏析转变为偏析带。轧辊分离力引起的变形是 Al-Mg 合金中心偏析形成的主要原因。铝合金中的金属间化合物由于其脆性和应力集中而对拉伸性能非常不利。在生产 7050 铝合金时发现，当轧辊间隙为 1.8mm、铸造速度为 11.4m/min、冷却水流量为 11.1m^3/h、初始冷却水温度为 20.8℃时，该合金具有最佳性能。

TRC 制造不同 Fe、Si 含量的 5083 带材时，金属间化合物的尺寸和密度随 Fe、Si 的含量增加而增加。TRC 工艺制造的 Al-Mn-Fe 合金带材中存在细小的第二相颗粒，且分布相对均匀，这是由于该工艺具有较高的冷却速度。在铸造前，使用高剪切力搅拌器调节液态金属是常用的熔体调节手段。TRC 工艺采用熔体调节技术生产的合金 6111 和 5754 表明，中心线偏析和细小的等轴晶体结构较少，铸带质量显著提高，优于未采用熔体调节工艺的铸带。此外，经过熔体调节和热机械处理后，合金的硬度显著提高。

7. 镁合金

随着轻型车辆结构需求的增加，镁合金是汽车工业中替代钢和铝的合适候选材料，并已用于汽车、航空航天、国防和电子工业领域。更重要的是，镁合金具有良好的生物相容性和力学性能，有可能广泛作为医用生物材料。然而，迄今为止，对镁合金的 TRC 工艺只进行了少量研究。AZ31B 镁合金带材是通过熔体调节 TRC 生产的，通过细化、均匀的微观结构、减少的中心线偏析和变形，合金的力学性能得到了改善。通过使用高强度超声改善金属材料的凝固行为，可以显著影响金属材料的力学性能。高强度超声辅助 TRC 工艺已用于制备镁合金以改善其性能，结果表明，超声处理提高了合金的强度、伸长率和极限拉伸比。α-Mg 晶粒细化和微观组织中 Mg17（Al，Zn）12 和 AlCeMn 相的改性是性能提高的主要原因。

8. TiAl 合金

TiAl 合金因其低密度、高温强度和高蠕变性能而广泛应用于高温结构件领域，如涡轮机、空心叶片、航空发动机排气喷嘴和蜂窝结构。然而，TiAl 合金显示出低的延展性和较差的成形性，使得难以通过常规工艺生产出高质量的产品。相反，TRC 工艺适用于 TiAl 合金的制备，可以克服上述困难。通过 TRC 工艺制备了 1000mm×110mm×2mm 的无裂纹 Ti-43Al 合金带材，其组织为外部生长的柱状晶粒，中心为等轴晶粒，沿厚度方向存在严重的元素偏析，采用热处理工艺提高了显微组织的均匀性。最后，获得了近 γ 相、近层和全层的多种微观结构。

9. Inconel 718 合金

Inconel 718 合金（IN718，我国国家标准为 GH4169）作为使用最广泛的高温合金，具有高强度、高延展性和 650℃以上的良好抗疲劳性，已成功应用于关键高温结构部位，如燃气涡轮盘、火箭/飞机发动机和核反应堆。富铌沉淀（主要是 Laves 相）是高温合金中最常见的脆性沉淀。因此，必须采取适当的工艺措施来消除或精炼富铌沉淀物，以减少危害。在工业上，铸态高温合金通常要经过长时间的热处理，以溶解基体中的富铌沉淀，但这种处理方法能耗高。对于 TRC 工艺来说，使用喷射成形凝固技术制备亚快速凝固的 IN718 合金，可以通过调整显微组织、细化晶粒和减小富铌沉淀尺寸来提高高温合金质量。

10. 铝基复合材料

铝基复合材料由于其质量轻、性能高，是许多军事、航空航天和汽车应用的有吸引力和可行的候选材料。纤维增强铝基复合材料具有轻质，高比强度、比模量、耐磨性、耐热性、导热性等优异性能，在汽车、航空航天和先进武器工业中具有广泛的应用前景。这种 TRC 工艺称为固液铸轧结合工艺，使用该工艺制造的铝基复合材料，在结合界面处未发现宏观缺陷。此外，拉伸试验结果表明，增加轧辊相对于轧制方向的取向角可以提高复合板的拉伸强度和伸长率。当取向角为 45°时，拉伸强度和伸长率达到最大值。

5.5.2 连续挤压的应用

1. 铜及铜合金的连续挤压

常用连续挤压制造生产铜及铜合金的铜扁线、铜排、铜板带等一系列产品。我国于 1999 年研发了连续挤压方法生产铜扁线，可采用统一规格的原材料，通过连续挤压一道工序生产出符合国家标准的软态铜扁线。该方法是一种短流程、节能节材的制造新技术，目前已经得到了广泛的工业应用。相对于传统工艺，连续挤压具有如下特点：①在高温、高压条件下成形，铜杆的内部铸造缺陷，如气孔、缩松等可以在连续挤压过程中被消除，从而获得优良的力学性能、塑性指标和较小的晶粒度；②产品表面不易产生传统工艺方法极易出现的翘皮、毛刺等现象，具有良好的表面质量；③组织致密性好，电导率高；④省去了退火工序，显著缩短了生产周期，对于小批量的单批次生产，每吨产品的生产周期从原来的 48h 缩短为 2.5h；⑤很容易生产薄而宽和特殊规格的大断面非标准扁线；⑥采用统一规格的

12.5mm 的上引法无氧铜杆作为坯料，不需要根据不同产品规格来准备不同规格的坯料；⑦整条生产线采用先进计算机控制系统，生产过程可自动监测和运行，实现了自动化生产，降低了操作工人的劳动强度。

铜镁合金连续挤压主要用于制造高速列车接触线以及承力索铰线，其中以高速列车接触线为重点应用方向。大连康丰科技有限公司研制的铜镁合金专用连续挤压设备，成功实现了高速列车接触线坯的连续挤压生产，目前已有多条生产线在国内外企业投入运行。针对目前广泛应用的 H62、H65、H68、H80、H85、H90、H95 等多种黄铜合金，大连交通大学连续挤压教育部工程研究中心已经开展了一系列的连续挤压相关研究，初步掌握了黄铜连续挤压工模具结构、变形速率和变形温度的相互影响规律，尤其针对黄铜变形抗力大、热效应明显、变形温度高等现象，设计合理的工模具结构、针对性地选择工模具材料，以延长工模具使用寿命、降低生产成本、提高生产率为目标，解决了实际生产过程中遇到的一系列问题，在黄铜线材、棒材、型材等制造方面都取得了实质性的成果。

2. 铝及铝合金的连续挤压

连续挤压铝管主要分为铝圆管和多孔扁管。铝料品种主要有：1050、1060、1100、3003、6063 等软铝及铝合金。生产的铝圆管的尺寸范围为（5~50）mm×(0.5~2.5) mm，冷凝管用多孔扁管尺寸范围为：宽度 16~70mm，壁厚 1.5~2mm。连续挤压方法与传统工艺相比具有如下优点：①一次成形获得最终尺寸的产品，大大简化了生产工序、缩短了生产周期；②无压余及工序间废料，成材率可达 95% 以上；③不需加热设备，节约能源；④连续生产、无间隔时间、生产率高、自动化程度高；⑤可生产超大长度的产品，有利于制冷管应用厂家自动化生产；⑥投资少，占地面积小。

连续挤压生产的铝圆管与常规挤压生产的铝圆管相比，尺寸精度高、表面质量好，可与拉制品媲美，而且表面没有任何油污，这是拉制品无法相比的。制品头尾的组织性能均匀一致。铝管产品可以成卷供应，也可以直材供应，方便灵活。基于上述特点，连续挤压方法生产的铝管已广泛应用于冰箱冷凝管、汽车空调散热器管、室内空调、天线管等方面，此外，铝变压带、汽车用铝合金型材的生产制造也广泛采用连续挤压方法。

3. 双金属复合线连续挤压生产

连续挤压工艺也广泛用于制造生产双金属复合线，包括铝（合金）包钢复合线、锌包钢复合棒材、超大直径高压电缆护套等。

由于铝包钢复合线具有优异的耐大气腐蚀性，与钢芯铝绞线相比电导率提高了 5%~8%，质量降低了 5%~6%，即每吨长度增加了 2%~10%，强度增加了 2%~4%，因此备受青睐，已成为重要的送电线路器材。目前，铝包钢连续挤压关键技术研究，包括铝（合金）杆料和芯线的环保型预处理、芯线高效同步加热技术、包覆层体积比自动控制系统、生产线智能运行控制系统等的研究受到重视，铝包钢复合线连续包覆挤压技术具有良好的发展前景。

锌包钢复合棒材主要用作接地极，既具有钢的高强度、较高的热稳定性，又具有阴极保护的功能，避免了接地装置与阴极保护装置的重复投资和施工浪费，其使用年限可达 50 年以上，是一种新型接地产品。连续挤压生产锌包钢复合棒材具有工艺流程短、成品率高、无污染、生产率高等优点，但尚需要解决锌的成形性研究、模具材料的选择、生产过程防氧化保护技术、产品盘卷或定尺锯切等工艺和技术方面的问题。

铅合金护套目前多数采用连续挤压包覆方法生产。

思考题

1. 什么是连续铸轧？它与连铸连轧有何区别？
2. 什么是连续挤压？常用的连续挤压方法有哪些？
3. 连续铸轧和连续挤压的主要应用有哪些？
4. 连续铸轧的凝固理论与半固态成形凝固理论有何异同？

参考文献

[1] CAMPBELL P, BLEJDE W, MAHAPATRA R, et al. Recent progress on commercialization of castrip direct strip casting technology at Nucor Crawfordsville [J]. Metallurgist, 2004, 48: 507-514.

[2] 樊志新，陈莉，孙海洋. 连续挤压技术的发展与应用 [J]. 中国材料进展，2013，32 (5)：276-282.

[3] 杨卯生，毛卫民，赵爱民，等. 半固态合金连续铸轧的技术现状与发展前景 [J]. 材料导报，2001，15 (3)：16-18.

[4] ZHU C Y, ZENG J, WANG W L. Twin-roll strip casting of advanced metallic materials [J]. Science China: Technological Sciences, 2022, 65 (3): 493-518.

第6章 复合铸造及塑性加工复合

6.1 引　　言

由于现代工业的快速发展，传统结构材料逐渐难以满足越来越苛刻的应用条件和需求，对高性能新型结构材料的追求变得越来越迫切，从而极大地推动了新型结构材料，包括金属基复合材料的快速发展。金属基复合材料因在设计上综合了各组元的优点，能弥补各自的不足，具有单一金属或合金无法比拟的优异综合性能，可满足不同应用领域的需求，是当前新型结构材料研究和开发的热点之一。通常，金属基复合材料在设计方面，考虑的是获得高强度、高韧性、低密度、高模量、强耐蚀性、强耐磨性等特殊性能的两种或多种性能的组合，以满足能源、化工、交通、电力、机械、冶金、核能等领域技术快速发展带来的新的特殊应用需求。其中，层状复合材料又因生产工艺简单可控、产品质量稳定、成本低廉等原因，备受各行业欢迎，越来越广泛应用于各工业领域。

层状复合材料的加工方法有很多，包括钎焊、复合铸造、自蔓延高温合成、喷射沉积、粉末冶金、爆炸复合、塑性加工复合、电磁复合等方法，其中，对于工业生产而言，主要是以复合铸造及塑性加工复合为主。金属基复合材料可以通过不同组元的组合获得优异的性能与丰富的功能，这是金属基复合材料的发展潜力所在，但其加工工艺、复合机制、界面结构设计、使用性能等方面仍需要大量的、系统性的研究。

6.2 复 合 材 料

神舟一号返回舱

复合材料是由两种或两种以上不同性质的材料，通过不同的工艺方法人工制备出的、各组成部分之间有明显界面的多相组织材料。各种组成材料在性能上互相取长补短、产生协同效应，使得复合材料在综合性能上优于其组成材料，可满足各种不同性能方面的要求。复合材料种类繁多，应用广泛，其中金属基复合材料已大量应用于传统能源行业和新能源领域，本章主要介绍金属基层状复合材料。

复合材料按性能可分为结构复合材料和功能复合材料，按基体材料可分为金属基复合材料、无机非金属基复合材料、聚合物基复合材料，按增强材料可分为叠层复合材料、纤维增强复合材料、晶须增强复合材料、颗粒增强复合材料、混杂复合材料等。

复合材料按各组成的分布情况可分为分散强化复合材料、梯度复合材料、层状复合材料等。

分散强化复合材料包括颗粒弥散强化复合材料、晶须弥散强化复合材料、纤维强化复合材料等。

梯度复合材料是指材料中各组元的含量沿某一方向产生连续或非连续的变化，组元含量连续变化的称为连续梯度复合材料，非连续变化的称为非连续梯度复合材料。某组元含量的梯度化将赋予材料性能的梯度化，从而满足一些特殊使用需求。

层状复合材料有铝包钢线、铜包铝线、复合钢板（减振钢板）等，如图 6-1 所示，这类复合材料不是一种材料分散于另一种材料，而是各组元各自组成一个或数个整体，组元之间以界面结合的方式复合而成，故又称结合型复合材料。层状复合材料的分类见表 6-1。

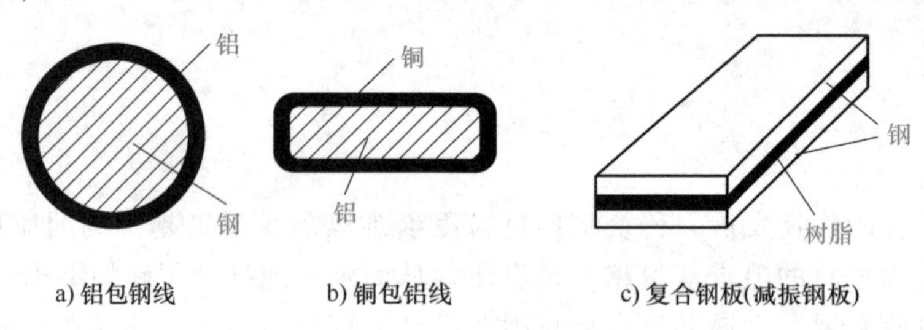

图 6-1 层状复合材料

表 6-1 层状复合材料的分类

组成	举例
金属/金属	铝/钢复合板、双金属管、包覆导线（铝包钢、铜包钢、铜包铝）
金属/陶瓷	金属/陶瓷双层（或多层）管、陶瓷镀膜金属
金属/高分子	树脂包覆板、管、棒、线材，减振材料
夹层复合板	蜂窝板
陶瓷/陶瓷	多层陶瓷
陶瓷/高分子	夹层复合板
高分子/高分子	多层高分子、人造革、夹层复合板

对复合材料进行设计和性能预测、性能分析时，需要依据复合材料理论。在复合材料基础理论研究方面，人们根据复合材料组成、复合方式、界面性能等方面与复合材料整体性能的联系，提出了很多复合理论。这些复合理论的提出和发展，也在不断地推动复合材料设计、工艺技术和应用的发展。其中，用于复合材料的弹性模量、强度、导电、导热等性能设计准则有简单复合准则和基于弹性理论的复合准则。

第一块防弹玻璃

对于金属基复合材料，金属组合的选择、界面的设计和控制等问题是关键。因为金属基复合材料在性能方面往往受界面结构的影响极大，而其界面结构主要受到基体材料、增强材料本身的物理化学性质、化学相容性等方面的控制，与基体材料、增强材料、组元表面状态、制备工艺方法及工艺参数密切相关。但目前在复合材料界面基础理论研究方面尚缺乏统一认识，人们提出的各种复合理论及复合界面理论往往只适用于特定组合的复合材料，这就给新型金属基复合材料金属组元的选择、界面的设计和控制带来了极大困难。

尽管复合材料在性能上具有较大的优势，但其性能的稳定性和可靠性也是制约复合材料发展和应用的一个重要因素。例如，对于金属基复合材料，从热力学角度来看，其界面是处于热力学不稳定状态的，复合材料使用过程中，在热力耦合的作用下，界面化学成分和显微组织有可能发生持续变化，使得复合材料的性能在使用过程中可能发生持续的变化，复合材

料的可靠性难以得到保证。

此外，因复合材料在基础理论方面研究尚不够完善，导致复合材料在设计、制备和性能评估等方面，更多的是依靠经验和半经验的方式，这也是复合材料发展和应用的制约因素之一。在复合材料实际应用过程中，还面临成本高、工艺复杂等制约因素，尽管如此，复合材料的独特优势仍使得其在各个领域被广泛应用，复合材料的发展也一直受到各个领域的关注。

6.3 金属基复合材料复合法

复合材料种类不同，其制备和加工的方法有较大差异。对于金属基复合材料，如分散强化复合材料，可以采用铸造、粉末冶金或塑性变形加工的工艺制备毛坯，然后再进行二次加工，二次加工可以采用传统的锻造、挤压、轧制等方法。具体地，颗粒弥散强化复合材料可采用粉末冶金法、铸造法、喷射沉积法、预制件渗浸法等制备；晶须弥散强化复合材料可采用粉末冶金法、铸造法、预制件渗浸法等制备；纤维强化复合材料可采用粉末冶金法、扩散法、预制件渗浸法、两相合金复合法等制备。

金属基层状复合材料可以采用铸造复合、塑性加工复合，也可以先采用爆炸焊接或扩散焊接后再进行塑性加工复合。根据界面结合性质，金属基层状复合材料可分为机械结合法和冶金结合法。①机械结合法是指界面结合主要以机械结合为主，复合法有镶套（包括热装和冷压入）、液压扩管复合、冷拉拔复合等。②冶金结合法是指界面结合以冶金结合为主，主要制备技术包括固-固相复合法、液-固相复合法、液-液相复合法等。塑性加工复合法、爆炸复合法等属于固-固相复合法；复合铸造法、喷射沉积复合法、堆焊复合法等属于液-固相复合法；水平磁场制动复合连铸法属于液-液相复合法。这些制备技术都可以实现界面的冶金结合。

金属基复合材料制备技术发展至今，出现了很多制备技术，包括最近几十年来出现的一些新的制备技术。这里主要介绍金属基层状复合材料制备技术中的复合铸造法和塑性加工复合法。

6.4 复合铸造法

复合铸造是指将两种或两种以上具有不同性能的金属材料铸造成为一个完整的铸件，使得铸件在不同的部位具有不同的性能，以满足应用场景的使用要求。例如，其中一种合金具有较高的综合力学性能，而另一种合金则具有抗磨、耐蚀、耐热等特殊性能。传统的复合铸造技术有镶铸、重力复合铸造、离心复合铸造等。

1）镶铸是将一种或多种金属预制成一定形状的镶块，再将镶块镶铸到另一种金属液体内，从而获得两种或两种以上特性的多金属铸件。例如，高锰钢镶铸硬质合金锤头、镶铸复合金属材料截齿、铸铁/铝合金复合镶铸活塞等耐磨、耐腐蚀、耐热金属零部件。

2）重力复合铸造是一种采用特定浇注方式或方法，将合金分别熔化后，在重力条件下分别先后浇入同一铸型中，从而获得复合铸件的工艺。例如，采用重力复合铸造矿山用高铬铸铁/碳钢双液双金属耐湿磨衬板、挖掘机斗齿、破碎机锤头等。

3）离心复合铸造是将两种或两种以上的不同化学成分的铸造合金分别熔化，先后浇入离心机旋转的模筒内，从而获得复合铸件的工艺。例如，精轧工作辊、钻井泵缸套、金属复合管等。

复合铸造铸件的质量除了取决于铸造合金本身的化学成分和性能外，更为关键的是取决于两种合金复合界面的质量。在复合铸造过程中，两种或两种以上的金属进行复合铸造时，界面层两侧不同化学成分金属中的主要元素在一定的温度场内相互扩散、相互熔融，形成一层在成分、组织及性能不同于两侧金属的过渡合金层。该过渡合金层的化学成分、组织、性能及厚度（一般为40~60μm）是制备复合铸造铸件的关键技术，主要取决于铸造合金的化学成分、复合铸造方法、复合铸造工艺，以及后期的热处理工艺等。

除了常规的传统复合铸造方法外，随着现代科学技术的发展，近年来还出现了水平磁场（Leval magnetic field，LMF）制动复合连铸法、包覆层连续铸造法（Continuous Pouring Process for cladding，CPC）、电渣包覆铸造法（electroslag surfacing with the liquid metal method，ESSLM）、反向凝固连铸复合法、复合线材铸拉法、双流连铸梯度复合法、双结晶器连铸法、充芯连铸法等。

6.4.1 水平磁场制动复合连铸法

1980年初，瑞典通用电气公司（Asea Brown Boveri，ABB）和川崎钢铁公司曾经进行过电磁制动工艺的开发工作，该工艺很快在日本得到认可，并在川崎钢铁公司、住友金属工业公司和日本钢铁工程控股公司中使用。该技术利用电磁力对结晶器内钢液流动及夹杂物迁移行为的作用，以及电磁搅拌或电磁超声波对合金钢凝固组织的作用，可有效地控制钢液流动、稳定液面波动，有利于夹杂物的去除；在电磁搅拌和电磁超声波的作用下，不仅金属的凝固组织可得到细化，减少成分偏析，而且可明显改善合金钢的综合力学性能。

水平磁场（LMF）制动复合连铸法，采用安装在结晶器上的水平磁场所产生的磁场力控制结晶器内金属液的流动，其本质上是利用磁场对流动粒子产生的洛伦兹力对金属液施加了一个额外的作用力，从而抑制结晶器内两种不同化学成分金属液的混合，最终形成了一种新的复合钢坯连铸工艺。这种工艺方法可以使不同化学成分金属液通过水平电磁力的作用实现化学成分的分离，并最终凝固成复合铸坯。

水平磁场制动复合连铸法的装置示意图如图6-2所示。

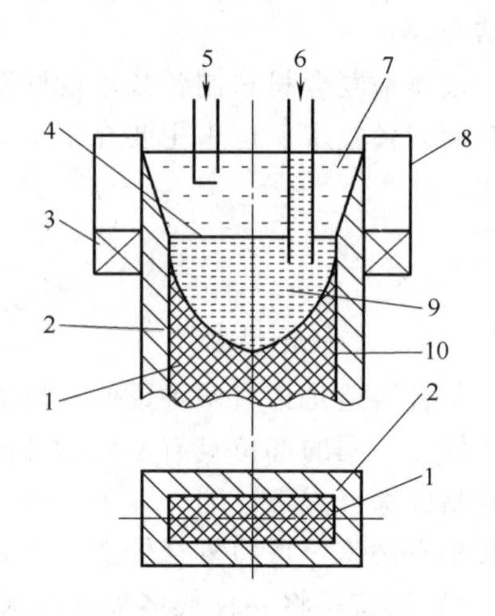

图6-2 水平磁场制动复合连铸法的装置示意图

1—芯材 2—包覆层 3—水平磁场 4—双金属熔体界面层 5—包覆材熔体浇口 6—芯材熔体浇口 7—包覆材熔体 8—结晶器 9—芯材熔体 10—双金属界面

在图6-2中，水平磁场安装在结晶器的下部，两种不同化学成分的金属熔体分别通过长型和短型浸入式浇口，同时注入结晶器的上部和下部。在水平磁场下，电磁力会对垂直穿过电磁力的金属熔体流产生作用力，从而阻止两种不同化学成分合金熔体的混合。如果没有水平磁场，那么，从两个浇口流出的金属熔体将会产生自动混合。通过磁流体的动力学原理及金属凝固

原理可知，采用水平磁场时，在结晶器中不同化学成分的金属熔体将以水平磁场为界分为上下两部分。在凝固过程中，位于结晶器上部的金属熔体凝固形成复合铸件的外层，位于结晶器下部的金属熔体凝固成复合铸件的芯部。

水平磁场制动复合连铸法工艺过程的关键技术在于：

1）水平磁场的作用，包括强度和磁力线的分布。

2）两种金属熔体注入速度的正确控制。

3）结晶器结构的设计以及结晶器温度场的控制。

在拉铸方向上，水平磁场器产生的磁场强度分布是不均匀的。通常，水平磁场中部的磁场强度最大，上部和下部的磁场强度只有中部峰值的80%，在宽度方向上的磁场强度分布比较均匀，几乎是相同的。

水平磁场制动复合连铸法的工艺决定了两种不同化学成分金属熔体注入的速度要相互匹配，以保障复合铸件的组织及质量。为保障这种匹配，通常会在两个浇包处装置负载测试仪，以控制两种金属熔体的质量偏差在控制范围内（如小于1kg），以便准确测量和控制两种金属熔体的注入速度。

除了两种金属熔体注入速度要相互匹配外，其注入速度还要与结晶器结构、冷却速度、铸件拉速相匹配，任何一个因素的匹配不适当都会影响复合铸件的质量。其中，结晶器的冷却速度是水平磁场制动复合连铸法的关键参数之一，结晶器的冷却方式可采用水冷铜结晶器和出结晶器后喷水冷却。

水平磁场制动复合连铸法应用广泛，例如可生产芯材是碳钢、外层是不锈钢的复合钢坯，既可以因为采用碳钢，明显减低成本，又可以因为外层是不锈钢而得到强耐蚀性。目前，大量的实验、生产实践以及铸件显微结构分析，已证实了水平磁场制动复合连铸法可获得良好的芯部和外层化学成分隔离，芯部和外层不仅具有明显不同的凝固显微组织，而且还有明显的过渡层（厚度一般为1~2mm）。如果没有水平磁场的控制，芯部和外层钢液很容易混合互溶，内外层的过渡层将难以分辨。

6.4.2 包覆层连续铸造法和电渣包覆铸造法

1）无论是矿山用轧辊还是轧制用轧辊都要求芯部具有较高的综合力学性能，尤其是具有较好的韧性，而表层要求具有较高的耐磨性。随着轧钢技术的发展，对轧辊的强韧性和耐磨性提出了更高的要求，因此，发展出了包覆层连续铸造法（continuous pouring process for cladding，CPC）、喷射沉积成形法（Osprey spray casting process，Osprey）、热等静压法（hot isostatic pressing，HIP）、电渣重熔法（electroslag remelting，ESR）、铸入式复合硬质合金辊环法（cast in carbide，CIC）等制造方法，其中，包覆层连续铸造法（CPC）具有工艺简单、复合性好、生产成本低等特点。

包覆层连续铸造法的装置示意图如图6-3所示。

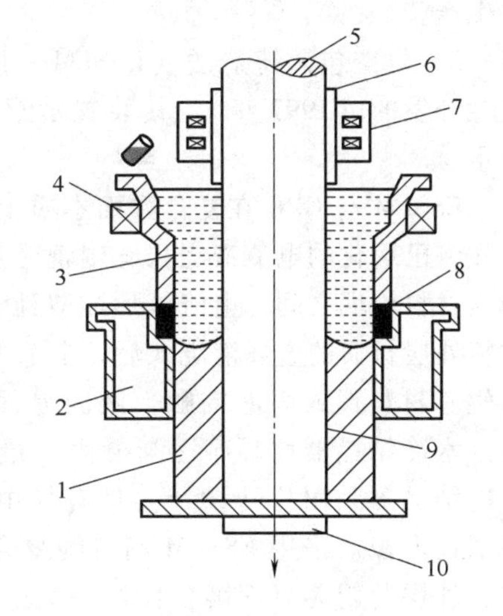

图6-3 包覆层连续铸造法的装置示意图

1—包覆层 2—结晶器 3—包覆层熔体 4—感应加热器 5—辊芯 6—玻璃保护膜 7—辊芯预热感应加热器 8—石墨隔离环 9—双金属界面 10—牵引机构

CPC是将轧辊辊芯垂直放置于水冷结晶器中心，将金属熔体浇注到配置在结晶器内的耐火材料坩埚和辊芯之间，使得外层金属液和辊芯发生固液接触，并在液固界面发生熔合，顺序向上凝固，并将已经凝固的部分按一定速率向下拉拔，从而实现连续铸造复合。CPC的关键工艺有：预热工艺和加热器功率、浇注温度、拉拔速度、冷却器高度、辊芯防氧化涂层等。

CPC制备的复合轧辊具有以下优点：①辊芯材质可选择强韧性好的合金系材料；②外层材质可选择耐磨性好的特殊高合金材料；③外层金属凝固速度快，显微组织致密均匀。

CPC是自下而上的顺序凝固，可明显改善缩孔、偏析及非金属夹杂等缺陷。

CPC制备的复合轧辊，在工艺适当的情况下，外层和芯部材料界面结合强度高，可达540~640MPa。

CPC在改善外层金属复合的完整性及控制复合效果方面具有独特的优势，从实际生产和工艺控制方面，复合材料质量容易得到保障。例如，采用CPC生产某高速钢复合轧辊，辊芯采用42CrMo锻钢（ϕ300mm）、辊芯预热温度900℃，外层高速钢熔体温度控制为1300℃，复合轧辊尺寸为ϕ450mm×700mm，再经过1100℃淬火及500~550℃回火，轧辊表面硬度为85HS，在用于热轧板过程中具有耐磨性好、轧制板材表面质量高等优点。但是，从图6-3可知，CPC对装备、厂房的要求高，自动化难度大，目前比较适用于单件生产。

2）电渣包覆铸造法（ESSLM）最早是由乌克兰开发的（1997年），其装置示意图如图6-4所示。

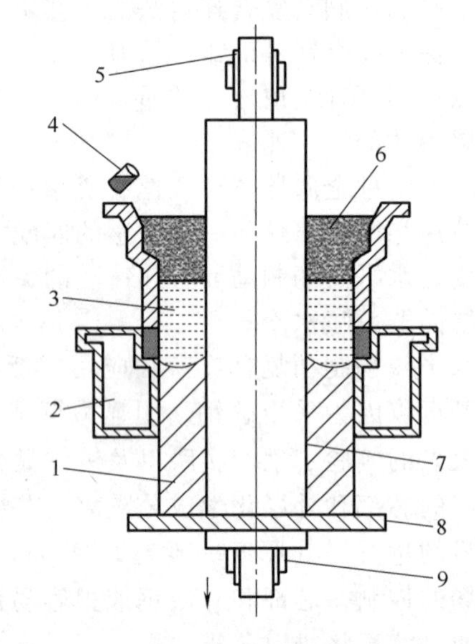

图6-4 电渣包覆铸造法的装置示意图

1—包覆层 2—结晶器 3—包覆层熔体 4—浇包 5—辊芯 6—电渣 7—双金属界面 8—托板 9—牵引机构

ESSLM与CPC在复合方面本质上是相同的。首先将已熔化的电渣液浇入轧辊辊芯和结晶器内耐火材料坩埚之间，电渣液形成渣池，然后用浇包将外层材质的金属液浇入后，电渣上浮，金属液通过电渣精炼，金属液与已被电渣预热的辊芯材料形成固液接触，液固界面发生界面熔合，当铸件以一定速率拉拔时，金属液将因水冷结晶器而顺序逐渐凝固，最终形成具有熔合界面的复合铸件。ESSLM装置中的水冷结晶器采用特殊设计，具有导电功能，能起到保持电渣过程所需电极的作用，从而不消耗电极。采用ESSLM制备的复合轧辊组织致密，无疏松裂纹、成分偏析、缩孔等缺陷，外层与辊芯界面熔合良好、生产成本低、效率高、电耗小，可生产任意成分的复合轧辊外层。

6.4.3 反向凝固连铸复合法

反向凝固连铸复合法，是在1989年由德国亚琛工业大学钢铁研究所、曼内斯曼·德马克公司和曼内斯曼研究所三方合作开发的，其装置示意图如图6-5所示。

反向凝固连铸复合法的特点是将母带穿过包覆层金属液，使包覆层金属液包覆在母带表面并凝固，这种工艺的关键是母带和包覆层金属层是否能够实现良好的熔合。如图 6-5 所示，当母带以一定速度穿过包覆层金属液时，包覆层金属液首先在母带表面凝固，在母带穿过熔池过程中，包覆凝固层厚度逐渐增加，直至完全穿过熔池。这种方法中，包覆层金属液由内向外凝固，有别于一般连铸由外向内的凝固工艺，因此被称为反向凝固。图 6-5 中的平整轧辊是为了平整复合带材表面、控制复合层厚度、提高带材表面质量。反向凝固非常有利于凝固补缩，是一种很有应用潜力的工艺。

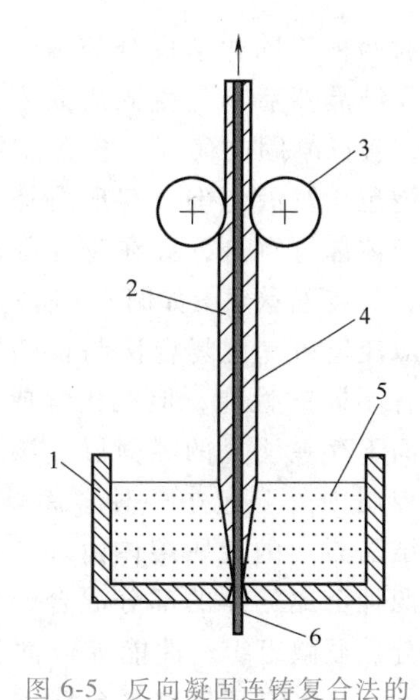

图 6-5　反向凝固连铸复合法的装置示意图

1—熔池　2—双金属界面　3—平整轧辊　4—包覆层　5—包覆层金属熔体　6—母带

反向凝固连铸复合法的关键在于以下三个方面：①侧封技术，以保证在母带从包覆金属液熔池底部由下而上以一定速度穿过时，包覆金属液不会漏出，最佳方法是采用可自动调整母带与侧封材料之间间隙的侧封技术；②连铸复合控制技术，包括母带穿过包覆层金属液熔池速度、包覆层金属液的高度、包覆层金属液的过热度、母带原始厚度等关键工艺参数，以保证包覆层与母带之间的良好熔合以及包覆层达到预定的厚度；③母带的预处理技术，通常采用碱洗、酸洗、溶剂化处理或其他手段，去除母带在加工过程中产生的表面污染层和氧化层，从而获得清洁的母带表面，以保证包覆层与母带之间的界面层熔合质量。

6.4.4　复合线材铸拉法

复合线材的铸拉工艺是传统的热浸渡、连续铸造和拉伸变形三项工艺的结合，主要包括线材表面预处理、线材预热、铸拉和后处理四个环节。其中，铸拉是复合线材铸拉法的核心，直接决定了产品的质量。复合线材铸拉法的装置示意图如图 6-6 所示。

如图 6-6 所示，当经过预处理后（一般采用碱洗、酸洗、溶剂化处理或其他手段）的钢丝以一定速率由上而下穿过包覆层金属熔体（如铝合金熔体）时，包覆层金属液首先在结晶器冷却并完成复合铸造过程，并在拉拔过程中，使复合线材产生一定的变形，进一步改善复合线材的力学性能、导电性能及线材表面质量等。该复合铸拉工艺非常利于复合连续化生产，其生产率高、生产成本低。

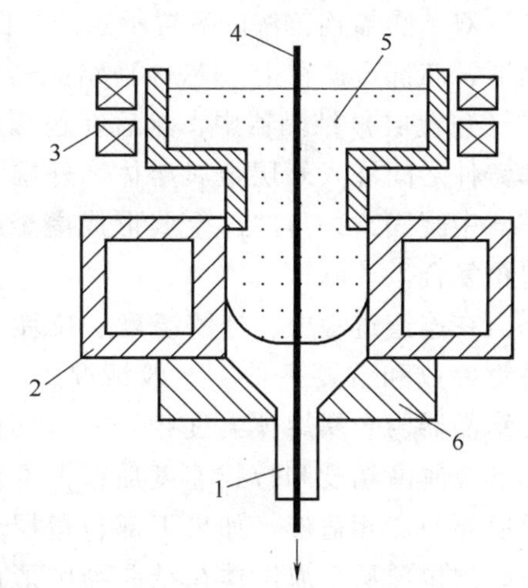

图 6-6　复合线材铸拉法的装置示意图

1—复合线材　2—结晶器　3—感应加热器　4—芯材　5—包覆层金属熔体　6—拉拔模具

6.4.5　双流连铸梯度复合法

双流连铸梯度复合法是在传统的连续铸造基础上增加一个内浇包和内导管，内外浇包分别存放两种不同化学成分的金属液。外浇包的金属液进入结晶器后首先凝固成薄壳，内浇包金属液浇入后，被已凝固的薄壳、富含晶核和熔断枝晶的残余外浇包金属液包围，实现由外向内的凝固，两种金属液体部分混合，会在铸件截面上呈现连续梯度变化，其装置示意图如图 6-7 所示。

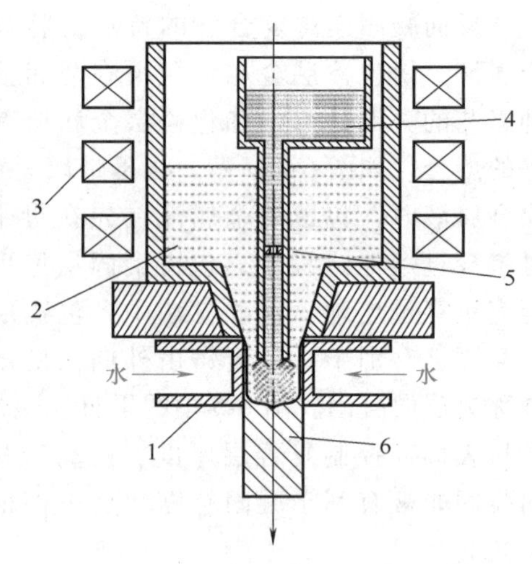

图 6-7 双流连铸梯度复合法的装置示意图
1—结晶器 2—外浇包 3—感应加热器
4—内浇包 5—液流控制阀 6—梯度材料

双流连铸梯度复合法制备的复合铸件内部和外部具有不同的性能，但在化学成分、显微组织、性能方面不存在明显的界面层。该工艺的关键在于调整和控制内外浇包中两种金属熔体的凝固时间差，促进结晶器内的金属熔体由外向内顺序凝固，并且实现两种金属熔体的部分混合，达到铸件截面上化学成分、显微组织、性能等方面呈现连续梯度变化的目的。双流连铸梯度复合法的工艺参数包括，内外浇包金属熔体的化学成分、内外浇包的熔体温度、结晶器的结构、内导管结构及深入结晶器的长度、铸件拉拔速度等，这些参数对铸件的成分分布、显微结构及性能都有重要的影响。从图 6-7 可知，双流连铸梯度复合法本质上是两种金属在熔融状态下的接触、混合，因此，并不适合两种金属混熔时易形成金属间化合物的复合连铸。

6.4.6 双结晶器连铸法

双结晶器连铸法的装置示意图如图 6-8 所示。在图 6-8 中，沿拉坯方向有两个同轴的结晶器，芯部金属在上（芯材）结晶器中凝固，并进入下（包覆层）结晶器中，然后在包覆层熔体坩埚和芯部铸件之间浇入外层金属熔体，外层金属熔体在下结晶器中凝固，并与芯部金属形成冶金结合，实现连铸包覆复合。

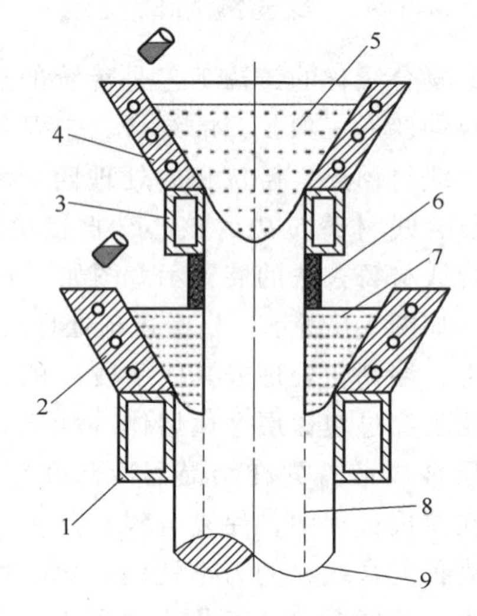

图 6-8 双结晶器连铸法的装置示意图
1—包覆层结晶器 2—包覆层熔体坩埚
3—芯材结晶器 4—芯材熔体坩埚
5—芯材熔体 6—氧化防护环
7—包覆层熔体 8—双金属界面层
9—复合坯

在连铸过程中，连铸温度、拉坯速度是该工艺的关键参数和首要条件。一般情况下，拉坯速度与上、下结晶器内金属熔体温度相互关联匹配，所以在确定芯部金属液温度和拉拔速度后，下部包覆层金属熔体温度要与之相适应。如果下部包覆层金属熔体温度过高，则包覆层金属熔体在结晶器中形成的坯壳可能厚度不够或厚度分布不够均匀，那么铸坯在出结晶器口时容易产生拉漏；如果包覆金属熔体温度过低，在拉坯过程中则容易出现冷隔、拉断等问题。如果拉坯速度过快，出结晶器的凝固坯壳太薄，也容易出现拉漏。

连铸温度和拉坯速度的相互匹配一般通过大量的试验和生产实践验证，例如，某实验采用双结晶器连

铸法制备复合材料，芯部为铜合金，直径为 ϕ20mm，包覆层为锌铝合金，包覆层厚度为10mm，其匹配的工艺参数如下：铜合金加热熔化（或保温）的合理温度为1250℃，锌铝合金加热熔化（或保温）的合理温度为630℃，连铸拉坯速度为120mm/min，上、下结晶器的高度分别为100mm、80mm，结晶器为水冷铜内衬石墨，两结晶器之间的距离为350mm。

6.4.7 充芯连铸法

充芯连铸法（core filling continuous cast，CFC）是一种用于制备高熔点金属包覆低熔点金属的新型复合工艺，在连铸外层管壳中充填低熔点金属液并使之凝固，以实现两种金属的复合，其装置示意图如图6-9所示。

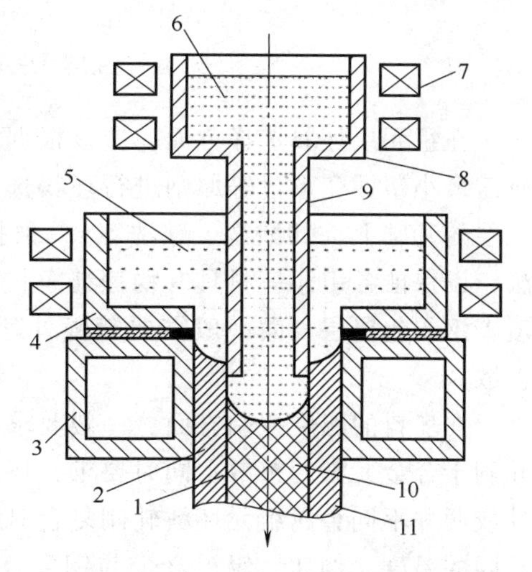

图6-9 充芯连铸法的装置示意图

1—双金属界面层 2—包覆层 3—结晶器 4—包覆层熔体坩埚 5—包覆层熔体 6—芯材熔体 7—感应加热器 8—芯材熔体坩埚 9—导流管 10—芯材 11—双金属复合材料

在图6-9中，包覆层金属熔体首先在由结晶器和芯部金属液导流管构成的铸型空间中凝固成形；包覆层金属凝固成形后构建的空间起到了芯部金属熔体结晶器的作用。芯部金属熔体再通过导流管直接导流进入已凝固成形的包覆层空间中，与包覆层的凝固层发生固液结合，并熔合凝固，该过程界面层无氧化皮、无夹杂，复合界面清洁。

由于外层金属熔体和芯部金属熔体由不同的控温坩埚进行加热、保温，易于对外层金属和芯部金属的凝固过程进行调节和控制。通过外层和芯部控温坩埚的控温调节、导流管的结构设计以及导流管下端伸入位置，可以合理控制外层金属和芯部金属熔体的凝固过程，防止界面层出现互熔过大或互熔过小等现象。

6.5 塑性加工复合法

6.5.1 轧制复合

轧制复合主要用于双金属板、减振钢板的成形。根据坯料轧制温度，可分为热轧复合、冷轧复合和温轧复合。

1. 双金属板复合

双金属板的轧制复合原理如图6-10所示。

不同的金属在一定的温度、压力下，经过轧制塑性变形，最后焊合成一体，可用于轧制成形的复合板的种类很多，可轧制复合的金属复合组合见表6-2。

1）热轧复合。热轧复合是将两种或两种以上复合的金属坯料在高温下进行轧制变形，在力和热的作用下，使不同金属进行焊合的一种塑性复合工艺方法。该工艺从20世纪30年代开始发展，目前仍然是一种非常重要的金属复合方法，其工艺过程包括组元层坯料选择及准备、加热、轧制、轧后热处理等，工艺简单、生产率高，可生产大型复合板材。

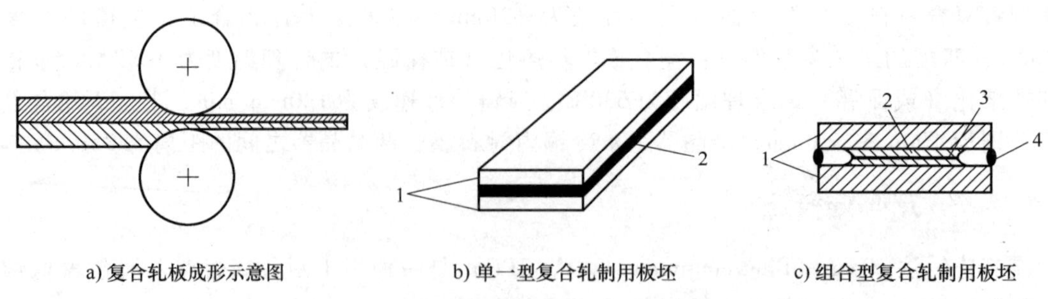

a) 复合轧板成形示意图　　b) 单一型复合轧制用板坯　　c) 组合型复合轧制用板坯

图 6-10　双金属板的轧制复合原理

1—包覆层　2—内层金属　3—耐热涂层　4—焊合

在组元层坯料选择方面，应该根据复合材料性能、各组元层厚度比要求、组元界面结合所需最小塑性变形量等原则进行坯料选择；在坯料表面处理方面，应在去除表面污染层和氧化层的基础上（如酸洗、碱洗等），根据坯料自身的物理化学特性选择合适的表面处理方法，以保证各组元坯料具有物理纯净状态或处于利于促进组元界面结合状态。例如高合金包覆碳钢的包覆层表面一般需要镀镍处理，既利于组元结合，也可阻止碳钢中的碳向包覆层扩散。

在坯料的温度控制方面，一般要求温度要高于组元坯料复合塑性变形时的再结晶温度，并利于合金元素的扩散；同时要求，坯料加热时不会产生对性能有危害的脆性相。因此，两种或两种不同金属组元坯料轧制复合时，既可以同时加热到相同的温度，也可以分别加热成不同的温度。例如，锡铝合金与钢复合的轴瓦材料，可同时加热到低于锡铝合金熔点 38~120℃，也可以只加热钢而不加热锡铝合金。坯料在加热和轧制时，必须防止氧化，一般可以采用镀镍、铜、铝等薄膜表面工艺，也可以采用真空热轧复合或保护气体下热轧复合。

热轧复合过程中，各组元坯料在一定温度下产生塑性变形，组元坯料接触面相互结合，产生焊合及原子的扩散。一般情况下，可以采用大压下率的一道次轧制，也可以采用多道次轧制。如果界面比较清洁，只需要很小的压下率（一般为百分之几）即可实现有效焊合，获得高性能的复合界面。

不同组元材料在轧制复合时的结合并非是接触面的全部结合，并且由于组元的性能差异，在轧制变形及随后的冷却过程中结合面处往往会产生残余应力。为了扩大两组元的真实结合面积、消除残余应力、提高复合强度、改善复合材料的性能，必须进行轧后热处理，但应避免界面脆性相的生成。例如，铝铜复合材料退火温度应低于 370℃，以免在结合面形成过多铜铝中间化合物。当热轧复合为铝、钛等活性金属时，容易在界面层形成脆性金属间化合物，恶化复合材料的性能；同时，受坯料的长度限制，轧制后板材需切头剪边，对成品率有较大影响。

表 6-2　可轧制复合的金属复合组合

金属	铝及铝合金	镍	铜	黄铜、青铜	碳钢	不锈钢	镍铁合金	钛	贵金属	软钎料
铝及铝合金	○	△	○	○	○	○	○	○	△	△
镍	△	△	○	○	○	○	○	○	○	○
铜	○	○	△	△	○	○	○	○	○	○

（续）

金属	铝及铝合金	镍	铜	黄铜、青铜	碳钢	不锈钢	镍铁合金	钛	贵金属	软钎料
黄铜、青铜	○	○	△	△	○	○	○	△	○	○
碳钢	○	○	○	○	△	○	○	○	○	○
不锈钢	○	○	○	○	○	○	○	△	○	○
镍铁合金	○	○	○	○	○	○	△	△	○	○
钛	○	○	○	△	○	△	△	△	△	△
贵金属	△	○	○	○	○	○	○	△	○	○
软钎料	△	○	○	○	○	○	○	△	○	○

注：○结合性能良好，已商品化；△结合性能较差，有待改善。

2）冷轧、温轧复合。冷轧复合是在热轧复合基础上发展起来的一种复合塑性加工方法。与热轧复合相比，冷轧复合温度低、复合界面结合困难，但由于温度低、界面无氧化、界面不易生成脆性金属间化合物，无须真空焊接等坯料前处理工艺。因此，金属组合自由度大，产品性能稳定、适用面广。

由于温度低，复合界面结合困难，为了改善复合界面性能，冷轧复合通常需要较大的压下率，只有在大塑性变形下，组元坯料产生足够大的剪切变形才会有助于破碎表面氧化膜，促进新鲜金属表面的产生，提高界面的焊合性。冷轧复合的过程一般包括组元层坯料选择及准备、冷轧和轧后热处理。组元坯料表面处理目的是去除表面污染层和氧化层，表面处理的方法应根据坯料自身的物理化学特性选择合适的方法（一般包括除油、酸洗、抛光、喷砂、清刷、镀层等），以保证坯料具有物理纯净状态或处于利于促进组元结合状态。因轧制压下率较大，一般为 60%~80%，故多采用多道次小压下率轧合法。轧制后一般需要进行轧后热处理，其目的是增大原子扩散，进一步改善界面结合，是一个烧结过程。

对于一些冷轧界面结合比较困难的材料，可以在轧制复合前进行适当加热，采取温轧复合的方法，改善界面结合质量。图 6-11 所示为在线连续扩散热处理设备的轧制复合生产线示意图。

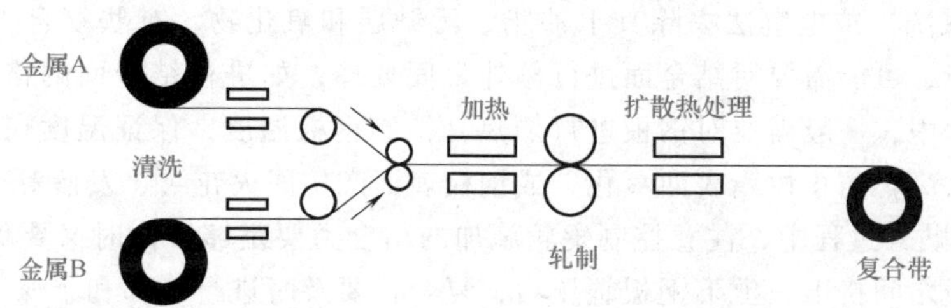

图 6-11　在线连续扩散热处理设备的轧制复合生产线示意图

2. 减振钢板复合

金属减振材料一般可分为合金型减振材料和复合型减振材料。合金型减振材料本身具有振动衰减性能，而复合型减振材料是通过与黏弹性高分子材料复合而获得具有较高振动衰减性能的材料。通常，材料的强度与减振性能是呈相反变化趋势的，在所有金属结构材料中，镁合金减振性能最好，但镁合金本身强度过低，极大限制了减振的结构设计。复合型减振材料采用强度较高的金属材料和减振性能优异的高分子材料进行复合成形，既能获得较高的振动衰减性能，同时又具有较高强度，利于减振的结构设计。

复合型减振材料又可分为拘束型和非拘束型两种，其中黏弹性材料拘束于两层金属之间的，称为拘束型复合减振材料，如果只是在金属板表面涂敷或粘贴黏弹性材料的，则称为非拘束型复合减振材料。以减振钢板为例，其分类与特征见表6-3。

表 6-3　复合型减振钢板的分类与特征

分　类	拘　束　型	非　拘　束　型
结构	黏弹性树脂膜位于两层钢板之间	黏弹性树脂粘贴或涂覆于单层金属板上
衰减机制	黏弹性膜中间层的剪切变形	黏弹性层的伸缩变形
衰减系数	0.15~0.5	0.06~0.5
使用温度	常温、高温(约200℃)	常温

复合型减振材料的工作原理是，振动时薄板弯曲，在树脂层内引起剪切或伸缩变形，分子间产生黏性摩擦，将振动能量转换为热能，从而起到使薄板的弹性振动快速衰减的作用。减振钢板的应用非常广泛，如采用减振钢板改善汽车零部件一类的薄板部件噪声的共振，或采用减振钢板减弱铁桥、钢制楼梯、走廊、地板等建筑结构材料因撞击产生的噪声。

大多数减振钢板属于拘束型复合减振材料，即在两层钢板之间复合一层黏弹性高分子材料（一般为树脂），以达到吸收振动能量的目的，黏弹性树脂中间层的厚度一般为0.05~0.2mm。黏弹性树脂一般为醋酸乙烯系、聚乙烯丁烯系、丙烯基改性聚乙烯系、聚氨基甲酸乙酯橡胶系等热塑性高分子材料。这些高分子材料均具有流变学特征，即力学性能随温度的变化而变化，因此，其振动衰减性能也随着温度的变化而变化，这些不同的黏弹性树脂具有各自不同温度下的最大振动衰减性能。因此，根据实际需求，选择不同的中间树脂种类，可以制备不同使用温度（常温或高温）下的减振钢板。

减振钢板多为钢板-树脂-钢板三层结构的拘束型复合材料，根据中间层树脂的形态不同，其成形的方法可分为以下两种。①涂覆、压接法。这种方法是将稀释后的树脂涂覆在经过表面预处理的钢板上，再经干燥后叠合，最后在辊式压力机上压合。②将具有热熔化结合型树脂膜采用贴合辊贴合在经过表面预处理后的两钢板之间。钢板的表面预处理一般采用化学法（酸洗、碱洗）或电解法去除其上油脂、污染层和氧化物，有些复合工艺为了提高结合面的结合性能，可能需要对结合面进行额外表面处理，如进行结合面的铬酸处理工艺等。树脂膜贴合过程中，一般需要对钢板进行加热，控制钢板温度，保证温度在树脂熔点以上，同时温度不能太高，防止树脂表面氧化，或钢板表面产生回火花纹、发蓝等现象，在贴合辊（叠层辊）进行贴合过程中，注意控制辊轮施加的结合力要足够，同时又要保证压力不会过大使树脂从钢板之间挤出。上下钢板辊压后，复合板要及时进行冷却和干燥。与减振板的结构和成形工艺类似的复合板是铝塑板，铝塑板通常是以铝板或铝箔为面料，以聚乙烯或聚氯乙烯为芯料，采用类似减振板的成形工艺进行复合成形。铝塑板具有质量轻、机械强度高、隔热隔音效果好、防水、防火、耐候等优点，在建筑、装饰、机械、仪器等各领域被广泛应用。

6.5.2　挤压复合

挤压复合通常采用热挤压的方式进行金属材料复合成形。适合挤压复合的一般可分为以

下两类。一类是经过粉末冶金或铸造复合法制备的弥散强化型复合材料坯锭，这些坯锭再经过挤压复合，从而达到进一步固结，提高材料致密度、力学性能等目的，并且赋予复合材料型材各种所需的断面形状，与常规挤压成形工艺类似。另一类是层状复合材料，如铝包钢线，双金属管等包覆材料、复合板、夹层板等。图 6-12 所示为几种典型的挤压成形层状复合材料。

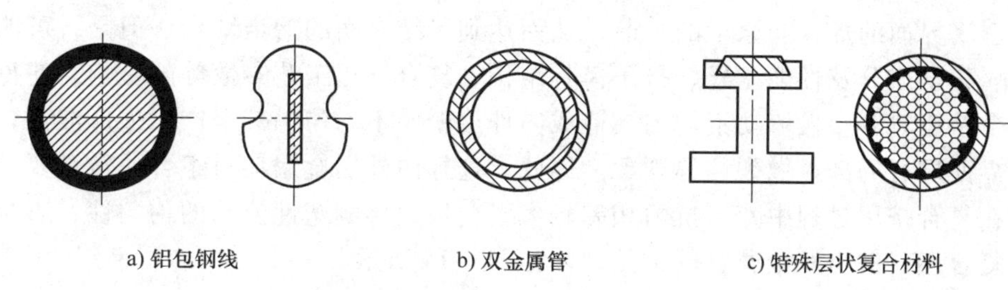

图 6-12　几种典型的挤压成形层状复合材料

1. 双金属管挤压

双金属管是指内外层为不同金属材料的一类管材，这一类管材同时具有多种不同的性能（如强度、耐蚀性、导热性、可加工性等），可满足管材内外不同工作介质或环境的要求。因此，使用环境和目的不同，内外金属组合也不同。不同双金属管的种类及用途见表 6-4。

表 6-4　不同双金属管的种类及用途

应用领域	双金属管		介质	
	外层	内层	外侧	内侧
氨冷凝器	低碳钢	铜、铜合金	氨	水
氨冷冻器	钢、铜合金	低碳钢	水	氨
石油精炼器	低碳钢	锡黄铜	石油蒸汽	海水
	低碳钢	铜	石油	水
石油钻探	普碳碳钢	耐蚀合金	土	石油
化工用冷凝器	不锈钢	白铜	化学药品	水
发电厂冷凝器	铝黄铜	钛	凝缩水	海水
水银镇流器	低碳钢	铜、铜合金	水银	水
水泵管道	低碳钢	铜合金	空气或土	水
药品、食品、塑料等	铝、不锈钢	铜、铜合金	原料	水

双金属管复合成形方法有挤压法、拉拔法、液压扩管法、爆炸法等。挤压复合得到的双金属管的界面是冶金结合，挤压法主要有复合坯料挤压法和多坯料挤压法。

图 6-13 所示为复合坯料挤压法的装置示意图。

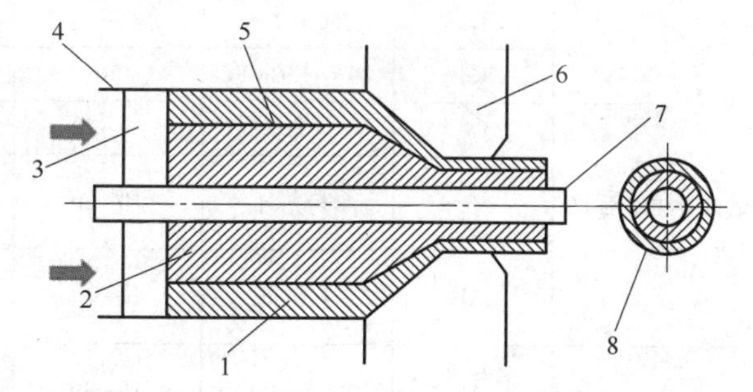

图 6-13　复合坯料挤压法的装置示意图

1—包覆层　2—内层金属　3—挤压垫　4—挤压筒　5—复合坯料　6—挤压模具　7—挤压芯杆　8—双金属复合管

在图 6-13 中，挤压坯锭可以是双金属空心复合坯锭，也可以是由两个空心坯机械组装成的组合坯。双金属空心复合坯锭是预制好的复合坯锭，内外层界面已经完成了冶金结合；组合坯的内外层界面是机械结合，需要在挤压复合过程中完成冶金结合，为了提高界面结合性能，通常需要对内外层坯料的接触面进行清洁预处理；同时，为了防止坯料在挤压过程中发生氧化，可能需要采用焊接或包套的方法对坯料两端进行密封。复合坯料挤压法通常指的是第二种复合挤压工艺。

复合坯料挤压法的优点在于，在复合挤压过程中，剧烈的塑性变形产生的热和力，促进了内外层金属界面的焊合和原子的扩散，从而达到了结合面的冶金结合。但是，可能由于受到内外金属化学成分及性能差异、挤压模具结构、复合挤压工艺参数等的影响，使得内外层金属在复合挤压时，塑性流动不均匀，造成内外层壁厚不均匀，甚至产生外形波浪、界面呈竹节状或界面层有局部显微裂纹等现象。因此，选择内外层金属坯料组合非常重要。如果内外层金属在复合挤压过程中变形抗力相差较大，会极大影响塑性流动的均匀性，影响复合管的性能。复合坯料挤压双金属管的常见缺陷如图 6-14 所示。

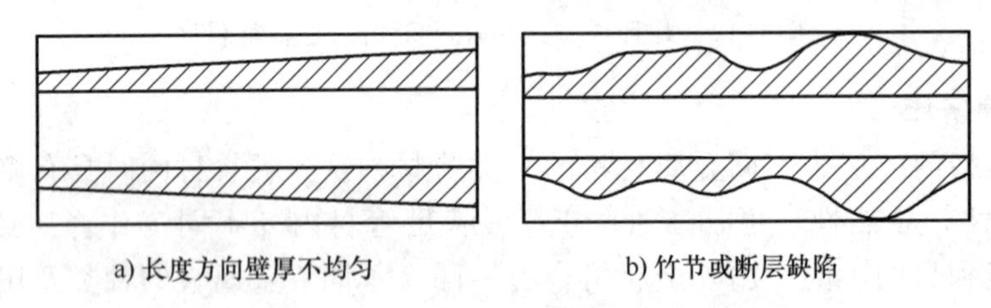

图 6-14　复合坯料挤压双金属管的常见缺陷

2. 包覆材料挤压

包覆材料可分为普通包覆材料（单芯包覆材料）与多芯包覆材料两大类。常见的单芯包覆材料有电线、电缆、高强度导线、耐蚀导线、异性复合导线或一些特殊用途的包覆材料。多芯包覆材料有低温超导复合线。一些普通包覆材料（单芯包覆材料）的用途和特点见表 6-5。

表 6-5　一些普通包覆材料（单芯包覆材料）的用途和特点

类别	芯材	包覆材	包覆层比例（%）	用途	特点
玻璃封装线	42Ni-Fe 47Ni-Fe 50Ni-Fe	Cu	20~30	电灯泡类灯丝、二极管	Fe-Ni 合金线膨胀系数的特异性，Cu 的高导电、导热性与良好的钎焊性
	Cu	50Ni-Fe	—	功率晶体管	
	Cu	29Ni-17Co-Fe	70	整流片	
耐蚀导电高强度材料	Cu	Ti	10~20	电镀母线	Ti 与不锈钢的高耐蚀性、高强度，Cu 的高导电性；不锈钢包覆利于提高扭转、抗弯强度
	Cu	不锈钢	10~20	孔镀用导电架、闪光灯 电池弹簧	
	Al	不锈钢	—	质轻、耐蚀轴	综合利用不锈钢的高耐蚀、高耐磨性与 Al 的低密度特性
电线	Al	Cu	10~80	同轴电缆	综合利用 Cu、Al 的高导电性与 Al 的低密度特性
	铁、钢	Cu	10~50	电线、弹簧、电车线	综合利用 Cu 的导电性与 Fe、钢的高强度、高耐磨性

（续）

类别	芯材	包覆材	包覆层比例（%）	用途	特点
电线	不锈钢	Cu	—	精密导线、电车线	综合利用 Cu 的高导电性与不锈钢的高强度、高耐磨性
	钢	Al	10~15	输电线、悬缆线	综合利用 Al 的高导电性和钢的高强度、高耐磨性
装饰用材料	Ti	Ni Ni 合金 Cu	—	眼镜框架	综合利用 Ni 合金、Cu 的钎焊性，电镀性，表面精加工性与 Ti 的低密度、高强度性

如表 6-5 所示，这一类复合材料的特点是利用铜、铝等优秀的导电、导热性，复合高强度或高耐蚀的钢或其他合金，在具有高导电、高导热性能基础上，赋予材料其他特殊物理性能，如高强度、高刚度、高耐蚀、耐磨性等。单芯包覆材料的界面一般为对称圆形，特殊应用场合下也可以是非圆形异型复合线材。

单芯包覆材料的成形，一般采用挤压复合或挤压复合+拉拔的工艺。典型的单芯包覆材料复合法有复合坯料挤压法、静液挤压法、连续挤压法、带张力挤压法和多坯料挤压法等。复合坯料挤压法和静液挤压法在复合过程中，芯材和包覆材都会产生塑性变形，而连续挤压法、带张力挤压法和多坯料挤压法一般不会产生塑性变形。

复合坯料挤压法和静液挤压法复合成形单芯包覆线材的过程本质上与复合坯料法复合成形双金属复合管的过程类似。复合坯料挤压法与静液挤压法的装置示意图如图 6-15 和图 6-16 所示。

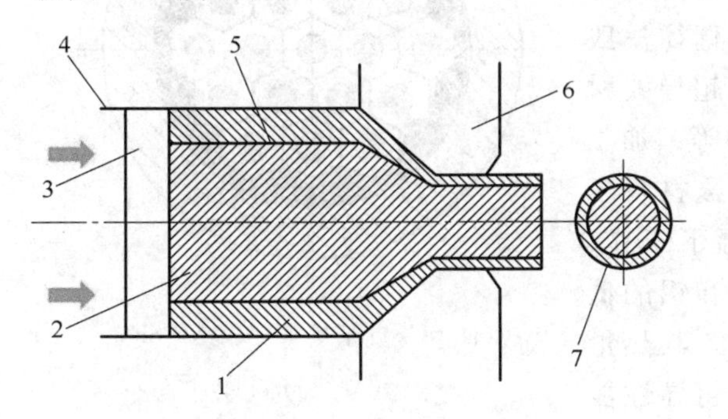

图 6-15　复合坯料挤压法的装置示意图

1—包覆层　2—内层金属　3—挤压垫　4—挤压筒　5—复合坯料　6—挤压模具　7—包覆制品

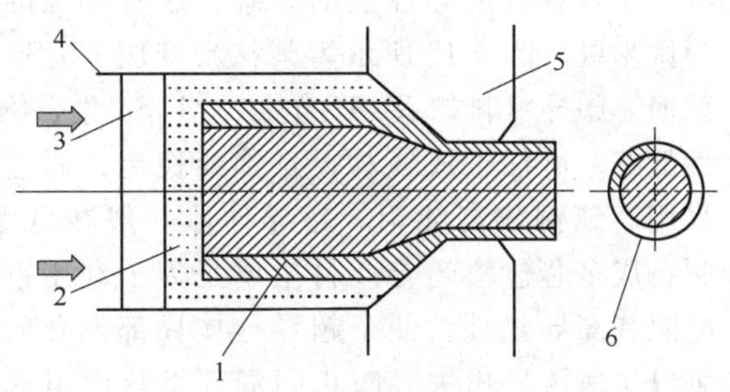

图 6-16　复合坯料静液挤压法的装置示意图

1—复合坯料　2—黏性介质　3—挤压垫　4—挤压筒　5—挤压模具　6—包覆制品

复合坯料挤压法生产工艺简单，制备的单芯包覆线材结合界面冶金焊合性好，但可能存在与复合坯料挤压双金属管同样的问题，即复合挤压时内外层金属流动不均匀。当内外层金属在化学成分和性能差异较大时，容易产生界面不均匀，甚至出现界面波浪、竹节、芯材破断、包覆层破断、内外层之间鼓泡、表面皱纹等缺陷。

采用静液挤压法制备包覆线材时，坯料与挤压筒壁、坯料与挤压垫片之间填充的是黏性介质，挤压力通过这些黏性介质传递，极大改善了传统复合坯料挤压法易造成的金属流动不均匀性，从而改善复合界面的性能。静液挤压法广泛应用于制备各种精密电子器件用复合导线、耐蚀性复合线、复合电极等。这类单芯包覆线材一般对复合层厚度的均匀性、界面结合质量要求较高。静液挤压复合与内外层金属组合、包覆率、制品尺寸、断面形状、挤压温度、挤压速率、挤压比等因素有关。但该方法工艺复杂、生成率低、成本较高。

对于一些内外层金属化学成分和性能相差较大的组合，不适合复合坯料挤压包覆法，如铝包钢线。铝包钢线材通常采用连续挤压法、带张力挤压法等制备。这些方法在挤压过程中，芯材强度高，一般不发生塑性变形或只发生微量塑性变形，包覆铝材的送入方式与常规挤压方法也明显不同。在包覆过程中，包覆层的金属流动特点与复合坯料挤压法的类似，只是模具结构和配置同复合坯料挤压法的有所差异。带张力挤压法示意图如图 6-17 所示。对于这种挤压复合，一般需要拉拔进行配合，本质上是挤压+拉拔工艺。

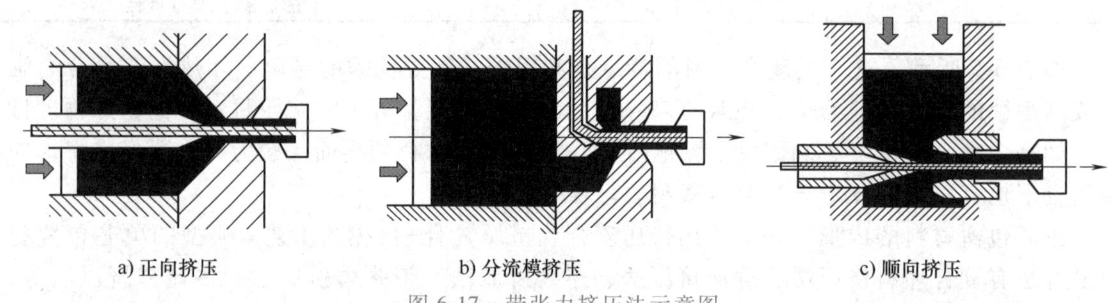

图 6-17　带张力挤压法示意图

多芯包覆材料挤压复合法的典型应用是低温超导复合线材，这些超导线材主要应用于高强或超高强磁场发生器、核磁共振成像系统、磁悬浮、电力输送、各种功能器件与装备等。此类材料的芯材一般为几百或几千根具有超导性能的纤维，这些纤维的直径一般为微米级。图 6-18 所示为某核聚变用 Nb_3Sn 超导线材截面。超导材料如 Nb-Ti 合金、Nb_3Sn 化合物等，加工性能好，可加工成线材，且性能稳定，而包覆材料多采用高纯铜或高纯铝。超导导体一般在低温下工作，制备成多芯包覆超导线材主要是为了利用铜和铝的低电阻和高导热性，便于超导导体局部发热时，其热量可以快速传导出去，防止因局部发热而引起超导性能破坏。多芯包覆材料挤压复合法总体采用挤压+拉拔工艺，即首先将超导导体和包覆材料采用挤压+拉拔法复合制备成铜或铝包覆超导材料的棒料，再将这些棒料以紧密堆积方式排列于铜制圆筒内，制备成复合挤压坯，再进行挤压+拉拔复合，最后制备成多芯包覆超导线材。

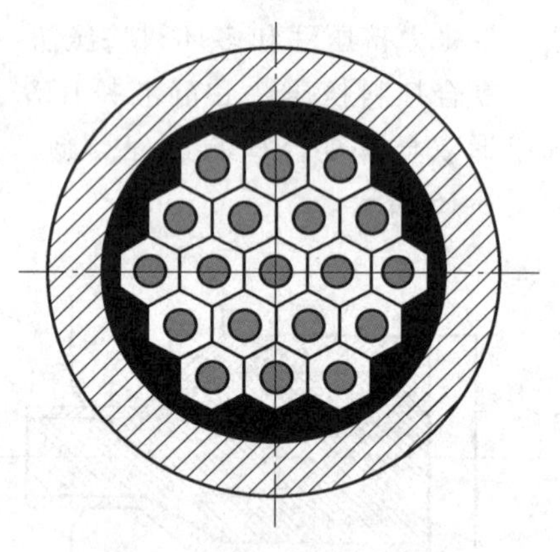

图 6-18　某核聚变用 Nb_3Sn 超导线材截面

6.5.3　拉拔复合

拉拔复合可以分为两个方面：一方面是在拉拔过程中，实现材料的复合，如双金属管的复合；另一方面是对挤压法复合成形的双金属管或包覆线材进行进一步加工，获得更为细小的制品。

1. 管材的拉拔复合

管材的拉拔复合是利用具有不同变形抗力的材料，在塑性变形后会产生残余应力的特点而实现机械结合的一种方法，可分为缩管拉拔法和扩管拉拔法两种，如图 6-19 所示。

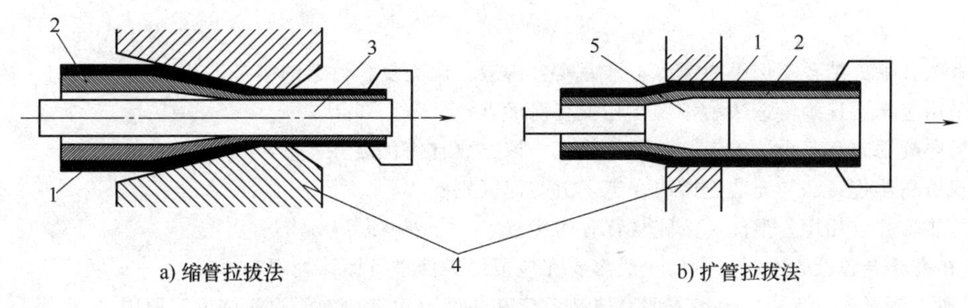

图 6-19 拉拔复合法成形双金属管的装置示意图

1—外层管 2—内层管 3—芯杆 4—拉拔模具 5—芯头

拉拔又分为冷拉拔和热拉拔，管材拉拔复合时，内外金属的结合界面并没实现完全冶金焊合，更多的是机械啮合。拉拔复合的基本原理是内外金属经过拉拔塑性变形后，因材质的差异，导致内外层弹性回复量存在差异，从而使外层金属管对内层金属管产生附加抱紧力，实现内外层界面的机械结合。因此，当缩管拉拔时，要求内层管的弹性回复量大于外层管的弹性回复量；扩管拉拔时，要求外层管的弹性回复量大于内层管的弹性回复量。因为拉拔复合的界面结合主要为机械结合，所以在内外金属组合、模具结构设计、夹具结构设计、拉拔工艺等方面需要结合实际情况进行综合考虑。

2. 包覆材的拉拔复合

当包覆材的内外界面以冶金结合为主时，采用坯料挤压法和静液挤压法通常只能成形直径较大的复合棒材。当这些复合棒材需要进一步制备各种更小规格的复合棒材时，一般需要采用拉拔的二次加工方法。包覆材拉拔复合成形装置示意图如图 6-20 所示。

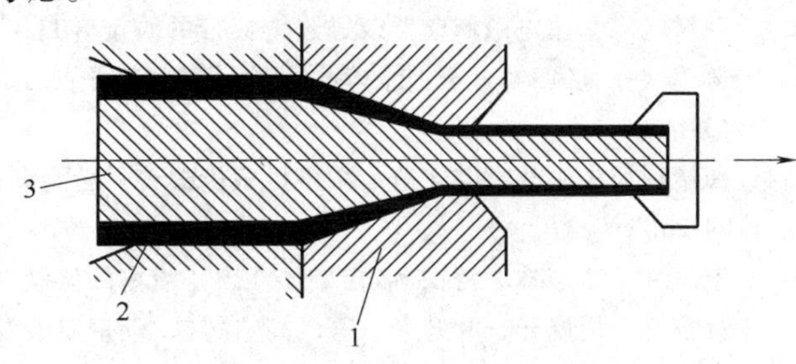

图 6-20 包覆材拉拔复合成形装置示意图

1—拉拔模具 2—包覆层 3—芯材

包覆材要拉拔成所需规定规格大小的棒材时，通常需要多道次拉拔，每次拉拔的变形量不能太大，以防止轴向拉应力大于包覆材的断裂强度而发生破断，从而无法实现正常的连续加工。如果最终压缩率较大，需要在道次与道次之间进行软化退火，在退火工艺中，通常首先需要考虑复合棒材的包覆材和芯材软化温度是否在同一温度区间，其次需要考虑界面层显微组织的变化，以防止界面层可能出现脆性金属间化合物。对于一般的包覆材，其拉拔的断面压缩率一般不大于 40%，同时，包覆材与芯材的变形抗力比、半径比、拉拔模半角以及摩擦系数对于实现正常拉拔均有重要影响。

思考题

1. 什么是复合材料？复合材料应如何分类？
2. 对于金属基复合材料的设计，什么是关键？
3. 复合材料的制备方法有哪些？金属基层状复合材料的复合法有哪些？
4. 什么是复合铸造法？复合铸造法制备的复合铸件质量主要取决于哪些因素？

5. 查阅文献，结合实例说明镶铸、重力复合铸造、离心复合铸造的制备工艺。
6. 采用包覆层连续铸造法制备复合轧辊有何优点？
7. 反向凝固连铸复合法的工艺关键是什么？该方法有何优点？
8. 双结晶器连铸法与充芯连铸法在工艺上有何区别？
9. 与热轧复合相比，温轧、冷轧复合有何优点？
10. 在高合金包覆碳钢时，为何一般需要在包覆层表面进行镀镍处理？
11. 在热轧复合过程中，为何需要对热轧温度和热轧道次有精确要求？请说明原因。
12. 简述金属减振材料的分类及减振原理。
13. 相比于复合坯料挤压法，采用静液挤压法制备包覆线材有何优势？
14. 查阅文献，结合实例说明超导线材的一些制备方法。
15. 简述拉拔复合法成形双金属管的工艺原理。

参考文献

[1] 孙瑜. 材料成形技术［M］. 上海：华东理工大学出版社，2010.

[2] 谢建新. 材料加工新技术与新工艺［M］. 北京：冶金工业出版社，2004.

[3] 陈付时. 采用电磁制动器改进连铸板带的质量［J］. 上海钢研，1997，3：56.

[4] 陈和兴，赵四勇，常明，等. 高锰钢镶铸硬质合金锤头的研制［J］. 铸造技术，2000（4）：13-14.

[5] 魏绪树，朱永长，荣守范. 采煤机截齿镶铸复合金属材料研究［J］. 铸造设备与工艺，2009（3）：24-26.

[6] 李凤义，李志林. 铸铁/铝合金复合镶铸活塞的研制［J］. 铸造，1999（6）：47-48.

[7] 肖小峰，周晓光，叶升平，等. 高铬铸铁/碳钢双液双金属耐湿磨衬板的消失模复合铸造［J］. 铸造，2011，60（7）：632-634.

[8] 程红晓，王超，沈卫东，等. 锤头的双金属复合铸造工艺［J］. 铸造技术，2004，25（3）：170-171.

[9] 杨振国，于明艳，杨敬诚. 离心复合铸造精轧工作辊的开发［J］. 大型铸锻件，1995（3）：16-19.

[10] 何奖爱，王玉玮，佟铭铎，等. 碳钢-高铬铸铁离心铸造钻井泵缸套的研究［J］. 石油机械，2000，28（3）：12-14.

[11] 赵卫民. 金属复合管生产技术综述［J］. 焊管，2003，26（3）：10-14.

[12] 曹晓燕，上官昌淮，施岱艳，等. 天然气管线用双金属复合管的发展现状［J］. 全面腐蚀控制，2014，28（4）：22-25.

[13] 薛志勇，吴春京，张智. 充芯连铸铜包铝复合材料制备技术的试验研究［J］. 特种铸造及有色合金，2008，28（5）：383-384.

[14] 白培康，王建宏. 材料成型新技术［M］. 北京：国防工业出版社，2007.

[15] 徐爽. 电磁连铸复合净化法制备铝合金铸坯［D］. 大连：大连理工大学，2004.

[16] 朱映玉. 铜包钢复合线的制备及其组织性能的研究［D］. 赣州：江西理工大学，2016.

[17] ABBASIPOUR B，NIROUMAND B，VAGHEFI S M M. Compocasting of A356-CNT composite［J］. Transactions of Nonferrous Metals Society of China，2010，20（9）：1561-1566.

[18] KHAKI-DAVOUDI S，NOUROUZI S，AVAL H J. Microstructure and mechanical properties of AA7075/Al3Ni composites produced by compocasting［J］. Materials Today Communications，2021，28：102537.

[19] ERVINA EFZAN M N, SITI SYAZWANI N, AL BAKRI A M. Fabrication method of aluminum matrix composite (AMCs): a review [J]. Key Engineering Materials, 2016, 700: 102-110.

[20] AMIRKHANLOU S, REZAEI M R, NIROUMAND B, et al. High-strength and highly-uniform composites produced by compocasting and cold rolling processes [J]. Materials and Design, 2011, 32 (4): 2085-2090.

[21] 张建，张立君，王万军，等. 反向凝固法生产复合奥氏体不锈钢薄带的研究 [J]. 钢铁，2000，35 (5)：19-22.

[22] 张建，王皖. 反向凝固奥氏体不锈钢复合铸带微观组织特征和界面结合性能的研究 [J]. 马钢技术，2000 (B05)：63-67.

[23] 刘环，郑晓冉. 层状金属复合板制备技术 [J]. 材料导报，2012，26：131-134；149.

[24] 冯明杰，王恩刚，赫冀成. 高速钢复合轧辊连铸复合过程温度场的数值模拟 I. 石墨铸型法 [J]. 金属学报，2011，47 (12)：1495-1502.

[25] 王小红，唐荻，许荣昌，等. 铝-铜轧制复合工艺及界面结合机理 [J]. 有色金属，2007，59 (1)：21-24.

[26] 谢广明，骆宗安，王国栋. 轧制工艺对真空轧制复合钢板组织与性能的影响 [J]. 钢铁研究学报，2011，23 (12)：27-30.

[27] 王旭东，张迎晖，徐高磊. 轧制法制备金属层状复合材料的研究与应用 [J]. 铝加工，2008 (3)：22-25.

[28] 刘建彬，韩静涛，解国良，等. 离心浇铸挤压复合钢管界面组织与性能 [J]. 北京科技大学学报，2008，30 (11)：1255-1259.

[29] 余光中，蒋鹏，胡福荣，等. 半轴套管锻造及深孔挤压复合工艺数值模拟 [J]. 锻压技术，2007，32 (2)：102-104.

[30] 陆晓峰，郑新. 基于有限元模拟的 20/316L 双金属复合管拉拔参数的优化 [J]. 中国有色金属学报，2011，21 (1)：205-213.

[31] LI L, NAGAI K, YIN F. Progress in cold roll bonding of metals [J]. Science and Technology of Advanced Materials, 2008, 9 (2): 023001.

[32] GHALEHBANDI S M, MALAKI M, GUPTA M. Accumulative roll bonding: a review [J]. Applied Sciences, 2019, 9 (17): 3627.

[33] EIZADJOU M, MANESH H D, JANGHORBAN K. Mechanism of warm and cold roll bonding of aluminum alloy strips [J]. Materials and Design, 2009, 30 (10): 4156-4161.

[34] WU K, DENG K, NIE K, et al. Microstructure and mechanical properties of SiCp/AZ91 composite deformed through a combination of forging and extrusion process [J]. Materials and Design, 2010, 31 (8): 3929-3932.

[35] LI C L, ZHANG T A, LIU Y. Research progress of composite preparation technology of bimetallic wire: TMS 2022 151st Annual Meeting and Exhibition Supplemental Proceedings [C]. Swit zerland: Springer, 2022.

[36] DAI Y M, MA Y Q, DAI Y J. Theoretical account for the bimetallic bonding of the copper clad aluminum wire by clad-drawing at room temperature [J]. Advanced Materials Research, 2012, 391; 392: 37-41.

第7章 先进连接技术

7.1 引　　言

21 世纪世界经济发展有一个突出的趋势，即知识的经济化。科技进步在经济发展中越来越表现出强大的作用，高科技向现实生产力的转化越来越快，科技革命推动着世界经济的增长，这是从工业经济进入知识经济的主要标志。知识经济的首要特征是创新。只有不断创新，才能生产出新颖的技术和富于独创性的知识产品。在知识经济的时代，不断涌现出新的知识产品。以电子信息、自动化、人工智能、新材料为核心的工程技术，正在不断创新，带动了先进制造技术的迅速发展。先进制造技术是创造社会财富的重要手段，是国家经济发展的主要技术支柱。我国政府对先进制造技术的发展给予了高度重视。1995 年 5 月我国在《中共中央、国务院关于加速科学技术进步的决定》中提出：为提高工业增长的质量和效益，要重点开发推广电子信息技术、先进制造技术、节能降耗技术、清洁生产和环保技术等共性技术。各有关部委也制定了规划并采取有力措施推动先进制造技术。先进连接技术是先进制造技术的重要组成部分，是指在制造过程中充分利用信息、自动化和管理等现代科学技术，实现连接产品的高性能、高可靠、低成本、无污染的工程技术，是 21 世纪的核心制造技术。该技术在航空航天、核能、船舶、电子、重型机械、汽车、仪表等工业领域具有举足轻重的作用，是我国国民经济发展的重要支撑。

7.2 连接技术简介

连接技术这一概念涉及内容相当广泛，21 世纪材料成形和连接已成为加工制造领域的重要组成部分，实现材料连接有多种方法，包括冶金连接、机械连接、化学连接（胶接）等。冶金连接在连接技术中占主导地位，应用最广泛。材料连接技术可追溯到数千年以前，但现代连接技术的形成主要以 19 世纪末电阻焊的发明（1886 年）和金属极电弧的发明（1892 年）为标志，其真正的快速发展则是在 20 世纪 30 年代以后。连接技术在制造业中起着越来越重要的作用，并且在高新技术的推动下以及市场不断提出需求的带动下向前发展。优质、高效、低耗、清洁、灵活生产是连接技术发展的方向，取得更高的技术经济效果是连接技术追求的目标。

本章主要涉及激光焊、电子束焊、摩擦焊三种先进连接技术的原理、工艺及应用。

北斗：想象无限

7.3 激　光　焊

激光发明不久就应用到了焊接领域。20 世纪 70 年代初，实验室中能制备超过 10kW 的

CO_2 激光器，可用于焊接厚钢板。人们常常用这种 CO_2 激光器来研究激光焊在钢结构制造、造船、管道、核工业和宇航业的可行性。

大国工匠：
大道无疆

激光焊（laser beam welding，LBW）是以聚焦的激光束作为能源，利用轰击焊件所产生的热量进行焊接的方法。

7.3.1 焊接用激光及激光系统

激光是利用原子受激辐射的原理，使工作物质受激发而产生的一种单色性高、方向性强、亮度高的光束，其能量密度很高，聚焦后可达 $10^{12}W/cm^2$。产生激光的工作物质可以是气体、液体或者固体，选用不同的激光工作物质可以获得波长从零点几微米到几十微米的激光束。目前，短波激光主要用于材料微加工，长波激光可以用于金属材料焊接加工、切割加工等。

目前用于焊接加工的激光主要是 CO_2 激光和 Nb：YAG 激光，圆盘激光和光纤激光因功率大、激光束品质好而成为后起之秀。几种典型焊接用激光的特性见表 7-1。

表 7-1　几种典型焊接用激光的特性

特性	激光					
	CO_2 激光	Nb:YAG 激光		圆盘激光	光纤激光	二极管光纤耦合激光
		灯浦	二极管浦			
激光介质	混合气体	晶棒	晶棒	晶体	掺杂光纤	半导体
波长/μm	1~10.6	1.06	1.06	1.03	1.07	0.81~0.98
功率系数(%)	10~15	1~3	10~30	10~20	20~30	35~55
最大输出功率/kW	20	6	6	8	50	8
光纤传导	不可	可	可	可	可	可

激光焊系统典型配置包括激光发生器、光路系统、聚焦装置、固定和传动焊件的工作台等。

激光束经透射或反射镜聚焦后可获得直径小于 0.1~1mm、功率密度高达 $10^6W/cm^2$ 的激光光斑，可用作焊接、切割及材料表面处理的热源。激光焊装置原理示意图如图 7-1 所示。

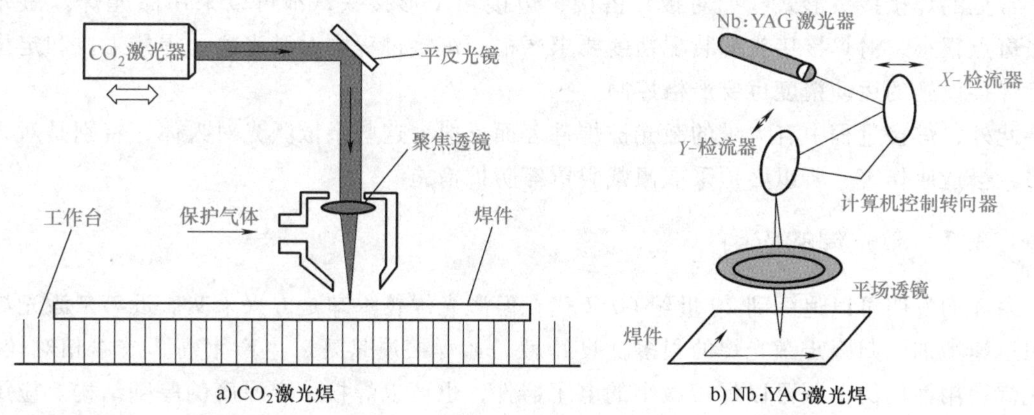

图 7-1　激光焊装置原理示意图

7.3.2 激光焊的技术特征

1. 焊接原理

入射到焊件表面的激光一部分被焊件表面吸收，另外一部分被焊件表面反射。被焊件表面吸收的激光其能量转化为热量用于焊接，而反射部分没有被利用。不同材料对激光的吸收率差异比较大，普通金属材料对激光的吸收率在10%以下。

材料对激光的吸收率随温度的升高而增大，液态金属的吸收率显著较高，通过其他热源加热焊件可以提高激光能量利用率。钢铁材料对红外光谱有较大的吸收率，因此钢铁材料具有良好的Nb：YAG激光和CO_2激光焊接性。

利用激光进行焊接可以实现热导焊［熔深由热传导控制，熔池形成机制与普通钨极惰性气体保护焊（gas tungsten arc welding，GTAW）相似］，也可以实现小孔焊（熔深由小孔深度控制）。

焊件表面吸收激光后发生能量转换，激光束斑点下的材料温度升高，达到材料熔点时在焊件表面形成熔池，同时熔池中液态金属的对流运动可促进热量传递，使熔池体积进一步扩大。当激光束的能量足够高（$1MW/cm^2$）时，熔池中的部分液态金属发生蒸发，激光束潜入熔池底部从而形成小孔，激光束斑点在小孔底部的激光吸收率大大提高，可以形成大深宽比的焊缝成形。

热导焊和小孔焊模式也可以在同一焊接过程中相互转换。例如，当脉冲激光焊的峰值激光能量密度和脉冲持续时间足够时，这两种模式可相互转换激光脉冲能量密度的时间依赖性能够使激光焊在激光与材料相互作用期间由一种焊接方式向另一种方式转变，即在相互作用过程中焊缝可以先在热导方式下形成，然后再转变为小孔模式。

2. 焊接保护气体

连续激光中一般要使用保护气体防止焊接区域高温的液态或凝固金属发生氧化。激光焊中常用的保护气为氦气或氩气，前者的电离势较高，不易形成对激光有害的等离子体；后者的密度较大，保护效果更好。使用氩气保护时有时需要采取措施，如喷射氦气，以抑制氩气的电离。

3. 接头形式和精度

常见的焊接接头形式，如对接、搭接、边接和T形接头，都可以采用激光焊。激光束聚焦斑点很小，对焊接接头的装配精度要求严格。焊接过程中对激光器、焊接工位和定位装置等焊接设施的运动精度也要严格控制。

此外，焊接过程中有大量的激光被焊件表面反射，这些杂散激光对人体，特别是对人的眼睛，会造成伤害，所以必须采取佩戴眼罩等防护措施。

7.3.3 激光焊的应用

激光的发明可以追溯到20世纪60年代，但激光焊技术却是方兴未艾。近年来激光焊的应用迅速增加，归因于激光焊的很多优良特性，如焊接质量好、生产率高、成本相对较低。激光焊适用性广泛，既可以焊接微小的电子器件，也可以焊接一定厚度的厚壁结构。应用领域几乎涉及所有工业领域，见表7-2。

表 7-2 激光焊的应用领域及应用举例

应用领域	应用举例
航空	发动机壳体、机翼隔架等
电子仪表	集成电路内引线、显像管电子枪、电容器、仪表游丝等
机械	精密弹簧、薄壁波纹管、热电偶、阀体等
钢铁冶金	硅钢片、异种材料拼焊等
汽车	汽车底架、传动装置、齿轮等
医疗	心脏起搏器等
食品	食品罐
其他	换热器、电池外壳等

下面以汽车制造和电子制造为例简要介绍激光焊的应用。

1. 汽车工业中的应用

20 世纪 80 年代后期，千瓦级激光成功应用于工业生产，而今激光焊生产线已大规模出现在汽车制造业，成为汽车制造业突出的成就之一。德国奥迪、奔驰、大众，瑞典的沃尔沃等欧洲的汽车制造厂早在 20 世纪 80 年代就率先采用激光焊接车顶、车身、侧框等，20 世纪 90 年代美国通用、福特和克莱斯勒公司竞相将激光焊引入汽车制造，尽管起步较晚，但发展很快。意大利菲亚特在大多数钢板组件的焊接装配中采用了激光焊，日本的日产、本田和丰田汽车公司在制造车身覆盖件中都使用了激光焊和切割工艺，高强钢激光焊装配件因其性能优良在汽车车身制造中使用越来越多。激光拼焊技术在国外轿车制造中得到广泛的应用，车身侧围板采用激光拼焊，无须加肋板，零部件的数量和质量均显著减少。根据汽车工业批量大、自动化程度高的特点，激光焊设备向大功率、多功能方向发展。

2. 电子工业中的应用

激光焊在电子工业中，特别是微电子工业中得到了广泛的应用。由于激光焊的热影响区小、加热集中迅速、残余应力低，因而在集成电路和半导体器件壳体的封装中显示出独特的优越性。例如，传感器或温控器中的弹性薄壁波纹片，其厚度在 0.05~0.1mm，传统焊接方法难以解决，采用激光焊则容易得多，而且焊接质量高。

7.3.4 激光焊技术的研究进展

1. 先进高强钢激光焊技术

随着工业技术的不断发展，汽车制造业已进入快速发展的阶段。各类汽车大量生产带来了交通的便利，但同时也造成了环境污染。在强调绿色和谐发展的今天，解决这些污染问题被视为汽车行业发展的重点。为提高汽车生产的环保标准，就要求汽车行业必须重新审视发展的方向，在安全、环保、性能、节能方面平衡发展，这使得汽车在保障安全的同时需要实现轻量化制造。国际钢铁协会（international iron and steel institute，IISI）在 2002 年完成的超轻钢车身-先进车辆概念（ultra-light steel autobody-advanced vehicle concept，ULSAB-AVC）项目表明，将先进高强钢（advanced high strength steel，AHSS）用于汽车制造可代替低强度的普通低碳钢实现车身减重和整车强度提升。使用 AHSS 和先进制造技术，可以在保证车身强度的同时，减轻车身质量 30%。

相比于其他轻质金属，AHSS 在成本、性能和 CO_2 的排放方面具有明显优势，使其在汽车领域有极强的竞争力。AHSS 主要包括双相（dual-phase，DP）钢、相变诱导塑性（transformation induced plasticity，TRIP）钢、马氏体（martensitic，M）钢、复相（complex phase，CP）钢、热成形（hot forming，HF）钢、孪晶诱导塑性（twinning induced plasticity，TWIP）钢等。根据强塑积的不同，AHSS 可以分为三代。第一代主要以 DP 钢、TRIP 钢为代表，目前已得到广泛应用。DP 钢是第一代 AHSS 中较为经典的钢种，也是应用最为广泛、研究最为热门的钢种，它以铁素体为基体，通过调节 C、Si、Mn 的含量来控制马氏体的生成从而起到强化效果。第二代主要以 TWIP 钢为代表，其强塑积高达 50GPa 以上，是第一代 AHSS 的两倍多，因此在 TWIP 钢刚被提出和研究时，人们对其寄予厚望，该钢种含有大量合金元素，焊接性较差，其常态下的微观组织为奥氏体，超高强度与良好塑性可通过孪生滑移变形获得。第三代主要以 Q&P（quenching and partitioning）钢为代表，其强塑积介于一代 AHSS 和二代 AHSS 之间，是在一代的基础上通过更加精密的成分和工艺调控来改变微观组织，达到提高强度的目的，目前仍在研究开发阶段。TRIP 钢和 TWIP 钢因具有良好的强度和塑性匹配、优异的撞击能量吸收能力及成形性能，被认为是汽车用钢的发展方向。

激光焊的灵活性、易实现自动化及高质量焊缝，为车身轻量化制造和先进材料连接方式之间的相关性提供了指引。目前，AHSS 在某些方面已经取得了实质性突破，在汽车领域中已经较为完善地应用了激光焊技术，而对新型 AHSS 轻量化材料的激光焊仍需继续提升。

在汽车用 AHSS 领域，激光焊技术因其速度快、变形小、焊缝质量好而在汽车生产中得到了普遍应用，如今汽车的车身拼焊、零件焊接几乎是由激光焊完成的，而我国顶尖的汽车制造更是利用长达 42m 的激光无缝焊接，使车身各部分结合强度达到了整体钢板的强度。国外在 2004 年就将激光焊成熟地应用于汽车的实际生产，德国大众的第五代高尔夫（Golf）车身，其激光焊焊缝总长达到了 70m，车身自身质量为 252kg，扭转刚度达到了 25kN · m/°，一阶扭转和弯曲频率分别达到了 46.9Hz 和 52.7Hz。在早期汽车的实际生产中，因为马氏体钢的成形性差没有实际应用，主要的研究对象是 DP 钢和 TRIP 钢。对于 DP 钢和 TRIP 钢这类成熟 AHSS 的激光焊，研究人员现在较注重焊接性能的研究和焊接参数的制订以方便生产应用。有人对 1.5mm 厚 DP600 钢板采用 SW500 型号的脉冲激光焊重新进行工艺参数的制订，试图优化现有产业效率。他们通过对焊接电压、脉冲频率、脉冲宽度、焊接速度、离焦量等参数进行试验，得出了 DP600 钢脉冲激光焊焊接电压 295V、脉冲频率 17Hz、脉冲宽度 12ms、焊接速度 250mm/min、离焦量 0mm 的较佳参数。

对于汽车领域常用的厚 1.5~2.5mm 的板材，能保证良好焊合的焊接速度为 1~4m/min，激光功率为 1.5~3.5kW，实际热输入为 36~72J/mm。对于 TWIP 这样脆性区域会导致接头伸长率降低一半的钢种而言，则必须采用改良方法进行焊接来达到实际生产要求。

翟战江等人对 2.5mm 厚 DP980 钢板进行不同热输入下的激光焊接头组织和力学性能进行研究，发现其热影响区皆有软化现象。另有人对 DP1180 钢焊接接头组织和性能进行研究，也发现了同样的现象。马志鹏对不等厚 DP590 钢和 TRIP800 钢的研究证明，仅靠调节焊接参数，TRIP800 钢的接头强度与 DP590 钢的相等，且伸长率为 DP590 钢的 80%，完全符合生产要求。但在 TWIP 钢等第二代 AHSS 的面前，激光焊遭受了巨大的挫败。第三代 AHSS 通过增加大量合金元素实现强化，在焊接过程中容易出现元素烧损、偏析、缩孔等问

题，因而必须寻求新的工艺方法。

帕斯夸尔（Pasquale）等人对DP钢和TWIP钢之间的激光焊新型方法——激光-电弧复合焊进行了研究，对镀锌的厚1.4mm的两种钢板采用0.8mm的316L-Si/SKR-Si奥氏体不锈钢作为填充材料，同时在20V和94A下保持恒定的电弧电压和焊接电流，通过在1.0~2.25kW范围内调节激光功率和在1.8~3.3m/min内调节焊接速度来改变热输入，针对不同的激光功率和焊接速度导致的不同热输入共计12组试验对象。试验结果确定了热输入为50~75kJ/m的较佳范围，焊缝力学性能接近DP钢母材。

2. 超高强钢固体火箭发动机壳体激光焊关键技术

激光深熔焊方法不仅生产率高、热输入低、焊后残余变形小，而且还是一种无接触的焊接方式，能充分保证焊缝的纯净度。激光深熔焊过程中焊接速度比较高，而尺寸、自重较大的中厚壁高强钢复杂结构不便于装夹在焊接变位机上进行高速变位，这就要求必须采用全位置激光焊的方案。激光深熔焊恰恰在全位置焊接方面具有先天的优势。与电弧焊相比，激光深熔焊熔池尺寸小、冷却凝固速度快，因此在全位置焊接工况下发生熔池失稳、流淌的倾向小；激光深熔焊时，对熔池行为影响最显著的金属蒸发反冲压力远远大于电弧焊时的电弧力，也使得重力对激光深熔焊熔池的影响权重比较小。目前，激光深熔全穿透全位置焊接工艺在飞机、汽车等行业薄壁结构制造中已得到广泛应用，并创造了巨大的经济效益，而关于中厚壁结构激光深熔全穿透全位置焊接的研究和应用很少。近年来，大功率、高亮度的光纤激光、磁盘（Disk）激光技术发展迅速，厚板激光单道全穿透焊接技术在工业领域受到广泛关注，也为厚板激光单道全穿透全位置焊接技术的突破和发展提供了契机和必要条件。

（1）厚板激光单道全穿透焊接熔池下塌控制措施研究　针对厚板激光单道全穿透焊接熔池根部的复杂流动行为，及其导致的下塌、未焊满缺陷的产生机理和控制措施研究备受国内外学者关注。板厚增大时，激光单道全穿透焊接过程中的激光功率密度和熔池金属自身重力都增大，将促进熔池液态金属向熔池下部流淌和堆积，并可能在焊缝下表面形成驼峰状焊瘤形貌，在焊缝上表面形成塌陷、未焊满等缺陷。巴赫曼（Bachmann）等在焊接熔池下方施加了一个交变电磁场，在焊接过程中熔池下部液态金属中产生感应电流并因此受到一个向上的电磁力，这样便成功地解决了厚铝板和不锈钢板激光单道全穿透焊接熔池金属下淌、焊缝塌陷的问题。

为了保证厚板高强钢激光单道全穿透焊接焊缝成形质量，片山（Katayama）等在低真空环境下进行了23mm厚低碳低硫磷高强钢的磁盘激光焊。结果表明：随着气压下降，熔深增大，焊接过程稳定性提高，气压下降为10kPa后试板被完全焊透；当气压进一步下降到0.1kPa后，焊缝成形质量进一步得到改善。罗（Luo）等通过高速摄影试验研究了低气压环境对激光深熔焊熔池与金属蒸气射流之间的瞬态耦合行为。结果显示，当气压低于10kPa后，金属蒸气云团被显著抑制并变得十分稳定，从而使焊接熔池和小孔稳定性得到显著改善。为了探索低成本且简便易行的方法来抑制13mm厚S700高强钢光纤激光单道全穿透焊接中，焊缝上表面咬边、未焊满和焊缝下表面下塌的问题，郭（Guo）等比较了平焊和横焊两种焊接位置下的焊缝成形。结果表明，与平焊相比，采用横焊后，重力驱动下熔池向下流淌的现象被有效抑制，从而使焊缝成形质量明显提高。理论分析表明，横焊时更容易在表面张力、重力和反冲压力之间达成一种平衡。鲍威尔（Powell）等对厚板光纤激光单道全穿透焊接过程中，液态金属在熔池下表面附近的堆积现象及熔池底部不稳定性的产生机理进行了研究。他们认为熔池尾部倾斜的液固界面有利于下表面液态金属向下表面熔池后沿运动，从而形成驼峰状根部焊缝形貌，如图 7-2 所示。

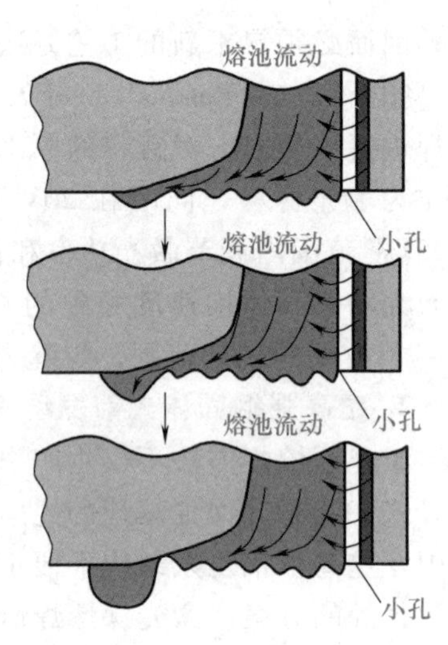

图 7-2　厚板光纤激光单道全穿透焊接熔池下表面附近驼峰状根部焊缝形貌的产生机理

（2）厚板激光单道全穿透焊接气孔缺陷控制措施研究　激光深熔焊接过程中小孔一直处于剧烈波动的状态，一旦小孔失稳坍塌，就可能使焊缝中产生工艺型气孔。小孔的波动不仅会导致焊接过程稳定性变差，形成气孔、飞溅等缺陷，而且会影响小孔内部激光能量耦合行为和熔池形状，从而进一步影响接头的组织和性能，如图 7-3 所示。为了抑制全穿透深熔焊接气孔缺陷，若开（Arakane）等在 15mm 厚钢板表面制备不同厚度的 Al 涂层（Al 的沸点低，少量的 Al 能增大小孔内部压力，有利于小孔的稳定），发现当涂层厚度适当时可以有效地抑制全穿透焊缝中的气孔缺陷。

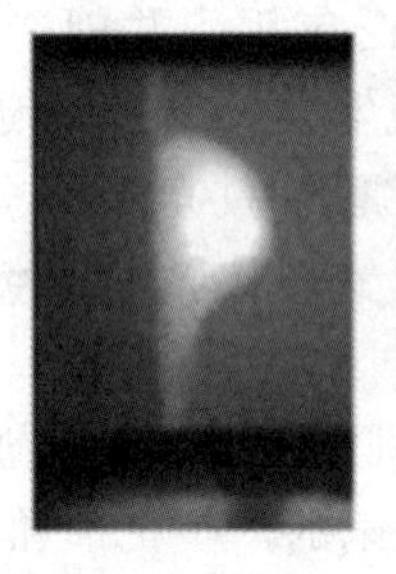
a) 小孔

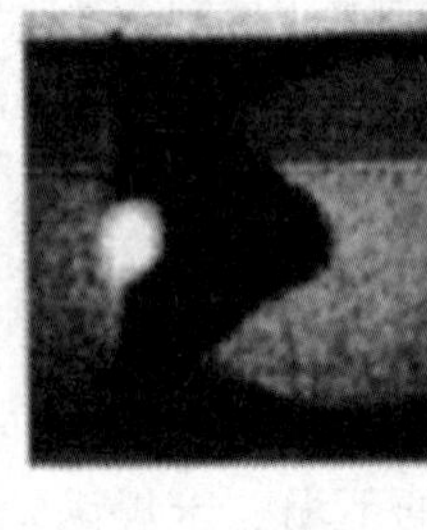
b) 熔池

c) 焊缝横截面

图 7-3　大功率 CO_2 激光全穿透深熔焊小孔形貌、熔池形貌和焊缝横截面形貌

赵（Zhao）等采用 7kW 光纤激光器研究了 20mm 厚低合金钢光纤激光焊过程中气孔缺陷的产生机制和控制措施。在对激光功率进行三角波调制后，有效地抑制了低合金钢厚板激光焊过程中的气孔缺陷。他们还通过向熔池中引入少量的氧有效抑制了激光焊气孔缺陷。

川口（Kawaguchi）等对激光功率调制改善钢的 CO_2 激光深熔焊接过程稳定性、抑制焊接缺陷的机理进行了较深入的分析。他们的研究指出，激光深熔焊接过程中小孔孔径以一定频率周期性波动，而熔池自身也有一个本征频率（这个本征频率是熔池表面长度与熔池表面波纹移动速度的比值，如图 7-4 所示）。试验结果表明，如果采用小孔的径向波动频率作为激光功率的调制频率，将使小孔和熔池的稳定性恶化；采用熔池本征频率作为激光功率的调制频率，则可以使焊接过程稳定性显著改善、缺陷显著减少。

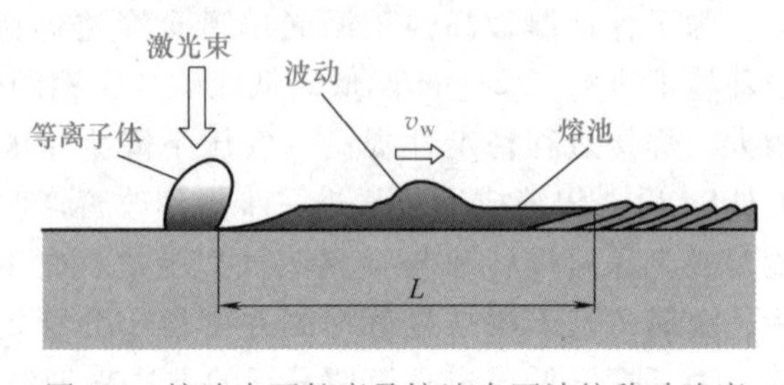

图 7-4　熔池表面长度及熔池表面波纹移动速度

（3）厚板激光单道全穿透焊接熔池动力学行为模拟研究　张（Zhang）等采用流体力

学仿真软件（FLOW 3D 软件）对 10mm 厚低合金钢板的磁盘激光全穿透焊接过程的熔池小孔动态行为和激光能量耦合行为进行了三维模拟研究。结果表明如下。①在厚板激光单道全穿透焊接过程中，激光能量耦合效率、熔池和小孔都呈现出周期性波动的特征，如图 7-5 所示。焊接过程中小孔形态周期性地交替呈现为通孔和盲孔，一个周期大约 8ms；一旦小孔呈现通孔的形态，会有一部分激光能量从小孔底部开口处逃逸到环境中，使工件吸收的激光能量下降 20%~25%。②熔池下部的流动特征为：上部液态金属在反冲压力和重力作用下朝向熔池下部流动，到达熔池下部小孔开口附近后，在反冲压力的推动作用下被不断地输送到熔池下表面后方附近并逐渐形成堆积，导致熔池底部的稳定性变差，如图 7-6 所示。

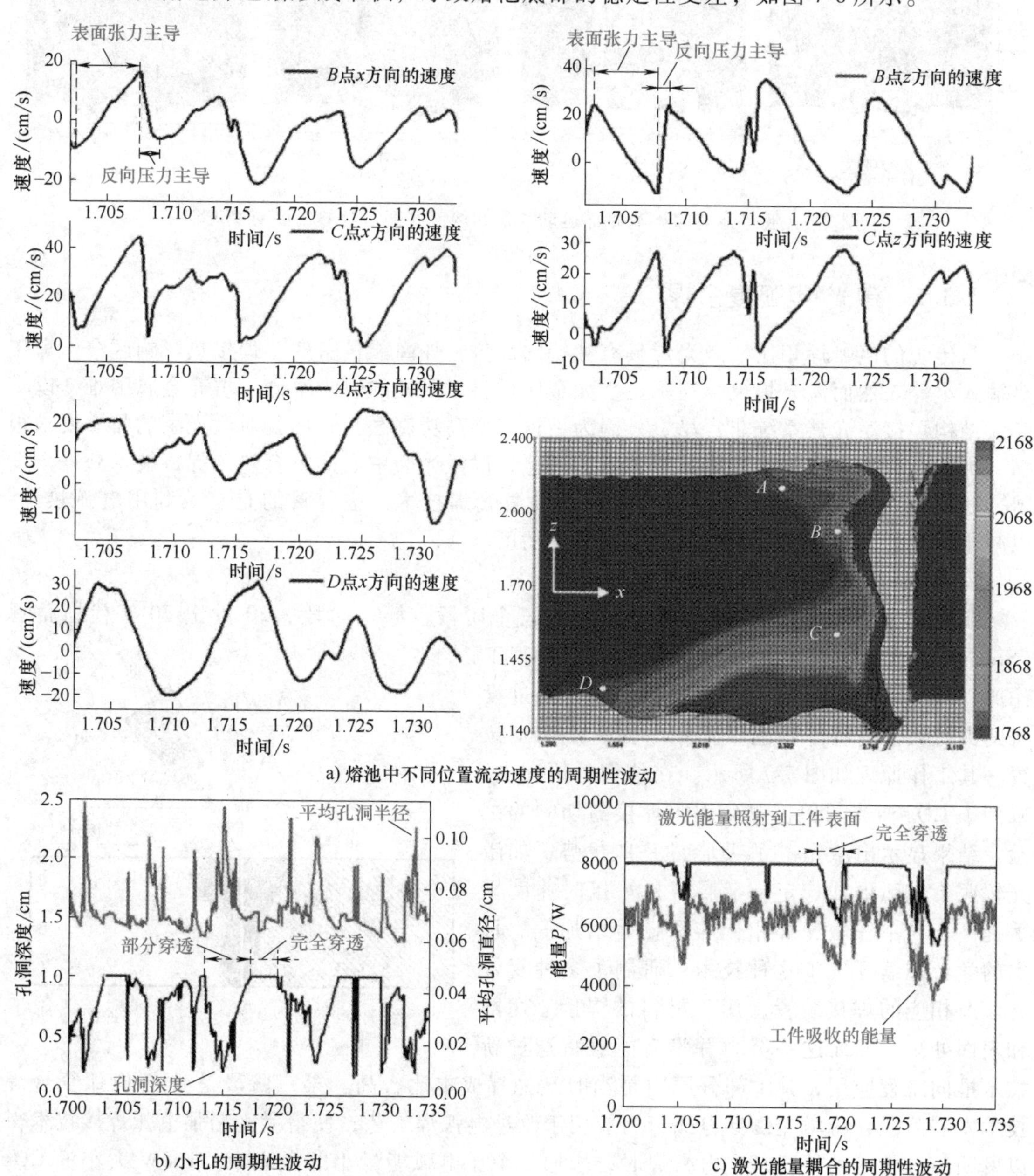

图 7-5　厚板激光单道全穿透焊接熔池、小孔及激光能量耦合的周期性波动

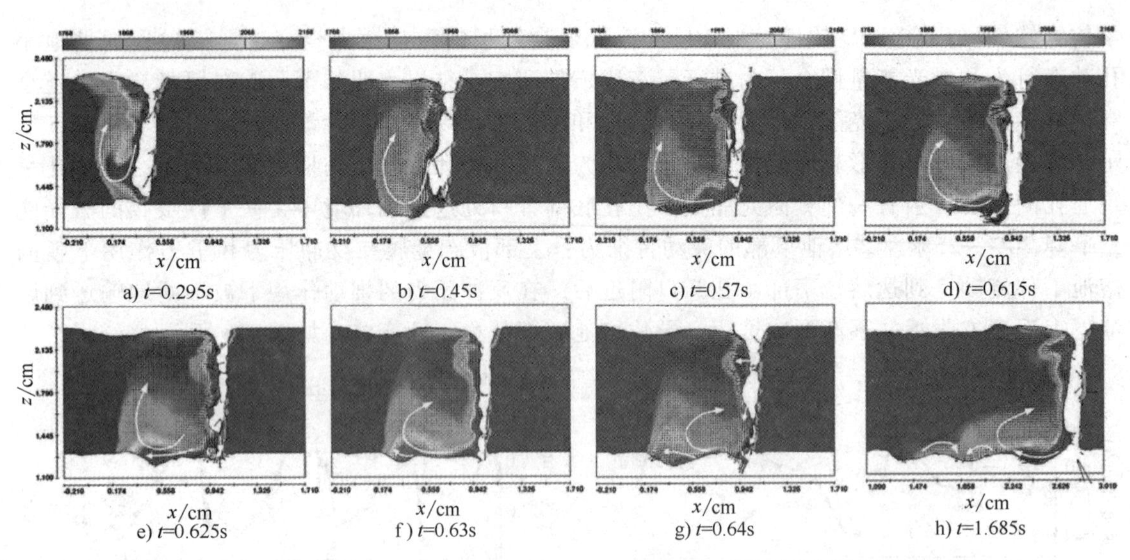

图 7-6 液态金属向熔池底部运动堆积和熔池底部形貌的发展演变过程

7.3.5 激光-电弧复合焊

与传统的电弧焊相比，激光焊具有独特的优势，如高能量密度、焊接热影响区窄、焊接热输入小等。然而激光焊也存在不足，如金属材料对激光的吸收率低、填充金属困难，以及厚大结构焊接激光器系统非常昂贵，因为不仅需要高功率激光，而且对激光束的品质要求很高。为了充分发挥激光焊和电弧焊各自的优势，以激光为中心的复合热源焊接技术获得了发展。激光-电弧复合焊技术，也称为电弧辅助激光焊技术，主要目的是有效利用电弧热源，以减小激光的应用成本、降低激光焊的装配精度。

1. 激光-电弧复合焊的发展过程

激光-电弧复合焊技术的发展可以分成三个阶段。第一阶段，20 世纪 70 年代斯蒂恩(Steen) 等人首次提出复合激光焊的概念，其工作原理是，将完全不同的两种焊接热源，通过设备的夹持，同时将焊接能量作用于同一个加工位置，其工作原理如图 7-7 所示。在他们的研究中，采用了 CO_2 激光与钨极氩弧用于焊接与切割的试验。结果显示出激光-电弧复合的一些优势，如激光辐照下电弧更加稳定、金属薄板焊接时速度显著提高、与单一激光焊相比熔深显著增加等。日本的学者继续开发了这种技术，研制了多种复合方法及相应的焊接装置，用于材料的焊接、切割和表面处理。然而这些努力并没有能够将这种新技术推向工程应用，其中部分原因是当时激光焊成本比较高。第二阶段是激光-电弧复合焊技术发展阶段，将激光诱导电弧行为应用于改进电弧焊工艺，使得激光增强电弧焊接技术得以发明。该技术的特征是在电弧焊时，增加一个比电弧能量小的激光束。100W 大小的 CO_2 激光束就可以满足电弧燃烧、稳弧、改善焊缝质量和提高焊接速度的需要，原因是减小了电

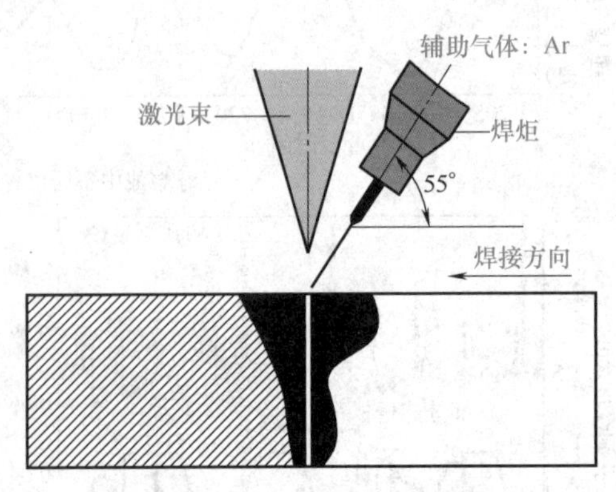

图 7-7 激光-电弧复合焊工作原理

弧尺寸、提高了电弧电流密度。然而这种新技术研究不够彻底，也没能达到应用水平。第三阶段始于20世纪90年代初期，其标志是采用高能激光作为主要焊接热源，附加的电弧作为次要热源。当时连续CO_2激光焊工艺已经实现工业应用，但也发现其存在一些问题，如焊前装配精度要求高、快冷导致某些材料焊缝产生气孔和裂纹、激光焊成本偏高，以及难以焊接厚板等。这些技术需求促进了激光-电弧复合焊的发展。

2. 激光与电弧的相互作用

1）电弧预热材料，提高激光吸收率。金属材料对激光的吸收率与材料本身的温度有很大的关系，在一定条件下吸收率随温度的升高而增加。通常情况下的复合焊接都是电弧在前，能对金属预热或使其表面熔化，并提高材料表面温度，从而进一步提高材料吸收激光的能力，减少对激光的反射。铝、镁等对激光反射率很高的材料，采用复合焊接的电弧能量预热金属表面后，可降低材料的反射率，保证焊接顺利进行。

2）电弧对激光焊桥接性能的提高。激光焊时，如果焊缝间隙超过0.1mm将会导致激光能量损耗严重无法进行焊接。电弧的加入，使得焊接作用的区域面积加大，同时填丝技术可以增加焊接熔池中的金属，极大程度地降低从间隙漏过的激光，减少激光能量损耗，增强焊接桥接性能。这是激光-电弧复合焊的一个相当重要的优势，它对焊接工件安装的精度要求起到了明显的降低作用，在提高生产率的同时降低了成本。

3）激光对电弧的温度作用及对电弧焊焊接速度的提高。电弧在焊接速度较高时稳定性会下降，激光的介入使得焊件表面的等离子体浓度增加，起到了稳弧的作用。激光电弧复合后，激光使电弧的稳定性提高，而电弧则使材料对激光的吸收率增加，焊接总的输入能量提高，使得最终获得的焊缝质量和焊接速度都明显提高。

4）电弧对激光焊等离子体的稀释作用。激光的能量密度很高，在焊件中会产生小孔效应，小孔中的金属蒸气被电离后形成大量的等离子体，这些等离子体浓度过大则会对激光产生很强的屏蔽作用。激光产生的等离子体是高温高密度小范围的，而电弧产生的等离子体则是低温低密度大范围的。电弧的加入，会使激光产生的等离子体形成一个通道，对这些等离子体起到稀释作用，从而降低等离子体对激光的屏蔽。

5）激光对电弧的收缩和引导作用。单一的电弧有很大的弧柱面积，致使能量很分散，焊接所得的熔深较浅。复合焊接中的激光产生的等离子体能够引导电弧的弧柱，使能量密度增大。

基于以上激光与电弧的相互作用，激光-电弧复合焊比单一激光焊可以获得更大的熔深。

3. 激光-GMAW（gas metal arc welding）复合焊工艺

激光-GMAW复合焊是目前应用最为广泛的一种复合热源焊接方法，在汽车工业、造船等领域都有应用。

激光-GMAW复合焊工艺特点如下：一方面，GMAW电弧的预热作用提高了焊件对激光的吸收率；另一方面，激光束产生的金属等离子体提高了电弧的稳定性，并使得熔滴过渡更加平稳。

激光-GMAW复合焊利用GMAW填丝的优点，在提高焊接熔深、增加适应性的同时，还可以改善焊缝冶金性能和微观组织结构。另外由于GMAW电弧具有方向性强以及阴极雾化等一些特殊优势，适合大厚板以及铝合金等难焊金属的焊接。

4. 激光-电弧复合焊的分类

复合焊的分类标准较多，可根据热源类型和热源空间分布类型进行分类。

（1）热源类型　激光-电弧复合热源是由电弧和激光复合而成的。按照电弧的类型，复合热源可以分为：激光-GTAW 复合、激光-GMAW 复合、激光-等离子弧复合、激光-埋弧复合和激光-多电弧复合等。激光-GTAW 复合热源比较稳定，主要应用于异种金属的焊接、薄板自熔和打底焊接等过程。激光-GMAW 复合焊接过程中，由于焊丝的引入，可提高接头的桥接能力，调控接头的合金元素含量，提高接头的力学性能，其主要适用于压力容器、舰船等领域中厚板材和结构件的焊接。激光-等离子弧复合技术可以看成一种特殊的激光-GTAW 复合焊技术。由于等离子弧的指向性强，激光-等离子弧复合热源稳定性好、效率高。通常将 1kW 作为激光大功率和小功率的分界线，激光的工作模式可分为连续型和脉冲型。因此，按照激光的类型，激光-电弧复合热源可分为四种：大功率连续激光-电弧复合、小功率连续激光-电弧复合、大功率脉冲激光-电弧复合和小功率脉冲激光-电弧复合。四种形式热源的能量分布和调节性各具特点，所适用的领域也各不相同。

（2）热源空间分布类型　激光-电弧复合热源可以依据激光和电弧不同的空间分布位置，分为旁轴复合和同轴复合两种类型，如图 7-8 所示。旁轴复合时，焊接过程对方向敏感性较强（一般采用激光在前、电弧在后的焊接模式），主要适用于被焊零件结构简单、路径基本固定的长直焊缝。同轴复合时，热源能量以激光或电弧的轴线为轴线呈中心对称分布，主要适用于结构复杂、路径多变工件的焊接，以及复杂结构件的增材制造。

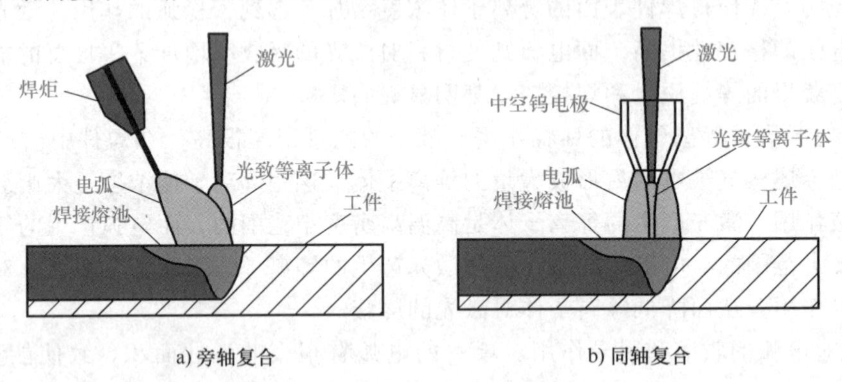

图 7-8　激光-电弧复合热源分布类型

5. 激光-电弧复合焊的应用

目前，在船舶制造、交通运输和油气管道加工等领域，激光-电弧复合焊已经得到一定应用，并取得了较为理想的效果。

（1）船舶制造领域　船舶制造过程中的焊缝多且长，甲板拼焊时单个焊缝长度可达 20m。采用传统焊时，热输入高、焊接变形大，激光-电弧复合焊可有效减小此类问题的影响，提高焊接结构件的质量。德国帕本堡的阿克尔（Aker）船厂与美克伦博格焊接技术研究所将激光-电弧复合焊技术应用于中厚板的焊接，焊接效率提高了 3~4 倍，接头的力学性能和耐腐蚀能力明显提高。德国迈耶尔（Meyer）造船厂将激光-电弧复合焊技术应用于加强筋与平板，以及焊缝长度达 20m 的大型船体结构的生产。此外，丹麦欧登塞（Odense）造船厂、芬兰阿克造船厂、意大利芬坎蒂尼（Fincantieri）造船厂和日本长崎造船厂均一定程度上将激光-电弧复合焊技术应用于船舶制造的过程中。在国内，中国船舶集团有限公司第

七二五研究所首次将20kW的超大功率激光与电弧复合，用于船用钛合金中厚板的焊接，有效降低了工件装配精度要求，提高了接头的焊接质量。此外，激光-电弧复合焊的应用降低了大型焊接结构件的变形，提高了焊接生产率，一定程度上增强了我国船舶用钛合金的焊接加工能力。

（2）交通运输领域　在交通运输领域，激光-电弧复合焊技术的应用可有效提高生产质量和生产率，降低生产成本。瑞典杜洛克（Duroc）铁路公司采用激光-电弧复合焊技术进行矿车中厚钢板的焊接，焊接速度极大提高，焊接变形量有效降低，焊缝质量明显提高。此外，法国阿尔斯通公司为提高转向架质量，德国大众公司为降低车门装配要求，均使用了激光-GMAW复合焊技术。我国于2012年率先将激光-GMAW复合焊技术应用于高速列车的生产中，为高铁技术的飞速发展提供了坚实的保障。目前，激光-GMAW复合焊技术在中车青岛四方机车厂和天津电力机车厂均得到了应用。

（3）油气管道加工领域　在油气管道加工的过程中，激光-电弧复合焊技术也得到了一定应用。德国联邦材料研究与检测研究所通过激光-GMAW复合焊技术焊接了壁厚16mm的管道，发现激光-电弧复合热源的装配适应能力更强。英国焊接研究所利用激光-GMAW复合热源焊接X80管线钢时，在1.8m/min的速度下，单道熔深可达9mm。土耳其盖迪克（Gedik）公司的激光-GMAW复合焊接系统可在2m/min的速度下，实现9.5mm厚的管线钢单面焊双面自由成形。中国天然气研究院于2009年开展了钢管道的全位置激光-电弧复合焊技术，在焊接速度为1.2m/min时，可一次性焊透8.18mm厚的板材，极大地提高了生产率。另外，中国石油天然气管道局和大连理工大学焊接研究所等单位也对石油管道的全位置激光-电弧复合焊技术进行了一定的探索。

6. 铝合金激光-电弧复合焊的研究进展

王同举在总结国内外关于激光-电弧复合焊研究现状的基础上，系统研究了6009铝合金光纤激光-MIG（metal inert gas）复合焊焊接工艺及接头的组织性能，主要研究内容包括6009铝合金复合焊工艺与焊缝表面均匀性的关系，焊接参数对焊缝背面成形、焊缝截面余高、熔宽、余高熔宽比、背宽比、激光作用区直径的影响规律，焊缝气孔形成机理，复合焊焊接参数对焊接接头拉伸性能和冲击性能的影响规律等。

（1）激光-电弧复合焊焊缝成形性研究　激光-电弧复合焊焊缝截面成形参数示意图如图7-9所示。

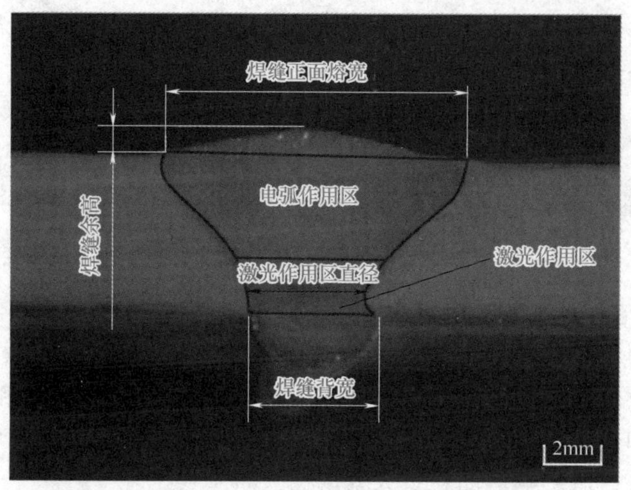

图7-9　激光-电弧复合焊焊缝截面成形参数示意图

焊缝截面成形参数可以用焊缝余高、焊缝正面熔宽、激光作用区直径、焊缝背宽比、余高熔宽比来表示。复合焊中 MIG 热源主要作用于熔池上部，故焊缝上部主要呈现 MIG 电弧的特性，定义为电弧作用区；激光热源作用于整个熔池，用于增加焊缝的熔深，焊缝下部较窄，主要呈现激光焊特性，定义为激光作用区，同时定义激光作用区最小的长度为激光作用区直径。焊缝背宽比 R_w 是指焊缝的背面熔宽与正面熔宽之比，可以表征复合焊焊缝的全熔透性。焊缝金属表面的铺展性可以用润湿性来表示，在宏观上，焊缝表面的润湿性可以用余高熔宽比 R_{rw} 表示，即用余高比焊缝正面熔宽。一般可以通过降低焊缝表面的余高熔宽比，来提高复合焊焊缝表面铺展性。

随着激光功率的增大，6009 铝合金焊缝余高熔宽比降低、焊缝背宽比增大，如图 7-10 所示。随着焊接电流和焊接速度的增大，6009 铝合金焊缝余高熔宽比和焊缝背宽比增大。如图 7-11 所示。

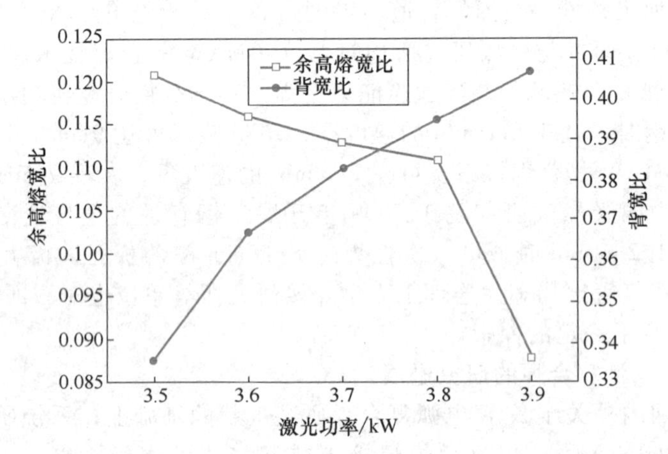

图 7-10　焊缝背宽比和余高熔宽比随激光功率的变化

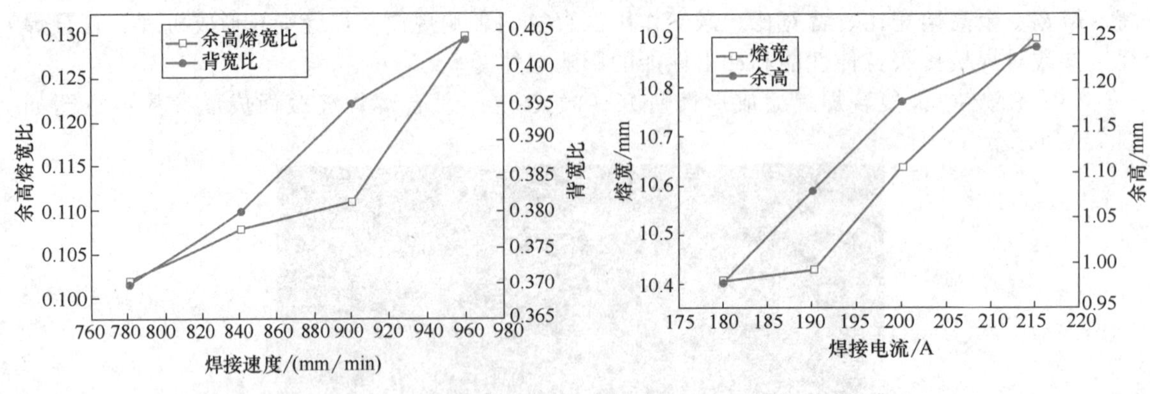

图 7-11　焊缝背宽比和余高熔宽比随焊接速度和焊接电流的变化

（2）激光-电弧复合焊焊缝显微组织影响研究　激光-电弧复合焊电弧力对焊缝显微组织的影响研究结果表明：MIG 电弧对复合焊焊缝上部具有机械搅拌作用，使焊缝上部的受力状态发生改变，导致焊缝中心上部晶粒尺寸小于焊缝下部，如图 7-12 和图 7-13 所示。热输入对复合焊熔合区和热影响区的影响研究结果表明：接头上部受激光和电弧共同作用，热输入较大，熔合区更大，热影响区晶粒长大程度更大。

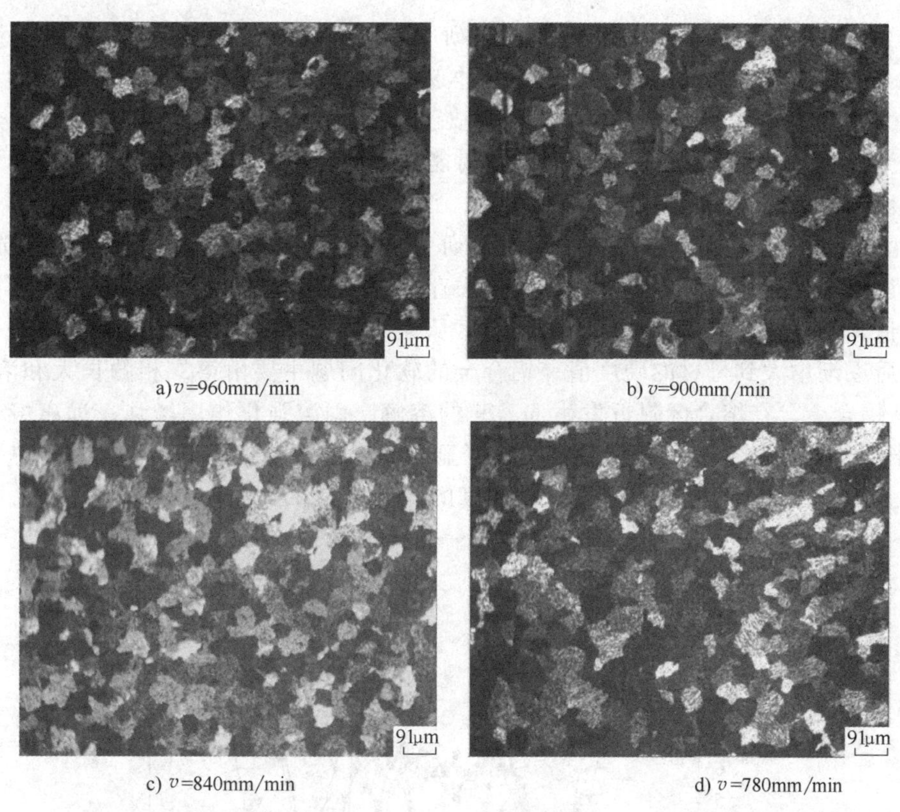

a) v=960mm/min　　b) v=900mm/min

c) v=840mm/min　　d) v=780mm/min

图 7-12　6009 铝合金复合焊焊缝上部中心显微组织（不同焊接速度）

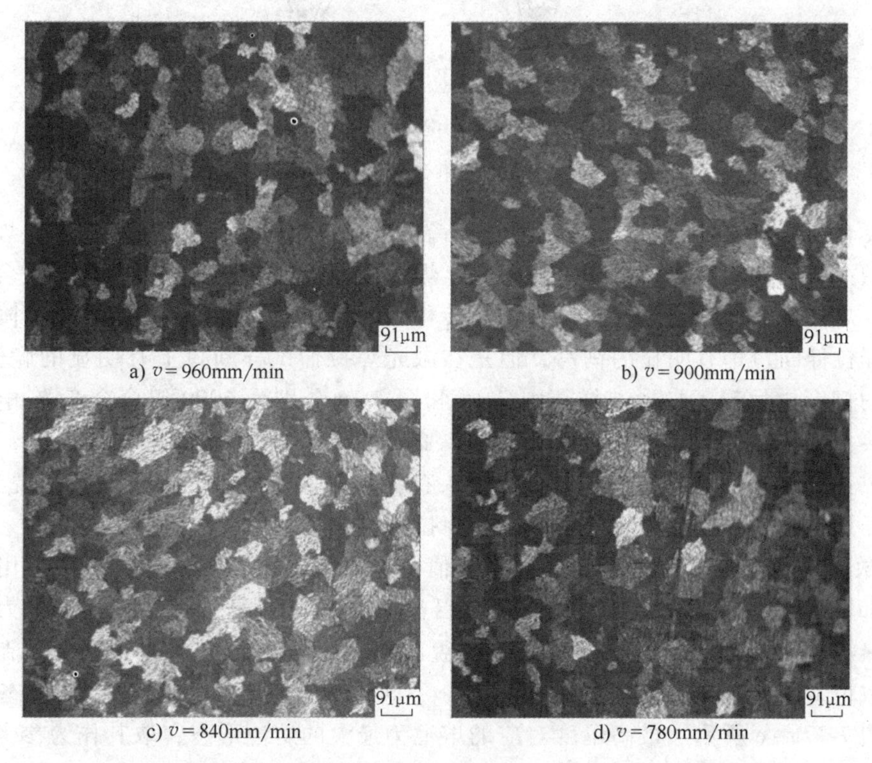

a) v = 960mm/min　　b) v = 900mm/min

c) v = 840mm/min　　d) v = 780mm/min

图 7-13　6009 铝合金复合焊焊缝下部中心显微组织（不同焊接速度）

（3）激光-电弧复合焊焊缝气孔形成机理研究　气孔形成机理研究结果表明：激光焊有工艺类气孔和冶金类气孔，工艺类气孔是通过激光匙孔塌陷形成的，冶金类气孔的形成与氧化膜进入熔池有关；激光-电弧复合焊气孔有皮下气孔和氢气孔，复合焊中的MIG热源可以通过增加激光匙孔半径、增强等离子体的辐射能力、稀释等离子体密度从而使复合焊气孔的形成机理由工艺类气孔变为冶金类气孔。

（4）激光-电弧复合焊焊接接头力学性能研究　图7-14所示为6009铝合金激光-电弧复合焊接头硬度变化曲线，可以看出，焊接接头存在明显的软化区，复合焊在熔合区附近硬度达到最大值，在软化区硬度达到最小值，硬度从焊缝中心向焊缝两侧的变化规律是先增大后减小，最后逐渐增大到母材的硬度值；铝合金的软化问题主要由第二相的长大和溶解引起，对于6009铝合金，在熔合区附近发生Mg_2Si的溶解，固溶强化作用增强，远离熔合区发生Mg_2Si的长大，固溶强化作用降低。在焊缝区显微硬度的平均值在60HV左右，热影响区显微硬度的平均值在55HV左右，母材显微硬度的平均值为65HV左右。

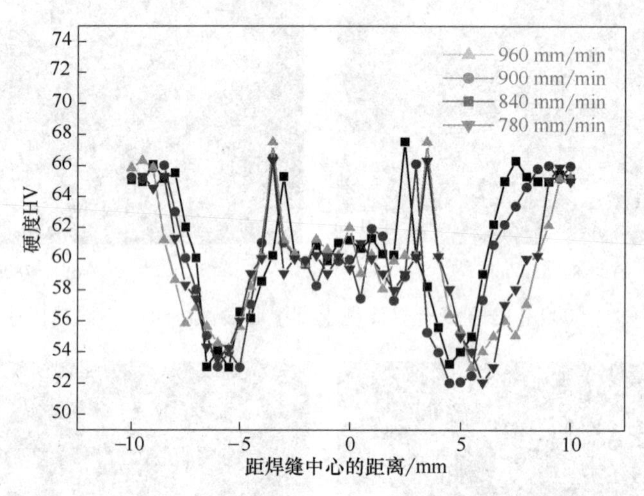

图7-14　6009铝合金激光-电弧复合焊接头硬度变化曲线

随着复合焊焊接速度的增加，焊接接头断裂位置由焊缝区转移到热影响区，焊接接头的抗拉强度增大；随着复合焊激光功率的增大，焊接接头的抗拉强度减小；随着复合焊焊接电流的增大，焊接接头的断裂位置由热影响区转移到焊缝区，焊接接头的抗拉强度降低。复合焊和激光焊拉伸断口都有明显的韧窝，但是在激光焊拉伸试样断口上有明显的脆性断裂区，在复合焊的韧窝中发现了蛇形花样。图7-15和图7-16分别为6009铝合金激光-电弧复合焊和激光焊接头拉伸试样断口形貌。复合焊接头的抗拉强度达到母材的63%以上，而激光焊接头的抗拉强度只有母材的38%；复合焊接头存在软化区，而激光焊接头软化现象不明显；复合焊拉伸试样断裂位置为热影响区，激光焊拉伸试样断裂位置为焊缝区。

（5）激光-电弧复合焊温度场、应力场数值模拟研究　祝鹏在硕士论文中采用焊接模拟软件（Simufact. Welding）对6mm厚的7075铝合金激光-MIG复合焊温度场、应力场进行模拟，探究热源形状参数与焊接参数对熔池形貌的影响。激光功率、MIG焊接电流和焊接速度三个参数中，焊接速度对温度场影响最大。不同焊接速度下同一时刻（准稳态）的温度场分布如图7-17a~e所示。最高温度对应的熔池为最大的熔池形态，取其作为参考对象，避免了因手动确定熔池位置而造成的误差，熔池截面形貌如图7-17f~j所示。

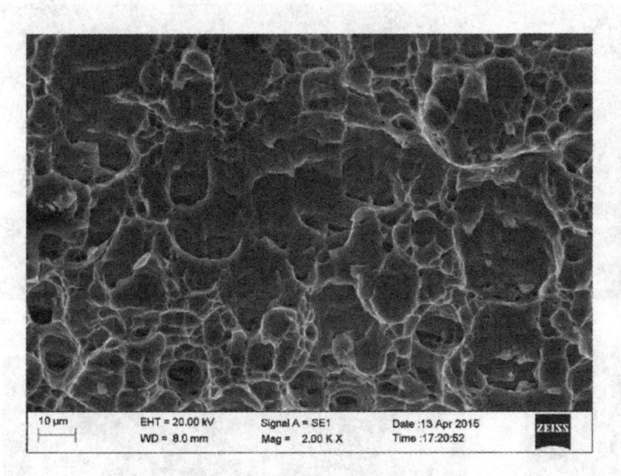

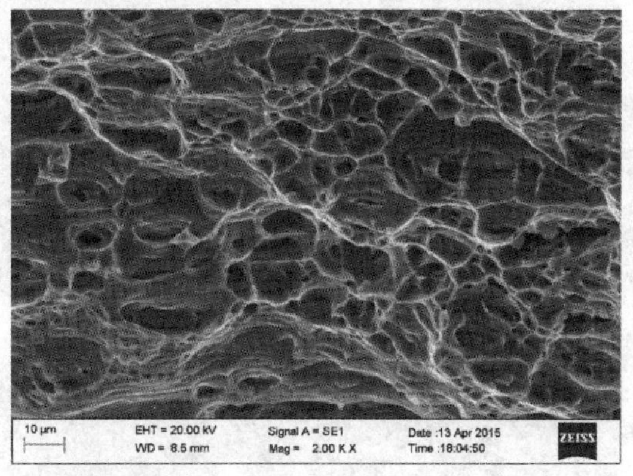

图 7-15　6009 铝合金激光-电弧复合焊接头拉伸试样断口形貌（断裂位置为热影响区）

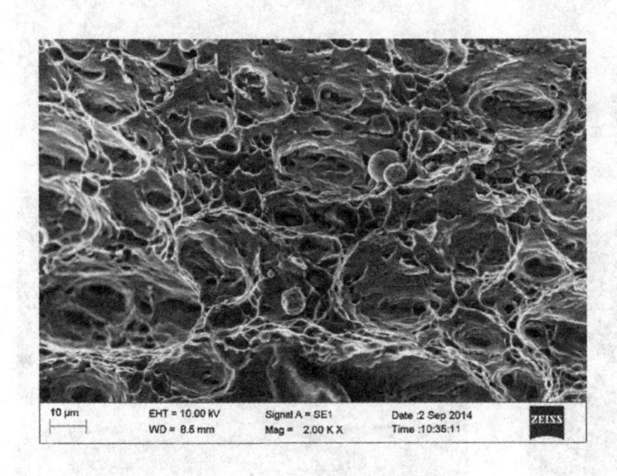

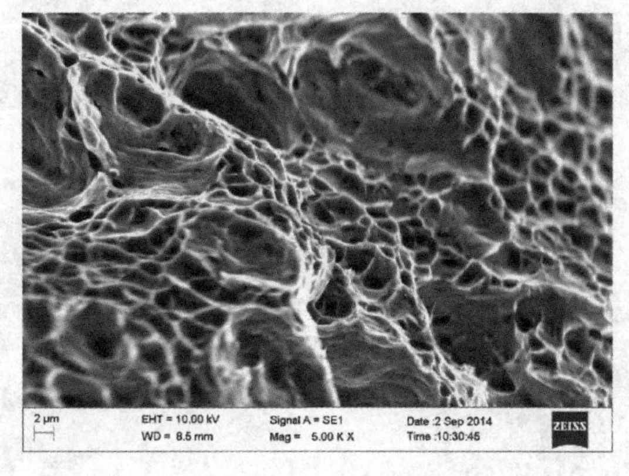

图 7-16　6009 铝合金激光焊接头拉伸试样断口形貌（断裂位置为焊缝区）

焊接参数对接头各个方向的横向与纵向残余应力均有影响。其中，焊接速度对残余应力影响最显著。图 7-18 所示为不同焊接速度下，沿 x 方向（垂直于焊缝方向）与沿 y 方向（平行于焊缝方向）所取跟踪点纵向残余应力分布。

（6）激光-电弧复合焊匙孔的形成过程及熔池流动行为数值模拟　祝鹏在硕士论文中利用有限元模拟软件（Ansys-Fluent），对激光-MIG 复合焊匙孔的形成过程及熔池流动行为进行了数值模拟。图 7-19 所示为匙孔动态演变过程。

焊接刚开始时，能量密度还很小，未能使液固界面产生很大波动，如图 7-19a 所示。7.4ms 时，激光能量密度增大，使得 7075 铝合金迅速达到蒸发温度，发生强烈的蒸发作用，产生 1.5mm 左右的凹坑，并且产生强烈的反冲压力，在反冲压力作用下，凹坑迅速向下长大，液相金属被推出，形成凸台，凹坑附近温度最高，而被推出部分所形成的凸台，温度迅速下降，如图 7-19b 所示。随后，凹坑迅速长大，进入快速增长期，直至深度达到 2.8mm 左右，基本不再增加，形成“指状”的匙孔，并在一定范围内波动，如图 7-19c、d 所示。随着焊接的进行，热源不断向前移动，在熔滴的冲击力、重力、反冲压力、表面张力等作用下，匙孔不稳定，容易发生坍塌等行为，形成气泡，如图 7-19e、f 所示。而后，在各种力的作用下，匙孔又逐渐稳定，再向前移动，继续坍塌，形成气泡，再稳定，在一定范围内发生振荡，如图 7-19g～i 所示。

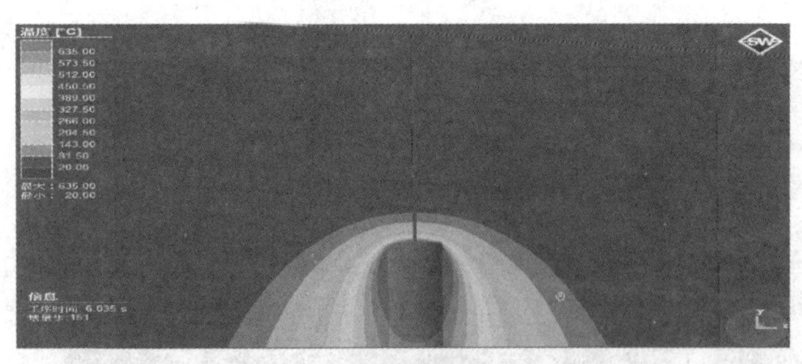

a) 9mm/s下的温度场云图

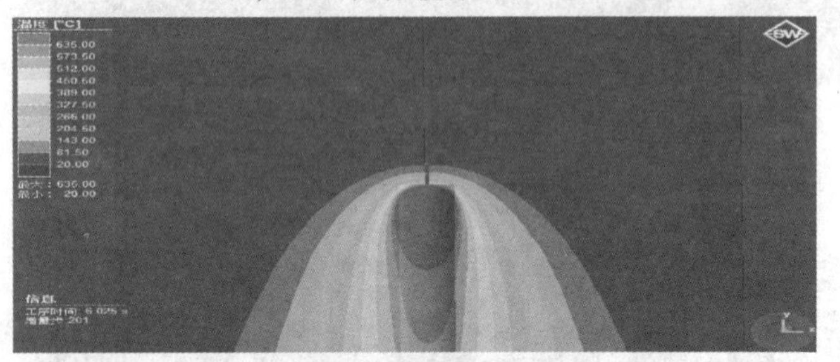

b) 12mm/s下的温度场云图

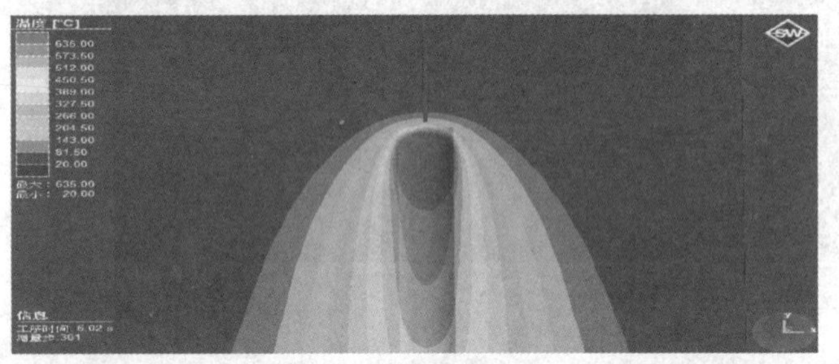

c) 15mm/s下的温度场云图

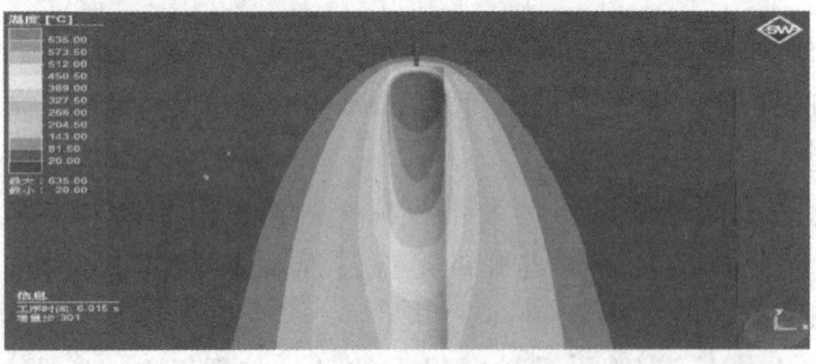

d) 18mm/s下的温度场云图

e) 21mm/s下的温度场云图

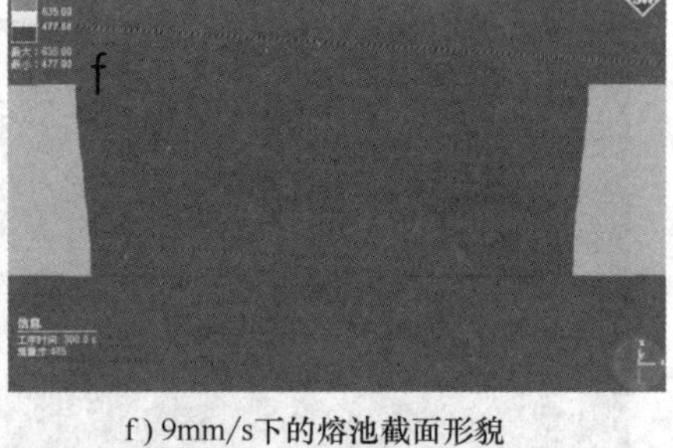

f) 9mm/s下的熔池截面形貌

g) 12mm/s下的熔池截面形貌

h) 15mm/s下的熔池截面形貌

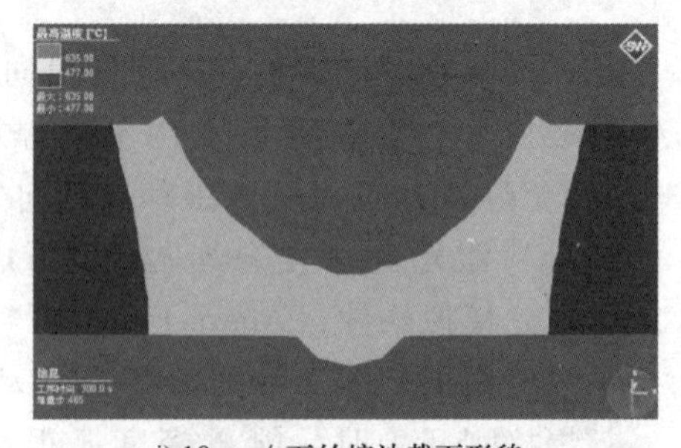

i) 18mm/s下的熔池截面形貌

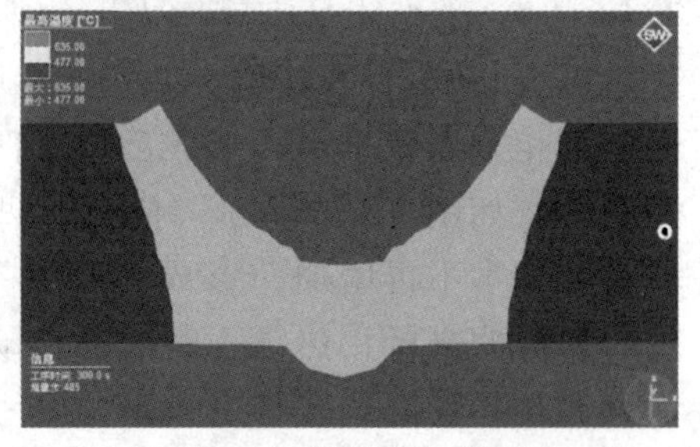

j) 21mm/s下的熔池截面形貌

图 7-17　6s 时刻不同速度下的温度场云图和对应熔池截面形貌

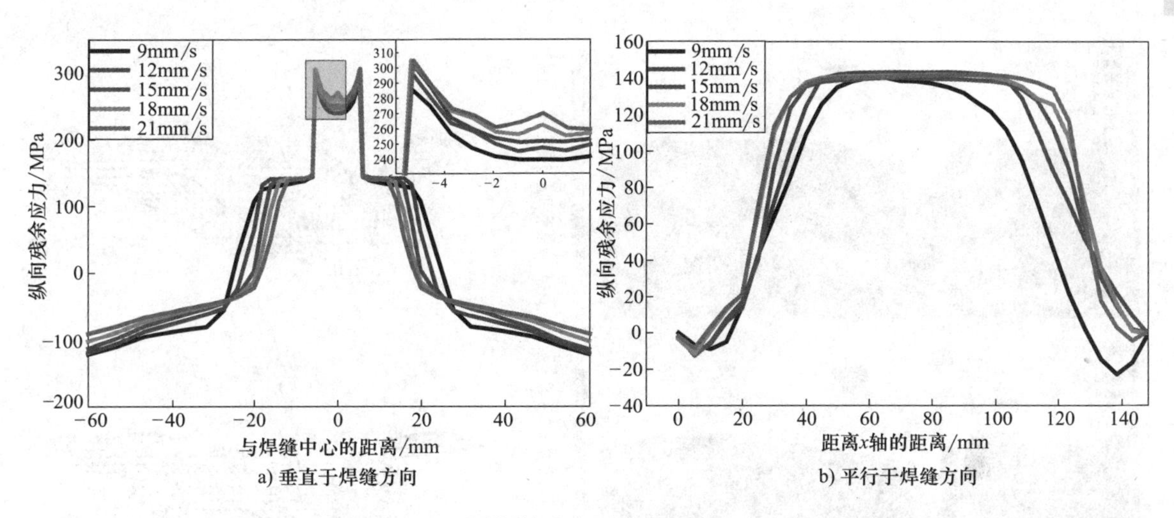

a) 垂直于焊缝方向　　b) 平行于焊缝方向

图 7-18　不同焊接速度下的纵向残余应力分布

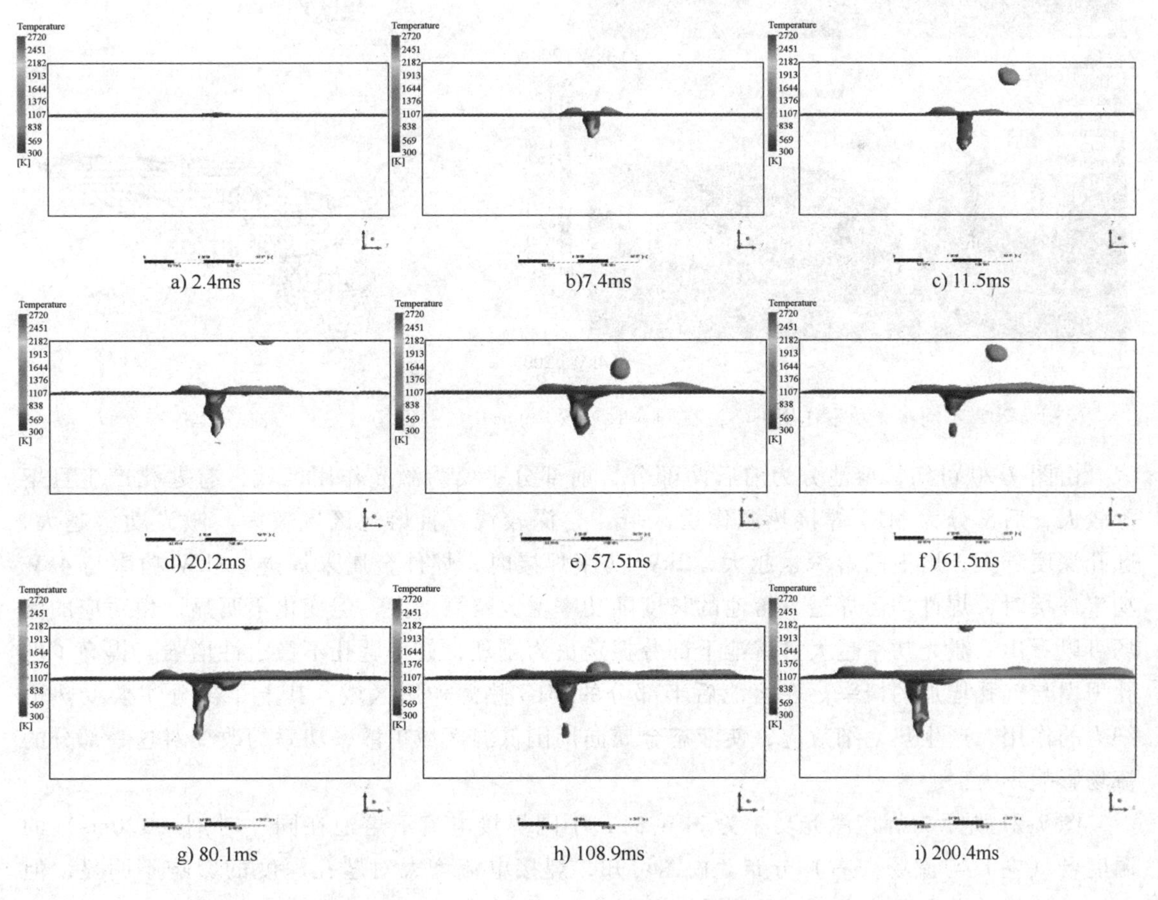

a) 2.4ms　　b) 7.4ms　　c) 11.5ms

d) 20.2ms　　e) 57.5ms　　f) 61.5ms

g) 80.1ms　　h) 108.9ms　　i) 200.4ms

图 7-19　匙孔动态演变过程

图 7-20 所示为焊接电流为 200A 时，不同激光功率作用下熔池在同一时刻（120ms）的温度场（左）与流场（右）分布。

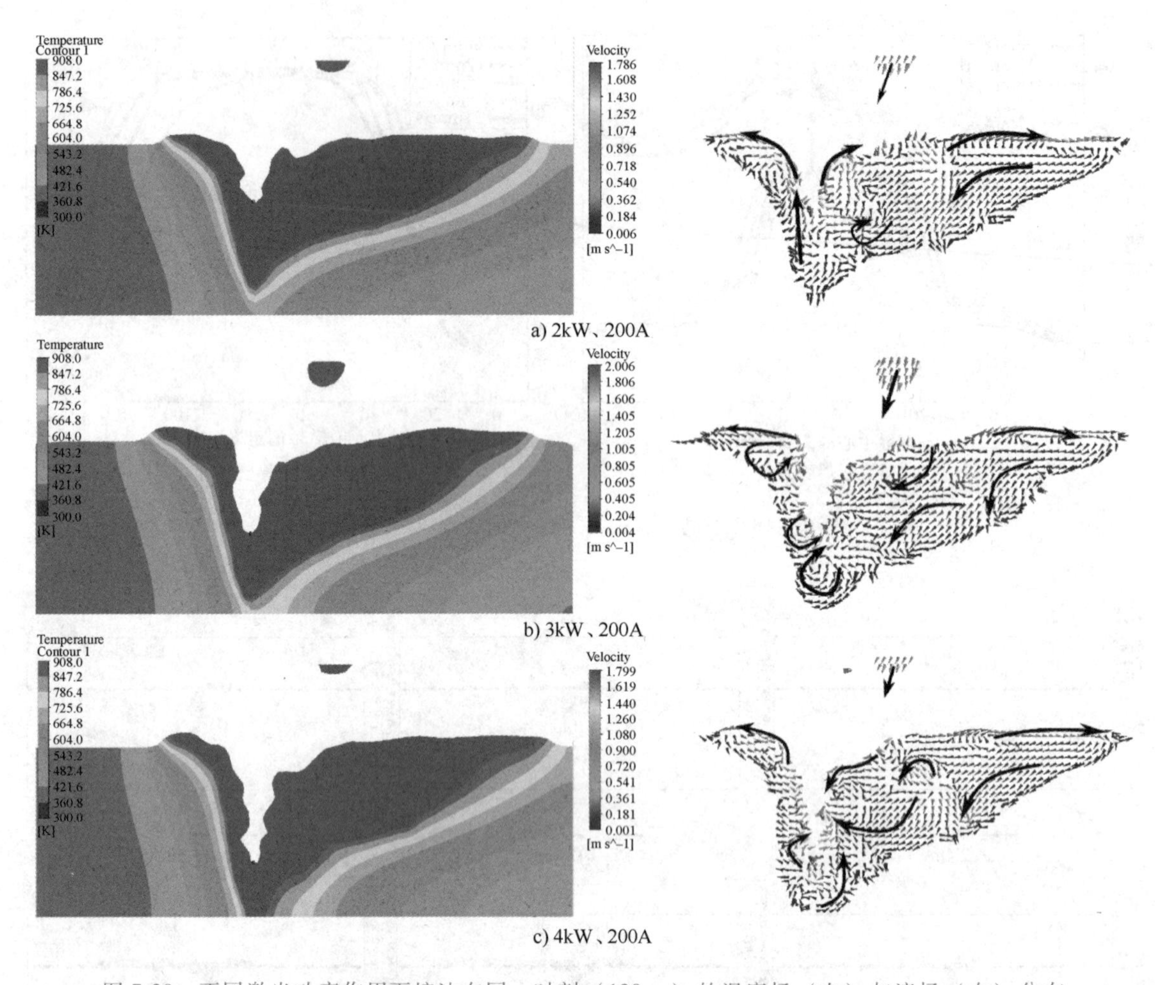

图 7-20　不同激光功率作用下熔池在同一时刻（120ms）的温度场（左）与流场（右）分布

由图 7-20 可知，熔池分为前后两部分，前部分主要为激光作用区域，有匙孔产生且熔深较大，后部分为 MIG 焊接热源作用区域，熔深较浅，且熔池区域较大。激光功率越大，匙孔深度越大，熔池的熔深也越大，2kW 功率焊接时，焊件金属未焊透，3kW 功率与 4kW 功率焊接时，焊件均已焊透，熔池的长度随功率增大略微增大，但变化不明显。由对应的流场可以看出，激光功率越大，熔池下部分振荡更为剧烈，使得匙孔不稳定性增强，提高了匙孔坍塌与气孔增加的概率。在熔池后半部分的 MIG 热源作用区域，其上半部分主要受热毛细力的作用，产生热毛细效应，使液态金属向周围低温区域扩散，功率的改变对这一部分的流场影响不大。

图 7-21 所示为焊接激光功率为 3kW 时，不同焊接电流下熔池在同一时刻（120ms）的温度场（左）与流场（右）分布。由图可知，焊接电流增大对匙孔深度的影响不明显，但对熔池的长度产生了较为明显的影响，焊接电流越大，熔池的长度越大，由于热毛细效应，此时熔池上表面宽度应该也越宽。焊接电流的改变对熔池下部的流场影响较小，对熔池后上半部分的流场影响较大，电流增大时，熔池后半部分温度越高，温度梯度越大，表面张力差值也越大，此时热毛细力也越大，液态金属流动更剧烈。

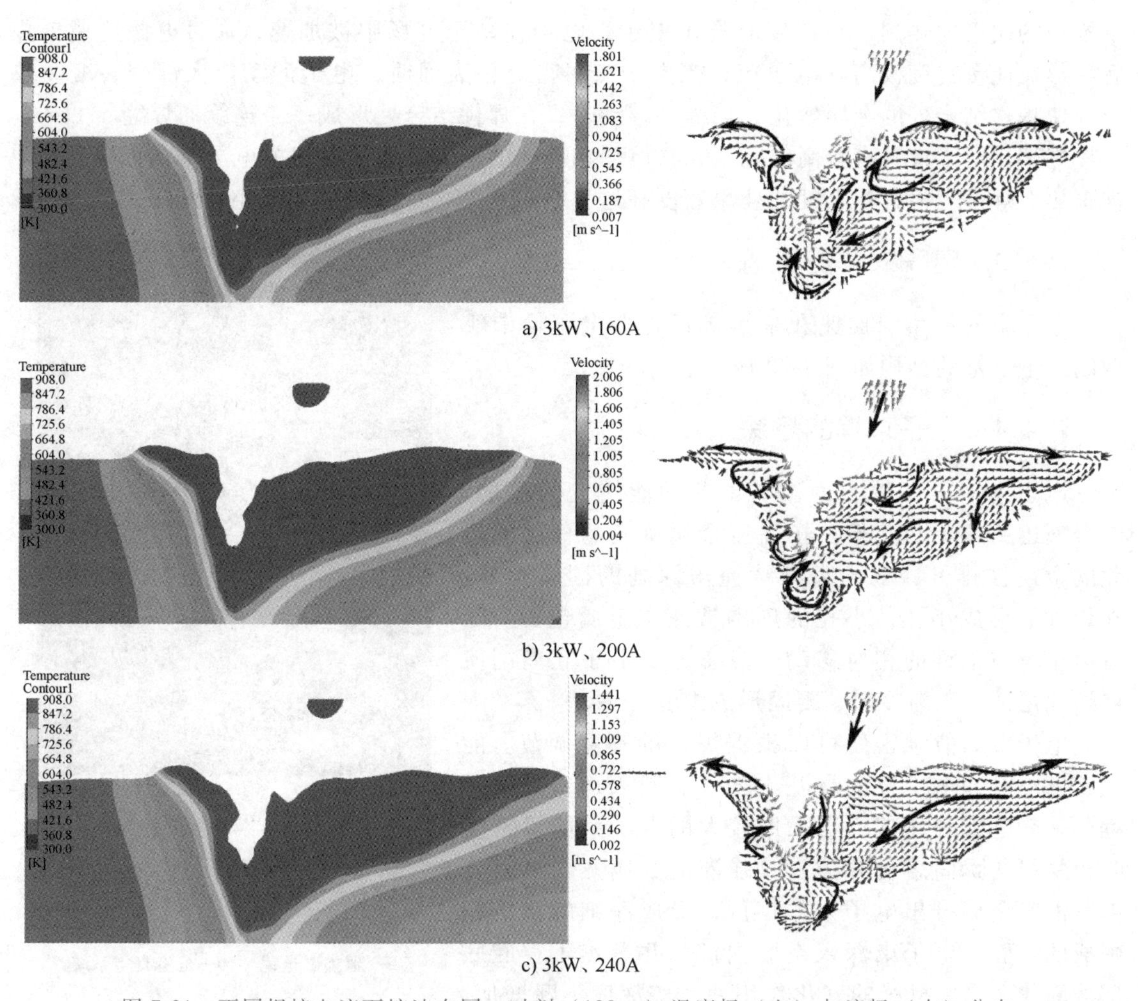

a) 3kW、160A

b) 3kW、200A

c) 3kW、240A

图 7-21　不同焊接电流下熔池在同一时刻（120ms）温度场（左）与流场（右）分布

7.4　电子束焊

7.4.1　电子束焊概述

1948—1951 年人们发现电子束可用来加工材料，随后发现的小孔焊现象开启了电子束焊的工业规模应用。美国在鹦鹉螺号潜艇的锆合金核反应器中采用电子束焊方法得到了熔深 5mm 的焊缝。20 世纪 60 年代电子束焊主要集中用于核工业和宇航工业，1969 年苏联宇航员在和平号太空站利用手持电子枪进行焊接修复，随后汽车制造业意识到电子束焊变形小的优点，开始将其用于焊接齿轮传动部件。电子束焊技术的应用继而扩大到医疗器械、电子电器、机械、石油化工、造船等几乎所有的工业部门。

7.4.2　电子束焊的基本原理

电子束焊（electron beam welding，EBW）是一种利用电子束作为热源的焊接工艺。电子枪中的阴极加热到一定温度时逸出电子，电子在高压电场中被加速，通过电磁透镜聚焦后，形成能量密度极高的电子束，当电子束轰击焊件表面时，电子的动能大部分转变为热能，使焊件结合处的金属熔化，当焊件移动时，在焊件结合处形成一条连续的焊缝。

焊接用电子束具有较高的能量，在电场和磁场的作用下，散射出的电子束在传导过程中被聚焦在焊件表面，焦点处的功率密度高达 10^{10} ~ 10^{13} W/m^2，可以实现小孔焊接。

7.4.3 电子束焊的设备

电子束的产生、加速和聚焦等都是在电子枪中实现的。电子枪的结构如图 7-22 所示。

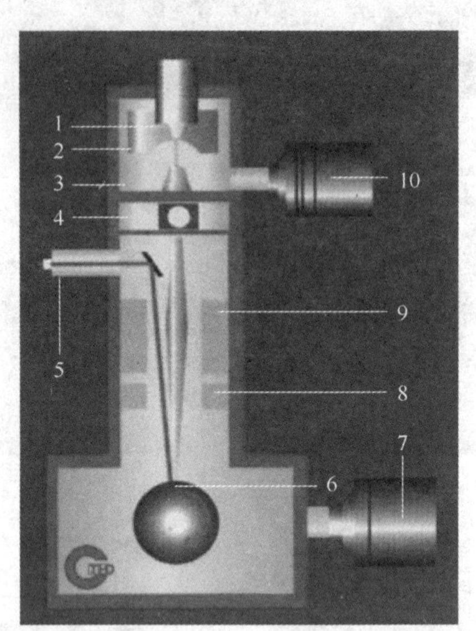

图 7-22 电子枪的结构

1—阴极 2—聚束极 3—阳极 4—隔离阀 5—光学观察系统 6—焊接工件 7—焊室真空系统 8—偏转磁透镜 9—聚焦磁透镜 10—枪室真空系统

7.4.4 电子束焊的熔深

电子束撞击工件表面，电子的动能转变为热能，使金属迅速熔化和蒸发。在高压金属蒸气的作用下熔化的金属被排开，电子束继续撞击深处的固态金属，在焊件上形成小孔，小孔的周围被液态金属包围。随着电子束与工件的相对移动，液态金属沿小孔周围流向熔池尾部，逐渐冷却、凝固形成焊缝。

电子束的能量密度可以根据焊件的厚度调节。能量密度小时，电子束能量基本处于材料表面，焊接过程与一般电弧焊相似；当采用较大的电子束能量密度时，材料在瞬间熔化并蒸发，强烈的金属蒸气可以将部分液态金属排出电子束作用区，形成深细的被液相围成的空腔。电子束深入空腔内部，并聚焦于空腔底部的固体金属，持续的气化作用使空腔深度不断增加，形成很深的焊缝熔深，对于 200mm 以内的金属材料可以一次焊透。由于电子束的能量密度高、焊接速度快，因此能形成深而窄的焊缝，形成过程如图 7-23 所示。

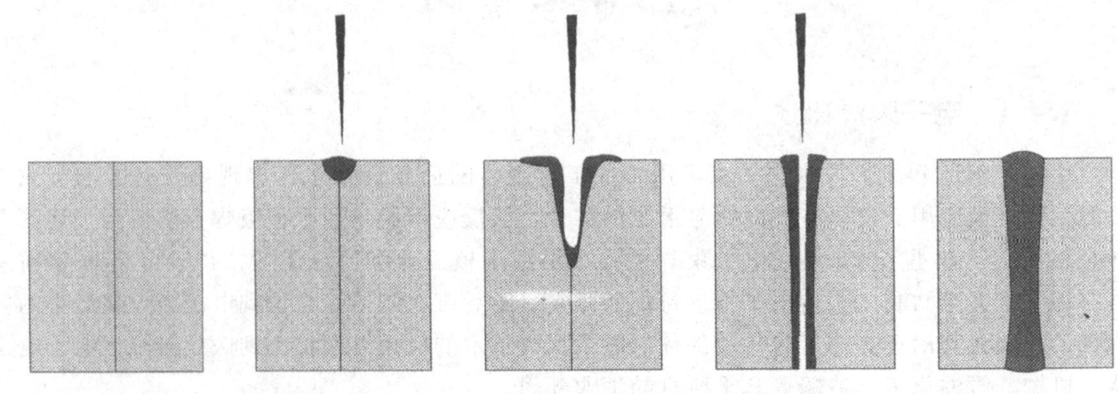

图 7-23 电子束焊缝熔深的形成过程

电子束的穿透能力与电子束的能量大小（加速电压）有关，另外还受环境真空度的影响。当环境的真空度较低时，在电子束流的通道上存在较多的气体分子，高速运动的电子将

与这些气体分子发生碰撞，电子将发生散射（图 7-24），电子束的能量也因此降低。环境的真空度越低，电子束发生折射的程度越大，能量密度降低也越大。由于能量密度的降低，电子束在焊件上形成的熔深将减小。

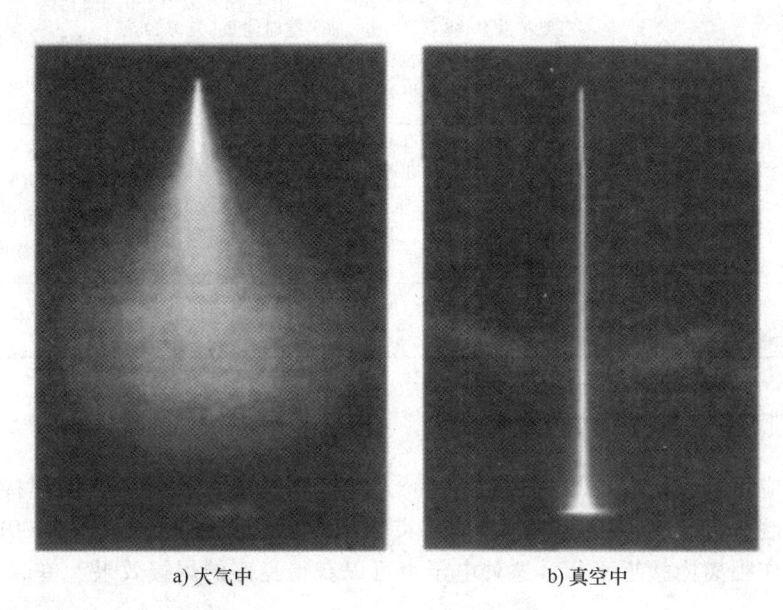

a) 大气中　　b) 真空中

图 7-24　电子束在大气和真空中的形态

7.4.5　电子束焊的分类及特点

电子束焊通常在真空室内进行。真空环境可以防止电子和气体原子发生碰撞而衰减能量，也可以防止电子枪和焊接区域被空气污染。

真空电子束焊的主要优点在于其能提供清洁、惰性的环境，这有益于实现稳定的高质量焊缝。但是，每次焊接前都需要花费大量的时间抽真空，真空度越高则花费的时间就越长。为了降低整个真空室内的真空度，很多电子束焊设备对电子枪区域和焊接区域采用了不同的真空标准，如电子枪附近的真空度要求为 5×10^{-2}Pa，而焊接区域的真空度则降低为 5Pa。另外，真空电子束焊全过程都是在真空室内完成的，要求焊接装配和定位具有较高的精度、清洁度和较低的蒸气压。

电子束焊的分类方法很多，按电子束加速电压的高低可分为：高压电子束焊（120kV 以上）、中压电子束焊（60~100kV）和低压电子束焊（40kV 以下）三类。按被焊工件所处环境的真空度可分为：高真空电子束焊、低真空电子束焊、非真空电子束焊和局部真空电子束焊。表 7-3 为不同真空度电子束焊的技术特点及应用范围。

表 7-3　不同真空度电子束焊的技术特点及应用范围

类型	真空度/Pa	技术特点	应用范围
高真空电子束焊	10^{-4}~10^{-1}	加速电压为 15~175kV，最大工作距离可达 100cm。电子束功率密度高，焦点尺寸小，焊缝深宽比大、质量好。可防止熔化金属氧化，但真空系统较复杂，抽真空时间长，生产率低、焊件尺寸受真空室限制	适用于活性金属、难熔金属、高纯度金属和异种金属的焊接，以及质量要求高的工件焊接

（续）

类型	真空度/Pa	技术特点	应用范围
低真空电子束焊	10^{-1}～10	加速电压为40～150kV，最大工作距离小于70cm。不需要扩散泵，焦点尺寸小，抽真空时间短（几分钟至几十分钟），生产率较高；可用局部真空室满足大型件的焊接，工艺和设备得到简化	适用于大批量生产，如电子元件、精密仪器零件、轴承内外圈、汽轮机隔板、变速箱、组合齿轮等的焊接
非真空电子束焊	大气压	不需真空室，焊接在正常大气压下进行，加速电压为150～200kV，最大工作距离为3cm左右。可焊接大尺寸工件，生产率高、成本低。但功率密度较低，散射严重，焊缝深宽比小（最大5：1），某些材料需用惰性气体保护	适用于大型工件的焊接，如大型容器、导弹壳体、锅炉热交换器等，但一次焊透深度不超过30mm
局部真空电子束焊	根据要求确定	用于移动式真空室，或在工件焊接部位制造局部真空进行焊接	适用于大型工件的焊接

7.4.6 低真空电子束焊

很多工业应用的结构需要熔深超过50mm，这些结构最好在半真空下焊接。研究表明，在一个空间内制造真空度可控气氛时，电子束在10～105Pa适合传导，在100Pa真空度下，能够保证在工作距离内接近平行，这种电子束可以获得良好的焊接效果。单道电子束的熔深可达到150mm。

低真空腔内电子束焊，采用一个真空室，该真空室可以建得很长以满足焊接构件的要求，电子束焊枪安装在可以沿真空室长度方向移动的横梁上。

7.4.7 非真空电子束焊

非真空电子束焊最初于1953年提出，1954年在德国进行了演示试验。在20世纪60年代，美国就将非真空电子束焊引入了批量汽车零件的生产中，目前欧洲汽车制造商也开始采用该项技术。该技术能够解决真空电子束焊生产率较低和工件尺寸受真空室限制的问题，在工业生产中表现出了极大的优势。

1. 非真空电子束焊的装置

非真空电子束焊最初被称作常压电子束焊和真空外工件电子束焊，焊接时可以使真空条件下产生的高能电子流在常压环境下轰击固定焊件。非真空电子束焊主要采用多级抽真空系统，在高真空条件下产生电子束并将它传送到大气中，其工作原理示意图如图7-25所示，说明如下：

1）一个高真空三极电子枪可以产生高能量电子束。

2）三级螺旋真空泵给电子束提供一个分级的真空-大气传输路径。

3）电磁聚焦和修正线圈沿着电子束传送路径分

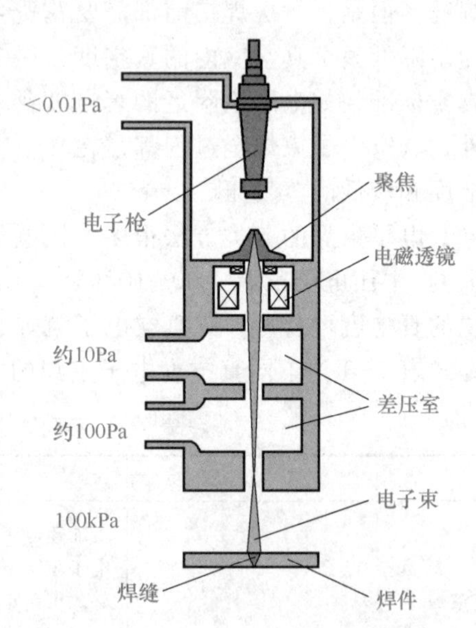

图7-25 非真空电子束焊工作原理示意图

布，能够确保电子束从高真空到常压过程中完全穿过这些空口。

4）等离子弧窗安置在真空系统与气体环境之间，用以隔离大气与真空环境。

2. 非真空电子束焊的工艺参数

在大气条件下，电子束会快速发散，所以需要限制电子枪到焊件的工作距离，一般控制在2~5cm。此外，电子功率越大电子束发散越严重，这是因为电子发散所消耗的能量越多，因此，非真空电子束焊的电子束能量通常为250~270keV。

非真空电子束焊的焊接熔深主要取决于电子束的功率和焊接速度，同时还与焊件材质有关。例如，同样焊接线能量的电子束在铜上的焊接熔深明显低于其在钢上的焊接熔深，焊缝的深宽比约为5∶1。

虽然非真空电子束焊能够达到的最大熔深和深宽比远远低于真空焊接的标准，但是电子枪产生的电子束能量的90%以上被传送到大气常压下。一个非真空电子束焊系统的整体能量转换效率通常大于60%，等于或大于大多数传统焊接方法的效率，并且这种工艺可直接在常压下运用电子束，而不是像真空电子束工艺那样需要将工件放置在真空环境中。非真空电子束焊的焊接加工灵活性强，适用于大批量生产，以及大型和三维形状工件的焊接应用场合。

7.5 摩擦焊

摩擦焊（friction welding，FW）是利用焊件表面相互摩擦所产生的热，使端面达到热塑性状态，然后迅速顶锻，完成焊接的一类热压焊接方法。

摩擦焊接的起源可追溯到1891年，其标志为美国批准了这种焊接方法的第一个专利。该专利是利用摩擦热来连接钢缆的。随后德国、英国、苏联、日本等国家先后开展了摩擦焊接的生产与应用。

摩擦焊接以其优质、高效、节能、无污染的技术特色，在航空、航天、核能、海洋开发等高技术领域及电力、机械制造、石油钻探、汽车制造等产业领域得到了越来越广泛的应用。

根据焊件的相对运动方式，摩擦焊可分为旋转摩擦焊（传统摩擦焊）、线性摩擦焊、搅拌摩擦焊等。

7.5.1 旋转摩擦焊

旋转摩擦焊是电动机带动焊件做旋转运动，达到一定转速后将其与固定的焊件相互接触而发生摩擦，机械能转变成热能而将界面加热到塑性状态，最后在顶锻力作用下完成固相连接的过程。旋转摩擦焊一般用于圆柱截面或管截面焊件的连接。按照驱动与制动方式，旋转摩擦焊又分为连续驱动摩擦焊和惯性摩擦焊。

1. 连续驱动摩擦焊

连续驱动摩擦焊接过程的一个周期可分成初始摩擦、不稳定摩擦、稳定摩擦、停车、顶锻几个阶段，如图7-26所示。每个阶段依次发生，前一阶段的充分进行是下一阶段的前提和基础。

1）初始摩擦阶段（t_1）与不稳定摩擦阶段（t_2）。凸起部分首先产生摩擦、剪切与粘结，摩擦产热，实际接触面积不断增加。摩擦界面温度不断升高，摩擦区域材料开始软化，黏塑性金属层内的塑性变形产热，两工件实际接触面积达到100%。工件开始轴向缩短。

2）稳定摩擦阶段（t_3）。产热量趋于稳定，热量由摩擦界面向工件内部传导，焊接面两侧的金属开始塑性流动，不断被挤出形成飞边，轴向缩短开始增加。

3）停车阶段（t_4）、纯顶锻阶段（t_5）与顶锻维持阶段（t_6）。当接头温度和变形量都达到合适值后开始停车，与此同时施加较大的顶锻力，焊件轴向缩短量急剧增加，相对速度降低至零。焊合区金属通过相互扩散和再结晶使两侧工件实现可靠连接。

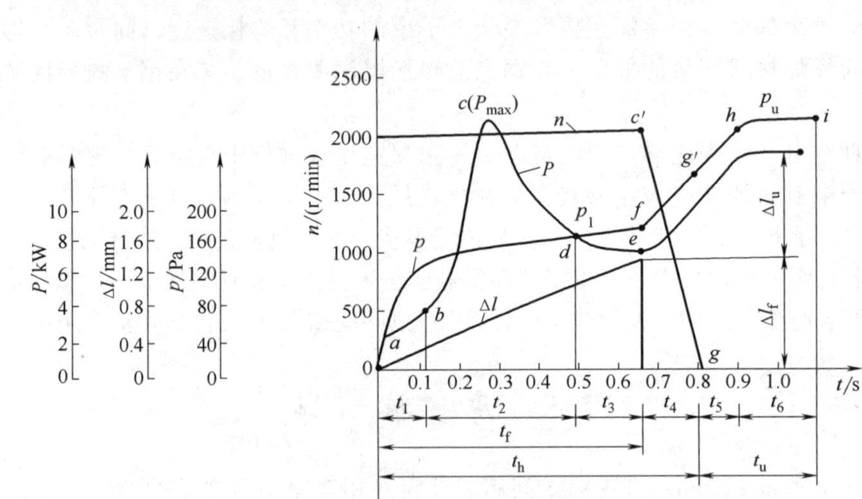

图 7-26 连续驱动摩擦焊接过程示意图

n—转速 p—轴向压力 p_1—摩擦压力 p_u—顶锻压力 Δl_f—摩擦变形量 Δl_u—顶锻变形量 P—摩擦加热功率 P_{max}—摩擦加热功率峰值 t—时间 t_f—摩擦时间 t_h—实际摩擦时间 t_u—实际顶锻时间

在摩擦焊接过程中，材料摩擦表面从低温到高温变化，表面的塑性变形、机械挖掘、粘结和分子作用四种现象连续发生。在整个摩擦加热过程中，摩擦表面上都存在着一个高速摩擦的塑性变形层，摩擦焊的发热、变形和扩散都集中在变形层中。在稳定摩擦阶段，变形层材料在摩擦扭矩和轴向压力的作用下，从摩擦表面挤出形成飞边，同时又被附近高温区的材料所补充，始终处于动平衡状态。在停车阶段和顶锻焊接过程中，摩擦表面的变形层和高温区材料被部分挤碎排出，焊缝材料经受锻造，形成了质量良好的焊接接头。

2. 惯性摩擦焊

惯性摩擦焊（inertia friction welding，IFW）是摩擦焊工艺中较典型的一种，美国卡特彼勒（Caterpillar）公司在20世纪60年代初发明了惯性摩擦焊，目前世界上比较著名的惯性摩擦焊设备制造商为美国MTI（Milliren Technologies Inc.）公司。惯性摩擦焊通过在待焊材料之间摩擦，产生热量，在顶锻力的作用下材料发生塑性变形与流动，进而形成连接。

惯性摩擦焊一般装有飞轮（图7-27），飞轮可储存旋转的动能，用以提供工件摩擦时需要的能量。

惯性摩擦焊在焊接前，将工件分别装入旋转端和滑移端，再将旋转端加速，当旋转端转速达到设定值时，主轴的驱动电动机与旋转端分离。滑移端一般由液压伺服驱动，朝旋转端方向移动，工件接触后开始摩擦，同时切断飞轮的驱动电动机供电；当旋转端的转速下降到一定值时，开始对待焊件进行顶锻，保持一定时间后，滑移端退出，焊接过程结束（图7-28）。

单力指在焊接过程中摩擦压力和顶锻压力相同，双力则指摩擦压力和顶锻压力不一样。在实际生产中，可通过更换飞轮或组合不同尺寸的飞轮来改变飞轮的转动惯量，从而改变焊接能量及焊接能力。

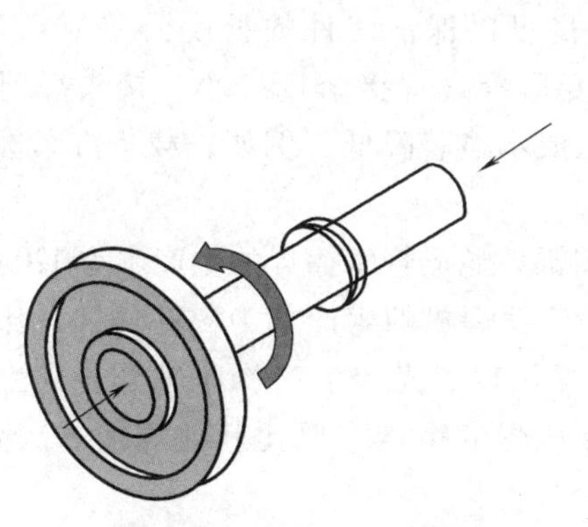

图 7-27　惯性摩擦焊的飞轮结构

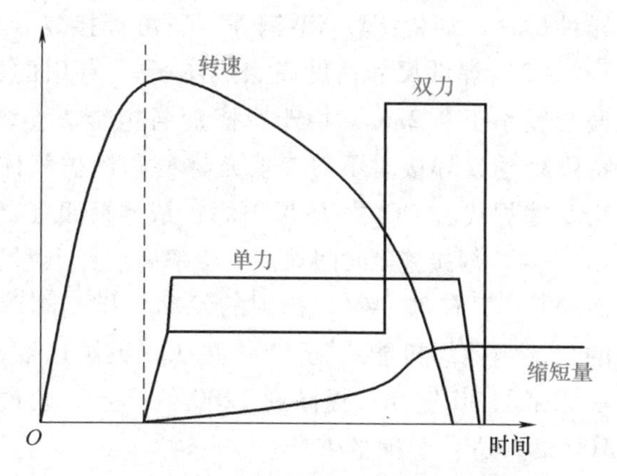

图 7-28　惯性摩擦焊的工艺曲线

宝钢无缝钢管厂的钻杆管体与工具接头焊接采用了较先进的惯性摩擦焊技术。根据国外经验，当飞轮惯性矩小、转速较高时，两个相互焊接件的缩短量短、摩擦加热功率较小、焊接时间短、热影响区窄、焊接区边缘光滑；当飞轮惯性矩大、转速低时，两个相互焊接件的缩短量长、摩擦加热功率大、焊接时间长、热影响区宽、焊接区边缘粗糙。

理论研究与实践经验表明，惯性摩擦焊与其他焊接方法相比有下列优点：

1）机械操作简单，环境清洁，几乎没有焊接烟尘和飞溅物。

2）夹紧管体与工具接头的夹紧卡盘无须专门清理，这是因为其热量是靠机械方法在接触面上产生的。

3）摩擦焊机不需要像闪光焊机那样用昂贵的软铜合金夹具。

4）效率高，能耗比闪光焊低。

5）轴向的热影响区较闪光焊等其他焊接方式窄。

6）惯性摩擦焊接缝的金属晶粒均匀、强度高。

7）焊接钢种范围大，不用预热，不用保护气体。

8）惯性摩擦焊机结构紧凑。

3. 旋转摩擦焊的特点

摩擦焊是利用材料表面摩擦加热连接工件的一种热压焊接方法，是一种固态连接方法。近年来摩擦焊在国内外的发展非常迅速，应用广泛，这是由它自身的一系列优点所决定的。旋转摩擦焊的主要特点如下：

（1）固态焊接，接头质量好　摩擦焊过程中，被焊材料通常不熔化，仍处于固态，焊合区金属为锻造组织。摩擦焊在焊接接头的形成机制和性能方面与熔焊存在显著区别：①摩擦焊焊接接头不产生与熔化和凝固有关的焊接缺陷和接头脆化现象，如粗大的柱状晶、偏析、夹杂、裂纹和气孔等；②轴向压力和扭矩共同作用下，摩擦焊表面及其附近区产生了冶金变化，如晶粒细化、组织致密、夹杂物弥散分布，以及摩擦焊表面的“自清理”作用等；③焊接时间短、热影响区窄，有利于获得质量良好的焊接接头。

（2）适合于各类同种或异种材料的焊接　摩擦焊不仅可以焊接同种钢，还可以焊接常温和高温力学、物理性能差别很大的异种钢和异种合金，如低合金钢与不锈钢、高速工具钢、镍基合金的焊接，以及铜与不锈钢的焊接等。此外，摩擦焊还能焊接那些产生脆性相的异种材料，如铝-铜、铝-钢等，还可焊接复合材料、功能材料、难熔合金等新型材料。

（3）焊件尺寸精度高、成本低　专用的摩擦焊机可以保证焊件的长度公差为 0.2mm，偏心度小于 0.2mm。由于摩擦焊省电能，金属焊接变形量（焊接余量）小，接头焊前不需特殊处理，焊接时不需要填充材料和保护气体，加工成本显著降低。例如，载货汽车推进轴用摩擦焊代替 CO_2 气体保护焊，成本降低了约 30%。

（4）焊接施工时间短，生产率高（十几秒）　我国锅炉蛇形管摩擦焊的生产率为 120 件/h，而闪光焊只有 30 件/h。德国的发动机排气阀双头自动摩擦焊机的生产率为 800 件/h，比利时的自动摩擦焊机能达到 1200 件/h，英国用双头摩擦焊代替闪光焊生产汽车轴套，其生产率从原来的 30 件/h，提高到 1200 件/h。一般说来，摩擦焊的生产率要比其他焊接方法高 1~100 倍，适合于批量生产。

（5）焊机功率小、节能、无污染　摩擦焊和闪光焊相比，电功率和能量节约 80%~90%。设备易于实现机械化和自动化，焊接过程稳定，工作场所环境好，没有火花、弧光及有害气体，无环境污染。

与其他的焊接方法一样，摩擦焊也有自身的局限性。因为其是一种旋转焊件的压焊方法，所以对非圆截面焊件的焊接很困难，对大截面焊件的焊接也受到焊机主轴电动机功率与压力的限制，目前摩擦焊焊件最大截面积不超过 $200cm^2$；大型盘状焊件和薄壁管件由于不容易夹持，很难实现焊接；摩擦焊机的一次性投资较大。

7.5.2　线性摩擦焊

线性摩擦焊（linear friction welding，LFW）是一种利用被焊工件接触面在压力作用下相对往复运动摩擦产生热量，从而实现焊接的固态连接方法。与其他摩擦焊（如旋转摩擦焊）相比，更加适合焊接非圆形截面、形状不规则，以及材料、尺寸差异大的焊件。

1. 线性摩擦焊工艺过程

线性摩擦焊过程中，摩擦副中一个焊件被往复机构驱动，相对于另一侧被夹紧的表面做相对运动。在垂直于往复运动方向的压力作用下，随摩擦运动的进行，摩擦表面被清理并产生摩擦热，摩擦表面的金属逐渐达到黏塑性状态并产生变形。然后，停止往复运动、施加顶锻力，完成焊接，如图 7-29 所示。

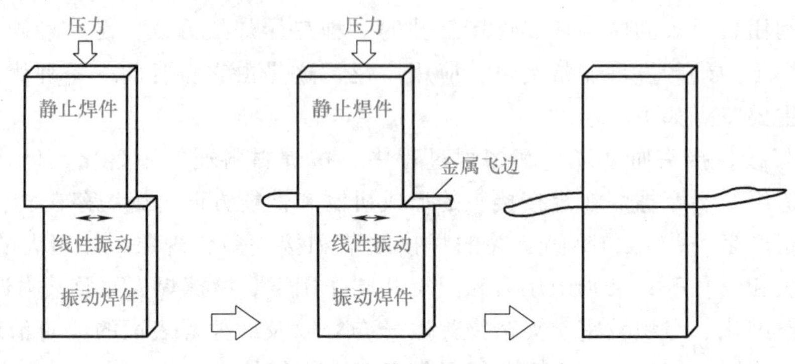

图 7-29　线性摩擦焊工艺过程示意图

2. 线性摩擦焊应用举例

线性摩擦焊的潜在应用包括齿轮、链环、行李舱盖和地板块等塑料部件，双金属叶片以及金属与塑料的复合连接。图 7-30 所示为线性摩擦焊焊接整体叶盘的加工过程，整体叶盘少了榫头与榫槽，质量减轻很多，有利于提高发动机的推重比。图 7-31 所示为采用线性摩擦焊制造的航空发动机整体叶盘。

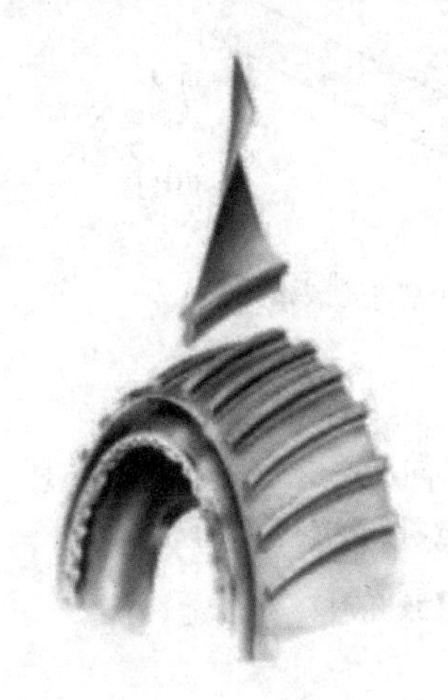

图 7-30　线性摩擦焊焊接整体叶盘的加工过程

图 7-31　采用线性摩擦焊制造的航空发动机整体叶盘

7.5.3　搅拌摩擦焊

搅拌摩擦焊（friction stir welding，FSW）是英国焊接研究所于 1990 年发明的，随后获得了快速推广应用。搅拌摩擦焊是一种利用第三者工具（搅拌头）与焊件摩擦产热而实现金属固相连接的方法。搅拌摩擦焊主要用来焊接铝镁合金，特别是焊接非热处理强化铝合金。

1. 搅拌摩擦焊的原理与工艺过程

（1）搅拌摩擦焊的原理　搅拌头与两焊件摩擦形成的高温将其周围附近焊件材料加热到热塑性软化状态，并带动这个软化的金属发生机械混合。随着搅拌头沿焊件方向移动，后方金属冷却形成焊接接头，如图 7-32 所示。

（2）搅拌摩擦焊的工艺过程　搅拌摩擦焊的工艺过程大致分为三个阶段，如图 7-33 所示。

1）插入阶段。高速旋转的搅拌头垂直压在静止的焊件表面，两者的接触面因摩擦生热而导致温度升高，达到焊件材料的软化温度以后，在压力作用下，搅拌头逐渐潜入焊件。当搅拌头的潜入使得轴肩与焊件表面接触后，压力与摩擦阻力显著增大，摩擦热功率增加，焊接热输入使搅拌头周围的软化区域逐渐扩大。

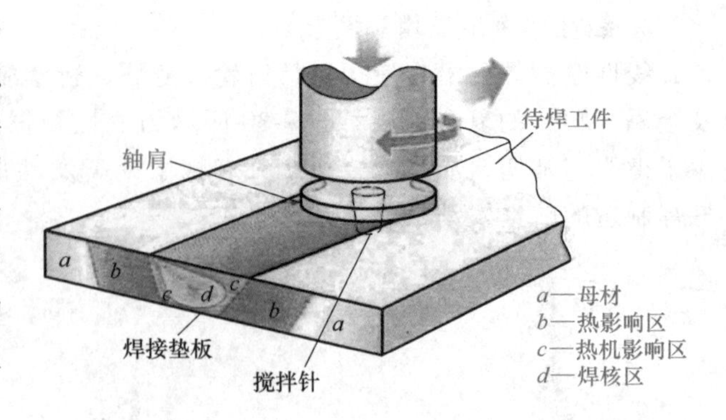

图 7-32　搅拌摩擦焊的原理示意图

2）移动阶段。当搅拌头周围软化区域的范围达到一定后，起动焊接（焊件移动或搅拌头移动），使搅拌头沿焊件待焊部位运动而形成焊缝。

3）拔出阶段。当搅拌头移动到焊件待焊部位末端后，在焊接方向停止移动，保持搅拌头旋转速度，搅拌头向上移动，从焊件中逐渐拔出，从而完成整个搅拌摩擦焊过程。

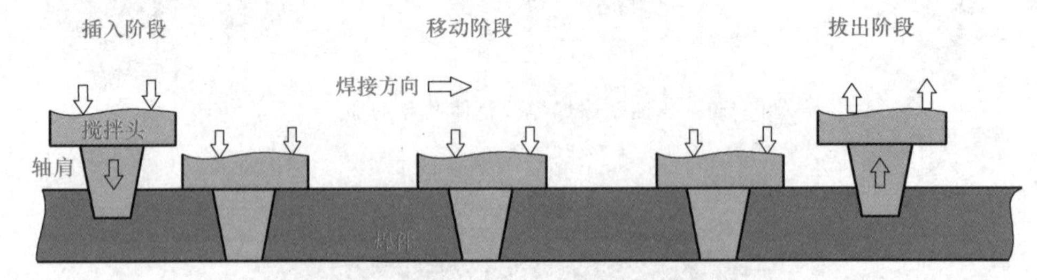

图 7-33　搅拌摩擦焊的工艺过程示意图

2. 搅拌摩擦焊的工艺参数

（1）焊接热功率　搅拌摩擦焊时，搅拌头与焊件摩擦所产生的热功率 Q 可以表示为

$$Q=\frac{\pi\omega\mu F(r_0^2+r_0r_i+r_i^2)}{45(r_0+r_i)} \tag{7-1}$$

式中　Q——焊接热功率（W）；

r_0——搅拌头的轴肩半径（mm）；

r_i——搅拌针的半径（mm）；

ω——搅拌头的旋转速度（r/min）；

F——压力（N）；

μ——摩擦系数。

（2）搅拌头的旋转速度　热功率与搅拌头的旋转速度呈正比关系。当搅拌头的旋转速度较低时，焊接热输入量不足以形成热塑性流动层，不能实现固相连接。

（3）压力　热功率与压力呈正比关系，为了获得一定的热功率需要足够的压力，但是压力也影响焊缝成形。当压力不足时，表面热塑性金属将溢出焊件表面，焊缝底部就会形成孔洞；当压力过大时，轴肩与焊件表面摩擦力增大，焊缝表面易出现飞边、毛刺等缺陷。

（4）焊接速度　焊接热功率一定时，焊接速度过大则会导致热量不足、焊缝成形不良，并且内部会出现孔洞。焊接速度的确定应综合考虑焊接热功率、焊件材料种类、板厚、搅拌

头的强度等因素。

搅拌头的几何形状和焊接参数对焊接压紧力和摩擦力矩有影响。压力随搅拌头插入焊件深度的增加而增加。摩擦力矩与搅拌头轴肩及搅拌针直径有关，轴肩直径对摩擦力矩的影响远大于搅拌针直径对摩擦力矩的影响。

3. 搅拌摩擦焊接头的组织特征

从横断面看，一般将接头分为三个部分，即焊核区（nugget zone，NZ）、热机影响区（thermo-mechanically affected zone，TMAZ）和热影响区（heat affected zone，HAZ），如图 7-34a 所示，各部分的显微组织如图 7-34b~d 所示。图中 BM 为母材。

（1）焊核区　焊核区发生了强烈的搅拌，两焊件材料充分混合，成分来自两焊件。在高温、高形变量作用下金属发生动态再结晶，表现为细小的等轴晶粒。

（2）热机影响区　位于焊核区外侧的焊件上。成分没有混合，但受到较高的温度和形变，部分发生了再结晶。

（3）热影响区　位于热机影响区的外侧焊件上，形变量不大，没有发生再结晶过程，温度升高会使形变强化的焊件材料发生回复，使时效强化的焊件材料发生固溶或过时效，从而在一定程度上改变焊件材料的初始状态和性能。

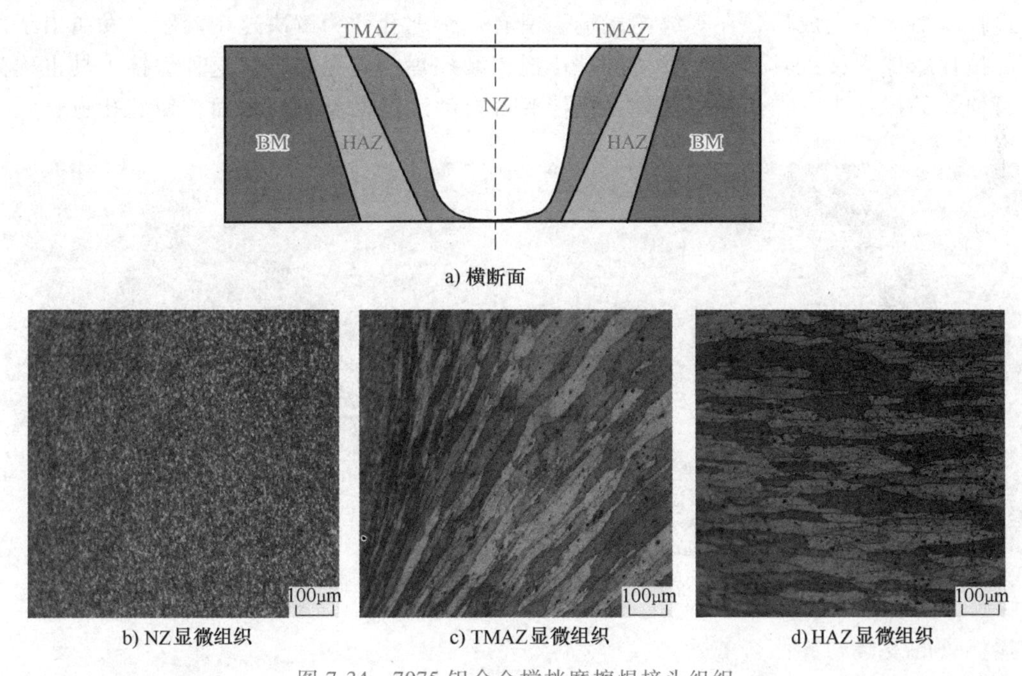

a) 横断面

b) NZ 显微组织　c) TMAZ 显微组织　d) HAZ 显微组织

图 7-34　7075 铝合金搅拌摩擦焊接头组织

4. 搅拌摩擦焊的设备

搅拌摩擦焊设备的部件很多，从设备功能结构上可以把搅拌摩擦焊机分为搅拌头、机械转动系统、行走系统、控制系统、工件夹紧机构和刚性机架等。

英国焊接研究所 1995 年研制出移动龙门式搅拌摩擦焊设备 FW21，可以焊接长度达 2m 的焊缝，并保证在整个焊缝长度内，焊接质量均匀良好。此设备可以焊接铝板的厚度为 3~15mm，最大焊接速度可达 1m/min，可焊接的最大工件尺寸为 2m×1.2m。之后此研究所又研制了可以焊接环缝的设备。

瑞典 ESAB 公司设计制造的搅拌摩擦焊设备可以焊接长度达 16m 的焊缝。在此基础上，ESAB 公司又研制开发了基于数控技术的具有五个自由度的更小、更轻便的设备。这台设备焊接厚度 5mm 的 6000 系铝合金板时，焊接速度可达 750mm/min，还可以焊接非线性焊缝。

我国已经开发了用于不同规格产品焊接用的 C 型、龙门式、悬臂式三个系列的搅拌摩擦焊设备以及多个系列的搅拌头。比较典型的搅拌摩擦焊设备如图 7-35 所示，此设备在焊接过程中采用数字控制，具有控制精度高、焊接工艺重复性好等优点。焊接速度和旋转速度均可无级调节，焊接压力可以根据搅拌头插入深度进行调节，倾斜角可调范围为 0°~5°。

搅拌头是搅拌摩擦焊技术的关键，它的好坏决定了被焊材料的种类和厚度，其包括轴肩和搅拌针两部分，一般用工具钢制成，需要耐磨损和高的熔点。搅拌头有各种各样的设计，但设计要合理。搅拌头的形状决定加热、塑性流体的形成状态；搅拌头的尺寸决定焊缝尺寸、焊接速度及工具强度；搅拌头的材料决定焊接加热速率、工具强度及工作温度，并决定被焊材料的种类。图 7-36 所示为典型的搅拌头。

轴肩的发展经历了这样一个过程：平面—凹面—同心圆环槽—涡状线。轴肩的主要作用是尽可能包拢塑性区金属，促使焊缝成形光滑平整，提高焊接行走速度。搅拌针的作用是通过旋转摩擦生热提供焊接所需的热量，并带动周围材料的塑性流动以形成接头。

搅拌摩擦焊接完成后，在焊缝的尾端会留有一个匙孔，为解决这个问题，发明出了可以调节的搅拌摩擦焊接工具，其主要功能是让搅拌摩擦焊的匙孔愈合。这种焊接工具也称为搅拌针可伸缩的搅拌头，在焊缝结尾处，搅拌头可自动地退回到轴肩里面，使匙孔愈合。

图 7-35　搅拌摩擦焊设备

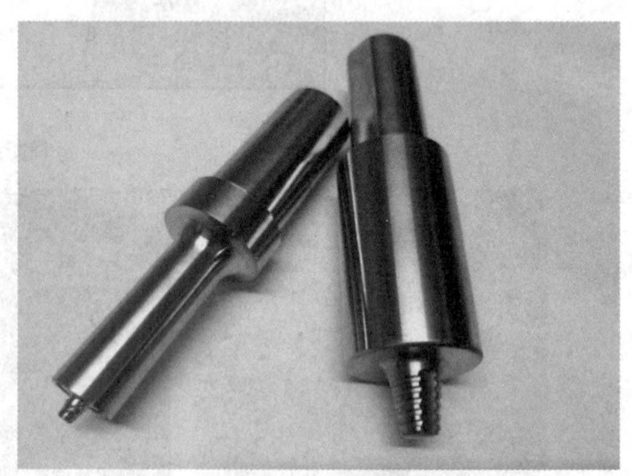
图 7-36　典型的搅拌头

搅拌头的发展趋势：

1）冷却装置。人们提出的冷却方式包括：用内部的水管冷却、在外部用水喷洒冷却或用气体冷却。

2）表面涂层改性。用于铝合金焊接的搅拌头，可以通过涂层提高其使用寿命。目前，部分搅拌头使用 TiN 涂层，效果很好，可以防止金属粘连搅拌头。

3）复合式搅拌头。搅拌针和轴肩的作用不同，两者可以使用不同的材料，尽可能使轴肩和搅拌针发挥各自的作用，这样使用一些昂贵的耐磨搅拌针材料时，可以降低成本。轴肩与搅拌针分别制造，这样在焊接相对较硬的材料时，搅拌针磨损严重后，可以单独更换搅拌针而不是更换整个搅拌头。

5. 搅拌摩擦焊的特点

搅拌摩擦焊具有如下优点：

1）搅拌摩擦焊是一种高效、节能的连接方法。对于厚度为12.5mm的6×××系列的铝合金材料的搅拌摩擦焊，可单道焊双面成形，总功率输入约为3kW；焊接过程不需要填充焊丝和惰性气体保护；焊前不需要开坡口和对材料表面作特殊的处理。

2）焊接过程中母材不熔化。有利于实现全位置焊接以及高速连接。

3）适用于热敏感性很强及不同制造状态材料的焊接。熔焊不能连接的热敏感性强的硬铝、超硬铝等材料可以用搅拌摩擦焊得到可靠连接；可以提高热处理铝合金的接头强度；焊接时不产生气孔、裂纹等缺陷；可以防止铝基复合材料的合金和强化相的析出或溶解；可以实现铸造/锻压以及铸造/轧制等不同状态材料的焊接。

4）接头无变形或变形很小。由于焊接变形很小，可以实现精密铝合金零部件的焊接。

5）焊缝组织晶粒细化，接头力学性能优良。焊接时，焊缝金属产生塑性流动，接头不会产生柱状晶等组织，而且可以使晶粒细化；焊接接头的力学性能优良，特别是抗疲劳性能较好。

6）易于实现机械化、自动化。可以实现对焊接过程的精确控制，以及焊接规范参数的数字化输入、控制和记录。

7）搅拌摩擦焊是一种安全的焊接方法。与熔焊相比，搅拌摩擦焊过程没有飞溅、烟尘，以及弧光的红外线或紫外线等有害辐射。

同时，搅拌摩擦焊也存在一些不足，主要表现在以下几方面：

1）焊缝无增高。在接头设计时要特别注意这一特征。焊接角接接头受到限制，接头形式必须特殊设计。

2）需要对焊缝施加大的压力，限制了搅拌摩擦焊技术在机器人等设备上的应用。

3）焊接结束时，由于搅拌头的回抽，在焊缝中往往残留搅拌指棒的孔，所以必要时，焊接工艺上需要添加引焊板或退出板。

4）被焊零件需要有一定的结构刚性或被牢固固定来实现焊接；在焊缝背面必须加一个耐摩擦力的垫板。

5）要求必须对接头的错边量及间隙大小进行严格控制。

6）目前只限于对轻金属及其合金（塑性好）的焊接。

总之，与熔焊相比，搅拌摩擦焊是一种高质量、高可靠性、高效率、低成本的绿色连接技术。

6. 搅拌摩擦焊的研究现状

（1）铝合金搅拌摩擦焊焊缝成形微观形貌　图7-37所示为LF6防锈铝合金搅拌摩擦焊焊缝成形微观金相剖面分析图。由图7-38可以看出，焊接过后，LF6防锈铝合金材料在焊缝中心两侧呈弧形分布，在焊缝横截面上的*C*、*D*区呈倾斜的“花瓶”状。在焊缝上部的*B*区，焊缝材料发生弯曲，并向焊缝中心延伸。理论分析这种材料弯曲情况出现的原因可能是，*B*区的塑化金属材料由于受到高速旋转的搅拌头轴肩影响，导致其向焊缝中心方向发生迁移运动，而同时焊缝表面的塑化金属材料由于受到搅拌头轴肩端面向下的挤压作用，导致其向焊缝下方迁移运动以致沉积至此区域中。

上述观察、理论分析结果表明，焊缝上部弹塑性材料向焊缝中心迁移，焊缝中、下部塑性材料向背离焊缝中心迁移，导致焊核区和热影响区发生螺旋、沉积运动，最终呈倾斜的“花瓶”状；热机影响区同时受到搅拌头高速的旋转和搅拌头轴肩端面向下挤压的双重作用，最终材料呈现弯曲并向焊缝中心延伸的形貌。

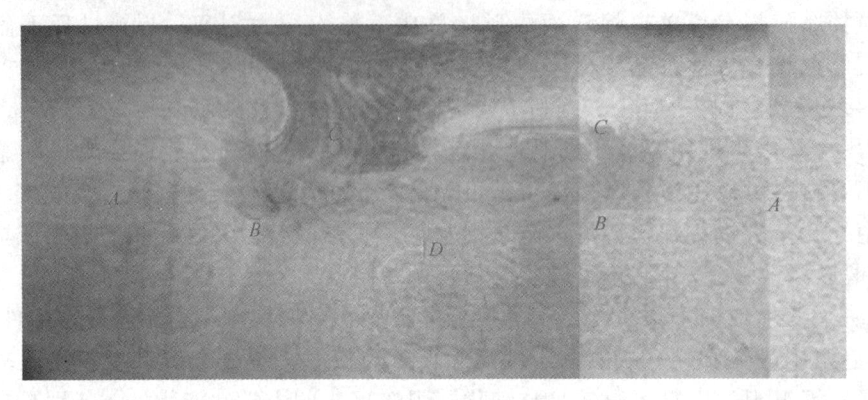

图 7-37 LF6 防锈铝合金搅拌摩擦焊焊缝成形微观金相剖面分析图

A—母材（BM） *B*—热影响区（HAZ） *C*—热机影响区（TMAZ） *D*—焊核区（NZ）

（2）铝合金搅拌摩擦焊接头微观“洋葱环”形貌 图 7-38 所示为旋转速度 Rf_{sw} = 800r/min，焊接速度 Vf_{sw} 分别为 50mm/min、100mm/min、150mm/min、200mm/min 下得到的 LF6 防锈铝合金搅拌摩擦焊接头“洋葱环”显微图。通过观察、分析可得，随着焊接速度 Vf_{sw} 的增大，“洋葱环”晶粒尺寸增大。当焊接参数配合不当时，易出现焊接缺陷，如图 7-38c 所示的典型的孔洞形缺陷。

（3）异种铝合金搅拌摩擦焊接头成形规律研究

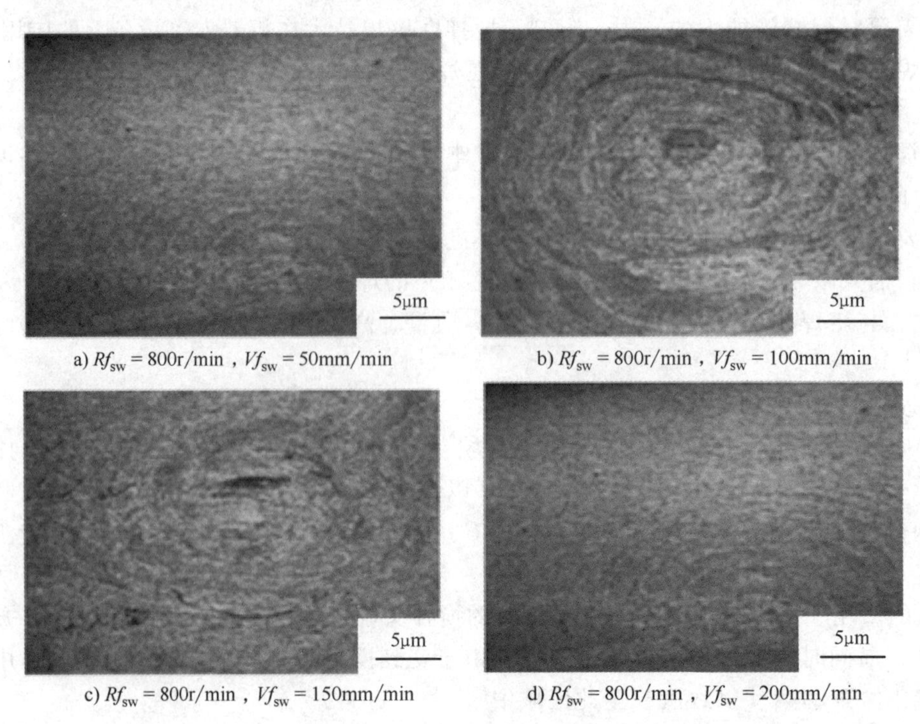

a) Rf_{sw} = 800r/min，Vf_{sw} = 50mm/min　b) Rf_{sw} = 800r/min，Vf_{sw} = 100mm/min

c) Rf_{sw} = 800r/min，Vf_{sw} = 150mm/min　d) Rf_{sw} = 800r/min，Vf_{sw} = 200mm/min

图 7-38 LF6 防锈铝合金搅拌摩擦焊接头“洋葱环”显微图

1）转速对 7075-2A12 异种铝合金搅拌摩擦焊接头成形的影响。图 7-39 所示为 7075 铝合金置于前进侧（advancing side，AS）、焊接速度为 40mm/min、搅拌头旋转速度由 500r/min 增加到 1000r/min 过程中，异种铝合金搅拌摩擦焊接头正面成形变化情况。从图中可以看出，搅拌头旋转速度由 500r/min 增加到 1000r/min 过程中，异种铝合金搅拌摩擦焊接头焊缝正面的粗糙度随转速的升高而降低。

低转速下，焊缝表面材料塑化不充分，金属材料黏性较大，流动性较差，在轴肩的摩擦力作用下部分材料容易粘在轴肩表面，从而形成粗糙的焊缝表面。

转速升高后，焊缝热输入增大，焊缝材料塑化增强，流动性变好，焊缝表面材料黏性变低，粘在搅拌头轴肩表面的材料变少，从而降低了焊缝的表面粗糙度。在图 7-39a、b、e 中观察到少量的飞边，是因为材料在搅拌头的驱动下，迁移受阻或者是顶锻力过大，材料被挤出所形成的。

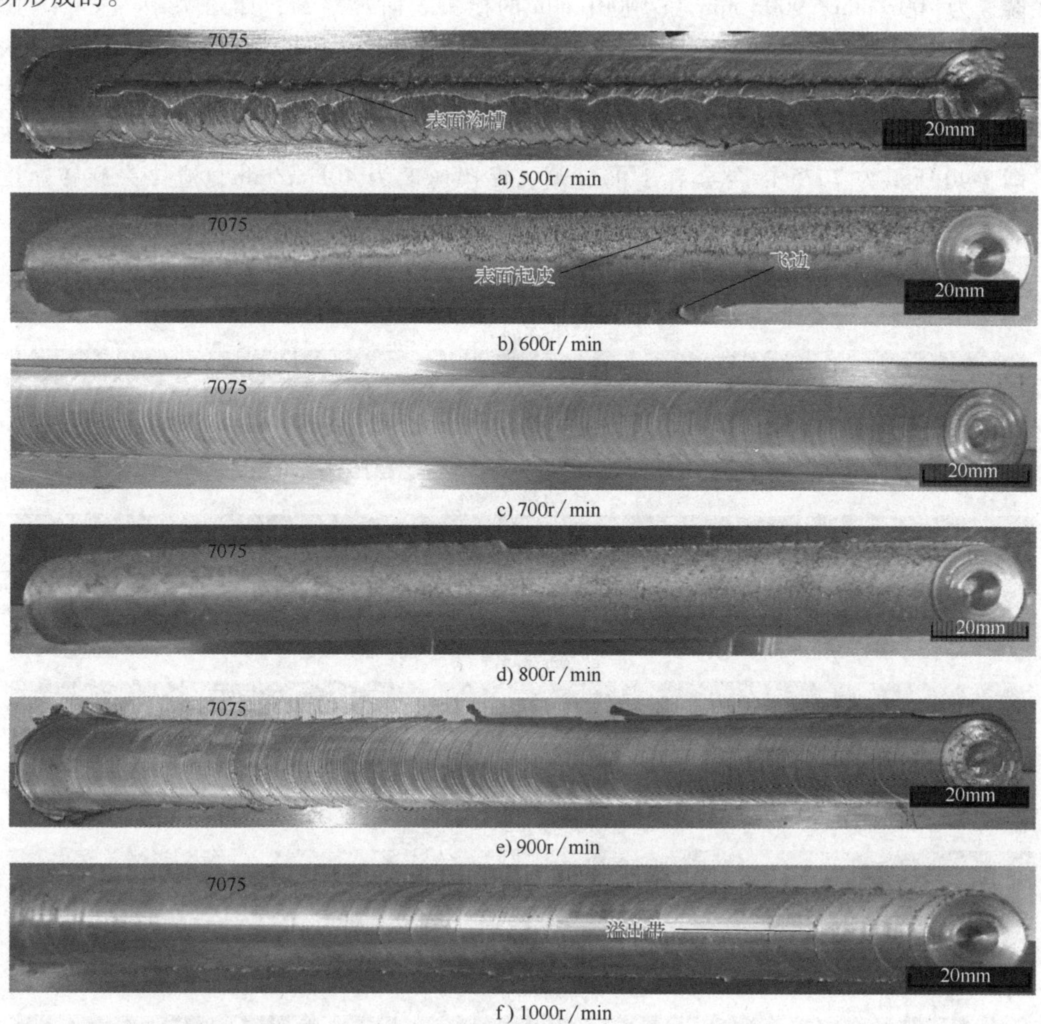

图 7-39　不同转速下异种铝合金搅拌摩擦焊接头正面成形

转速为 500r/min 时，整个焊接过程都伴随着表面沟槽缺陷，并且位于焊缝中间偏向前进侧。表面沟槽是隧道孔延伸到焊缝表面形成的，是热输入过低，焊缝材料流动严重不足所致。7075铝合金相对2A12铝合金而言，更难热塑化，相同条件下，7075铝合金材料的流动比2A12铝合金更难，致使容易在前进侧出现表面沟槽缺陷。从图7-39b、c、e、f中并没有观察到表面沟槽缺陷，说明随着转速升高，热输入升高，材料流动性增强，表面沟槽缺陷出现的倾向减小。

转速分别为600r/min和800r/min时，在搅拌摩擦焊接头正面观察到明显的起皮缺陷，位置都处于前进侧。表面起皮缺陷，会导致搅拌摩擦焊焊缝正面纹路不清晰，影响接头美观。

2A12铝合金与7075铝合金的热物性能有区别，7075铝合金的热导率低于2A12铝合金，在相同的热输入下，焊缝在7075铝合金所在的一侧更容易热量集中，故起皮缺陷容易出现在前进侧。随着搅拌头转速的升高，起皮缺陷出现的倾向减小。低转速下出现起皮现象的原因可能是，搅拌头的轴肩对接头表面摩擦占主导作用，低转速下摩擦不充分。溢出带缺陷在转速为700r/min、900r/min和1000r/min的接头表面观察到，如图7-39c、e、f，随着转速的升高，出现溢出带的间距增大。轴肩下方材料对搅拌头轴肩的轴向力过大使轴肩失去包裹作用，轴肩下方材料溢出形成溢出带。转速升高，焊缝热输入增大，搅拌头轴肩下方材料热塑化增强，对轴肩的轴向力减小，材料溢出倾向减小，故溢出带距离变长，甚至消失。

图7-40所示为7075铝合金置于前进侧、焊接速度为40mm/min、搅拌头旋转速度由

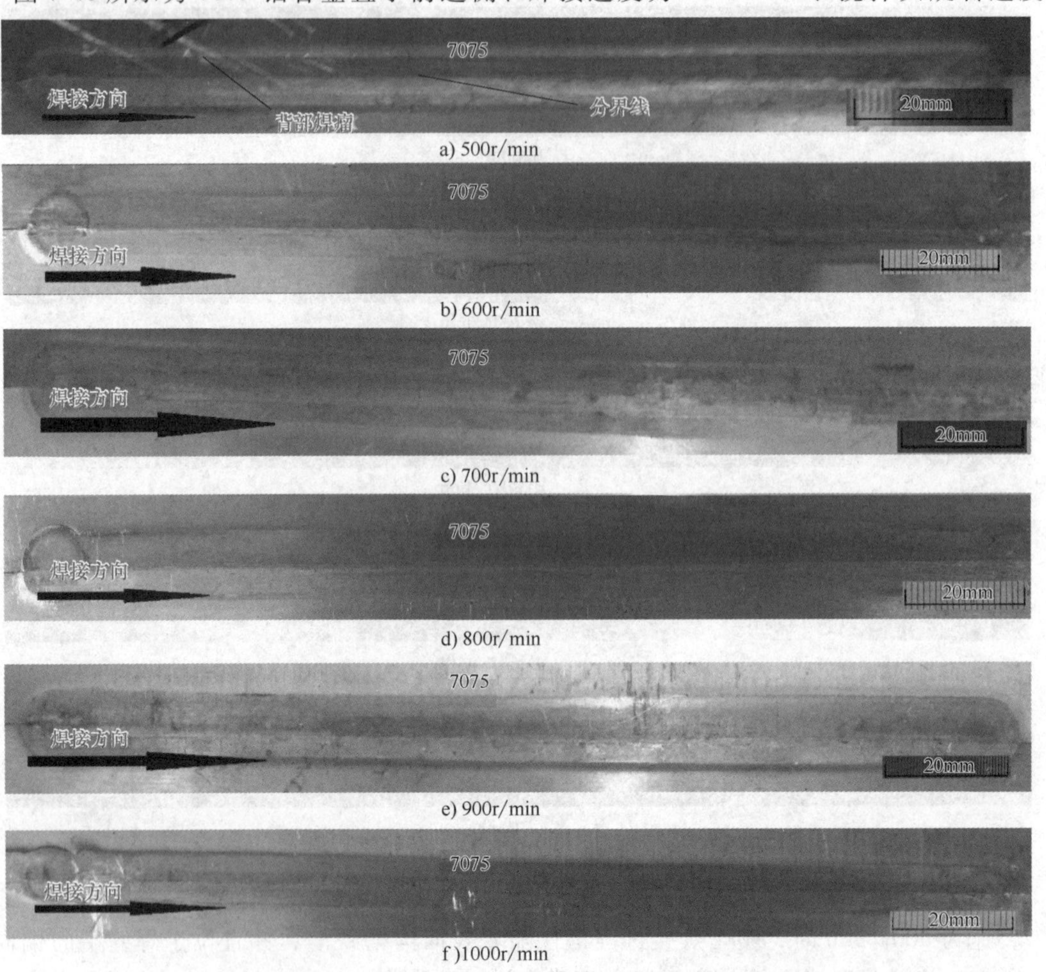

图7-40　不同转速下异种铝合金搅拌摩擦焊接头背面成形

500r/min 增加到 1000r/min 过程中，异种铝合金搅拌摩擦焊接头背面成形变化情况。从图中可以看出，随着转速的升高，搅拌摩擦焊接头背面异种材料的分界线逐步变模糊。焊缝背面材料没有充分混合时，形成直线形边界，明显的分界线是焊缝根部未焊透的直接表现。

转速增加后，焊接热输入增加，焊缝材料流动更充分，对焊缝底部材料的影响增强，异种材料的分界线越来越不明显。转速由 500r/min 增加到 1000r/min 的过程中，接头都有背部焊瘤的产生，且起焊阶段背部焊瘤缺陷较为严重。背部焊瘤缺陷表现为焊缝背部金属向外凸起。起焊前，起焊点经历了压入与预热两个过程，相对整个焊接过程而言，起焊点受到搅拌头作用的时间更长，搅拌针对焊缝底部的轴向力作用时间更长，故起焊阶段背部焊瘤缺陷更严重。

转速在 500~800r/min 范围内，随着转速的增加，背部焊瘤凸起的明显程度逐渐降低。低转速下，焊接热输入较低，焊缝底部材料流动不充分，底部材料向焊缝上部迁移受阻，大量沉积在焊缝底部，在搅拌针端部的轴向力作用下形成背部焊瘤缺陷；随着转速升高，焊缝底部材料热塑化充分，搅拌针更容易插入焊缝底部材料，搅拌头旋转驱动材料向上迁移更容易，故焊缝形成背部焊瘤缺陷不明显。

然而，转速在 800~1000r/min 范围内，随着转速的增加，背部焊瘤凸起的明显程度逐渐增加，这是因为转速过高，材料软化严重，焊缝材料流动紊乱，材料定向迁移性能差，大量集中在焊缝底部，在搅拌针轴向力作用下，会形成背部焊瘤缺陷。

图 7-41 所示为 7075 铝合金置于前进侧、焊接速度为 40mm/min、搅拌头旋转速度由 500r/min 增加到 1000r/min 过程中，异种铝合金搅拌摩擦焊接头侧面成形变化情况。接头焊核区呈非对称的“花盆”形状，随着转速的升高，“花盆”的细颈部尺寸与盆底尺寸的差异增大。图 7-41a 所示为转速 500r/min 的接头表面沟槽缺陷的深度，以及背部焊瘤缺陷凸起的

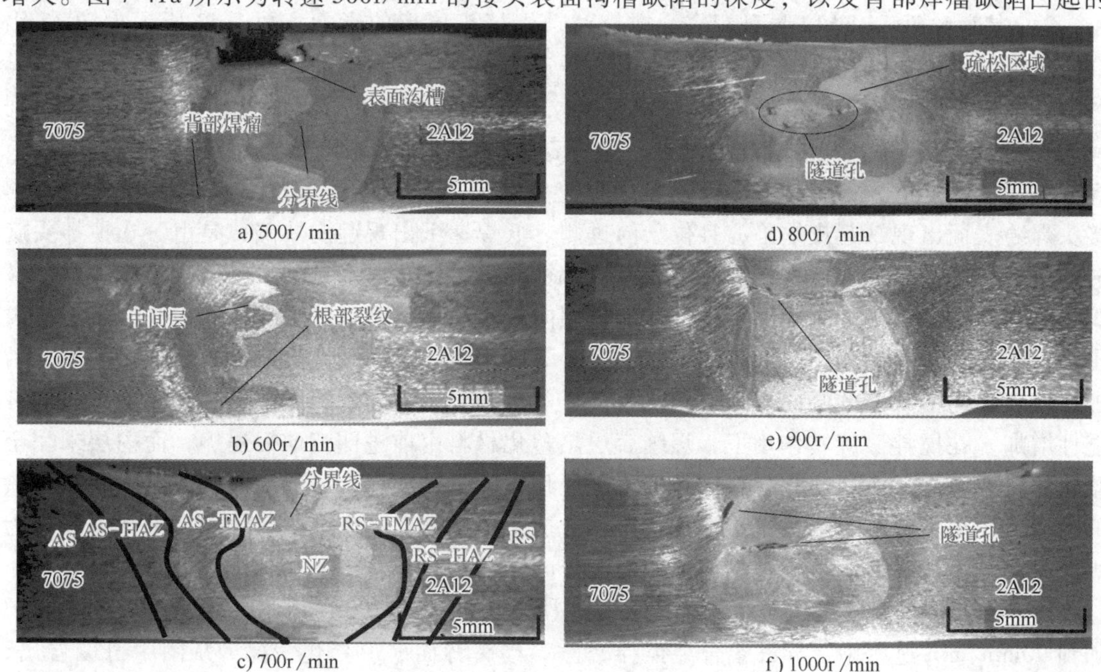

a) 500r/min　　d) 800r/min

b) 600r/min　　e) 900r/min

c) 700r/min　　f) 1000r/min

图 7-41　不同转速下异种铝合金搅拌摩擦焊接头侧面成形

AS——前进侧　RS——后退侧

高度，适当增加转速有助于消除表面沟槽缺陷，缓解背部焊瘤缺陷。异种铝合金接头分为前进侧热影响区（AS-HAZ）、前进侧热机影响区（AS-TMAZ）、焊核区（NZ）、后退侧热机影响区（RS-TMAZ）、后退侧热影响区（RS-HAZ），如图 7-41c 所示。

从图 7-41 可以看出，随着转速的升高，接头焊核区与热机影响区的分界线由单弧边界转变为双弧边界。在焊核区两种材料的分界线随着转速的升高经历清晰边界、中间层、模糊消失三个阶段。随着转速的升高，焊缝材料流动性能增强，材料混合程度充分，焊核区异种材料的分界线变得模糊，但焊缝上部与下部的流动性能差别增大，促使其分界线由单弧边界向双弧边界转变，同时伴随着焊缝上部与焊缝下部分界线（图 7-41d）的出现，焊缝上部主要受到的是搅拌头轴肩的作用，而焊缝下部主要受到的是搅拌针的作用。

隧道孔缺陷分别在转速为 800r/min、900r/min、1000r/min 的接头中观察到，如图 7-41d～f 所示。转速在 800～1000r/min 范围内，随着转速的增加，隧道孔缺陷出现的倾向增加。高转速下，焊缝材料软化严重，流动紊乱，出现隧道孔的可能性增加。如图 7-41d 所示，转速为 800r/min 的接头，在焊核区上部与下部的交界处形成了疏松区域，在疏松区域边界伴随着隧道孔缺陷产生。焊缝材料沿板厚方向及搅拌头后方迁移不足，就容易形成疏松区域。转速为 900r/min 的接头，隧道孔缺陷都分布在焊核区上部与下部的分界线上，如图 7-41e 所示。这种隧道孔缺陷是焊缝底部材料向焊缝上部迁移不足，无以填充孔洞而形成的。转速为 1000r/min 的接头，焊核区上部与下部分界线上的隧道孔连接起来形成线形隧道孔缺陷，并且在前进侧热机影响区与焊核区的分界线的上部形成隧道孔缺陷。

随着转速的升高，接头焊缝经历了由上部与下部的分界线转变为三角形的疏松区域、由疏松区域转变为沿焊缝上下部分界线分布的隧道孔、由分离的隧道孔连接起来转变为线形隧道孔阶段。

2）焊速对 7075-2A12 异种铝合金搅拌摩擦焊接头成形的影响。图 7-42 所示为 7075 铝合金置于前进侧、搅拌头转速为 800r/min、焊速由 30mm/min 增加到 90mm/min 过程中，异种铝合金搅拌摩擦焊接头正面成形变化情况。从图中可以看出，焊速由 30mm/min 增加到 90mm/min 的过程中，随着焊速的增加，焊缝表面粗糙度值逐渐降低。起皮缺陷严重增加了焊缝表面粗糙度值，如图 7-42a～c 所示，焊速分别为 30mm/min、40mm/min、50mm/min 的接头焊缝表面出现了起皮缺陷，且位于前进侧。低焊速下出现起皮缺陷，是由于在搅拌头旋转作用下，焊接热输入过大，焊缝上表面局部液化，冷却凝固而形成的。随着焊速的增加，焊接热输入减小，焊缝表面温度降低，起皮倾向减小。但过高焊速会导致表面沟槽缺陷、溢出带、飞边的出现，如图 7-42d～f 所示。焊速增加，焊接热输入降低，材料热塑化不足，增加出现表面沟槽缺陷的倾向。后退侧飞边多于前进侧飞边，随着焊速的增加，出现飞边的可能性增加。在搅拌头旋转作用下，焊缝表层热塑化材料由前进侧流向后退侧，而内层未完全塑化的材料阻碍了表层塑化材料向焊缝下部迁移，大量堆积在接头的后退侧，然后在搅拌头的顶锻力作用下焊缝材料被挤出形成飞边，造成后退侧飞边多于前进侧。溢出带缺陷表现为焊缝表面的不连续，随着焊速的增加，溢出带间距缩小。

图 7-43 所示为 7075 铝合金置于前进侧、搅拌头转速为 800r/min、焊速由 30mm/min 增加到 90mm/min 过程中，异种铝合金搅拌摩擦焊接头背面成形变化情况。从图中可以看出，随着焊速的增加，焊缝背面异种材料的分界线越来越明显。焊速增加，热输入减小，焊缝底部材料流动减弱，焊缝底部材料混合程度降低，造成焊缝背面异种材料分界线越来越明显。

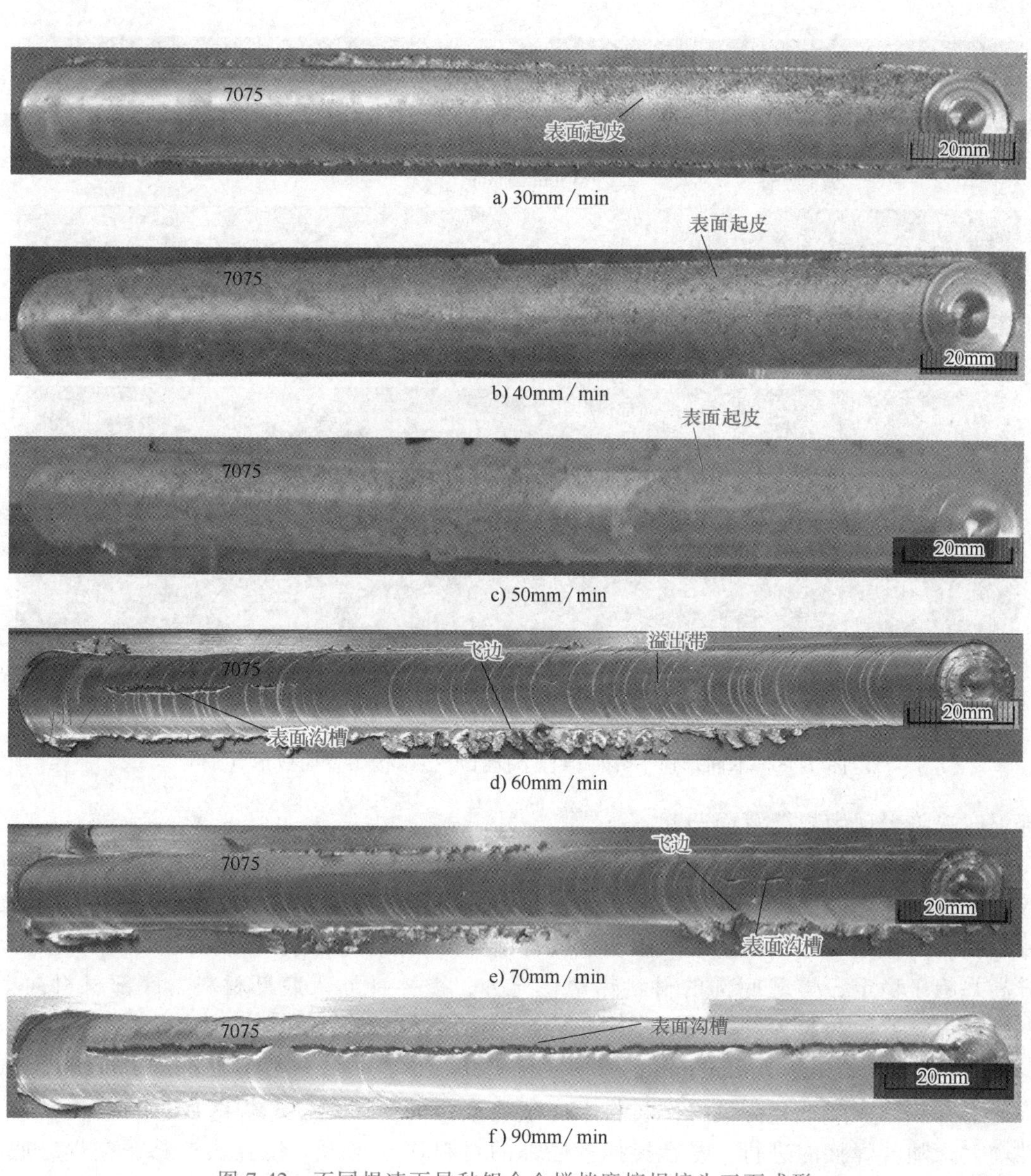

图 7-42　不同焊速下异种铝合金搅拌摩擦焊接头正面成形

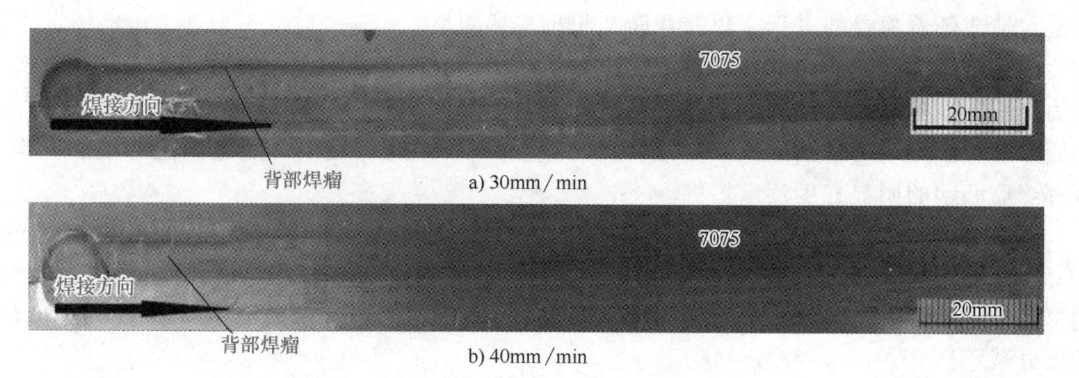

图 7-43　不同焊速下异种铝合金搅拌摩擦焊接头背面成形

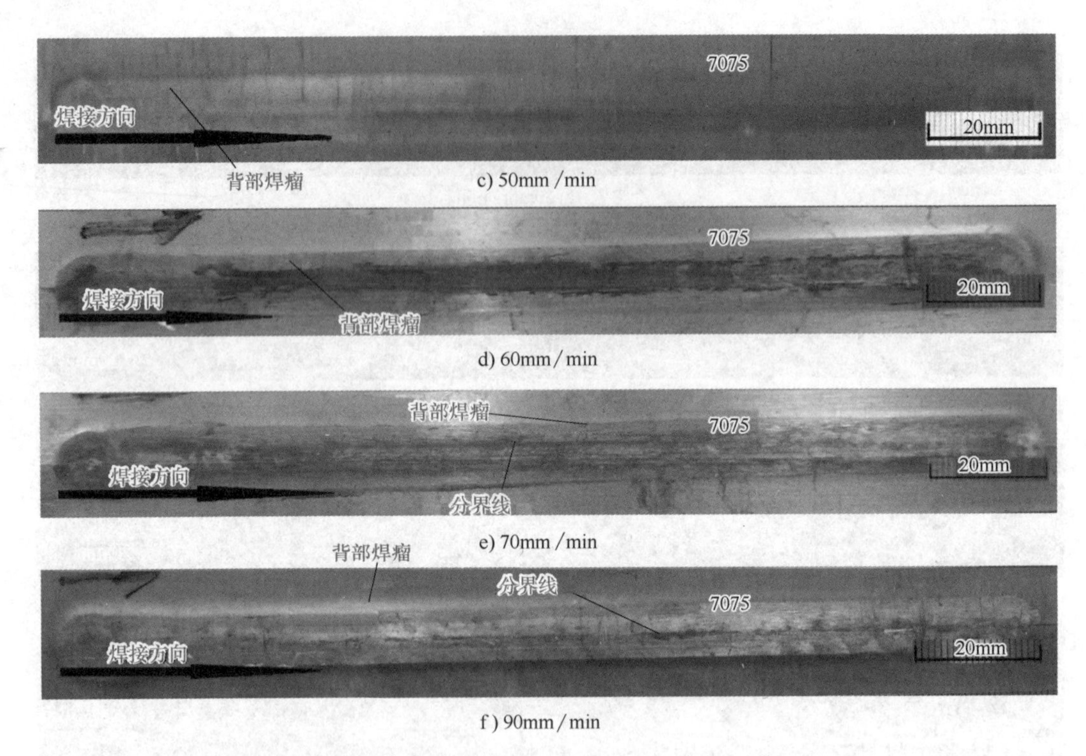

c) 50mm /min

d) 60mm / min

e) 70mm /min

f) 90mm / min

图 7-43 不同焊速下异种铝合金搅拌摩擦焊接头背面成形（续）

背部焊瘤缺陷表现为焊缝背面凸起。

焊速分别为 30mm/min、40mm/min、50mm/min 的接头，焊缝背面凸起的明显程度随着焊接的进行逐渐降低。起焊点经历下压与预热两个阶段，焊缝底部未完全热塑化的材料受搅拌针的轴向力作用时间长，容易产生明显的背部焊瘤缺陷，但随着焊接的进行，焊缝温度逐渐升高并趋于稳定，焊缝底部的材料热塑化充分，搅拌针插入底部材料，底部材料向上迁移，致使焊缝背面凸起程度降低。

焊速为 60mm/min、70mm/min 的接头，随着焊接的进行，焊缝背面凸起明显程度增加。高焊速下，热输入降低，焊缝底部材料未完全热塑化的材料增多，焊缝底部材料流动性差，黏性增大，随着焊接的进行，黏在搅拌针底部的材料逐渐增多，搅拌头前移，在焊缝底部，材料不断由搅拌头从后方带向前方，并大量推挤在前方，在搅拌针的轴向力作用下形成背部凸起，造成随着焊接的进行，焊缝背面凸起越来越明显。

焊速过高时，焊缝底部材料热塑化严重不足，焊缝底部材料几乎没有流动，在搅拌针轴向力作用下直接形成背部明显凸起，在焊缝背面形成凸起的长度较长，占焊缝总长约 2/3，如图 7-43f 所示。在焊速由 30mm/min 增加到 90mm/min 的过程中，随着焊速的增加，焊缝背部焊瘤凸起的明显程度逐渐增加。

图 7-44 所示为 7075 铝合金置于前进侧、搅拌头转速为 800r/min、焊接速度由 30mm/min 增加到 90mm/min 过程中，异种铝合金搅拌摩擦焊接头侧面成形变化情况。接头焊核区的形状呈非对称的“花盆”形状，随着焊接速度的增大，“花盆”的细颈部尺寸与盆底尺寸的差异减小。

图 7-44f 显示了高焊速下形成的表面沟槽的深度。图 7-44a 显示了焊缝背部凸起的高度。

从图中可以看出随着焊接速度的增加，焊核区异种材料的分界线越来越清晰。如图 7-44d～f 所示，焊接速度分别为 60mm/min、70mm/min 以及 90mm/min 的接头，可以在焊核区观察到清晰的异种材料分界线，并且随着焊接速度的增大，焊核区异种材料分界线不断向焊缝中心移动。焊核区的分界线表征的是异种材料的混合程度，焊接速度增大，焊接热输入减小，焊缝材料流动减弱，材料混合程度降低，导致焊核区异种材料的分界线越来越清晰。

搅拌头对焊缝上部与下部作用的不同，造成了焊缝上部材料与焊缝下部材料迁移能力和迁移方向的不同，促使了焊缝上部与焊缝下部分界线的出现，如图 7-44a、c～f 所示。随着焊接速度的增大，焊核区上下部分界线向上移动，且分界线越来越明显。焊接速度增大，焊接热输入减小，焊缝上部材料热塑化减弱，导致轴肩对焊缝作用深度减小，致使焊缝上下部分界线上移。对搅拌针作用区域而言，焊接速度升高，焊接热输入降低，焊缝材料热塑化减弱，焊缝底部材料向上迁移能力减弱，致使焊缝上部材料与下部材料之间间隙增大，造成焊缝上下部分界线越来越明显。如图 7-44b 所示，焊速为 40mm/min 的接头，可以观察到疏松区并伴随着隧道孔缺陷。焊接速度由 30mm/min 增加到 90mm/min 过程中，由焊缝上下部模糊的分界线转变为焊缝上下部交界区域形成三角形疏松区，再由三角形疏松区转变为焊缝上下部明显的分界线，出现线形隧道孔的倾向增加。

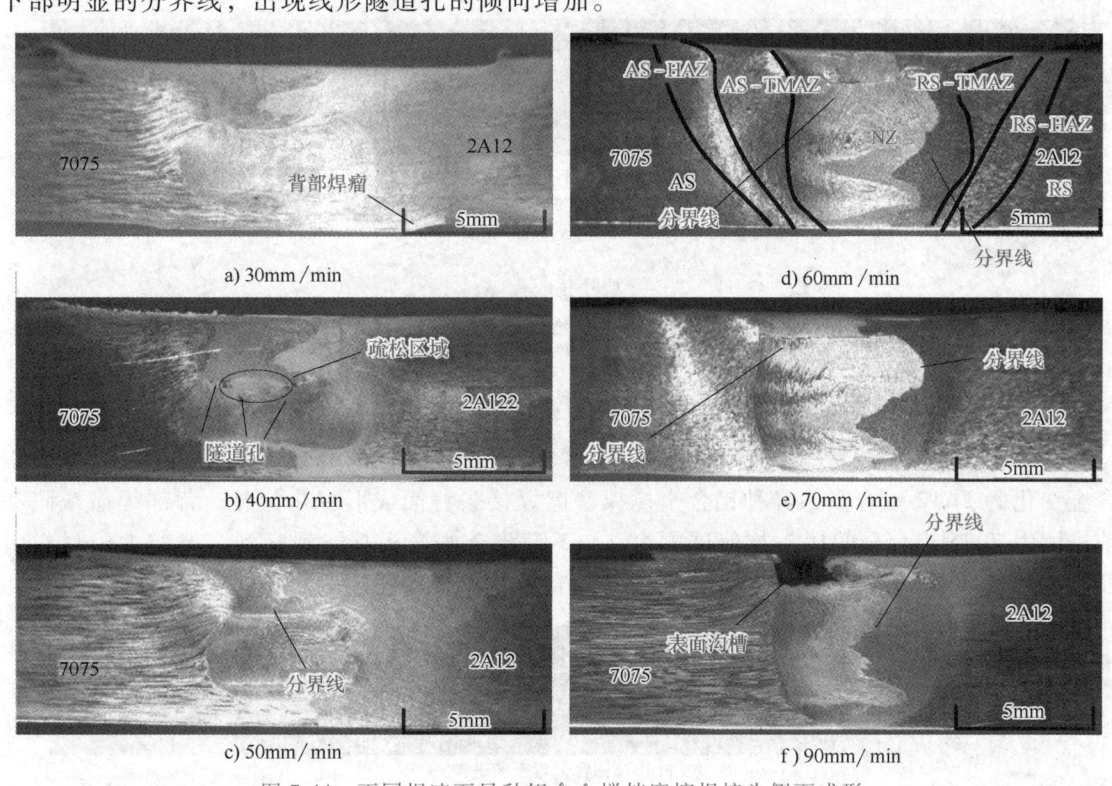

图 7-44　不同焊速下异种铝合金搅拌摩擦焊接头侧面成形

3）前进侧材料对接头成形的影响。图 7-45 所示为搅拌头转速为 800r/min、焊接速度为 40mm/min、前进侧材料由 7075 铝合金变化为 2A12 铝合金，异种铝合金搅拌摩擦焊接头正面成形变化情况。

前进侧材料为 7075 铝合金时，接头正面出现表面起皮缺陷，表面起皮分布于 7075 铝合金侧。由于起皮缺陷的存在，前进侧材料为 7075 铝合金的接头焊缝正面比较粗糙，如图 7-45a

所示。前进侧材料为2A12铝合金时，接头焊缝正面较为光滑，但是出现了表面沟槽缺陷、表面溢出带缺陷，表面沟槽位于2A12侧。两者比较，7075铝合金置于前进侧，有利于异种铝合金接头焊缝的成形，有利于降低较大危害的焊接缺陷（表面沟槽等）产生的可能性。

7075铝合金的热导率小于2A12铝合金的热导率，在同样的热输入下，7075铝合金容易热量集中，所以其置于前进侧时容易出现表面起皮缺陷，而2A12铝合金置于前进侧时，焊缝表面没有出现起皮缺陷。

焊接过程中，焊缝材料在搅拌头旋转作用下由前进侧流动到后退侧，前进侧材料被拉伸，而后退侧材料被挤压，前进侧与后退侧流动模式存在巨大差异。7075铝合金较2A12铝合金热塑化困难，7075铝合金置于前进侧有利于其热塑化，便于材料向后退侧以及搅拌头后方流动；2A12铝合金置于前进侧时，焊缝前进侧材料热塑化程度高，黏性降低，不利于焊缝材料向搅拌头后方填充。因此，2A12铝合金置于前进侧时，焊缝容易出现表面沟槽缺陷。7075铝合金置于后退侧，会造成焊缝表层的7075铝合金热塑化程度不高，黏度升高，焊接过程中容易大量黏在搅拌头轴肩端面上，使轴肩下方材料对搅拌头轴肩的轴向力增大，在搅拌头的顶锻力作用下，轴肩下方材料被挤出形成溢出带。

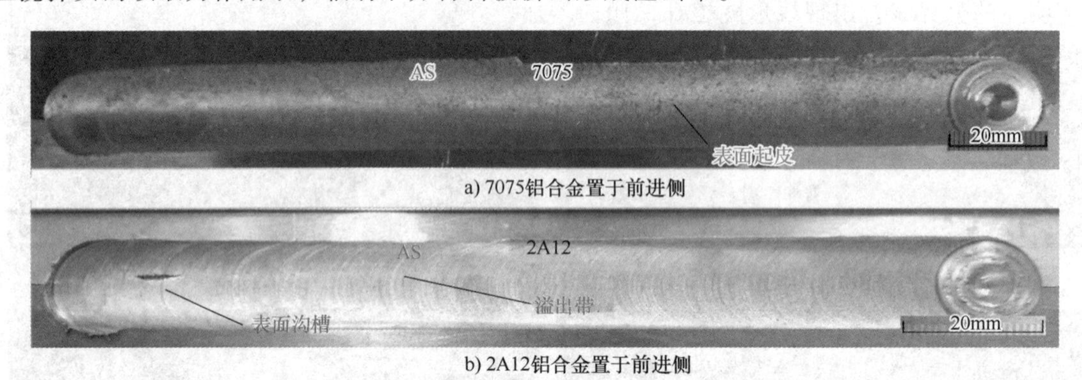

图7-45　前进侧为不同材料下异种铝合金搅拌摩擦焊接头正面成形

图7-46所示为搅拌头转速为800r/min、焊接速度为40mm/min、前进侧材料由7075铝合金变化为2A12铝合金，异种铝合金搅拌摩擦焊接头背面成形变化情况。背部焊瘤缺陷在前进侧为7075铝合金的接头与前进侧为2A12铝合金的接头都能观察到，但前进侧材料由7075铝合金变为2A12铝合金时，后者接头背部焊瘤凸起得更明显。

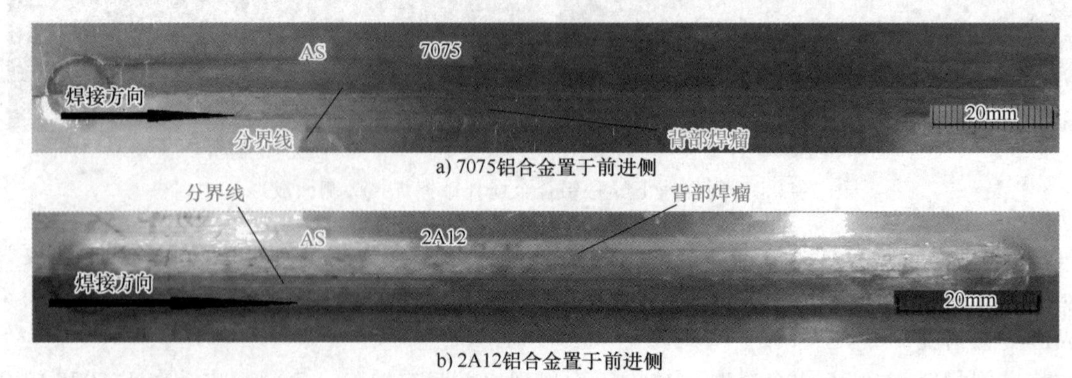

图7-46　前进侧为不同材料下异种铝合金搅拌摩擦焊接头背面成形

7075 铝合金在后退侧较在前进侧热塑化程度低，其置于后退侧时，焊缝底部未完全塑化的材料较其置于前进侧多，搅拌针对焊缝底部的轴向力较其置于前进侧大，造成 7075 铝合金置于后退侧的搅拌摩擦焊接头背部焊瘤凸起更为明显。在前进侧材料由 7075 铝合金变化为 2A12 铝合金的过程中，接头焊缝背面的异种材料的分界线变得更明显。7075 铝合金置于后退侧较其置于前进侧，焊缝底部材料热塑化弱、流动较差、混合程度较低，造成分界线更为明显。

图 7-47 所示为搅拌头转速为 800r/min、焊接速度为 40mm/min、前进侧材料由 7075 铝合金变化为 2A12 铝合金，异种铝合金搅拌摩擦焊接头侧面成形变化情况。接头焊核区呈非对称的“花盆”形状。由于两种材料热物性能的差异，搅拌头对 2A12 铝合金的剪切、挤压作用都强于 7075 铝合金的，造成 2A12 铝合金置于前进侧，接头的热机影响区的宽度大于 7075 铝合金置于前进侧的接头的热机影响区宽度。

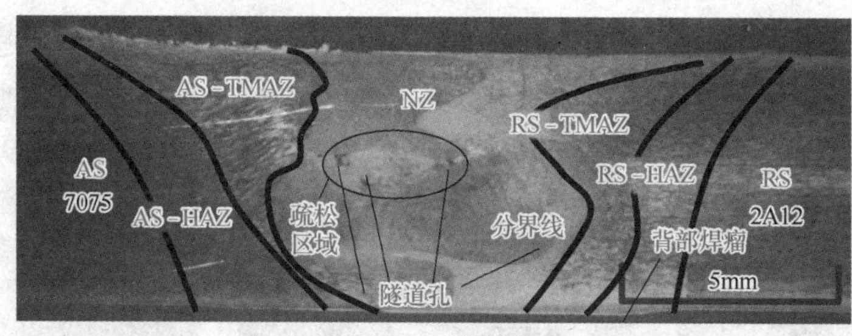

a) 7075铝合金置于前进侧

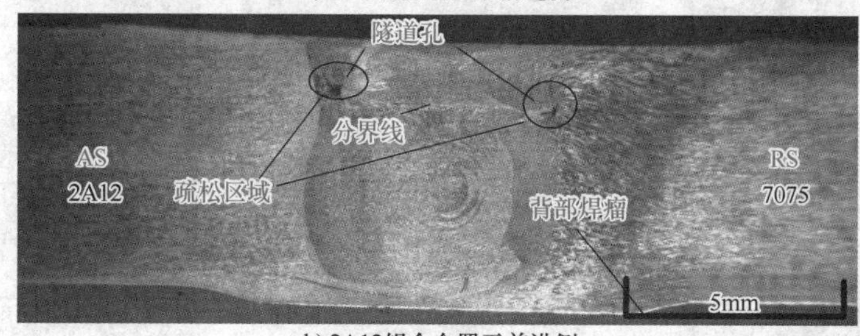

b) 2A12铝合金置于前进侧

图 7-47　前进侧为不同材料下异种铝合金搅拌摩擦焊接头侧面成形

由图 7-47 可以看出，当前进侧材料由 7075 铝合金变化为 2A12 铝合金后，异种铝合金接头背部焊瘤凸起高度增加。7075 铝合金置于前进侧时，搅拌摩擦焊接头焊核区异种材料的混合程度较其置于后退侧的高，但搅拌针作用的范围变小，以至于在焊缝底部出现了异种材料的分界线（图 7-47a）。

前进侧材料由 7075 铝合金变为 2A12 铝合金过程中，接头焊核区上下部分界线上移。7075 铝合金置于前进侧的接头在焊核区上下部交界区域形成疏松区域，伴随着数量较多的小隧道孔出现，如图 7-47a 所示。2A12 铝合金置于前进侧的接头在焊核区上下部分界线两端，靠近热机影响区形成疏松区域，伴随着较大的隧道孔缺陷出现。因为 7075 铝合金与 2A12 铝合金热物性能的差别，所以 2A12 铝合金置于前进侧时，材料沿板厚方向迁移能力较 7075 铝合金置于前进侧强，但是焊缝材料向搅拌头后方填充能力减弱，造成 2A12 铝合金置于前进侧接头在焊核区上下分界线两端形成疏松区，出现隧道孔，同时导致前进侧材料由 7075 铝合金变为 2A12 铝合金时，接头焊核区上下部分界线上移。7075 铝合金与 2A12 铝合金在同样热输入下，材料沿板厚方向迁移能力的不同造成了前进侧形成疏松区域的位置与后退侧不同，如图 7-47b 所示。7075 铝合金置于前进侧的接头在焊核区上下部分界线中间形成疏松区域，出现隧道孔。

（4）异种铝合金搅拌摩擦焊接头组织演变规律研究　根据搅拌头对异种铝合金搅拌摩擦焊接头不同区域的作用不同，将异种铝合金接头分为前进侧母材、前进侧热影响区、前进侧热机影响区、焊核区、后退侧热机影响区、后退侧热影响区以及后退侧母材七个区域。图 7-48 所示为 7075 铝合金置于前进侧、搅拌头转速为 800r/min、焊接速度为 40mm/min，7075-2A12 异种铝合金搅拌摩擦焊接头不同区域组织。

图 7-48h 所示为 7075-2A12 异种铝合金搅拌摩擦焊接头的宏观形貌，前进侧热机影响区的宽度大于后退侧热机影响区，前进侧热机影响区与焊核区的边界较为明显，而后退侧热机影响区与焊核区的分界线较为模糊。搅拌摩擦焊焊接过程中，搅拌头对前进侧材料是剪切作

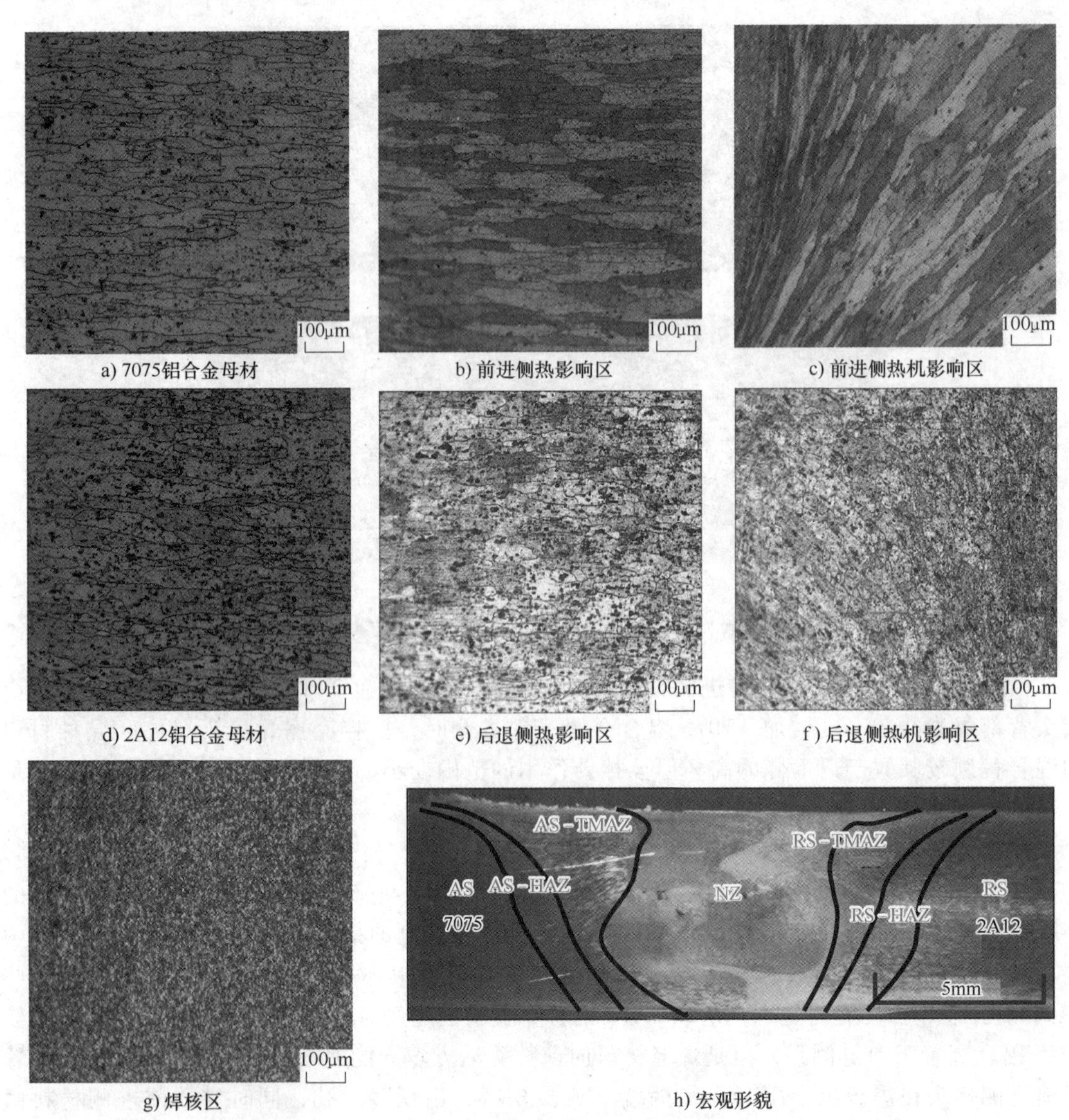

a) 7075铝合金母材　b) 前进侧热影响区　c) 前进侧热机影响区

d) 2A12铝合金母材　e) 后退侧热影响区　f) 后退侧热机影响区

g) 焊核区　h) 宏观形貌

图 7-48　7075-2A12 异种铝合金搅拌摩擦焊接头不同区域组织

用，形成突变型边界，而对后退侧材料是挤压作用，形成扩散型边界。7075铝合金母材为轧制组织，晶粒上附着的小黑点可能为7075铝合金的强化相，晶粒长约为285.80μm，宽约为31.56μm，如图7-48a所示。2A12铝合金母材为轧制组织，晶粒上附着小黑点可能为2A12铝合金的强化相，晶粒长约为220.39μm，宽约为42.85μm，如图7-48d所示。图7-48b所示为接头前进侧热影响区组织，晶粒长约为313.32μm，宽约为40.22μm，相对前进侧母材，晶粒发生了长大，长度约增加了27.52μm，宽度约增加了8.66μm。图7-48e所示为接头后退侧热影响区组织，晶粒长约255.75μm，宽约为60.37μm，相对后退侧母材，晶粒发生了长大，长度约增加35.36μm，宽度约增加了17.52μm。

7075-2A12异种铝合金搅拌摩擦焊过程中，7075铝合金置于前进侧时，后退侧热影响区组织晶粒相对母材长大得更明显。造成这种现象的原因可能有两个：①焊接过程中，前进侧高温塑化材料流向后退侧，造成接头后退侧温度要比前进侧温度高；②7075铝合金与2A12铝合金的热物性能有差异，在相同热输入下，2A12铝合金晶粒更容易长大。

图7-48c所示为接头前进侧热机影响区组织，在搅拌头的热与力的综合作用下，相对前进侧母材，晶粒发生了扭曲，并且被拉长，越靠近焊核区，晶粒被拉长得越明显，其宽度越小。图7-48f所示为接头后退侧热机影响区组织，相对后退侧母材，晶粒发生扭曲，有被压缩的倾向，越靠近焊核区，其长度与宽度的差异越小。

搅拌头对前进侧材料与后退侧材料作用的差异：搅拌头对前进侧材料的剪切作用，造成接头热机影响区晶粒被拉长；搅拌头对后退侧材料的压缩作用，造成后退侧热影响区晶粒被压缩，晶粒长度与宽度的差异变小。

图7-48g所示为接头焊核区组织，晶粒直径约为6.5mm，相对母材组织，由轧制晶粒转变为等轴晶粒。在搅拌头的搅拌摩擦作用下，焊缝材料发生动态回复再结晶，在焊核区形成细小的等轴晶。综上分析，7075-2A12异种铝合金搅拌摩擦焊接头的薄弱区为热影响区，性能最好的区域是焊核区。

搅拌头对异种铝合金搅拌摩擦焊接头焊缝上部与下部作用的差异：焊缝上部主要受到的是搅拌头轴肩顶锻摩擦作用，而焊缝下部主要受到的是搅拌针的搅拌作用。

图7-49所示为7075铝合金置于前进侧、搅拌头转速为800r/min、焊接速度为40mm/min，7075-2A12异种铝合金搅拌摩擦焊接头沿板厚方向不同位置的焊缝组织。

图7-49a显示了焊缝沿厚度方向组织的变化。焊核区上部主要受到搅拌头轴肩的作用，焊缝材料仅是平层流动，两种材料泾渭分明。焊缝下部受到搅拌针的搅拌作用，焊缝材料沿板厚方向迁移，两种材料发生混合，形成了典型"洋葱环"组织。轴肩的顶锻摩擦作用沿板厚方向，随距离搅拌头轴肩端面深度的增大而减小，前进侧热机影响区组织晶粒受到搅拌头的剪切作用随距离轴肩端面深度增大而减小，后退侧热机影响区组织晶粒受到搅拌头的挤压作用随距离搅拌头轴肩端面深度增大而减小，造成热机影响区宽度随距离搅拌头轴肩端面深度的增大而减小。

图7-49b所示为接头焊核区上部组织，组织较为均匀，晶粒直径约为6.80μm。图7-49c所示为接头焊核区下部组织，是两种材料晶粒交替分布的"洋葱环"组织，晶粒直径约为4.52μm。搅拌头的顶锻摩擦作用随距离轴肩端面深度的增大而减小，焊接热输入随距离搅拌头轴肩端面的深度增大而减小，造成了接头焊核区上部组织晶粒比焊缝下部组织晶粒大。

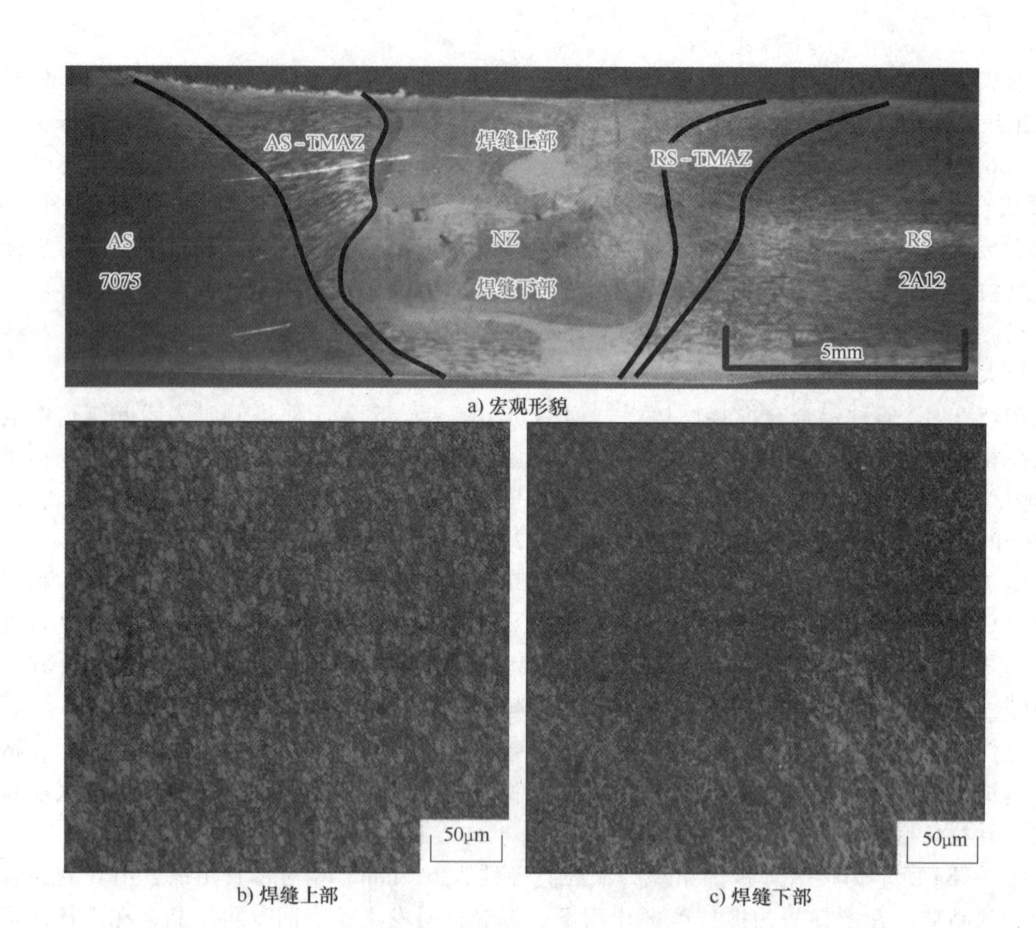

a) 宏观形貌

b) 焊缝上部

c) 焊缝下部

图 7-49 7075-2A12 异种铝合金搅拌摩擦焊接头沿板厚方向不同位置的焊缝组织

（5）搅拌摩擦焊数值模拟研究　随着计算机技术的突飞猛进，使用数值模拟方法研究搅拌摩擦焊接头流场，具有很好的焊接过程再现能力，这是实验法无法做到的。同时接头显微组织通常存在差异，从而导致其力学性能也存在差异。在实际应用中，材料在高温及搅拌头的作用下流动形成焊接接头，但是材料内部的流动不容易被观测到，数值仿真为观测搅拌摩擦焊过程材料流动带来了极大的便利。同时，还可以运用数值仿真的温度、应变率等结果来预测接头的微观组织演变规律。这对优化焊接参数，改善焊接接头质量具有重要的指导意义。

图 7-50 所示为 LF6 防锈铝合金搅拌摩擦焊塑化金属流线图。

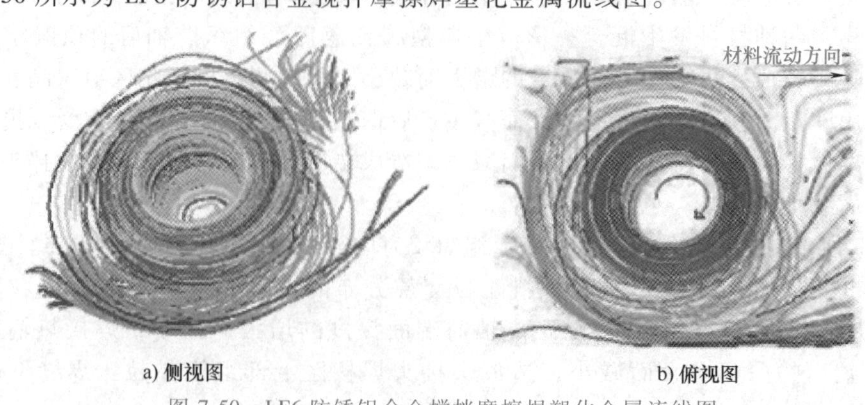

a) 侧视图

b) 俯视图

图 7-50 LF6 防锈铝合金搅拌摩擦焊塑化金属流线图

图 7-51 所示为 7075 铝合金焊接过程中不同时刻各位置跟踪点水平分布情况。当 $t=12\mathrm{s}$ 时，如图 7-51a 所示，随着搅拌头的前进，跟踪点沿着搅拌针向后退侧流动，上表面材料最先开始流动，然后中部和底部材料开始移动。当 $t=13\mathrm{s}$ 时，如图 7-51b 所示，上表面已有部

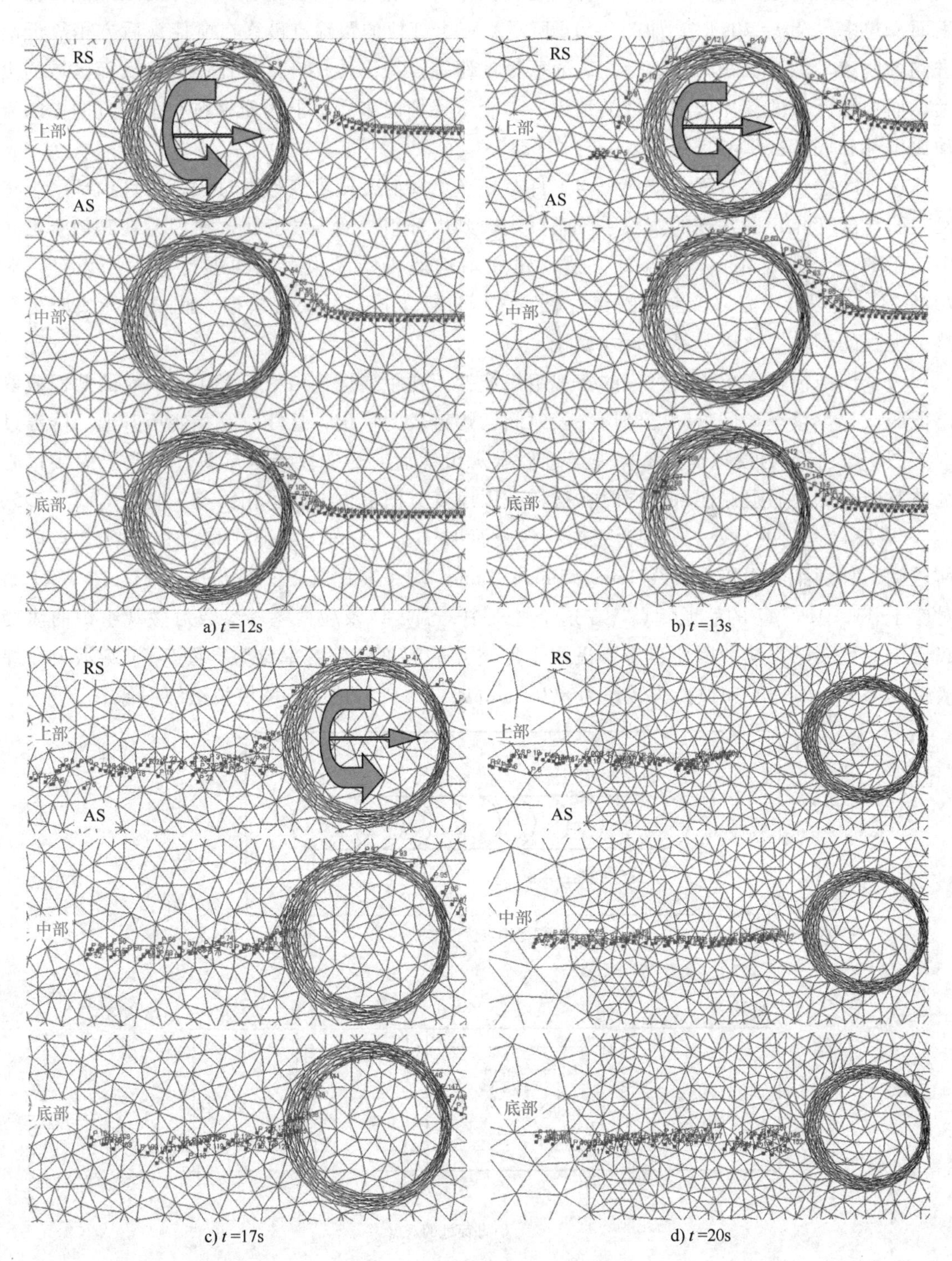

a) $t=12\mathrm{s}$　b) $t=13\mathrm{s}$

c) $t=17\mathrm{s}$　d) $t=20\mathrm{s}$

图 7-51　7075 铝合金焊接过程中不同时刻各位置跟踪点水平分布情况

分跟踪点不随搅拌针移动，而是沉积在搅拌头后方，而中部和底部跟踪点此时仍然附着于搅拌针表面。当 $t=17s$ 时，如图 7-51c 所示，上表面处的大部分跟踪点均沉积在搅拌头后方，此时只有少量跟踪点仍在绕着搅拌针流动，而中部和底部沉积在搅拌头后方的跟踪点则比上表面少得多。当 $t=20s$ 时，如图 7-51d 所示，三个部位的跟踪点最终在搅拌头后方稍靠近前进侧处脱离，然后沉积下来，但上表面区域的跟踪点距离搅拌针区域比中部和底部区域的更远，而中部区域的仅比底部区域的稍远。综合上述情况来看，上表面材料在水平方向上的流动比中部和底部区域的更快。

搅拌摩擦焊焊接过程是搅拌头与工件摩擦产生高温及剧烈变形的过程，工件内部组织将发生明显的变化，而常规的实验手段难以观察到内部组织的连续变化。唐启元在其硕士论文中基于蒙特卡罗（Monte Carlo）方法，建立了动态再结晶模型，并进行了程序设计，对 7075 铝合金焊缝中心以及前进侧和后退侧区域进行了再结晶演变模拟，此模拟能实时更新整个过程的形貌变化以及晶粒尺寸变化。

为了模拟搅拌摩擦焊接过程的微观组织演变，在距离焊接结束位置 17.5mm 的截面截取模拟区域，焊接至该区域时已经历一段时间，焊接较为稳定，且能够完整经历升温、降温过程。图 7-52 所示为模拟搅拌摩擦焊接过程微观组织演变的选取点示意图，选取了焊接核心区域及前进侧、后退侧区域，同时在材料截面厚度方向上也选取了相关点。其中 *C*1、*C*2.5、*C*4 三点取自焊缝中心处，分别为距离材料表面 1mm、2.5mm、4mm；*A*3、*A*5、*A*7 三点取自前进侧，分别距离焊接中心线 3mm、5mm、7mm，均距离材料表面 2.5mm；*R*3、*R*5、*R*7 为对应于 *A*3、*A*5、*A*7 的后退侧点。在这个过程中，温度以及应变率等参数对微观组织的演变起着至关重要的影响。因此，需要提取出所选点的温度、应变率参数。图 7-53 所示为在焊接速度为 60mm/min 和搅拌头转速为 800r/min 条件下，各选取点的模拟组织图像。

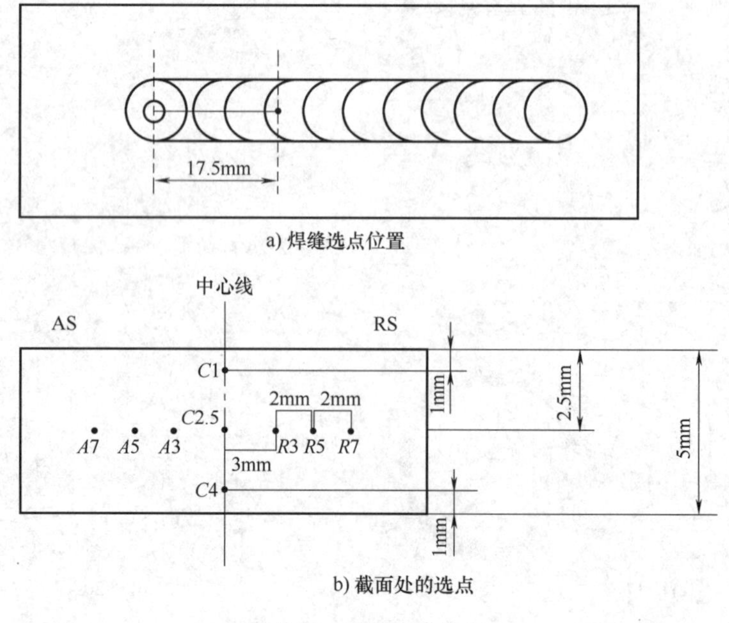

图 7-52 选取点示意图

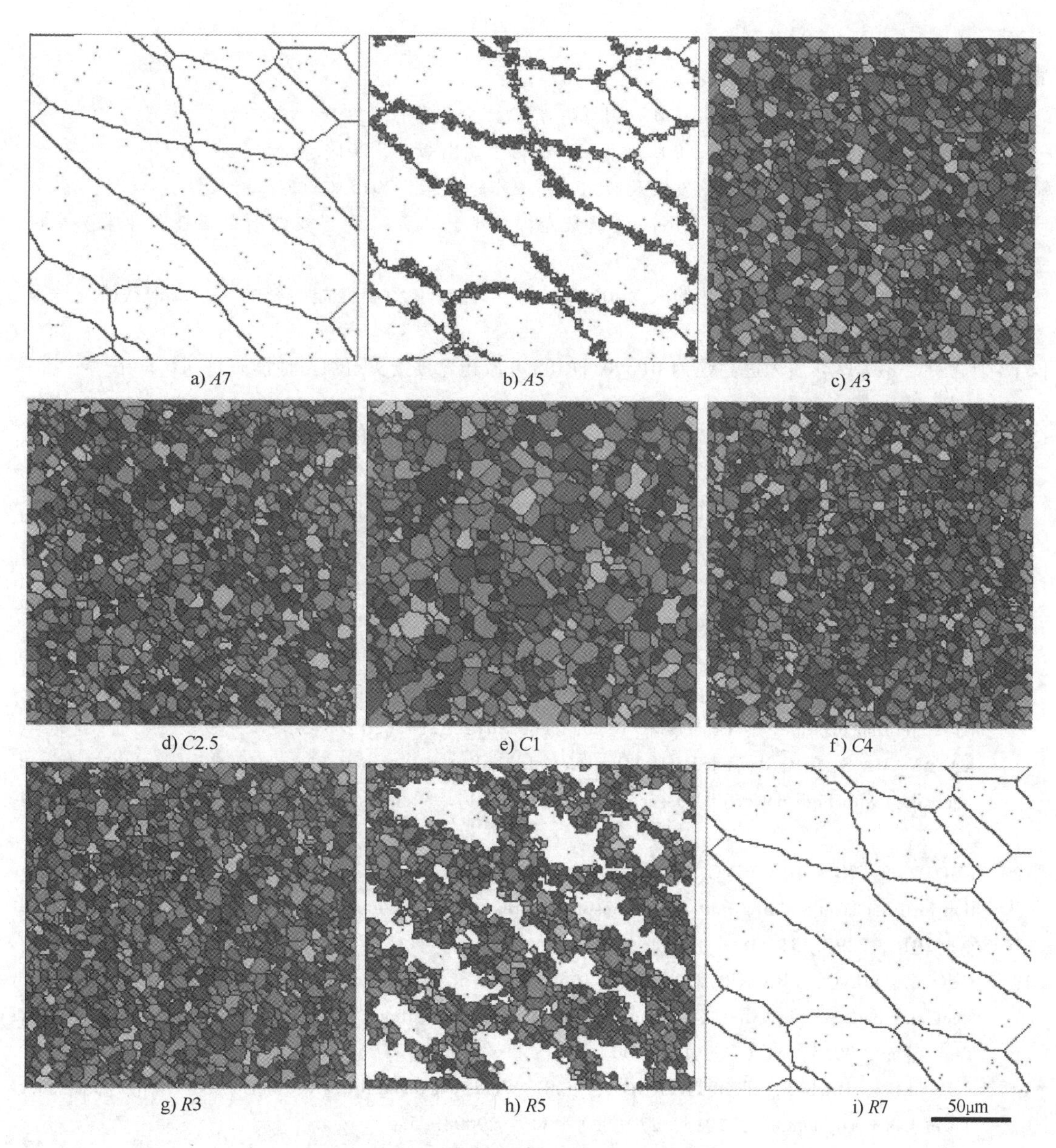

图 7-53 各选取点的模拟组织图像

思考题

1. 焊接领域目前主要采用哪两种激光器？各有什么特点？

2. 简述激光-电弧复合焊的主要特点及应用。

3. 简述电子束焊的原理。低真空电子束焊和非真空电子束焊各有什么优点？分别用于什么场合？

4. 简述传统摩擦焊的基本特点及应用。

5. 简述搅拌摩擦焊的原理、特点及应用。搅拌摩擦焊的主要焊接参数有哪些？简述搅拌摩擦焊接头的组织特征。

参考文献

[1] 赵兴科. 现代焊接与连接技术 [M]. 北京：冶金工业出版社，2016.

[2] 李亚江. 特种连接技术 [M]. 2版. 北京：机械工业出版社，2019.

[3] 黄建国. 汽车用先进高强钢的发展及应用 [J]. 本钢技术，2015 (3)：26-31.

[4] 戴玉芬，张武. 600MPa级汽车用高强钢激光焊接工艺研究 [J]. 安徽冶金科技职业学院学报，2019，29 (4)：5-7.

[5] 翟战江，曹洋，赵琳，等. 热输入对DP980激光焊组织和力学性能的影响 [J]. 钢铁研究学报，2020，32 (1)：66-73.

[6] 马志鹏. 不等厚异质先进高强钢DP590/TRIP800激光焊接接头组织与性能研究 [D]. 长春：吉林大学，2019.

[7] 尚庆慧，郭学鹏，王国栋，等. 超高强双相钢DP1180激光拼焊接头组织及性能研究 [J]. 热加工工艺，2019，48 (7)：66-68；72.

[8] PASQUALE RUSSO S，ANDREA A，GIUSEPPE C. Hybrid laser arc welding of dissimilar TWIP and DP high strength steel weld [J]. Journal of Manufacturing Processes，2019，39：233-240.

[9] BACHMANN M，AVILOV V，GUMENYUK A，et. al. Experimental and numerical investigation of an electromagnetic weld pool control for laser beam welding [J]. Physics Procedia，2014，56：515-524.

[10] BACHMANN M，AVILOV V，GUMENYUK A，et. al. Experimental and numerical investigation of an electromagnetic weld pool support system for high power laser beam welding of austenitic stainless steel [J]. Journal of Materials Processing Technology，2014，214 (3)：578-591.

[11] KATAYAMA S，IDO R，NISHIMOTO K，et al. Full penetration welding of thick high tensile strength steel plate with high power disk laser in low vacuum [J]. Welding International，2018，32 (5)：289-302.

[12] LUO Y，TANG X H，DENG S J，et al. Dynamic coupling between molten pool and metallic vapor ejection for fiber laser welding under subatmospheric pressure [J]. Journal of Materials Processing Technology，2016，229：431-438.

[13] GUO W，LIU Q，FRANCIS J A，et al. Comparison of laser welds in thick section S700 high-strength steel manufactured in flat (1G) and horizontal (2G) positions [J]. CIRP Annals：Manufacturing Technology，2015，64 (1)：197-200.

[14] POWELL J，ILAR T，FROSTEVARG J，et al. Weld root instabilities in fiber laser welding [J]. Journal of Laser Applications，2015，27 (S2)：A17-S29008. 5.

[15] ARAKANE G，TSUKAMOTO S，HONDA H，et al. Effect of welding atmosphere at bottom surface on welding phenomenan in full penetration laser welding of thick plate [J]. Journal of High Temperature Society，2006，32 (2)：137-144.

[16] ZHAO L，TSUKAMOTO S，ARAKANE G，et al. Prevention of porosity by oxygen addition in fibre laser and fibre laser-GMA hybrid welding [J]. Science and Technology of Welding and Joining，2014，19 (2)：91-97.

[17] KAWAGUCHI I，TSUKAMOTO S，ARAKANE G，et al. Suppression of porosity by laser power modulation [J]. Quarterly Journal of the Japan Welding Society，2007，25 (2)：328-335.

[18] ZHANG L J，ZHANG J X，GUMENYUK A，et al. Numerical simulation of full penetration laser welding of thick steel plate with high power high brightness laser [J]. Journal of Materials Processing Technology，2014，214 (8)：1710-1720.

[19] 宋新华，金湘中，陈胜迁，等. 激光-电弧复合焊接及应用于车身制造的进展［J］. 激光技术，2015，39（2）：259-265.

[20] 曾惠林，皮亚东，王新升，等. 长输管道全位置激光-电弧复合焊接技术［J］. 焊接学报，2012，33（11）：110-112.

[21] 王同举. 6009铝合金激光-MIG复合焊焊接工艺及接头组织性能研究［D］. 成都：西南石油大学，2015.

[22] 祝鹏. 7075铝合金激光-MIG复合焊接温度场应力场与熔池流动数值模拟［D］. 成都：西南石油大学，2022.

[23] 姚伟，巩水利，陈俐. 激光/等离子电弧复合热源能量参数对钛合金焊缝成形的影响［J］. 焊接学报，2006，27（9）：81-84.

[24] 龙飞. LF6防锈铝合金搅拌摩擦焊工艺的实验研究及塑性流场数值模拟［D］. 成都：西南石油大学，2022.

[25] 韩金理. 异种铝合金搅拌摩擦焊数值模拟及工艺研究［D］. 成都：西南石油大学，2022.

[26] 唐启元. 7075铝合金搅拌摩擦焊塑性流动及微观组织演变模拟［D］. 成都：西南石油大学，2022.

第8章　增材制造与智能制造

8.1　引　言

20世纪以来，大规模的生产模式在全球制造领域中曾长期占据统治地位，促进了全球经济的飞速发展。在过去的30多年里，随着经济浪潮一次又一次的冲击，作为经济发展支柱的制造业也迎来了一次次生产方式的变革。近年来，增材制造和智能制造受到了全球的关注，全球正在兴起增材制造和智能制造的技术革命。增材制造和智能制造受到了我国各个领域专家学者的重视，得到了快速的发展，被广泛应用于航空航天、军事装备、船舶制造、医疗设备、石油化工等领域，同时也对我们日常的生活带来了翻天覆地的变化。

8.1.1　增材制造

增材制造又称为3D打印，是一场工业制造的全新变革，颠覆了人们对传统制造技术的认知，能够解决传统制造技术难以解决的技术难题，为工业制造的创新发展注入新鲜的活力与动力。增材制造是提升我国创新能力的有效途径，能加速实现从中国制造走向中国创造的目标。图8-1所示为增材制造产品的过程。

图8-1　增材制造产品的过程

增材制造，顾名思义是添增材料实现结构的完善，与传统制造业相比，可减少制造时产生的副产物，在一定程度上可以净化车间的工作环境，是一种较为环保的制造方式。增材制造极大程度地降低了研发创新成本，缩短了研发创新周期，即使对复杂结构的产品进行制造，也能够简化其制作，同时保证其产品的质量与性能。增材制造技术相较于传统的制造技术存在着以下优势：

1）增材制造无须机械加工或任何模具就能实现制造，极大地缩短了制造周期，即使结构复杂的零件也无须增加加工时间，便于实现低成本的工业化生产。

2）增材制造可实现产品的一体化，避免分开制造的产品进一步组装。

3）增材制造不再受限于产品的形状结构，能够制造出传统工艺无法实现的或结构复杂的零件，可以精准快速地进行满足需求的产品制造，增强了定制化的实现能力。

4）增材制造可减少制造时产生的副产物，极大程度上避免了材料的浪费。

5）3D 打印机具有较高的单位空间生产能力，其制造能力非常强，可以打印出比自身更大的产品，并且打印出来的产品精度高。

6）增材制造技术的生产门槛较低，对员工的技术要求较低，可减少生产失误，降低人员培训成本，提高生产率。也就是说，增材制造能够简化操作步骤、变革生产方式、实现零技能制造。

在将来，制造模式可能是个性化制造，一个人也许就能负责一个制造工厂。增材制造的发展可以支撑个性化定制和实现高级创新模式，催生一些专业化创新服务模式，是未来生产制造的主力军。图 8-2 所示为通过增材制造技术生产的产品。

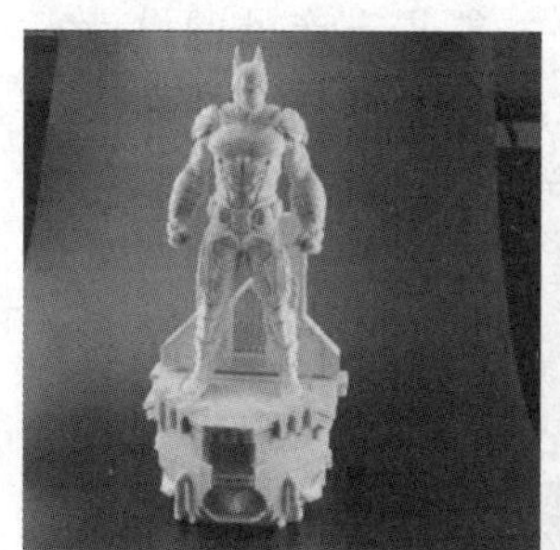
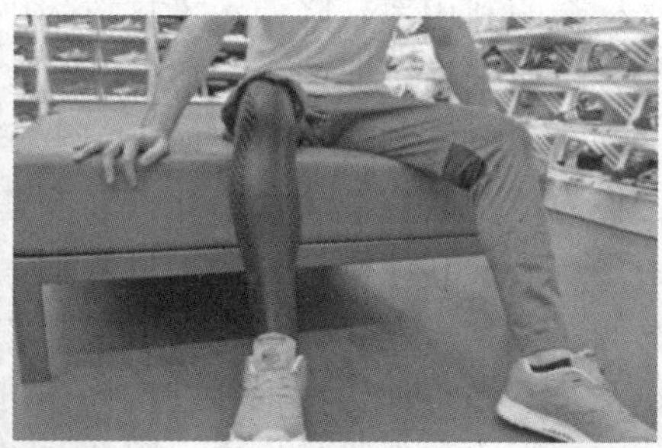

图 8-2　通过增材制造技术生产的产品

8.1.2　智能制造

智能制造是基于新一代信息技术，贯穿设计、生产、管理、服务等制造活动的各个环节，具有信息深度自感知、智慧优化自决策、精准控制自执行等功能的先进制造过程、系统与模式的总称。在生产过程中，通过通信技术将智能装备有机地连接起来，能够实现生产过程自动化，并利用各类感知技术收集生产过程中的各种数据，通过工业以太网等通信手段将数据上传至工业服务器，在工业软件系统的管理下进行数据处理分析，并与企业资源管理软件相结合，提供最优化的生产方案或者定制化生产，最终实现智能化生产。

1. 智能制造是传统制造业转型发展的必然趋势

随着世界经济和生产技术的迅猛发展，产品更新换代快，生命周期大幅缩短，产品用户多元化、个性化、灵活化的消费需求也逐渐呈现出来。市场需求的不确定性越来越明显，竞争也日趋激烈，这要求制造企业不但要具有对产品更新换代快速响应的能力，还要能够满足用户个性化、定制化的需求，同时具备生产成本低、效率高、交货快的优势，而传统的制造生产方式已不能满足这种时代进步的需求。

智能制造的出现，打破了传统制造业与市场用户需求的僵局。智能制造利用先进制造技术与迅速发展的互联网信息技术、计算机技术和通信技术的深度融合来助推新一轮的工业革命，成为先进制造技术发展的必然趋势和制造业发展的必然需求。

2. 智能制造是实现我国制造业高端化的重要路径

就我国目前的国情而言，传统制造业总体上处于转型升级的过渡阶段，大部分企业在很长时间内的主要生产模式仍然是劳动密集型，在产业分工中仍处于中低端环节，产业附加值低，产业结构不合理，技术密集型产业和生产性服务业都较弱。因此，紧紧抓住新一轮科技革命和产业变革，发展智能制造，是我国加快转变经济发展方式的必然选择，是抢占产业发展的制高点和实现我国从制造大国向制造强国转变的重要保障。

智能制造技术能提高能源和原材料的利用率，降低污染排放水平；能提升产品的设计水平，增强产品的文化、知识和技术含量；提高企业的生产质量，生产率、生产安全性和快速市场响应能力。智能制造技术不仅推动了机械制造、航空航天、电子信息、轨道交通、化工冶金等行业的智能化进程，而且还将为以制造资源软件中间件、制造资源模型库、制造材料及工艺数据库、制造知识库等为主要产品的其他制造企业提供咨询、分析、设计、维护和生产服务，促进现代制造服务业的发展。

智能制造技术在我国的应用和普及，必将催生一批具有世界先进水平、引领世界制造业发展的龙头企业，引领我国制造业实现自主创新跨越发展。因此，发展智能制造既是我国制造业发展的内在要求，又是重塑我国制造业新优势、实现转型升级的必然选择。

8.2 增材制造与智能制造简介

增材制造（additive manufacturing）与传统加工制造工艺中的减材制造（如车、铣、刨、磨等传统机加工）和等材制造（如铸造、焊接、锻造等）相对应。增材制造融合了数字建模、机电控制、光电信息、材料科学等多学科领域的前沿技术，代表了先进制造业发展的方向。近年来随着各类相关设施设备的不断发展，我国增材制造技术已位于世界前列。

增材制造的主要工艺过程如下：

(1) 设计和建立三维数字模型　三维物件的数字模型是增材制造的依据和出发点。建立三维数字模型主要有以下两种途径。①利用各种设计软件直接设计并得到三维数字模型。

例如，在机械工程领域，利用 CAD（computer aided design）软件设计各种机械零部件并得到其三维数字模型；在动漫领域，可以利用各种三维动画软件，设计各种人物、动物以及各类场景并得到相应的三维数字模型。②利用三维扫描仪等测量仪器对物件进行逆向测量并建立其三维数字模型。例如，使用工业级的高精度三维扫描设备对各种机械零部件进行逆向设计建模；在医院里，利用核磁共振可以对人体的各器官进行三维成像并建立三维数字模型。图 8-3 所示为用于增材制造的三维模型。

a) 三维建模涡轮

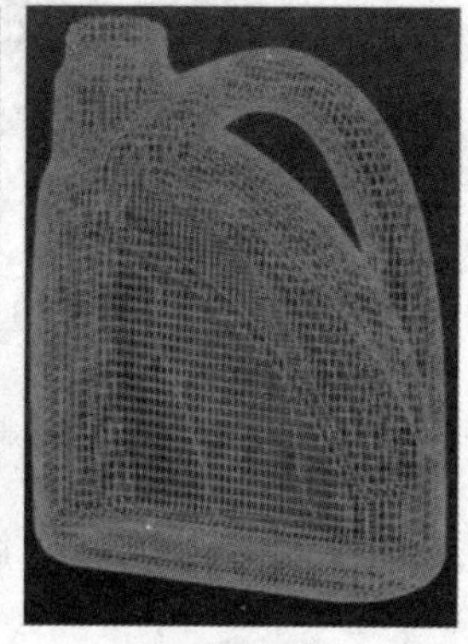

b) 扫描实体模型

图 8-3 用于增材制造的三维模型

（2）模型分层（切片）和打印路径规划　增材制造的工艺特点是分层-叠加制造。因此，在打印之前，需要对三维模型进行分层（切片），并对打印路径进行规划。对于一个确定的模型来讲，分层的数量越多，每一层的厚度越小，相应的打印精度就越高，但打印效率会降低。

路径规划对增材制造的成形精度和质量也具有重要影响。目前经常使用的有蛇形扫描、岛形扫描、螺旋形扫描等。分层和打印路径规划处理一般可利用商业化或开源的切片软件进行。专业的商业化切片软件可以识别并修复数字模型中的部分错误，以避免使用有问题的模型进行打印，从而减少打印出错和材料的浪费。

（3）增材制造　将数字模型进行切片扫描、路径规划处理后，即可将其导入 3D 打印机。此时，将打印材料按要求装进打印机，设定好打印工艺参数后即可开始打印。不同打印技术的区别在于每一层的固化方式不同。在打印过程中，如果没有异常状况发生，一般不需要对其进行人工干预。增材制造设备和打印出的成形样品，如图 8-4 所示。

智能制造（intelligent manufacturing）被认为是下一代新型制造方式。它是基于新一代信息通信技术与先进制造技术深度融合，贯穿于设计、生产、管理、服务等制造活动的各个环节，具有自感知、自学习、自决策、自执行、自适应等功能的新型生产方式。

智能制造的特点体现在以下五个方面：

（1）全面互联　全面互联可以整合在产品全生命周期中的不同时间、不同地点所有活动中产生的所有数据。

（2）数据驱动　产品全生命周期的各种活动都需要数据支持并且会产生大量数据，经过大数据分析可以使得产品的研发创新生产过程实时优化，运维服务动态及时预测。

（3）信息物理融合　信息物理融合是指将采集到的各类数据通过虚拟分析、仿真模拟，

a) 设备

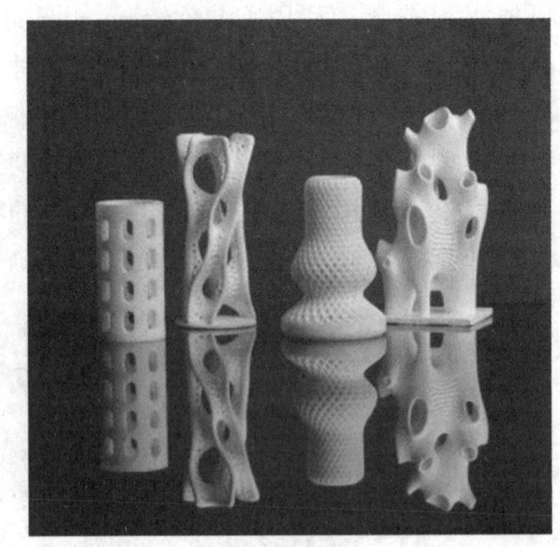

b) 样品

图 8-4　增材制造设备和打印出的成形样品

然后将所得结果再反馈到物理空间，对制造过程、工艺进行优化控制，实现制造系统的优化运行。

（4）智能自主　通过将专家知识、人工智能与制造过程集成，进而实现制造资源智能化。

（5）开放共享　制造的资源社会化开放共享，使得企业能够以按需使用的方式充分利用外部优质资源进行协同生产，从而满足顾客个性化的需求。

8.2.1　增材制造基本概念及发展历程

1. 基本概念

增材制造可通过逐层增加材料来实现 3D 实体的生成，克服了传统制造工艺和结构的限制，能快速精准地实现产品的构建。增材制造通常是采用数字技术材料打印机来实现的。常在模具制造、工业设计等领域被用于制造模型，后逐渐用于一些产品的直接制造，目前已经有使用这种技术打印而成的零部件。该技术在工业设计、建筑、工程和施工、汽车、航空航天、医疗、教育、地理信息系统、土木工程、军事以及其他领域都有所应用。

根据成形方式的不同，可以将若干生活中常见的材料划分为以下四种类型。

1）光聚合类型液态材料：主要是液态光敏树脂等。其主要累积技术方法为树脂固化法，又称为光固化成形法。光固化成形法是利用紫外激光束照射容器中的液态光敏树脂，树脂快速固化成形，最终获得设计的形状。

2）挤压类型固态丝材料：主要是热塑性材料和共晶系统金属材料等。其主要累积技术方法为熔丝堆叠法，又称为熔丝沉积成形法。美国学者斯科特·克伦普（Scott Crump）在 1988 年提出该方法，将丝状的材料加热融化，根据要打印的物体截面轮廓信息，将材料有选择性地涂在工作台上，快速冷却，形成一层截面，然后一直重复以上的过程，直至形成整个实体。这种打印方法是目前增材制造技术中最常用的成形法。

3）粒状类型固态粉末材料：主要使用热塑性塑料、金属粉末、陶瓷粉末材料等。其主要累积技术方法为激光烧结法，又称为激光选区烧结法：将材料粉末涂撒在已成形的零件表

面，并刮平；激光束在计算机的控制下，根据分层信息进行有选择性地烧结，一层完成后再进行下一层的烧结，烧结完成后，去掉多余的粉末，就可以得到一层烧结好的零件截面，且与下面已成形的部分粘结；当一层截面烧结完成后，铺上新的一层材料粉末，并重复以上打印步骤，直至完成打印。

4）层压类型固态片材料：主要使用纸、金属膜、塑料薄膜等材料。其主要累积技术为分层实体制造技术，由美国赫利西斯（Helisys）公司的迈克尔·费金（Michael Feygin）于1986年研制成功。采用分层实体制造技术进行增材制造之前，要在片材表面涂覆上一层热熔胶。加工时，用热压辊热压片材，使之与下面已成形的工件粘结；使用激光器在刚粘结的新层上切割出零件截面轮廓和工件外框，并在截面轮廓与外框之间多余的区域内切割出上下对齐的网格；激光切割完成后，工作台带动已成形的工件下降，与带状片材（料带）分离；供料机构转动收料轴和供料轴，带动料带移动，使新层移到加工区域，工作台上升到加工平面；热压辊热压，工件的层数增加一层，高度增加一个料厚，再在新层上切割截面轮廓。如此反复直至零件的所有截面粘结、切割完，得到分层制造的实体零件。

2. 发展历程

从历史的角度回顾增材制造（3D打印）的发展历程则最早可以追溯到19世纪末。由于受到两次工业革命的刺激，18—19世纪欧美国家的商品经济得到了飞速的发展。为了满足科研探索和产品设计的需求，快速成形技术从这一时期已经开始萌芽。

1892年，约瑟夫·布兰瑟（Joseph Blanther）首次在公开场合提出使用层叠成形方法制作地形图的构想。

1972年，松原（Matsubara）在纸板层叠技术的基础上首先提出可以尝试使用光固化材料，首先将光敏聚合树脂涂在耐火的颗粒上面，然后将这些颗粒填充到叠层，加热后会生成与叠层对应的板层，光线有选择地投射到这个板层上将指定部分硬化，没有扫描的部分将会使用化学溶剂溶解掉，这样板层将会不断堆积直到最后形成一个立体模型。这种方法适用于制作传统工艺难以加工的曲面。

1988年，美国3D系统（3D Systems）公司推出了世界上第一台基于光固化成形技术的商用3D打印机SLA-250（图8-5），发明人查尔斯·赫尔（Charles Hull）把它称为“立体平板印刷机”。虽然SLA-250身形巨大且价格昂贵，但它的面世标志着3D打印商业化的起步。因此，目前一般认为Charles Hull是增材制造技术的发明人。同年，斯科特·克伦普发明了另一种3D打印技术，即熔丝沉积成形技术并成立了斯特塔西（Stratasys）公司。

图8-5　美国人Charles Hull与世界上第一台光固化成形商用3D打印机SLA-250

1995年，快速成形技术被列为我国未来十年十大模具工业发展方向之一，国内的自然科学学科发展战略调研报告将快速成形与制造技术、自由造型系统以及计算机集成系统研究列为重点研究领域。

2008年，第一款开源的桌面级3D打印机RepRap发布。RepRap是英国巴斯大学阿德里安·鲍耶（Adrian Bowyer）团队立项于2005年的开源3D

打印机研究项目，得益于开源硬件的进步与欧美实验室团队的无私贡献，桌面级的开源 3D 打印机为新一轮的 3D 打印浪潮翻起了暗涌。

2012 年，英国著名经济学杂志《经济学人》（*The Economist*）中一篇关于第三次工业革命的封面文章全面地掀起了新一轮的 3D 打印浪潮。同年 9 月，3D 打印的两个领先企业斯特塔西（Stratasys）和以色列的欧贝杰（Objet）宣布进行合并，合并后的公司名仍为斯特塔西。此项合并进一步确立了斯特塔西在高速发展的 3D 打印及数字制造业中的领导地位。同年 10 月，来自麻省理工学院媒体实验室（MIT media lab）的团队成立了 Formlabs 公司，并发布了世界上第一台廉价的高精度光固化成形消费级桌面 3D 打印机 Form1（图 8-6），这引起了业界的重视。此后，国内的生产商也开始了基于光固化成形技术的桌面级 3D 打印机的研发。

2013 年，《环球科学》即《科学美国人》（*Scientific American*）的中文版，在一月刊中邀请科学家，经过数轮讨论评选出了 2012 年最值得铭记、对人类社会产生影响最为深远的十大新闻，其中 3D 打印位列第九。

图 8-6　Formlabs 公司推出的 Form1 桌面级 3D 打印机

2021 年，我国工业和信息化部等八部门联合印发《"十四五"智能制造发展规划》，规划中明确提出，加强关键核心技术攻关需开发应用增材制造等先进工艺技术。

8.2.2　增材制造技术分类及特点

1. 激光选区熔化技术

激光选区熔化（selective laser melting，SLM）技术诞生于德国弗劳恩霍夫激光技术研究所（Fraunhofer ILT），其原料为细粒径（10~50μm）的球形金属粉末。SLM 技术利用高能量激光束，根据三维数字模型按设计的扫描路径选择性地熔化金属粉末，通过逐层铺粉、逐层熔化、逐层凝固堆积的方式，制造三维实体物件。

SLM 技术的特点主要表现为：该技术的综合性功能强，可减少装配时间，提高材料利用率，节约直接成本；生产过程更灵活，适用于生命周期较短的产品生产；对产品形状几乎没有限制，空腔、三维网格等复杂结构的零件都可以制作；产品或零件能很快地被打印出来，减少库存，盘活资金；不需要昂贵的生产设备；产品质量更好，机械负荷性能可与传统的生产技术（如锻造等）媲美。

2. 激光选区烧结技术

激光选区烧结（selective laser sintering，SLS）技术一般使用 CO_2 红外激光器，在成形加工时，首先将原料粉末加热至稍低于其熔点的温度，然后利用铺粉装置将粉末铺平；之后，控制激光束，根据分层和扫描路径规划信息有选择地进行烧结，一层完成后再进行下一层烧结，如此往复，待全部烧结完后去掉多余的粉末，得到烧结好的零件。

SLS 技术的特点主要表现为：成形率高，在打印过程中不需要添加支撑结构，模型在成形缸内可以堆叠打印，有效提高了成形率，可以实现中小批量产品的直接生产；成形精度

好，打印误差在±0.1~±0.2mm；零部件性能优秀，打印出的零部件通常具备良好的机械性和耐温耐化学性能，除了研发测试用途外，还可以直接用于最终产品使用，成形产品可以直接做各类加工处理，打印完成后，还可以对零部件进行抛光、染色、电镀、攻螺纹等后处理，进一步提升模型的性能与价值。

3. 熔丝沉积成形技术

熔丝沉积成形（fused deposition modeling，FDM）技术是当今最常见、最经济的一种增材制造技术，其原料为各类热塑性的塑料丝材。在成形过程中，丝状热熔性材料被加热融化，通过喷嘴挤出细微的丝材，并沉积在基板或者前一层已固化的材料上，当温度低于固化温度后沉积的丝状材料开始固化，并通过材料的层层堆积最终形成三维物件。

FDM技术的特点主要表现为：该技术是最早实现开源的3D打印技术，对使用环境几乎没有任何限制，可以在办公室或者家庭中使用；原理相对简单，无须激光器等贵重元器件，容易操作与维护；原材料以卷轴丝的形式提供，易于搬运和快速更换；打印出来的模型强度、韧性都很高，可以用于条件苛刻的功能性测试。FDM也存在着一些缺点：喷头采用机械式结构，打印速度比较慢，特别是在打印大尺寸模型或进行批量打印时速度较慢；尺寸精度较差，表面相对粗糙，有较清晰的台阶效应，不适用于尺寸精度要求较高的装配件打印；在打印过程中有时需要设计、制作支撑结构，需要消耗更多材料做支撑且支撑结构很难去除。

4. 光固化成形技术

光固化成形（stereo lithography apparatus，SLA）技术的原料主要为液态的光敏树脂，该原料可在紫外光（波长380~405nm）照射下发生聚合反应而从液态转变为固态。通过精密控制使紫外光按设定的路径照射光敏树脂，即可实现逐点、逐线、逐面固结，进而通过逐层的叠加形成三维实体物件。

SLA技术的特点主要表现为：加工速度快，产品生产周期短，无须切削工具与模具，可加工复杂的原型和模具；但与此同时，SLA系统造价高，使用和维护成本过高；其打印耗材为液体，对工作环境要求严格；成形原件多为树脂类，强度、刚度、耐热性不好，不利于长时间的保存；预处理软件和驱动软件与加工出来的效果关联太紧，操作系统复杂。

5. 激光近净成形技术

激光近净成形（laser engineered net shaping，LENS）又称为激光立体成形、直接能量沉积。该技术使用粉末原料，由高能激光束聚焦于成形工件表面并形成熔池，由同轴送粉器将金属粉末送入熔池；通过高能激光束的扫描运动，使金属粉末材料逐层堆积，最终形成复杂形状的零件或模具。

LENS技术的特点主要表现为：不受粉末床的限制、成形的空间和自由度较大；但是在成形过程中热应力大、成形件容易开裂且精度较低。LENS技术可以实现金属零件的无模制造，能够节约成本，缩短生产周期。

6. 电子束选区熔化技术

电子束选区熔化（electron beam selective melting，EBSM）技术由瑞典Arcam公司发明，该技术同样采用金属粉末为原料，其工作原理和激光选区熔化、激光选区烧结增材制造技术基本一致，它们的区别主要在于前者所使用的能量源为高能电子束，SLM技术是在惰性气体环境下进行打印的，而EBSM技术是在高真空环境下进行打印的。

EBSM技术的特点主要表现为：成形过程不消耗保护气体，可隔离外界的环境干扰，无须担心金属在高温下的氧化问题；无须预热，力学性能好，成形件组织非常致密，成形过程可用粉末作为支撑，一般不需要额外添加支撑；但是，由于受制于电子束无法聚到很细，该设备的成形精度还有待进一步提高，与此同时需对此设备采取适当的防护措施。

7. 电弧增材制造技术

电弧增材制造（wire and arc additive manufacturing，WAAM）技术又可称为成形沉积制造技术，是基于焊接技术发展而来的。该技术由美国西屋电器的贝克（Baker）等人发明，在打印过程中，均以电弧为能量源，使用金属细丝为原材料，采用逐层堆焊的方式制造各种金属实体构件。由于WAAM技术打印的零件由全焊缝构成，得到的零件具有化学成分均匀、致密度高的特点；此技术对成形件的尺寸无限制，成形效率高；但是其成形构件的表面质量较低，主要应用目标为大尺寸构件的低成本、高效快速近净成形。

WAAM技术的特点主要表现为：WAAM热输入高，成形速度快，适用于大尺寸复杂构件低成本、高效快速近净成形，具有其他增材技术不可比拟的效率与成本优势。

8.2.3 增材制造的常用材料

增材制造的常用材料主要有以下几种：

（1）高分子材料　高分子材料化学性质稳定、力学性能优异、易于着色，在增材制造领域具有重要应用价值。目前，光敏树脂、尼龙、丙烯腈-丁二烯-苯乙烯、聚醚醚酮和聚乳酸等热塑性塑料，已成为支撑增材制造发展和应用的关键原材料。增材制造是通过逐层打印的方式来构建三维实体的，因此，其所使用的原材料的形态必须和这种特殊的成形工艺相适应。目前，可应用于高分子材料的增材制造技术包括光固化成形、喷墨成形、激光选区烧结、熔丝沉积成形等，其所使用的材料的形态有液态、粉末态和丝材等。

（2）金属材料　金属材料是由金属元素或以金属元素为主构成的物质，具有金属光泽、延展性、导电性、导热性、磁性、高强度、高断裂韧性、高硬度等性能。金属材料的种类繁多，一般可分为非铁金属材料和钢铁材料两大类，具体包括各种纯金属、合金、金属间化合物和特种金属材料等。金属材料是用途广泛的结构和功能材料。一般而言，在传统工艺领域中所使用的金属材料都可在增材制造中应用，但由于增材制造工艺的特殊性，对所使用的金属材料的形态、物理化学属性等也有一些特殊要求。

（3）无机非金属材料　无机非金属材料，是以某些元素的氧化物、碳化物、氮化物、卤素化合物、硼化物以及硅酸盐、铝酸盐、磷酸盐、硼酸盐等物质组成的材料。无机非金属材料结构稳定、熔点高、强度高、硬度高、脆性大、耐磨损、耐蚀性好，但其属于难加工材料，所以开发适用于无机非金属材料的新型加工制造技术（增材制造技术）是非常有价值的。基于增材制造的成形原理，其所使用的原料必须先离散成细小的材料单元。对于无机非金属材料来讲，虽然其种类和性质多样化，但在采用增材制造技术成形时，其形态一般为细小的粉末或利用粉末制成的液态浆料。理论上，所有无机非金属材料均可以作为增材制造技术的原材料来加工制造各种产品。

（4）复合材料　高分子基复合材料是应用最为广泛的轻量化结构材料。因为高分子材料熔点低、成本低廉，所以高分子增材制造件的强度较低，也缺乏电、磁等功能特性，限制了其实际应用。高分子基复合材料的力学性能、功能特性等优于单纯的高分子材料，因此，发展高分子基复合材料的增材制造技术是非常有吸引力的。采用传统成形技术制造的高分子

基复合材料结构部件在飞机、高铁、汽车电子等诸多领域都已实现了成功应用。例如，波音787客机所使用的结构材料中有大约50%为高分子基复合材料，复合材料具有轻质的特性，大大提升了客机的燃油经济性。此外，由于复合材料耐腐蚀，长期加湿不会对其造成腐蚀，因此波音787客机舱内空气湿度可提高10%~20%，从而提升了乘客乘坐的舒适性。增材制造技术的应用，丰富了复合材料（特别是高分子基复合材料）的成形技术。

8.2.4 智能制造基本概念及发展历程

1. 基本概念

对于智能制造的定义，各个国家有不同的表述，但其内涵和核心理念大致相同。一种认可度较高的是美国国家标准与技术研究院给出的定义，该研究院将智能制造定义为完全集成和协作的制造系统，能够实时响应工厂、供应链网络、客户不断变化的需求和条件。换句话说，制造技术和系统能够实时响应制造领域复杂多变的情况。智能制造具有以智能工厂为载体、以关键制造环节智能化为核心、以端到端数据流为基础、以网络互联为支撑等特征，可有效满足产品的动态需求、缩短产品研制周期、降低运营成本、提高生产率、提升产品质量、降低资源和能源消耗。

智能制造是一种集自动化、智能化和信息化于一体的制造模式，是信息技术特别是互联网技术与制造业的深度融合、创新集成。目前此技术的应用主要集中在智能设计（智能制造系统）、智能生产（智能制造技术）、智能管理、智能制造服务这四个关键环节，同时还包括一些衍生出来的智能制造产品。智能制造需要实现的目标有四个：产品的智能化、生产的自动化、信息流和物资流合一，以及价值链同步。

从智能制造的定义和智能制造要实现的目标来看，传感技术、测试技术、信息技术、数控技术、数据库技术、数据采集与处理技术、互联网技术、人工智能技术、生产管理技术等与产品生产全生命周期相关的先进技术均是智能制造的技术内涵。智能制造能够为制造业发展带来以下便利：

（1）无人化制造　工业机器人、机械手臂等智能设备的广泛应用，使工厂无人化制造成为可能。数控加工中心、智能机器人和三坐标测量仪及其他柔性制造单元，让“无人工厂”更加容易实现。

（2）基于大数据分析的生产决策　在智能制造背景下，信息技术渗透到了制造业的各个环节，条形码、二维码、射频识别（radio frequency identification，RFID）、工业传感器、工业自动控制系统、工业物联网、ERP及CAD/CAM/CAE/CAI等技术的广泛应用，使得数据日益丰富，但对数据的实时性要求也在不断提高。这就要求企业应该顺应制造的趋势，利用大数据技术，实时纠偏，建立产品虚拟模型，模拟并优化生产流程，从而降低生产能耗与成本。

（3）生产设备网络化　借助物联网，通过各种信息传感设备，实时采集任何需要监控、连接、互动的物体或过程等各种需要的信息，实现物与物、物与人，以及所有物品与网络的连接，以方便识别、管理和控制。

（4）绿色制造　无纸化生产是指构建绿色制造体系、建设绿色工厂，实现生产洁净化、废物资源化、能源低碳化，是我国智能制造的重要战略之一。传统制造业在生产过程中会产生很多的纸质文件，不仅产生大量的浪费，而且也存在查找不便、共享困难、追踪耗时等问题。实现无纸化管理之后，工作人员在生产现场即可快速查询、浏览、下载所需要的生产信息，大幅减少了基于纸质文档的人工传递及流转，从而杜绝了文件、数据的丢失，进一步提高了生产准备效率和生产作业效率，从而实现绿色、无纸化生产。

(5) 生产过程透明化　推进制造过程智能化，通过建设智能工厂，促进制造工艺的仿真优化、数字化控制、状态信息实时监测和自适应控制，进而实现整个过程的智能管控。在机械、汽车、航空、船舶、轻工、家用电器和电子信息等行业，企业建设智能工厂模式并推进生产设备（生产线）智能化，目的是拓展产品价值空间，通过生产率和产品效能的提升，来实现价值增长。

2. 发展历程

(1) 美国“先进制造业国家战略计划”　2012 年，美国出台了“先进制造业国家战略计划”，大力推动以“工业互联网”和“新一代机器人”为特征的智能制造战略布局。智能制造是先进传感、仪器、监测、控制和过程优化的技术和实践的组合，其将信息、通信技术与制造环境融合在一起，实现工厂和企业中能量、生产率、成本的实时管理。该战略计划的目标为产品智能化、生产自动化、信息流和物资流合一、价值链同步，主要侧重于在新能源、新材料、新农业、新信息技术和数字化方面的应用。

(2) 德国“工业 4.0”　2013 年，德国正式实施以智能制造为主题的“工业 4.0”战略，巩固其制造业领先地位。工业 4.0 意味着在产品生命周期内对整个价值创造链的组织和控制迈上新台阶，也意味着从创意设计、接收订单、生产产品、终端客户产品交付，再到废物循环利用，包括与之紧密相连的各服务行业，在各个阶段都能更好地满足日益个性化的客户需求。该战略的目标是实现所有相关信息的实时共享，实现企业价值网络的动态建立，实时优化和自组织，并根据不同的标准对成本、效率和能耗进行优化，主要侧重于信息物理融合系统的应用。

(3)《中国制造 2025》　2015 年，我国出台了制造强国中长期发展战略规划《中国制造 2025》，全面部署并推进我国制造强国战略实施，坚持创新驱动、智能转型、强化基础、绿色发展，加快我国从制造大国向制造强国转变。《中国制造 2025》明确了九项战略任务和重点：一是提高国家制造业创新能力；二是推进信息化与工业化深度融合；三是强化工业基础能力；四是加强质量品牌建设；五是全面推行绿色制造；六是大力推动重点领域突破发展；七是深入推进制造业结构调整；八是积极发展服务型制造和生产性服务业；九是提高制造业国际化发展水平。由此可见，发展智能制造是我国成为制造强国的关键。

8.2.5 智能制造技术特点

1. 智慧制造

智慧制造旨在通过物联网、人际网、互联网等网络的融合，实现对现有的制造模式（如云制造、物联制造等）思想与理念的整合、延伸以及拓展，从而形成一种兼容性较强的制造模式，能够最大限度满足智能制造的发展需求。

智慧制造包括开发智能产品、打造智能工厂、践行智能研发、实现智能决策。在智能制造的关键应用技术当中，智能产品与智能服务可以帮助企业实现商业模式的创新；智能装备、智能产线、智能车间到智能工厂，可以帮助企业实现生产模式的创新；智能研发、智能管理、智能物流与供应链则可以帮助企业实现运营模式的创新；智能决策则可以帮助企业实

现科学决策。

2. 数字孪生

最早，数字孪生思想由密歇根大学的迈克尔·格里夫斯（Michael Grieves）命名为“信息镜像模型”（information mirroring model），而后演变为术语“数字孪生”。数字孪生也被称为数字双胞胎和数字化映射。数字孪生是指充分利用物理模型、传感器、运行历史等数据，集成多学科、多尺度的仿真过程，它作为虚拟空间中对实体产品的镜像，反映了相对应物理实体产品的全生命周期过程。

随着信息化时代的到来，制造业早已摆脱了传统的物理机械加工制造手段，目前主要是信息世界与物理世界之间的交互更迭，为了能够加快制造业的资源和服务在信息空间与物理空间的融合，必须充分利用好新一代信息技术，而数字孪生的出现恰好能够完美地解决这一问题，实现智能制造的目标。数字孪生作为产品制造整个生命周期中连接信息世界与物理世界的重要桥梁，可以为制造业的智能化生产提供新思路和新方法。

3. 生命周期大数据

智能制造产生的数据呈现爆发式的增长，这对制造企业来说，既是机遇亦是挑战。制造企业从大量的数据当中能够挖掘出丰富的资料与知识，可以进一步增强企业洞察商机的能力，有助于促进企业的长效发展，提高产品的生产率和质量。同时，企业除了要关注产品全生命周期的初期制造和服务设计的创新、优化产品中期的运维服务之外，还要重视对产品使用终期的回收决策过程，并且要将产品的整个生命周期阶段的数据与涉及的知识进行全面整合。

8.2.6 智能制造关键技术

1. 物联网

物联网（internet of things，IoT）即“万物相连的互联网”，是在互联网基础上延伸和扩展的网络，是通过将各种信息传感设备与互联网结合起来而形成的一个巨大网络，其可实现在任何时间、任何地点，人、机、物的互联互通。物联网是通过 RFID、红外线感应器、全球定位系统、激光扫描器等信息传感设备，按约定的协议，把任何物品与互联网相连接，进行信息交换和通信，以实现对物品的智能化识别、定位、跟踪、监控和管理的一种网络。

物联网的基本特征可概括为整体感知、可靠传输和智能处理。整体感知可以利用 RFID 二维码、智能传感器等感知设备来感知、获取物体的各类信息。可靠传输是通过对互联网、无线网络的融合，将物体的信息实时、准确地传送，以便信息交流、分享。智能处理是使用各种智能技术，对感知和传送到的数据、信息进行分析处理，实现监测与控制的智能化。智能制造系统的运行，需要物联网的统筹细化，通过基于无线传感网络、RFID、传感器的现场数据采集应用，用无线传感网络对生产现场进行实时监控，将与生产有关的各种数据实时传输给控制中心，上传给大数据系统并进行云计算。为了能有效管理一个跨学科、多企业协同的智能制造系统，物联网是必需的。德国“工业 4.0”计划就提出了“工业物联网”的概念，从而实现制造流程的智能化升级。图 8-7 所示为智慧工业 4.0 流程图。

2. RFID 和实时定位技术

识别功能是智能制造服务环节关键的一环，需要的识别技术主要有 RFID 技术、基于深度三维图像识别技术，以及物体缺陷自动识别技术。基于深度三维图像识别技术的任务是识

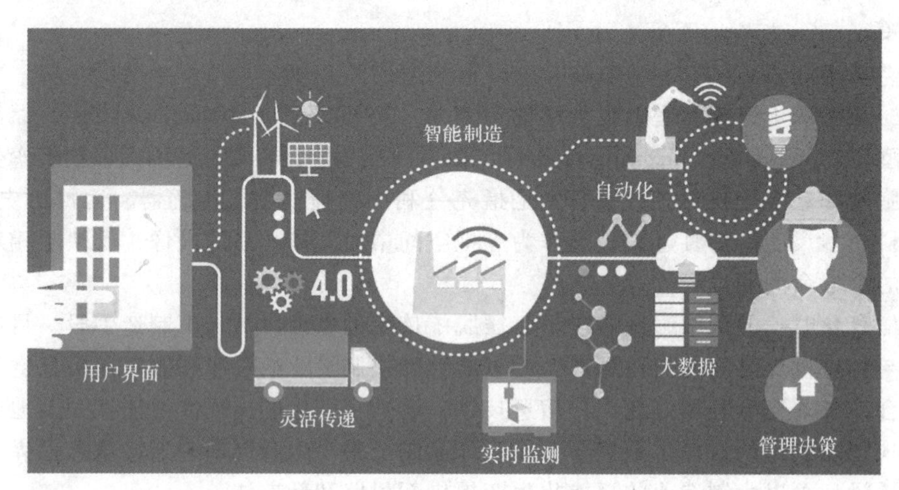

图 8-7 智慧工业 4.0 流程图

别出图像中有什么类型的物体，并给出物体在图像中所反映的位置和方向，是对三维世界的感知和理解。在结合了人工智能科学、计算机科学和信息科学之后，基于深度三维图像识别技术在智能制造服务系统中成为识别物体几何情况的关键技术。以 RFID 技术、传感技术、实时定位技术为核心的实时感知技术已广泛用于制造要素信息的识别、采集、监控与管理。RFID 是无线通信技术中的一种，通过识别特定目标应用的无线电信号，即可读写出相关数据，而不需要机械接触或光学接触来识别系统和目标。无线射频可分为低频、高频和超高频三种，RFID 读写器可分为移动式和固定式两种。RFID 标签贴附于物件表面，可自动远距离读取、识别无线电信号，可作快速、准确记录和收集用途。使用 RFID 技术能够简化业务流程，增强企业的综合实力。RFID 技术可以在产品全生命周期中为访问、管理和控制产品数据与信息提供帮助。

在生产制造现场，企业要对各类别材料、零件和设备等进行实时跟踪管理，监控生产中制品、材料的位置和行踪，包括相关零件和工具的存放情况等，这就需要建立实时定位管理体系。通常的做法是将有源 RFID 标签贴在跟踪目标上，然后在室内放置三个以上的阅读器天线，这样就可以方便地对跟踪目标进行定位查询。

3. 信息物理系统

信息物理系统（cyber physical systems，CPS）是一个综合计算、网络和物理环境的多维复杂系统，通过 3C（computing、communication、control）技术的有机融合与深度协作，可实现大型工程系统的实时感知、动态控制和信息服务，让物理设备具有计算、通信、精确控制、远程协调和自治五大功能，从而实现虚拟网络世界与现实物理世界的融合。CPS 可以将资源、信息、物体及人紧密联系在一起，从而创造物联网及相关服务，并将生产工厂转变为一个智能环境。图 8-8 所示为 CPS 示意图。

CPS 取代了以往制造业的逻辑。在该系统中，一个工件能计算出哪些服务是自己所需的，在现有生产设施升级后，该生产系统的体系结构就被彻底改变了。这意味着现有工业可通过不断升级得以改造，从而改变以往僵化的中央工业控制系统，使其转变成智能分布式控制系统，并应用传感器精确记录所处环境，使用生产控制中心独立的嵌入式处理器系统做出决策。CPS 作为这一生产系统的关键技术，在实时感知条件下，实现了动态管理和信息服

务。CPS 被应用于计算、通信和物理系统的一体化设计中，其在实物中嵌入计算与通信的过程，使这种互动增加了实物系统的使用功能。在美国，智能制造关键技术即信息物理技术，该技术也被德国称为核心技术，其主攻方向为智能化应用与实际生产紧密联系起来。

图 8-8 CPS 示意图

4. 工业大数据

工业大数据是从客户需求到销售、订单、计划、研发、设计、工艺、制造、采购、供应、库存、发货和交付、售后服务、运维、报废或回收再制造等整个产品全生命周期各个环节所产生的各类数据及相关技术和应用的总称。工业大数据是以产品数据为核心，极大地延展了传统工业数据范围，同时还包括工业大数据相关的技术和应用，也是智能制造的关键技术，其主要作用是打通物理世界和信息世界，推动生产型制造向服务型制造转型。工业大数据技术是使工业大数据中所蕴含的价值得以挖掘和展现的一系列技术与方法，包括数据规划、采集、预处理、存储、分析挖掘、可视化和智能控制等。工业大数据应用的过程则是对特定的工业大数据集合，集成应用工业大数据系列的技术与方法，从而获得有价值信息的过程。

依托大数据系统，采集现有工厂设计、工艺、制造、管理、监测、物流等环节的信息，可实现生产的快速、高效及精准分析决策。这些数据综合起来，能够帮助企业发现问题、查找原因、预测类似问题重复发生的概率，帮助完成安全生产、提升服务水平、改进生产水平、提高产品附加值。应用大数据分析系统，可以对生产过程数据进行分析处理。鉴于制造业已经进入大数据时代，智能制造尚还需要高性能计算机系统和相应网络设施。云计算系统可提供计算资源专家库，通过现场数据采集系统和监控系统，将数据上传至云端进行处理、存储和计算，计算后能够发出云指令，对现场设备进行控制（如控制工业机器人）。

5. 传感器技术

智能制造与传感器紧密相关。传感器是支持人们获得信息的重要手段，使用得越多，人们可以掌握的信息就越多。传感器很小，可以灵活配置，改装起来也非常方便。传感器属于基础零部件的一部分，它是工业的基石、性能的关键和发展的瓶颈。传感器的智能化、无线化、微型化和集成化是未来智能制造技术发展的关键之一。

6. 人工智能技术

人工智能（artificial intelligence，AI）是研发用于模拟、延伸和扩展人的智能理论、方法、技术及应用系统的科学。它企图了解智能的实质，并生产出一种新的以人类相似的方式做出反应的智能机器，该领域的研究内容包括机器人、语言识别、图像识别、自然语言处理和专家系统、神经科学等。

7. 网络安全系统

数字化对制造业的促进作用得益于计算机网络技术的进步，但同时也给工厂网络埋下了安全隐患。随着人们对计算机网络依赖程度的提高，自动化机器和传感器随处可见，将数据转换成物理部件和组件成了技术人员的主要工作。产品设计、制造和服务的整个过程都能用数字化技术资料呈现出来，整个供应链所产生的信息又可以通过网络成为共享信息，这就需要对其进行信息安全保护。针对网络安全生产系统可采用互联网防护技术和相关的安全措施，如设置防火墙、预防被入侵、扫描病毒仪、控制访问、设立黑白名单、加密信息等。工厂信息安全是将信息安全理念应用于工业领域，实现对工厂及产品使用维护环节所涵盖的系统及终端进行安全防护。所涉及的终端设备及系统包括工业以太网、数据采集与监视控制（supervisory control and data acquisition，SCADA）系统、分布式控制系统（distributed control system，DCS）、过程控制系统（process control system，PCS）、可编程逻辑控制器（programmable logical controller，PLC）、远程监控系统等网络设备及工业控制系统。企业应确保工业以太网及工业系统不被未经授权的访问、使用、泄漏、中断、修改和破坏，从而更好地为企业正常生产和产品正常使用提供信息服务。

8.3 常用的增材制造方法与新技术

8.3.1 激光选区熔化技术

1. SLM技术工作原理

激光选区熔化（SLM）技术工作原理是，激光束在短时间内将热量输入金属粉末中，使得金属粉末迅速升温达到熔点并快速熔化；激光束离开该点后，熔化的金属粉末经散热冷却凝固，与固体金属达到冶金结合。SLM技术工作原理如图8-9所示。利用CAD及其他三维软件设计三维模型时，可将该模型文件以stl格式保存，该文件能够被三维模型切片软件识别；添加支撑和分层处理，可得到三维模型的截面轮廓数据；利用路径规划软件将轮廓数据进行扫描路径处理后，可将路径规划后的数据导入SLM设备中；最后，由工控机按照每层轮廓的扫描路径，控制激光束逐层熔化金属粉末，逐层堆叠成致密的三维金属零件实体。在SLM工作过程中，影响成形件残余应力、孔洞、精度和组织性能

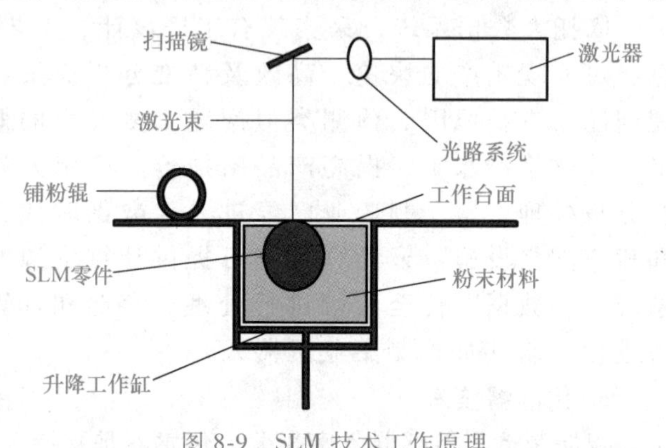

图8-9 SLM技术工作原理

的主要是工艺参数的选择。工艺参数包含扫描方式、扫描间距、扫描层厚、扫描速度、热源功率、基板预热温度、金属熔体温度等成形参数。除工艺参数的合理设置外，金属增材制造设备与成形材料也是目前研究的关键技术问题。

2. SLM 技术成形材料

理论上在工艺及设备允许的条件下，任何金属粉末都可以作为 SLM 的原材料。SLM 粉末按照成分类型可分为预合金粉末、混合粉末和单质粉末三类。SLM 技术对材料粉末的颗粒度、形状、成分分布、流动性、孔隙率、热导率等均有较高要求。粉末的制备方法主要有水雾化法、气雾化法、热气体雾化法等。从粉末的种类来看，预合金粉末颗粒均匀，商业化应用最为成功，也是国内外选取激光熔化的主要研究对象。国内对粉末材料按所含主要化学元素分为铁基合金、铜基合金、钴铬合金、钛及钛合金、铝合金、镍基合金等金属粉末。目前，已有类别的材料已不能完全满足需要，故一些科研机构正着重研究激光熔化的陶瓷材料、梯度材料等。

3. SLM 技术特点

1）一体成形。

2）效率高。

3）成形金属零件相对致密度几乎能达到 100%。

4）加工出来的零件精度高。

5）基本不需要后处理。

8.3.2 激光选区烧结技术

1. SLS 技术工作原理

激光选区烧结（SLS）起源于 20 世纪 80 年代，由美国德克萨斯大学奥斯汀分校的卡尔·罗伯特·德卡德（Carl Robert Deckard）首次提出，其工作原理如图 8-10 所示。首先通过专用软件对零件的三维 CAD 模型进行分层切片处理，生成 stl 格式文件，文件中保存着各层截面的轮廓信息。然后采用铺粉装置将粉末材料平铺在工作台上，再利用激光束烧结成形。

2. SLS 技术特点

SLS 技术可直接成形复杂的构件，成形过程中粉末材料可作为支撑，故不需要额外的支撑设计，工艺简单；所用成形材料较为广泛，便于储存且价格较为便宜，成形件精度较高。由于 SLS 过程是在无外界驱动力的条件下完成的，SLS 成形件中或多或少会存在一定缺陷，这就造成其力学性能可能会低于传统的模塑件。因此，为了提高 SLS 成形件的力学性能，通常会对成形件进行浸渗、冷等静压等后处理。

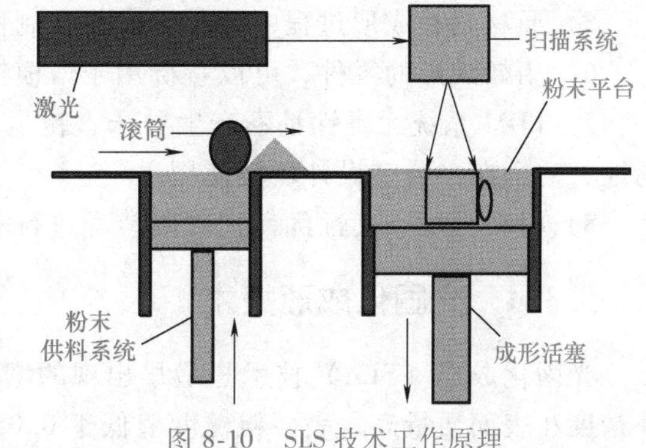

图 8-10　SLS 技术工作原理

8.3.3 熔丝沉积成形技术

1. FDM 技术工作原理

熔丝沉积成形（FDM）技术工作原理是，将低熔点丝状材料通过加热器的挤压头熔化成液体，使熔化的热塑材料丝通过喷头挤出，挤压头沿零件每一截面的轮廓准确运动，挤出半流动的热塑材料沉积固化成精确的实际部件薄层，覆盖于已建造的零件之上，如图 8-11 所示，并在大约 0.1s 内迅速凝固。每完成一层成形，工作台便下降一层高度，喷头再进行下一层截面的扫描喷丝，如此反复逐层沉积，直到最后一层，这样逐层由底到顶地堆积成一个实体模型或零件。

图 8-11　FDM 技术工作原理

FDM 成形中，每一个层片都是在上一层上堆积而成的，上一层对当前层起到定位和支撑的作用。随着高度的增加，层片轮廓的面积和形状都会发生变化，当形状发生较大的变化时，上层轮廓就不能给当前层提供充分的定位和支撑，这就需要设计一些辅助结构——“支撑结构”，以保证成形过程的顺利实现。“支撑结构”可以用同一种材料建造，现在一般都采用双喷头独立加热方式，一个用来喷模型材料制造零件，另一个用来喷支撑材料做支撑，两种材料的特性不同，制作完毕后去除“支撑结构”相当容易。送丝机构为喷头输送原料，送丝要求平稳可靠。送丝机构和喷头采用推-拉相结合的方式，以保证送丝稳定可靠，避免断丝或积留。

2. FDM 技术特点

1）成本低。FDM 技术用液化器代替了激光器，设备费用低；原材料的利用率高且没有毒气或化学物质的污染，使得成形成本大大降低。

2）采用水溶性支撑材料，使得去除支撑结构简单易行，可快速构建复杂的内腔、中空零件以及一次成形的装配结构件。

3）原材料以卷轴丝的形式提供，易于搬运和快速更换。

4）可选用多种材料，如各种色彩的工程塑料等。

5）原材料在成形过程中无化学变化，制件的翘曲变形小。

6）用蜡成形的零件，可以直接用于熔模铸造。

7）FDM 系统无毒性且不产生异味、粉尘、噪声等污染。不用投入资金建立与维护专用场地，适合在办公室设计环境使用。

8）材料强度、韧性优良，可以装配进行功能测试。

8.3.4　光固化成形技术

光固化成形（SLA）技术是最早出现的增材制造技术。光固化成形设备操作简便，打印件精度和表面质量高，表面粗糙度值低于 0.05 μm，在新产品开发打样、高精度模型等领域具有不可替代的优势。自问世以来，光固化成形技术一直在不断朝着提高成形率的方向发展。至今，已发展形成了 SLA、DLP 和 UV-LCD 三代光固化增材制造技术。第一代 SLA 技术以紫外激光束为光源，通过逐点、逐线地扫描来完成一层的硬化，显然，这种扫描成形方式的精度很高，但成形率很低。第二代 DLP 技术采用数字投影仪一次性将一层的影像投射到光敏树脂中，因此，无须逐点和逐线地扫描，而是一层一层地硬化，这使其成形率较 SLA 大幅度提高，但早期其成形精度有所降低。目前，经过技术改进，高端 DLP 设备的成形精

度甚至比 SLA 还要高。第三代 UV-LCD 光固化增材制造技术和 DLP 技术一样是一层一层硬化，区别是其使用 LCD 液晶光源，兼具 SLA 技术和 DLP 技术的优点，可实现既快速又精确的增材制造。

1. SLA 技术工作原理

光固化成形是采用立体印刷设备的一种工艺，也是最早出现的、技术最成熟和应用最广泛的快速成形技术，由美国 3D Systems 公司在 20 世纪 80 年代后期推出。SLA 的成形方法是在树脂液槽中盛满液态光敏树脂，使其在激光束的照射下快速固化。成形过程开始时，可升降的工作台处于液面下一个截面层厚的高度，聚焦后的激光束，在计算机的控制下，按照截面轮廓的要求，沿液面进行扫描，使被扫描区域的树脂固化，从而得到该截面轮廓的塑料薄片。然后，工作台下降一层薄片的高度，已固化的塑料薄片就被一层新的液态树脂所覆盖，以便进行第二层激光扫描固化，新固化的一层牢固地结合在前一层上。如此重复，直到整个产品成形完毕。最后升降台升出液态树脂表面，即可取出工件，进行清洗和表面光洁处理。SLA 技术工作原理如图 8-12 所示。

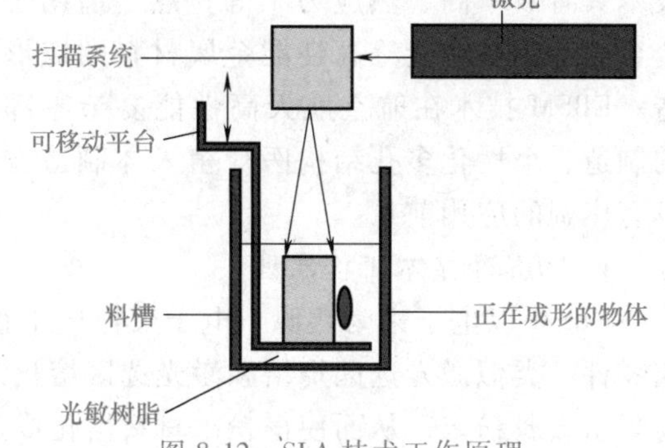

图 8-12 SLA 技术工作原理

2. SLA 技术特点

1）系统工作稳定。系统一旦开始工作，构建零件的全过程完全自动运行，无须专人看管，直至整个工艺过程结束。

2）尺寸精度较高，可确保工件的尺寸精度在 0.1mm 以内。

3）表面质量较好，工件的最上层表面很光滑，侧面可能有台阶状不平及不同层面间的曲面不平。

4）系统分辨率较高，因此能构建复杂结构的工件。

8.3.5 激光近净成形技术

1. LENS 技术工作原理

近净成形技术是指零件成形后，仅需少量加工或不再加工，就可用作机械构件的成形技术。激光近净成形（LENS）通过激光在沉积区域产生熔池并持续熔化粉末或丝状材料而逐层沉积生成三维物件。LENS 技术由美国桑迪亚国家实验室（Sandia National Laboratories）于 20 世纪 90 年代研制，随后美国 Optomec 公司将 LENS 技术进行了商业开发和推广。在 LENS 过程中，计算机首先将三维 CAD 模型按照一定的厚度切片分层，并将每一层的二维平面数据转化为打印设备数控台的运动轨迹。高能量激光束会在底板上生成熔池，同时将金属粉末同步送入熔池中并使之按由点到线、由线到面的顺序快速凝固，从而完成一层截面的打印工作。这样层层叠加，制造出近净形的零部件实体，其工作原理如图 8-13 所示。LENS 技术主要用于打印比较成熟的商业化金属合金粉末材料，包括不锈钢、钛合金、镍基合金等。

2. LENS 技术特点

1）能够直接制造组织致密的金属零件。

2）材料适应性强。

3）材料的成形过程属于快速凝固。

4）可以实现金属零件的无模制造，节约成本，缩短生产周期。

5）无须后处理的金属直接成形方法，成形得到的零件组织致密，力学性能很高，并可实现非均质和梯度材料零件的制造。

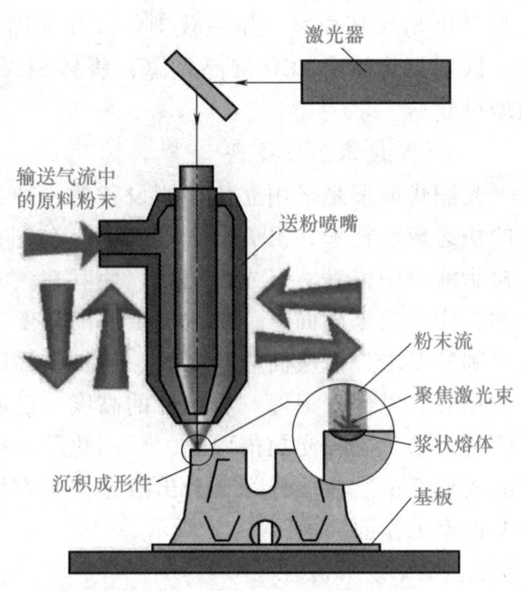

图 8-13　LENS 技术工作原理

8.3.6　电子束选区熔化技术

电子束选区熔化（EBSM）是通过电子束扫描、熔化粉末材料，逐层沉积制造 3D 金属零件的一种增材制造工艺。因为电子束功率大、材料对电子束能量吸收率高，所以 EBSM 技术具有效率高、热应力小等特点，适用于钛合金、钛铝基合金等高性能金属材料的成形制造。EBSM 技术在航空航天高性能复杂零部件的制造、个性化多孔结构医疗植入体制造方面具有广阔的应用前景。

1. EBSM 技术工作原理

EBSM 以电子束为热源，电子束作用于预置粉末层使材料熔化或烧结，逐层制造 3D 金属零件。类似激光选区烧结和激光选区熔化工艺，但 EBSM 是采用高能高速的电子束选择性地轰击金属粉末，从而使得粉末材料熔化成形的快速制造技术。

在铺粉平面上铺展一层粉末，电子束在计算机的控制下按照截面轮廓的信息进行有选择地熔化，金属粉末在电子束的轰击下被熔化在一起，并与下面已成形的部分粘结，层层堆积，直至整个零件全部熔化完成。最后，去除多余的粉末便能得到所需的三维产品，其工作原理如图 8-14 所示。

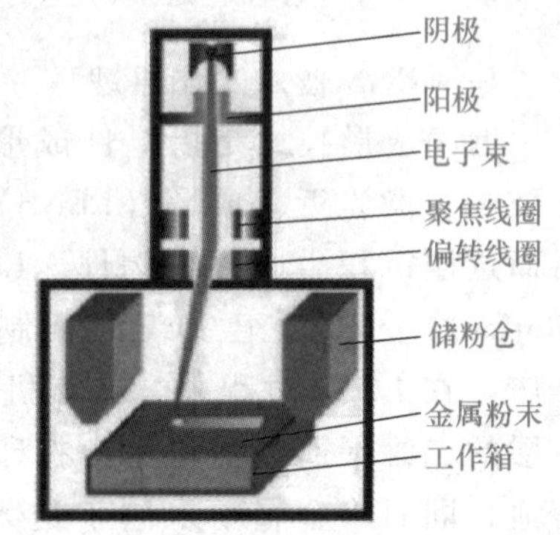

图 8-14　EBSM 技术工作原理

经过对一些工艺参数，如电子束电流、聚焦电流、作用时间、粉末厚度、加速电压、扫描方式进行正交实验发现，作用时间对成形影响最大。上位机的实时扫描信号经数模转换及功率放大后传递给偏转线圈，成形过程在真空室中进行，电子束在对应的偏转电压产生的磁场作用下偏转，进而选择性熔化成形平台上的金属粉末，逐层堆积成形。

2. EBSM 技术特点

1）成形过程不消耗保护气体。

2）无须预热。

3）成形件的力学性能好。

4）由于在真空环境中成形，成形件没有其他杂质。

5）加工面积可以很小，是一种精密微细的加工方法。

6）成形过程一般不需要额外添加支撑结构。

3. EBSM 技术成形材料

EBSM 技术常用的材料包括不锈钢、钛及钛合金、Co-Cr-Mo 合金、钛铝金属间化合物、镍基高温合金、铝合金、铜合金和铌合金等多种金属及合金材料，如图 8-15 所示。

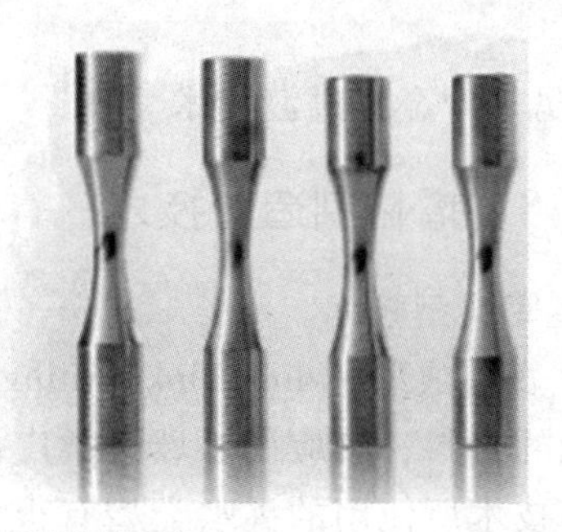

图 8-15　EBSM 技术所用的合金材料及制品

4. 未来 EBSM 成形系统的研发趋势

1）自动化与智能化。

2）大尺寸成形系统。

3）与激光增材制造技术的复合。

8.3.7　电弧增材制造技术

电弧增材制造（WAAM）技术采用焊接电弧作为热源将金属丝材熔化，按设定成形路径在基板上堆积每一层片，层层堆敷直至成形金属件。与上述采用粉末原料的多种增材制造技术相比，WAAM 的材料利用率高、成形率高、设备成本低、对成形件的尺寸基本无限制。WAAM 技术虽然成形精度稍差，成形件微观组织粗大，但仍是与激光增材制造方法优势互补的增材制造技术。

1. WAAM 技术工作原理

WAAM 技术是采用逐层堆焊的方式制造致密金属实体构件的，因以电弧为载能束，热输入高，成形速度快，一般适用于大尺寸复杂构件低成本、高效快速近净成形。面对特殊金属结构制造成本及可靠性要求，其结构件逐渐向大型化、整体化、智能化发展，因而该技术在大尺寸结构件成形上具有其他增材技术不可比拟的效率与成本优势。WAAM 技术是将焊接方法与计算机辅助设计结合起来的一种加工技术，即用计算机提供的三维数据来控制焊接设备，然后通过分层扫描和堆焊的方法来制造金属元件，其工作原理如图 8-16 所示。

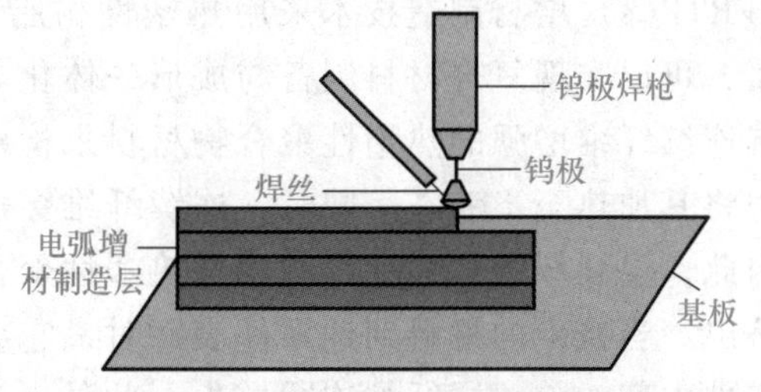

图 8-16　WAAM 技术工作原理

2. WAAM 技术特点

1）熔化极气体保护电弧增材制造（gas metal arc-additive manufacturing，GMA-AM）。采用电弧进行增材制造零件时，需要根据零件的尺寸与焊道基础尺寸参数来设计焊接枪头的行走路径，利用电弧增材制造后期机加工以及最终成形件。在电弧增材制造过程中，合理的夹紧形式能有效地降低添丝电弧增材结构件的变形和缺陷。

2）丝材-电弧增材制造能够成形完全致密的金属零件，主要通过在各层之间采用焊接过程沉积材料。大部分情况下，电弧增材制造过程中，焊枪始终保持竖直方向，这就要求相应设备系统具备一定辅助功能，并尽可能要求在沉积过程中各部分相互协同移动。

3）属于冷金属过渡技术。

8.3.8 增材制造新技术

1. 直写成型技术

（1）直写成型（direct ink writing，DIW）技术工作原理　DIW 技术可用于制备各种材质及性能的材料，其应用领域非常广泛，包括电机学材料、结构材料、组织工程及软体机器人等。该技术所使用的墨水类型有很多种，如导电胶、弹性体及水凝胶等。这些墨水都具有流变性能（如黏弹性、剪切稀化、屈服应力等），有助于增材制造过程的实施。在 DIW 过程中，黏弹性墨水从 3D 打印机的喷嘴被挤压出来，形成纤维，随着喷嘴移动就可以沉积成特定的图案，其工作原理如图 8-17 所示。

图 8-17　DIW 技术工作原理

（2）DIW 技术特点

1）不需要更换喷嘴，利用单一喷嘴就可以打印出不同直径的纤维，并且其分辨率不受喷嘴直径的限制。

2）通过改变打印参数，可以打印出各种非线性图案。

3）可以连续切换不同模式。

DIW 技术具有生产应用范围广、材料利用率高、研发周期短等特点，近些年得到了飞速发展。基于以上特点，这项技术可应用于多种黏弹性墨水材料的增材制造，进而广泛应用于各个科学和工程领域。但是，纤维直径通常受到喷嘴直径的限制，且沉积的图案受到喷嘴移动路径的影响，这些限制了 DIW 技术的创新和应用。

2. 连续纤维增强热塑性复合材料（CFRTPCs）增材制造技术

连续纤维增强热塑性复合材料（continuous fiber reinforced thermoplastic composites，CFRTPCs）增材制造技术采用热塑性树脂与连续纤维为原材料，在打印头内部进行熔融浸渍，可以实现复合材料制备与成形一体化。具有复杂结构的物理部件，能够通过沉积内部具有连续纤维增强的热塑性聚合物材料来构建。新型挤压头接收热塑性材料的细丝，并在喷嘴中将其加热至半液态。同时，连续纤维穿过纤维输送装置，并通过挤压头的内孔到达喷嘴。因此，连续纤维被喷嘴内的熔融热塑性聚合物渗透和涂覆，浸渍的复合材料可以从喷嘴出口挤出。当挤出的材料到达零件表面时，它会迅速固化并黏附在前一层上，这样纤维就可以被零件内部的前一层纤维连续拉出。此外，连接到 x-y 方向运动机构的挤压头可以沿着从 3D CAD 系统获得的横截面轮廓和填充轨迹移动，并生成零件的单层。一层完成后，放置在升降机构上的热床在 z 轴方向上移动等于层厚度的增量。重复该过程，直到零件完成。CFRTPCs 增材制造技术工作原理如图 8-18 所示。

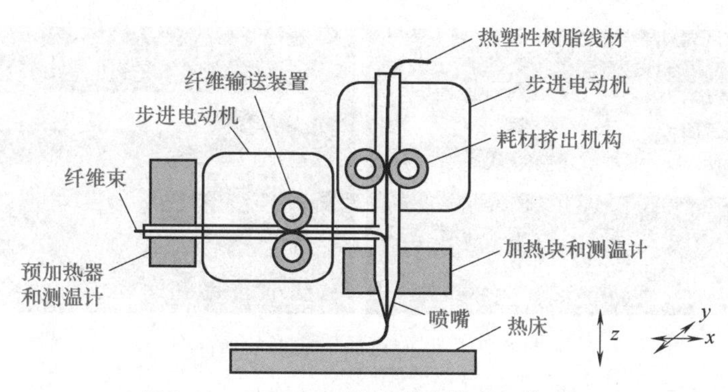

图 8-18　CFRTPCs 增材制造技术工作原理

8.4　常用的智能制造方法与新技术

8.4.1　智能制造工艺

智能制造是指实现整个制造业价值链的智能化和创新性，是信息化与工业化深度融合的进一步提升。智能制造融合了信息技术、先进制造技术、自动化技术和人工智能技术，其核心是智能制造工艺。

1. 电火花加工工艺方法

电火花加工工艺可以分为穿孔加工和型腔加工。

穿孔加工：电火花成形加工能够加工各种小孔（$\phi=0.1\sim1$ mm）、型孔（如圆孔、方孔、多边形孔、异形孔等），如图 8-19 所示。

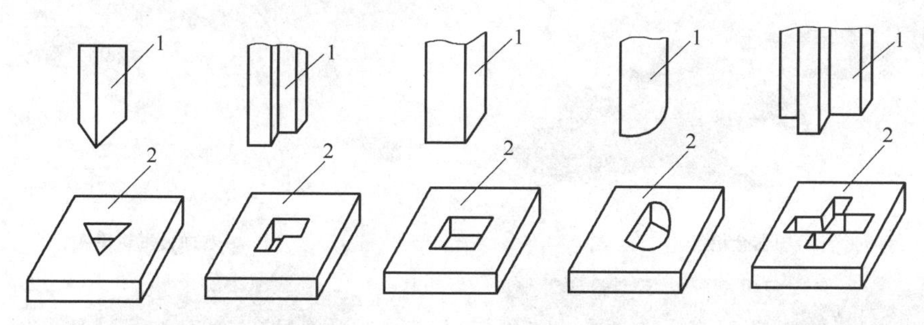

图 8-19　电火花穿孔加工

1—电极　2—工件

型腔加工：电火花成形加工能够加工锻模、压铸模、塑料模等型腔以及整体叶轮、叶片等曲面零件。

电火花加工工作原理是利用移动的细金属导线（钼丝或铜丝）作电极，靠脉冲火花放电对工件进行切割。电火花加工具有成本低、生产周期短、线电极损耗少、加工精度高、工件形状容易控制的特点，因此，被广泛用于加工各类模具，切断各类材料，试制新品，加工薄片零件、特殊难加工材料零件，加工电火花成形加工用的电极等。如图 8-20 所示为电火花加工成形的成品。

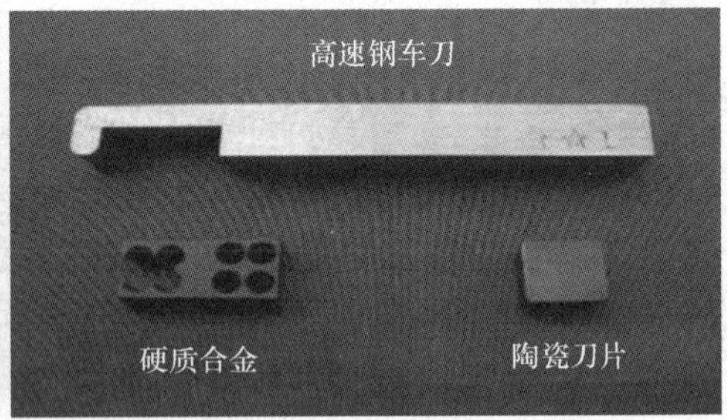

图 8-20　电火花加工成形的成品

2. 仿生制造

模仿生物的组织结构和运行模式的制造系统与制造过程称为“仿生制造”。它通过模拟生物器官的自组织、自愈、自增长及自进化等功能，来迅速响应市场需求并保护自然环境。生物体能够通过诸如自我识别、自我发展、自我恢复和进化等功能，使自己适应环境的变化来维持生命并得以发展和完善。

仿生机械是模仿生物的形态、结构和控制原理，设计制造出功能更集中、效率更高并具有生物特征的机械。仿生机械是以力学或机械学作为基础的，综合生物学、医学及工程学的一门边缘学科。它既把工程技术应用于医学、生物学，又把医学、生物学的知识应用于工程技术；既能对生物现象进行力学研究，又能对生物的运动、动作进行工程分析，并把这些成果根据社会的要求实用化。现在已经制造出各式各样的仿生机械，如图 8-21 所示。

a) 机器金枪鱼

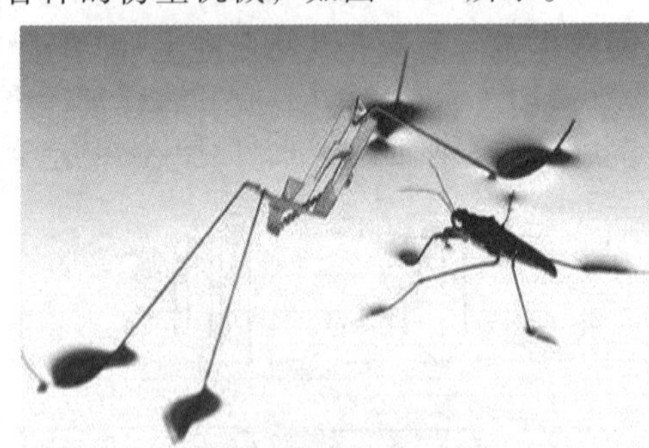

b) 水面行走机器人

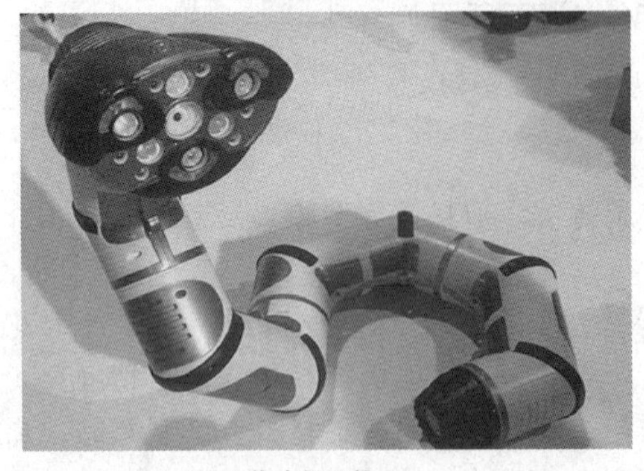

c) 仿生机器蛇

d) 机械狗

图 8-21　仿生机械实例

3. 智能设计技术

智能设计是指应用现代信息技术，采用计算机模拟人类的思维活动，提高计算机的智能水平，从而使计算机能够更多、更好地承担设计过程中的各种复杂任务，成为设计人员的重要辅助工具。智能设计具有如下特点。①以设计方法学为指导。设计方法学对设计本质、过程设计思维特征及其方法学的深入研究是智能设计模拟人工设计的基本依据。②以人工智能技术为实现手段。借助专家系统技术在知识处理上的强大功能，结合人工神经网络和机器学习技术，较好地支持设计过程自动化。③以传统CAD技术为数值计算和图形处理工具。提供对设计对象的优化设计、有限元分析和图形显示输出上的支持。④面向集成智能化。支持设计的全过程，与CAM的集成后能够提供统一的数据模型和数据交换接口。⑤提供强大的人机交互功能。使设计师对智能设计过程的干预，即与人工智能融合成为可能。

（1）智能CAD　智能CAD技术实际上就是人工智能技术与CAD技术结合在一起形成的新技术，从结构上来看，智能CAD技术主要可分为三个部分：基础层、支撑层和应用层。智能CAD的功能主要如下。①计算和分析功能。智能CAD技术能借助数字仿真模拟、有限元分析等来完成计算和分析工作，同时还能提高计算结果的准确性。②图形图像处理功能。如比较常见的图形输出功能、三维几何模型制造等。③数据管理和交换功能。例如对数据库的管理，利用不同的CAD系统，可实现数据的及时交换和处理。④文字的编辑和文档的制作功能。智能CAD技术具有强大的文字处理功能，可在短时间内完成大量文档的制作处理工作。除了上述四种主要功能外，智能CAD技术还具有设计功能和一些网络功能。

专家系统的智能CAD中，设计模型通常都是对模型的又一次设计。在对机械结构模型进行设计时，首先要进行分解，将其分解成若干个独立的小模型，当每个独立的小模型设计完成之后，就可以把这些小模型组合起来，最后完成整个机械结构模型的设计。这种小模型的设计过程，通常被称为迭代设计。在小模型的设计过程中，每设计出一个机械结构模型方案，就通过人工智能系统对其进行分析，直到选择出一个最适合的设计方案。小机械结构模型设计方案时，可以由智能CAD中的自主学习专家系统进行分析。

（2）智能CAPP（compater aided process planning）　计算机辅助工艺规划（CAPP）是通过向计算机输入被加工零件的几何信息（图形）和加工工艺信息（材料、热处理、批量等），由计算机自动输出零件的工艺路线和工序内容等工艺文件的过程。CAPP专家系统可以通过推理机中的控制策略，从知识库中搜索能够处理零件当前状态的规则，然后执行这条规则，并把每一次执行规则得到的结论部分按照先后次序记录下来，直到零件加工完成，这个记录就是零件加工所要求的工艺规程。

智能CAPP具有以下特点。①知识表示与知识本身相分离，所以当加工零件变化或知识更新时，相应的决策方法不会改变，这样便提高了系统的通用性和适应性。②以零件的知识为基础，以工艺规程为依据，采用各种工艺决策算法，可以直接推理出最优的工艺设计结果或给出几种设计方案以供工艺设计人员选择。③知识库和推理机的分离有利于系统的模块化和增加系统的可扩充性，有利于知识工程师和工艺设计师的合作，从而可以使系统的功能不断趋于完善。④工艺设计的主要问题不是数值计算，而是对工艺信息和工艺知识的处理，而这正是基于知识和人工智能的智能CAPP系统所擅长的。⑤如果系统具备自学习的功能，可以不断进行工艺经验知识的积累，那么系统的智能性就会越来越高，系统生成的工艺方案就会越来越合理。

智能工艺规划，就是将人工智能技术应用到 CAPP 系统开发中，使 CAPP 系统在知识获取、知识推理等方面模拟人的思维方式，解决复杂的工艺规程设计问题，使其具有人类“智能”的特性。实际上，CAPP 专家系统就是一种智能 CAPP，它追求的是工艺决策的自动化。

4. 绿色设计

绿色设计（green design）又称为生态设计、环境设计、环境意识设计，是一种概念设计。绿色设计是指在产品整个生命周期内，要充分考虑对资源和环境的影响，在充分考虑产品的功能质量、开发周期和成本的同时，更要优化各种相关因素，使产品及其制造过程中对环境的总体负影响降到最小，使产品的各项指标符合绿色环保的要求。绿色设计的原则被公认为“3R”（reduce，reuse，recycle）的原则，即减少环境污染、减小能源消耗，及产品和零件的回收再生循环或重新利用。绿色设计旨在保护自然资源、防止工业污染破坏生态平衡，虽然至今仍处于萌芽阶段，但却已成为一种极其重要的新趋向。绿色设计本身已成为了一门工业。

绿色设计是一个体系与系统，它不是一个单一的结构与孤立的艺术现象，具有的特点如下：

1）绿色设计采用生态材料，即其用材不能对人体和环境造成任何危害，要做到无毒、无污染、无放射性、无噪声，从而有利于环境保护和人体健康。

2）生产材料应采用天然材料，大量使用废渣、垃圾等废弃物。

3）采用低能耗制造工艺和无污染环境的生产技术。

4）在产品配制和生产过程中，不使用甲醛、卤化物溶剂或芳香族碳氢化合物；产品中不含有汞及其化合物的颜料和添加剂。

5）产品的设计是以改善生态环境、提高生活质量为目标，产品应具有多功能化，如抗菌、除臭、隔热、阻燃。

6）产品可循环或回收利用，并对环境无污染。

8.4.2 工业机器人

工业机器人不仅用途和驱动方式多样，而且智能化程度以及控制方式也不同。由于机器人一直在随科技的进步而不断发展出新的功能，因此工业机器人的定义还尚未明确，但是不难发现，其有以下四个显著特点。①特定的机械机构。动作具有类似于人或其他生物的某些器官（肢体、感受等）的功能。②通用性。可完成多种工作、任务，可灵活改变动作程序。③不同程度的智能。如记忆、感知、推理、决策、学习等。④独立性。不依赖人的干预。

机器人已在工业领域得到了广泛的应用，而且正以惊人的速度不断向军事、医疗、服务、娱乐等非工业领域扩展。毋庸置疑，机器人技术必将得到更大的发展，成为各国必争的知识经济制高点和研究热点。

自 1956 年机器人产业诞生后，经过几十年的发展，机器人已经被广泛应用在新材料、装备制造、生物医药、智慧智能、新能源等高新产业。随着科学技术的发展，未来工业机器人技术的发展趋势主要表现在工业机器人的智能化、协作控制、机构的新构型以及标准化和模块化。

工业机器人多种多样，常见的分类方法有以下几种。

1. 按照结构坐标特性方式分类

（1）直角坐标机器人　直角坐标机器人具有空间上相互垂直的多个直线移动轴，通常为三个轴，如图 8-22 所示，通过直角坐标方向的几个独立自由度可以确定其手部的空间位置，该类机器人的动作空间为一长方体。

（2）圆柱坐标机器人　圆柱坐标机器人主要由旋转基座、垂直移动轴和水平移动轴构成，手臂的径向长度、角位置和垂直方向上手臂的位置为坐标系的三个坐标，具有一个回转和两个平移自由度，其动作空间呈圆柱形，如图 8-23 所示。著名的沃萨特兰（Versatran）机器人就是典型的圆柱坐标机器人。

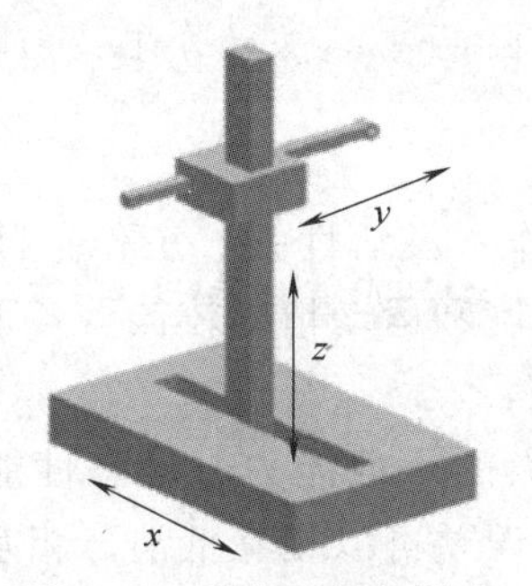

图 8-22　直角坐标机器人

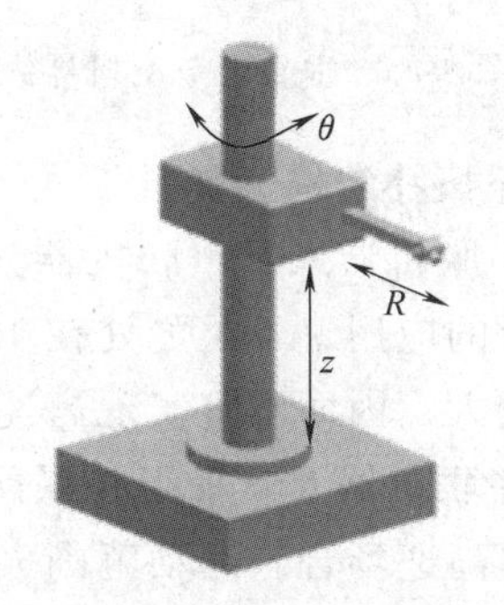

图 8-23　圆柱坐标机器人

（3）极坐标机器人　极坐标机器人又称为球坐标机器人，结构如图 8-24 所示。极坐标机器人手臂的径向长度、绕手臂支撑底座垂直轴的转动角和手臂在铅垂面内的摆动角为坐标系的三个坐标，具有平移、旋转和摆动三个自由度，动作空间形成球面的一部分，其机械手能够做前后伸缩移动、在垂直平面上摆动以及绕底座在水平上转动。著名的尤尼梅特（Unimate）机器人就是极坐标机器人。

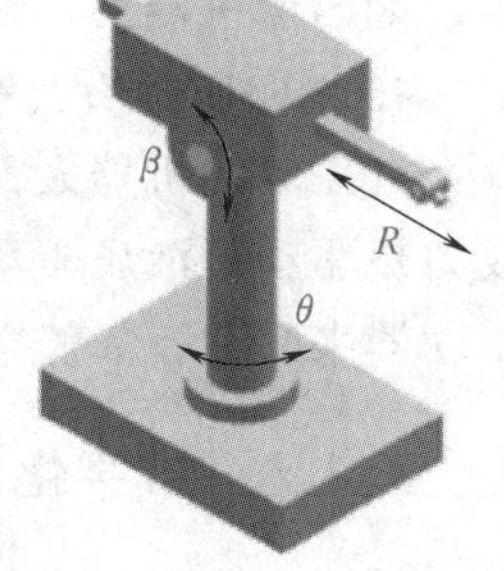

图 8-24　极坐标机器人

（4）关节型机器人　关节型机器人又分为垂直关节型机器人和水平关节型机器人。如图 8-25 所示，垂直关节型机器人模拟了人类的手臂功能，并以其各相邻运动构件的相对角位移作为坐标系，绕底座铅垂轴的转角 θ、第二臂对于第一臂的转角 α 和过底座的水平线与第一臂之间的夹角 ϕ 为坐标系的三个坐标。这种机器人的动作空间近似一个球体，所能到达区域的范围取决于两个臂的长度比例，因此也称为多关节球面机器人。

如图 8-26 所示，水平关节型机器人在结构上具有串联配置的两个能够在水平面内旋转的手臂，其自由度可以根据用途选择二、三、四，ω_1、ω_2、ω_3 是绕着各轴做旋转运动的角度，z 是在垂直方向做上下移动的距离，该类机器人的动作空间为一圆柱体。

2. 按照控制方式分类

（1）非伺服控制机器人　工作能力比较有限，机器人按照预先编好的程序顺序进行工作，使用限位开关、制动器、插销板和定序器来控制机器人的运动。

（2）伺服控制机器人　有更强的工作能力，价格更贵，在某些情况下不如简单的机器人可靠。伺服系统的被控制量可以为机器人手部执行装置的位置、速度等。

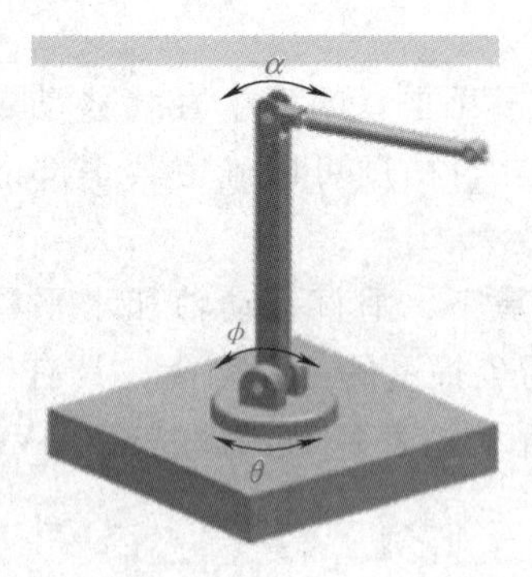

图 8-25 垂直关节型机器人

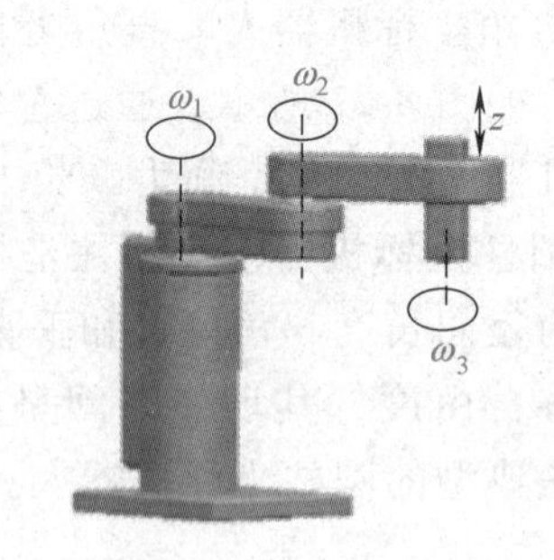

图 8-26 水平关节型机器人

3. 按照拓扑结构分类

（1）串联机器人 串联机器人因其结构简单、易操作、灵活性强、工作空间大等特点而得到广泛的应用，不足之处在于运动链较长、系统的刚度和运动精度较低。各手臂的运动惯量相对较大，因而不宜实现高速或超高速操作。

（2）并联机器人 采用并联闭环结构，机构具有较大的承载能力、动态性能优越，适合高速、超高速场合，运动范围大，并联机构各个关节的误差可以相互抵消、相互弥补，运动精度高。

（3）混联机器人 混联机器人既有串联机器人工作空间大、运动灵活的特点，又有并联机器人刚度大、承载能力强的特点，可以高精度、高效率地实现物料的高速分拣，大大地提高效率和准确度；可在大范围工作空间中高速、高效率地完成大型物体的抓取和搬运工作，如码垛机器人。

4. 按照驱动方式分类

气压驱动机器人，以压缩空气来驱动执行机构；电力驱动机器人，利用电动机产生的力或力矩驱动；液压驱动，使用液体油压来驱动；新型驱动机器人，利用新的工作原理制造的驱动器来驱动，如静电驱动器、光驱动器等。

8.4.3 数字化制造技术

数字化制造技术是指，在数字化技术和制造技术融合的背景下，并在虚拟现实、计算机网络、快速原型、数据库和多媒体等支撑技术的支持下，根据用户的需求，迅速收集资源信息，对产品信息、工艺信息和资源信息进行分析、规划和重组，实现对产品设计和功能的仿真以及原型制造，进而快速生产出达到用户要求性能的产品。数字化制造技术可以是以设计、控制或管理为中心的。

1. 产品数据的数字化处理与产品数字化管理

对于工程手册、技术标准、设计规范和经验数据中的工程数据，常用的表示方法有数表、线图等。在数字化开发环境中，数表、线图等设计资料需要利用程序化、文件化、数据库处理工程数据，集成到产品数字化开发软件系统中，以方便设计人员使用。此后就需要用到数字化建模技术，数字化建模软件可以分为两大类，一类是参数化建模软件，一类是非参数化建模软件（也称之为艺术类建模软件）。这两类建模软件虽然都可以进行模型设计，但是在建模的方法和思路上还是有很大的区别。参数化建模主要应用于手工

业零部件、建筑模型等，需要由尺寸作为模型设计的基础。因为参数化是由数据作为支撑的，数据与数据之间存在着相互联系，改变一个尺寸就会对多个数据产生影响，所以参数化建模的最大优势在于可以通过对参数尺寸的改变来实现对模型整体的修改，从而实现对设计的快速修改。

产品数字化管理是建立在计算机、通信和网络技术的基础上，通过对制造企业中管理要素、管理行为和管理流程的数字化，从而实现产品研发、采购、生产计划与组织、市场营销服务、创新等管理职能的数字化、网络化和智能化。数字化管理有利于企业数字化信息的集成与综合应用，挖掘数字化信息的内在价值，减少人为因素对企业管理的影响，提高管理决策的科学性、效率、质量和智能化水平，提升制造企业的竞争力。

2. 逆向工程技术

正向工程（forward engineering，FE）是指从功能与规格的预期目标确定开始，构思产品的零部件需求，再对各个零部件进行设计、制造以及检验，随后再进行整机组装检验、性能测试等过程。传统的产品开发属于正向工程。

逆向工程（reverse engineering，RE）是相对于传统正向工程而言的。传统的产品开发过程是遵从正向设计思维进行的，即从市场需求抽象出产品的概念描述，据此建立产品的CAD模型，然后对其进行数控编程和数控加工，最后得到产品的实物原型。概括地说，正向工程是由概念到CAD模型，再到实物模型的开发过程；逆向工程则是由实物模型到CAD模型的过程。逆向工程属于逆向思维体系，它利用数据采集设备获取实物样本的几何结构信息，借助于专用的数据处理软件和三维CAD系统对所采集的样本信息进行处理和三维重构，在计算机上复现原实物样本的几何结构模型，通过对样本模型的分析、改进和创新，进行数控编程并快速地加工出创新的新产品。逆向工程技术是测量技术数据处理、图形处理以及现代加工技术相结合的一门综合性技术。随着计算机技术的飞速发展和各项单元技术的逐渐成熟，逆向工程现已成为产品快速开发的有效工具，在工程领域得到越来越多的应用。

数字化制造技术的意义和作用在于：精确地预测和评价产品的可制造性、加工时间、制造周期、生产成本、零件的加工质量、产品质量；分析制造系统的运行性能；评价与确认生产规划与工艺规划；选择敏捷企业和分散化网络生产系统中的合作伙伴；设计、优化生产过程和制造系统，查询网上制造资源，及优选低成本的人员培训工具。数字化制造技术与产品的发展趋势如下：制造信息的数字化；制造业向互联网辅助制造方向发展；将数字化技术注入传统产品，开发新产品。

随着计算机和网络技术的发展，使得基于多媒体计算机系统和通信网络的数字化制造技术为现代制造系统的并行作业、分布式运行、虚拟协作、远程操作与监视等提供了可能。现在不少企业已在数字化网络电子商务方面迈出了可喜的四大步：

1）转变。企业核心的流程转变，以适应数字化企业和电子商务的要求。

2）建立。在企业现有的数据及应用的基础上建立强大、易用和高度集中的电子商务应用。

3）运用。创造一种具有可扩展性、可用性和安全性的数字化经营环境。

4）利用。对已取得的数据进行深度分析，并将此分析转化为自身进一步持续发展的优势。

可以预料，数字制造的各个子系统将会不断完善并进入实用阶段。

8.4.4 智能检测技术

随着工业自动化技术的迅猛发展，智能检测技术被广泛地应用在工业自动化、化工、军事、航天、通信、医疗、电子等行业，是自动化科学技术的一个格外重要的分支。众所周知，智能检测技术是在仪器仪表的使用、研制、生产基础上发展起来的一门综合性技术。智能检测系统广泛应用于各类产品的设计、生产、使用、维护等各个阶段，对提高产品性能及生产率、降低生产成本及整个生产周期成本起着重要作用。

智能检测技术是一种尽量减少所需人工的检测技术，是依赖仪表，涉及物理学、电子学等多种学科的综合性技术。此技术可以减少人们对检测结果有意或无意的干扰，减轻人员的工作压力，从而保证被检测对象的可靠性。自动检测技术主要有两项职责：①通过自动检测技术可以直接得出被检测对象的数值及其变化趋势等内容；②将自动检测技术直接测得的被检测对象的信息纳入考虑范围，从而制定相关决策。

检测和检验是制造过程中最基本的活动之一。通过检测和检验活动提供产品及其制造过程的质量信息，按照这些信息对产品的制造过程进行修正，使废次品率与返修品率降至最低，保证产品质量形成过程的稳定性及产出产品的一致性。

1. 无损检测技术

无损检测是指在不损坏被检测材料或成品的性能和完整性的条件下，借助技术和设备器材，以物理或化学方法为手段，对试件内部及表面的结构、性质、状态进行检查和测试的检测方法。

与破坏性检测相比，无损检测有以下特点：①具有非破坏性，在做检测时不会损害被检测对象的使用性能；②具有全面性，由于检测是非破坏性，因此必要时可对被检测对象进行100%的全面检测，这是破坏性检测办不到的；③具有全程性，破坏性检测一般只适用于对原材料进行检测，如机械工程中普遍采用的拉伸、压缩、弯曲等，对于产成品和在用品，除非不准备让其继续服役，否则是不能进行破坏性检测的。

无损检测因为不损坏被检测对象的使用性能，所以它不仅可对制造用原材料进行检测，还可对各中间工艺环节直至最终产成品进行全程检测，也可对服役中的设备进行检测。

2. 射频识别技术

射频识别技术，是自动识别技术的一种，通过无线射频方式进行非接触双向数据通信，利用无线射频方式对记录媒体进行读写，从而达到识别目标和数据交换的目的，被认为是21世纪最具发展潜力的信息技术之一。射频识别技术的基本工作原理并不复杂：标签进入阅读器，接收阅读器发出的射频信号后，凭借感应电流所获得的能量发送出存储在芯片中的产品信息；或者由标签主动发送某一频率的信号，阅读器读取信息并解码后，送至中央信息系统进行有关数据处理。

射频识别技术的关键技术主要包括：标签芯片设计与制造（如低成本、低功耗的RFID芯片设计与制造技术）、适合标签芯片实现的新型存储技术、防冲突算法及电路实现技术、芯片安全技术，以及标签芯片与传感器的集成技术等。

射频识别技术常见应用有以下几种。

1）通道管理。通道管理包括人员、车辆或物品的管理，实际上就是对进出通道的人员、车辆或物品通过识别和确认，决定是否放行，并进行记录，同时对不允许进出的人员、

车辆或物品进行报警，以实现更加严密的管理。生活中常见的门禁、图书管理、射频卡超市防盗、停车场管理系统等都属于通道管理。

2）数据采集与身份确认系统。数据采集系统是使用带有 RFID 阅读器的数据采集器采集射频卡上的数据，或对射频卡进行读写，实现数据采集和管理。常用的身份证识别系统、消费管理系统、社保卡、银行卡、考勤系统等都属于数据的采集和管理。

3）定位系统。定位系统用于自动化管理中对车辆、人员、生产物品等进行定位。阅读器放置在指定空间、移动的车辆、轮船上或自动化流水线中，射频卡放在移动的人员、物品、物料、半成品、成品上，阅读器一般通过无线或有线的方式连接到主信息管理系统，系统对读取射频卡的信息进行分析判断，确定人或物品的位置和其他信息，实现自动化管理。常见的应用有博物馆物品定位、监狱人员定位、矿井人员定位、生产线自动化管理、码头物品管理等。

8.4.5 智能制造新技术

智能制造是第四次工业革命的代表性技术，是基于新一代信息通信技术与先进制造技术的深度融合与集成，从而实现从产品的设计过程到生产过程，以及到企业管理服务等全流程的智能化和信息化。智能制造新技术包括人工智能技术、工业机器人技术、大数据技术、云计算技术、物联网技术以及整体的信息化系统。

1. 人工智能技术

人工智能技术的三大特点就是大数据技术、按照计划规则的有序采集技术、自我思考的分析和决策技术。新一代的人工智能在新的信息环境的基础上，把计算机和人连成更强大的智能系统，来实现新的目标。人工智能正在从多个方面推动着传统制造向智能制造迈进。

2. 工业机器人技术

工业机器人作为机器人的一种，主要由操作器、控制器、伺服驱动及传感系统组成，可以重复编程，对提高产品质量、提高生产率和改善劳动条件起到了重要的作用。工业机器人的应用领域包括机器人加工、喷漆、装配、焊接以及搬运等。

3. 大数据技术

工业大数据贯穿于设计、制造、维修等产品的全生命周期，包括数据的获取、集成和应用等。智能制造的大数据技术包括建模技术、优化技术和可视技术等。大数据技术的应用和发展使得价值链上各环节的信息数据能够被深入地分析与挖掘，使企业有机会把价值链上更多的环节转化为企业的战略优势。

4. 云计算技术

工业云平台打破了各部门之间的数据壁垒，让数据真正地流动起来，展现了数据之间的内在关联，使得设备与设备、设备与生产线、工厂与工厂之间无缝对接，利用该技术，人们可监控整个生产过程，从而提高产品质量，帮助企业做出正确的决策，生产出最贴近消费市场的产品。

5. 物联网技术

智能制造的最大特征就是实现万物互联，工业物联网是工业系统与互联网，以及高级计算、分析、传感技术的高度融合，也是工业生产加工过程与物联网技术的高度融合。工业互联网具有全面感知、互联传输、智能处理等特点。

6. 整体的信息化系统

智能制造信息系统，可在数据采集的基础上，建立完善的智慧工厂生产管理系统，以实现生产制造从硬件设备到软件系统，再到生产方法，以及全部生产现场上下游信息的互联互通。

8.5 增材制造与智能制造技术在油气田领域的应用前景

8.5.1 增材制造技术在油气田领域的应用前景

随着增材制造技术的快速发展，将其与传统制造、油气田服务相结合，加速促进了其在油气田领域的应用。增材制造技术的快速成形可显著减少制造时间和成本，大大改善传统的油田装备制造、油气勘察开发等板块，为提高油气田领域的工作质量做出卓越贡献。

近年来，油气勘探开发力度不断加大，耐高温高压、高精度、小直径的测井仪器需求量快速增长，一些结构复杂、材料特殊、集成度高的关键部件，因加工难度大、周期长而供不应求。测井装备迭代研发的加快，对复杂结构件的制造也提出了更高的要求。

相较于传统铣削设备的减材制造，增材制造技术在油气田领域展现出了一些优势，如材料成本相对较低，浪费少；在高精度、高强度、高复杂度的测井仪器加工制造中，利用增材制造技术，可实现一台设备完成多道工序，解决批量小、换产频的低生产率问题，还可提升产品性能。

以微电阻率成像极板为例，利用模拟仿真研究，通过增材制造生产的产品耐磨性能比传统加工方式生产的产品耐磨性能提升6%。另外，电成像测井仪的极板仅有手掌大小，其结构复杂，对加工精度要求较高，技术人员在结合极板时加工余量大，并且极板成形过程中易发生开裂、局部变形等问题。利用增材制造技术可以很好地完成极板的制造。

在计算机上设计出产品3D数字模型后，按照设定厚度，用切片软件把模型文件分成几千个二维平面，同时，加强质量缺陷分析，优化三维模型，调整应力集中处结构，严控零件装夹误差，合理添加支撑提供反向拉力。同时，增材制造技术可以高效制造出传统手段不能或者很难制造的零部件，如仪器液压系统中的各种阀组、多油路模块等。

增材制造技术可增加产品设计自由度，提高设备性能。传统制造技术受生产工具及工艺所限，产品的形状及精度会受到很大限制。增材制造技术能够生产具有复杂形状和较高精度的产品，使工程师们获得前所未有的产品设计自由度。

目前，全球已有多家公司将增材制造技术与油气田领域的运用相结合。迈格码（Magma）全球公司利用增材制造技术制备了聚醚醚酮树脂材料的海底液压管道，是目前世界上最长的海底液压管道，长度达到了3048m。与传统的钢管相比，该管道具有更高的强度、更轻的质量和较强的耐蚀性，可以应对海底的复杂环境。由此，作业者可以使用规格更小的供给船、更轻便的系泊缆及其他费用更低的配套设备，从而大大减少作业费用，降低海上油气开发的门槛。斯伦贝谢公司将增材制造技术用于制造一种检波器外壳，其质量和体积只有传统制造技术的30%。贝克休斯公司利用增材制造技术将一种测井仪器中原本的两个部件合二为一，使其制造时间缩短了65%。荷兰皇家壳牌公司在最深的石油和天然气项目的设计阶段使用增材制造技术，开发可拆卸系统的原型，将卸载船连接到海底的管道，以确保安全

并防止进度延误。增材制造技术使壳牌公司能够在塑料等材料中创建精确的比例原型，并对其进行测试和使用，以改进设计和施工过程，同时使石油和天然气生产设备的设计和建造更快、更高效。贝克休斯公司井下流体分析工具的除砂筛管和随钻测井设备的声波接收器就是其中的代表，该除砂筛管中的金属筛网壁厚可低至 100μm，能够大幅提高其过滤效果。GE 石油天然气公司已经成功将增材制造技术与制造供应链相结合，并将其用于制造燃气涡轮机的油料喷嘴以及石油天然气的各种金属部件。美国油田服务企业哈利伯顿（Halliburton）公司正在探索用增材制造成形井下设备。增材制造技术在油气田领域的应用不仅可以发挥出本身的优势，还可以结合油气田领域的特殊性，满足油气开采生产过程对设备零件的灵活性需求。图 8-27 所示为增材制造技术在油气田领域中的部分应用。

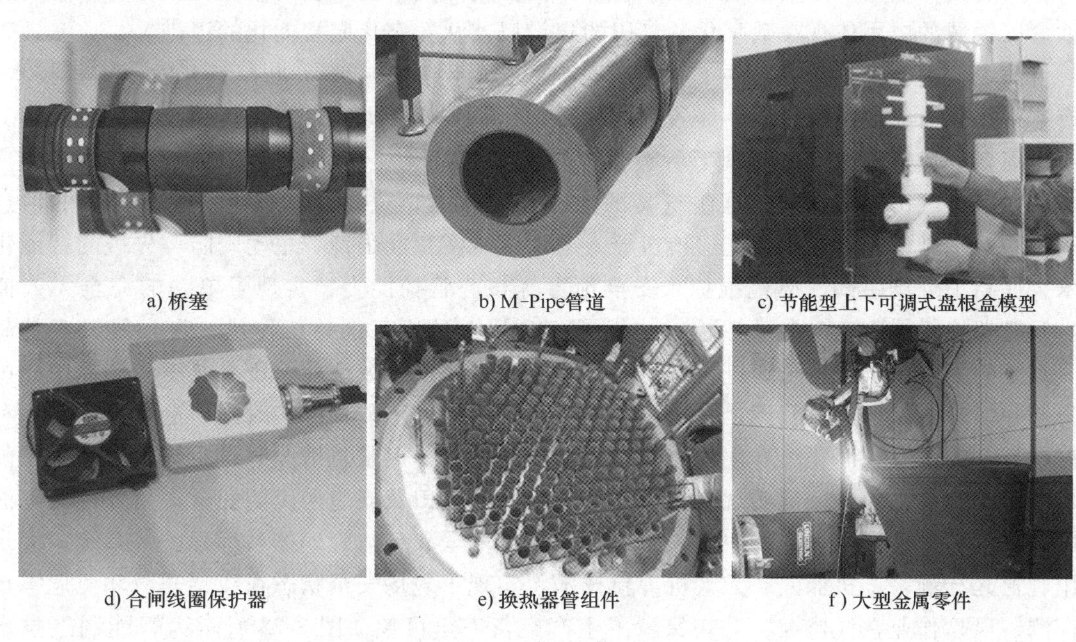

a) 桥塞　　b) M-Pipe管道　　c) 节能型上下可调式盘根盒模型

d) 合闸线圈保护器　　e) 换热器管组件　　f) 大型金属零件

图 8-27　增材制造技术在油气田领域中的部分应用

增材制造技术可帮助油气田领域解决未来发展的很多实际问题，为油气田领域创造十分可观的经济效益。据增材制造行业分析公司（SmarTech 出版公司）估计，到 2025 年，石油行业的增材制造市场将达到 14 亿美元，增材制造技术可以帮助该行业简化石油和天然气产品制造的复杂结构、减少昂贵的停机时间并消除长时间等待零件等。当油气田处于或是关键零部件依靠运输难以到达偏远地区时，将油气生产设备输送至生产地（如海上石油钻井平台）需要昂贵的运输成本。增材制造技术的运用，可为零部件的运输提供解决方案，这对全球的海上石油钻井平台来说，将是一次重大升级。由于油气开采过程苛刻的环境条件，生产设备常在高温、高压、腐蚀条件下服役，关键控制零部件不可避免地会发生故障，开采地不得不采用仓库对关键零部件实施库存计划，加大了油气开采的成本，而利用增材制造技术服务工作现场，可为生产过程提供快速、批量的零部件支持，以避免延长施工期的风险。另外，现场增材制造技术也可以用于制造新零件供钻探施工使用，满足油气开采生产过程对设备零件的灵活性和适应性要求。这不仅可以加速油气生产过程，也可以最大化避免设备故障或损坏等问题造成的利益损失。

8.5.2　智能制造技术在油气田领域的应用前景

互联网、大数据、云计算、移动互联、人工智能、芯片等方面的技术迅猛发展，加速推动了物联网、人机交互、智能机器等技术的广泛应用。面对日益攀升的开采成本以及油价剧烈波动带来的挑战，国内外各大石油公司纷纷将智能制造技术作为油气田领域未来发展的战略技术。在油气田领域应用数字化管理平台，整合工程设计、设备材料采购、施工建设、生产运行等环节的全部数据，通过数字建模，可大幅提高设计和建设效率，节约采购和施工成本，为项目实施全生命周期管理打下基础；通过将大数据、物联网、云计算、人工智能等技术与客户的具体应用场景结合的方式，为客户提供满足其需要的各类定制化服务。智能制造在油气田领域的应用体现在数字化油气田的建设以及从数字化向智能化的迈进。

目前中石油已建立起完善的工业控制系统和物联网系统，覆盖勘探、开发、工程技术、生产运行、管道、设备、科研、经营等八大领域，同时应用增强现实、虚拟现实、机器人、无人机等新一代信息技术，实现了所有生产单元的自动化生产以及各管理层级的数字化办公。以西南油气田公司在龙王庙组气藏的数字化建设为例进行介绍，该井建有完善的信息化、物联网基础设施，应用智能巡检机器人、增强现实智能眼镜、主动安防等先进的智能化技术，提高了现场感知、巡检维护、安全预警等核心管控能力，实现了单井的完全无人值守。智能巡检机器人定时自动巡检，替代了80%以上的人工巡检工作量，将一线员工从简单、重复的工作中解放出来，进一步降低了用工成本。通过数字化手段，龙王庙调控中心可以将单井、集气站、集输管网、净化厂、供电以及厂外供水装置的实时画面进行集中显示和监控。当集输系统或净化厂发生生产异常、触发连锁条件等紧急情况时，系统将自动进行关井、停车、放空操作，一键实现全气藏停产，确保油气田及周边居民的安全。另外，西南油气田部署了一批远程作业支持中心，上线了健康、安全和环境管理体系远程监督系统，大量应用管道光纤预警、机器人、无人机等新技术，实现了现场安全状态在线感知、环境危害在线探测、风险作业在线监控，有效保障了生产经营安全可控。图8-28所示为智能制造技术在油气田领域中的部分应用。

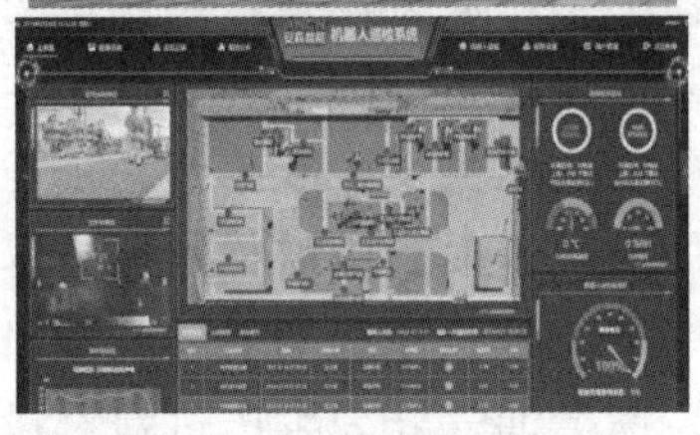

a) ACR防爆巡检机器人及机器人巡检系统平台

b) 气井一体化物联网

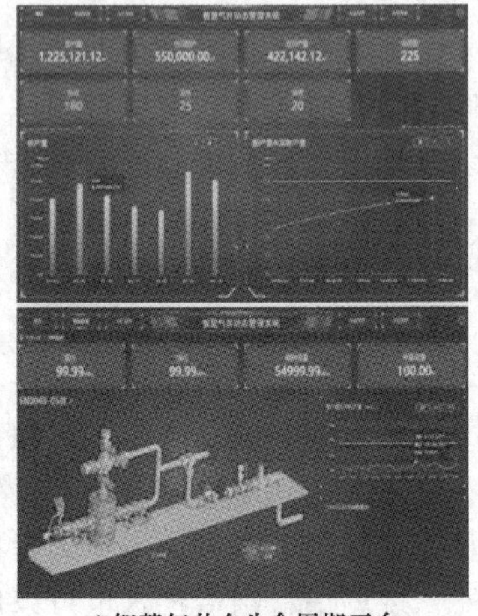

c) 智慧气井全生命周期平台

图8-28　智能制造技术在油气田领域中的部分应用

玉门油田的LTE230无线宽带通信，是基于LTE核心技术的，其采用全IP网络架构设计，结合了230MHz频段特点，具有低成本、广覆盖、容量大的特点。使用LTE230系统进行蜂窝覆盖，既满足了玉门油田的地形特殊、生产工作现场分散和重点区域视频监控等业务需求，又大幅降低了单位面积的设备投入量，同时也降低了诸如塔架、机房等大宗配套设施的投入。新系统以实现油田自动化信息建设为目的，采用分布式采集、集中监控的系统架构，为开采到输送过程的集中管理提供新的技术平台，能为油田的信息化、数字化提供管理平台。生产数据自动采集包括油气水井、计量间、油气处理站库及相关集输管网的数据采集，通过在井场、站库等现场安装变送器、传感器等数据自动采集装置，实时采集各项生产数据，再通过控制器对数据进行存储、处理、读取，为生产运行管理系统、生产指挥系统、管理决策系统等提供及时、准确的数据支撑，达到及时了解生产运行动态、辅助管理决策的目的。

壳牌公司在马来西亚婆罗洲（Borneo）海面实施的SF30油田，是基于测试结果和地上地下数据的，建立了数学模型，可对举升效率进行实时、持续的优化，同时可预测其生产状况。这一技术目前实现了每1~5min进行一次调整，极大程度上提高了举升效率。另外，壳牌公司利用大数据技术对生产进行预防性维护，通过无线传输技术和相应的集中控制装置形成的数字化生产设备物联网，自动监测温度、振动等设备运行状态数据，并通过网络将运行状态数据传送到岸上数据中心，经大数据分析预处理后，自动提供分析预测支持。专家根据设备具体情况，制定并优化相应的维护策略和行动方案。岸上远程控制中心根据专家制定的设备维护策略和行动方案，调度安排相关人员对设备进行维护。该方案在实施后，可有效避免生产损失和非计划停工，可提升设备资产安全性和合规性，减少生产损失，提高生产效益。

中石油集团川庆钻探工程有限公司与电子科技大学联合探索人工智能、大数据等新兴信息技术在试油测试中的应用场景，力求解决生产作业中安全监测难题，研究人员采用人工智能、深度学习技术，实时对摄像头拍摄的视频图像序列进行定位、识别和跟踪，并在此基础上分析和判断目标的行为，形成了图像智能识别安全控制技术，进而实现了现场安全风险主动预警。2019年，大庆某油田采油厂注水泵润滑油站开展了润滑在线智能监测系统项目。该在线智能监测系统主要监测油品在40℃下的运动黏度、温度、密度、水分和污染度，通过油液在线监测软件，可实现计算机对检测项目的远程实时监控。

2019年12月26日，中国首个海洋油气生产装备智能制造基地在天津港保税区正式开工建设。该基地按照“统筹规划、分步实施”的建设思路，先期完成三条自动化海工（海洋工程）生产线、一个智能立体仓库的建设，实现板材切割下料、单层甲板片及工艺管线车间预制、中小件物料存储等生产环节的自动化升级，并以点带面逐步推动全生产链条的智能化落地。未来，该基地将按照“保障北方能源基地，辐射东亚、北亚地区”的区域定位，重点发展油气生产平台及上部模块、卸载船模块、液化天然气模块等高端海工产品，并逐步成为集海洋工程产品智能制造、油气田运维智慧保障以及海工技术原始创新研发平台等功能为一体的综合性基地。

增材制造技术和智能制造技术在油气田领域有着巨大的应用发展潜力，可集生产制造、测试监控、产品运作于一体，实现装备智能化、生产智能化、产品智能化、管理智能化和服务智能化，上述智能化是未来油气田领域的重要发展方向。

思考题

1. 什么是增材制造？它与其他传统制造方法相比有什么特点？
2. 增材制造的主要技术分类有哪些？
3. 增材制造给生活带来的积极影响有哪些？
4. 谈谈你对新增材制造技术的了解以及增材制造技术的未来发展趋势。
5. 智能制造对我国制造业的意义是什么？
6. 请尝试列举智能制造的几个关键技术。
7. 智能制造新技术有哪些，请举例说明？
8. 云计算技术最大的优势是什么？
9. 物联网技术和人工智能技术的特点是什么？
10. 增材制造技术对油气田领域的发展有什么作用？
11. 智能制造技术对油气田领域的发展有什么作用？
12. 根据对油气田领域中增材制造技术和智能制造技术的了解，简述你对它们在油气田领域中应用的看法。

参考文献

[1] 李琼砚，路敦民，程朋乐．智能制造概论［M］．北京：机械工业出版社，2021.
[2] 王晓艳，郭顺林，陈鹏．3D 打印技术［M］．哈尔滨：哈尔滨工程大学出版社，2021.
[3] 吴超群，孙群．增材制造技术［M］．北京：机械工业出版社，2020.
[4] 范君艳，樊江玲．智能制造技术概论［M］．2 版．武汉：华中科技大学出版社，2022.
[5] 郑维明，李志，仰磊，等．智能制造数字化增材制造［M］．北京：机械工业出版社，2021.

中国创造：外骨骼机器人

载人航天精神

第9章 表面改性技术

9.1 引　　言

零部件的疲劳、腐蚀和磨损性能直接影响着其服役的安全性、可靠性和耐久性，这对石油化工、航空航天、核电、高铁等行业至关重要。表面改性技术与工艺作为改善表面完整性的关键措施，是提高材料和零部件使用性能的核心和关键。表面工程是经表面预处理后，通过表面涂敷、表面改性或多种表面技术复合处理，改变固体金属表面或非金属表面的形态、化学成分、组织结构和应力状况，以获得所需表面性能的系统工程。表面工程技术包括表面改性、表面处理、表面涂敷、复合表面技术及纳米表面工程技术等。

表面改性是指通过改变基体材料成分，达到改善性能的目的，不附加膜层；表面处理是指不改变基体材料表面成分，只改变基体材料的组织结构及应力，达到改善性能的目的，不附加膜层；表面涂敷是指在基体材料表面制备涂敷层，涂敷层的材料成分、组织、应力按照需要制备；复合表面技术是指综合应用多种表面工程技术，通过发挥各表面工程技术的协同效应达到改善表面性能的目的；纳米表面工程技术是指以传统表面工程技术为基础，通过引入纳米材料、纳米技术达到进一步提升表面性能的目的。

表面改性技术包括化学热处理和离子渗入等。转化膜技术是取材于基体中的化学成分形成新的表面膜层，可归入表面改性技术。表面改性技术的分类如图 9-1 所示。

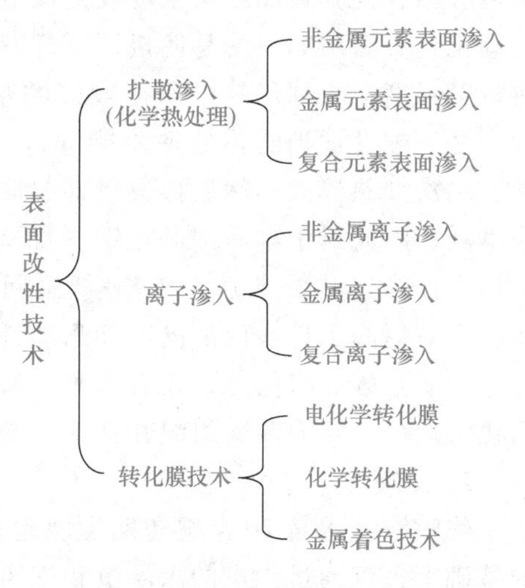

图 9-1　表面改性技术的分类

9.2 常用的表面改性方法

表面改性技术是指在保障基体材料化学组分基本保持不变或仅有较小改变的前提下，通过采用单一或复合技术手段以直接或间接的方式来提高零部件表面物理化学性能的一种技术。常用的金属材料表面改性技术主要有：化学热处理、热喷涂、气相沉积、溶胶-凝胶法、激光表面处理、氧化法等。

1. 化学热处理

化学热处理是将零部件置于特殊的环境介质当中，并通过引入激活条件使得零部件与介质发生反应，形成具有特定性能的表面改性层，从而达到强化零部件表层的目的。经过化学热处理后，零部件表面通常会形成与内部化学成分和组织性能不同的强化层。目前，具有代表性的化学热处理技术是渗氮、渗碳及碳氮共渗等。

渗氮是常用的化学热处理方法之一，该方法将 NH_3 在550℃左右加热分解产生活性氮原子，氮原子被金属表面吸收，并进一步向内层扩散而形成具有一定厚度的渗氮层。渗氮一般安排在工件制备的后期（精加工之前），且渗氮后无须再进行其他热处理，该法主要依靠渗氮后渗氮层中的氮化物的弥散强化方式进行强化。渗氮法能够有效提高金属及合金表面的硬度，如通过渗氮法可以在钛合金表面得到 TiN 薄膜，其熔点高、硬度高，具有优异的耐热、耐磨、耐蚀性能。赵斌等利用石英管炉对钛合金进行渗氮，渗氮结果表明钛合金耐磨性得到了明显提高，比未渗氮试样提高将近两倍。有研究者对钛合金表面进行激光气体渗氮，膜层的硬度和耐磨性均显著提高。但是，常规的气体渗氮工艺时间长，可达 50h 以上，而且氮原子在金属内难于向内层扩散，因此渗氮层厚度很薄（有的仅为 4μm），存在明显的界面。为了有效克服气体渗氮存在的缺点与不足，可以考虑采用离子渗氮，其硬化层深度可达 60~70μm，硬度梯度平缓，表面硬度可达 1100~1200HV，心部硬度约为 300~320HV，且硬化层与基体结合良好。

渗碳是利用甲烷、煤油等作为渗剂，在一定的温度下分解出活性碳原子，使碳原子渗入钢件表面，使其表面的碳浓度发生改变，从而获得具有一定表面碳含量和一定浓度梯度的热处理工艺。渗碳的目的是使机器零件获得较高的表面硬度、耐磨性及高的接触疲劳强度和弯曲疲劳强度，心部仍然可保持较好的塑性和韧性。渗碳处理后只是改变了工件表面的碳含量，必须配合适当的热处理才能进行强化。渗碳后可以采用缓冷后直接淬火、一次加热淬火、二次加热淬火，然后再进行低温回火的热处理方法。由于一次加热淬火和二次加热淬火成本高，因此对于本质细晶粒钢（如 20CrMnTi）可采用渗碳缓冷后直接进行淬火。渗碳后工件表面为过共析成分，淬火+低温回火后的组织为回火片状马氏体+残留奥氏体+碳化物，能够有效提高工件表面的硬度和耐磨性。渗碳主要是利用相变进行强化的。

除了渗碳、渗氮外，还有渗硼、渗铝等方法，所有这些化学热处理方法均能改变工件表面化学成分，从而改变组织和性能，能有效提升工件表面的综合性能。

2. 热喷涂

热喷涂技术是 20 世纪初期发展起来的表面强化技术，其特点是在不改变主体材料成分的基础上，仅通过少量的涂层沉积即可有效改善基体材料的性能，甚至能根据材料使用环境的苛刻要求增加一些新性能。热喷涂是指将涂层材料加热熔化，用高速气流将其雾化成极细的颗粒，并以很高的速度喷射到工件表面，形成涂层的方法。工程上可以根据需要选用不同的涂层材料，获得耐磨损、耐腐蚀、抗氧化、耐热等方面的一种或多种综合性能。目前，热喷涂是传统表面改性技术中较为成熟的方法之一，其具体工艺主要包括：电弧喷涂、火焰喷涂、超音速火焰喷涂和等离子喷涂等。

热喷涂的主要特点有：①基体材料不受限制，可以是金属和非金属，可以在各种基体材料上喷涂；②可喷涂的涂层材料极为广泛，可用来喷涂几乎所有的固体工程材料，如硬质合金、陶瓷、金属、石墨等；③喷涂过程中基体材料温升小，不产生应力和变形；④操作工艺

灵活方便，不受工件形状限制，施工方便；⑤涂层厚度可以从 0.01 毫米至几毫米；⑥涂层性能多种多样，可以形成耐磨、耐蚀、隔热、抗氧化、绝缘、导电、防辐射等具有多种特殊功能的涂层；⑦适应性强、经济效益好。

等离子喷涂可利用等离子弧将涂层材料加热至熔化或高塑性状态，然后将涂层材料高速喷射铺展到提前预处理后的工件表面，以形成牢固的涂层。与其他热喷涂技术相比，等离子喷涂优势明显、特点突出：

1）选材及适用范围广泛。等离子喷涂凭借自身独特的热源系统，几乎能加热并离子化现存所有材料，因此涂层材料不再受限。这一特性在航空航天领域的热障涂层制备尤其重要，是其他热喷涂方法无可比拟的。

2）自动化程度高。等离子喷涂在过程控制和涂层优化方面有着绝对的优势，可按条件需求设计涂层厚度，定向定点喷涂出符合预设要求的高性能涂层。

3）涂层质量好。等离子喷涂电弧加热系统能在涂层材料处理阶段使材料得到充分的熔化或强塑化，这样喷涂到工件表面的是组织分散均匀的材料，得到的涂层结合好，性能也更高。

除此之外，等离子喷涂还具有高效、环保、对基材影响小等特点。同其他热喷涂一样，等离子喷涂的涂层不可避免地会有少许孔隙存在，影响涂层与基材或涂层之间的结合，使工件的性能下降。影响等离子喷涂的参数很多，如喷枪功率、喷涂距离、等离子气体类型等，选择合适的工艺参数是取得高质量涂层的关键保障。等离子喷涂技术原理如图 9-2 所示。

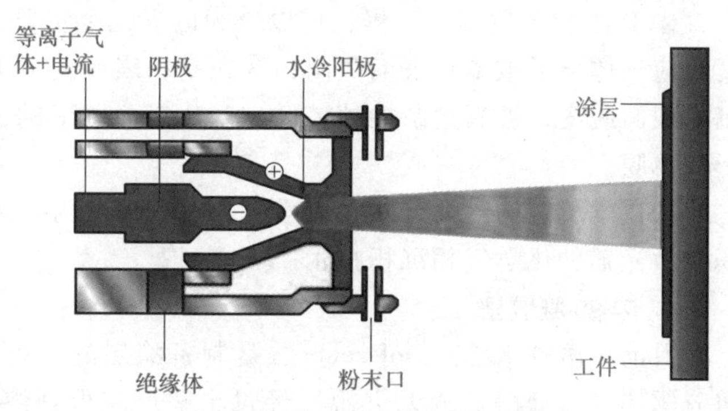

图 9-2　等离子喷涂技术原理

3. 气相沉积

气相沉积技术是一种在基体上形成一层功能膜的技术，它是利用气相中发生的物理化学过程，在各种材料或制品表面沉积单层或多层薄膜，从而使材料或制品获得所需的各种优异性能。气相沉积技术一般可分为两大类：物理气相沉积（physical vapor deposition，PVD）和化学气相沉积（chemical vapor deposition，CVD）。

（1）物理气相沉积　物理气相沉积（PVD）是真空蒸镀、溅射镀膜等物理方法的总称，其原理是在真空条件下，利用各种物理方法，将镀料气化成原子、分子或使其离子化为离子，直接沉积到基体表面。物理气相沉积利用热蒸发或载能束轰击靶材等方式产生气体镀料，然后在真空中向待镀基片输送，最后气相镀料沉积在基片上形成镀层。PVD 法已广泛用于机械、航空、电子、轻工和光学等领域，用来制备耐磨、耐蚀、耐热、导电、磁性、光学、装饰、润滑、压电和超导等各种镀层。随着 PVD 设备的不断大型化和连续化发展，它的应用范围和可镀工件尺寸不断扩大，已成为国内外近 20 年来争相发展和采用的先进技术之一。

1）真空蒸镀。真空蒸镀是制备薄膜的一种常用工艺，在工业上应用较多。通常采用电阻加热、电子束加热、电弧加热及激光加热等加热方法，在真空度为 $10^{-5} \sim 10^{-4}$ Torr

（1Torr≈133.322Pa）的真空室内使金属或合金蒸发和升华，由固态变为气态（原子、分子或原子团），蒸发的气态粒子通过基本上没有碰撞的直线方式从蒸发源传输到基片上，并在基片上沉积成膜。对膜层与基体结合强度要求不高的导电材料、介质材料、磁性材料和半导体材料等，可以通过真空蒸镀工艺制备。

2）溅射镀膜。溅射镀膜是指在真空室中，利用离子轰击靶材表面，使其原子获得足够的能量而溅出进入气相，然后在工件表面沉积的过程，离子主要通过辉光放电产生。溅射镀膜方式主要包括直流溅射、磁控溅射、射频溅射等。磁控溅射是在阴极靶面上建立一个环状磁靶（电场与磁场正交），溅射产生的二次电子在阴极位降区被加速后，不是直接飞向阳极，而是在正交电磁场作用下来回振荡，沿着环状磁场做摆线运动，并不断与气体分子碰撞，把能量传递给气体分子，使之电离，而电子则失去能量，变为低能电子，最终漂移到阴极附近的辅助阳极后被吸收。

由于二次电子在靠近靶的封闭等离子体中做循环运动，路程足够长，每个电子使气体原子电离的机会增加，因此气体离化率大大增加，磁控溅射薄膜生长速率比其他溅射方式高。

（2）化学气相沉积　化学气相沉积（CVD）是把含有构成薄膜元素的一种或几种化合物、单质气体，借助气相作用或在基体表面上的化学反应，在基体上制得金属或化合物薄膜的方法，主要包括常压化学气相沉积、低压化学气相沉积和兼有 CVD 和 PVD 两者特点的等离子化学气相沉积等。

CVD 法制备薄膜的过程，可以分为以下几个主要的阶段：①反应气体扩散至工件表面；②反应气体分子被基材表面吸附；③在基材表面发生化学反应；④反应生成的气相副产物由基片表面脱离，被真空泵抽掉；⑤在基片表面留下的固体反应产物在基片表面扩散、形核，形成薄膜。

按化学反应的激活方式，化学气相沉积可分为：热化学气相沉积、等离子体化学气相沉积和激光辅助化学气相沉积技术。

4. 溶胶-凝胶法

目前，溶胶-凝胶（sol-gel）法是制备涂层的一种较为简单而且有效的方法，该方法是将先驱体（金属醇盐或无机盐）经过水解反应得到溶胶，然后使溶质聚合凝胶化，再将凝胶干燥、焙烧后得到无机材料。溶胶-凝胶法设备简单，可以大面积成膜，涂层的化学成分容易控制，可以实现分子水平上的设计和剪裁，是制备抗高温氧化材料和生物材料的重要方法。在钛及其合金表面利用 sol-gel 法制备改性涂层的研究已经开展了很多。例如，在医用 NiTi 合金表面利用 sol-gel 法制备了 TiO_2 薄膜，提高了医用金属材料在模拟体液中的耐蚀性；在 TC4 合金表面利用 sol-gel 法制备了 Al_2O_3 涂层和 SiO_2 涂层，膜层厚度为 0.8μm 左右的 Al_2O_3 涂层对合金的高温防护性能最佳，Al_2O_3 涂层降低了合金的氧化速率，SiO_2 涂层为非晶态，其耐高温性能比 Al_2O_3 涂层更好。

5. 激光表面处理

激光表面处理是在高能量密度的激光束作用下诱发材料表面产生化学或物理变化，以此进行表面改性的方法。这种处理方法可以在保留工件原有性能的基础上同时使其表面性能满足使用要求，节省了材料和后续加工成本。研究人员在激光参数对模拟体液中 Ti6Al4V（TC4）钛合金上羟基磷灰石沉淀的影响研究中发现，在所有经激光处理的样品中检测到的平均表面粗糙度值为 0.19~0.81μm。超短脉冲组（20Hz 和 5W）的表面粗糙度值和 Ca 沉淀

量最高，样品表面的激光处理由于表面粗糙度值的增加而大大增加了羟基磷灰石的沉淀。研究人员通过激光喷丸技术，以改善激光沉积制备的Ti6Al4V合金的表面特性，发现在激光喷丸处理后，合金孔隙率大大降低，获得了良好的硬度，但残余应力增加。还有研究人员发现，通过电位动力学极化试验评估经激光处理的Ti6Al4V钛合金，发现其在pH 5.20的模拟体液中显示出更高的耐蚀性。

6. 氧化法

部分金属（如铝）在空气中或在特定环境中会发生氧化反应，在基体金属表面生成一层氧化物，起到隔绝氧气或腐蚀介质的作用，能提升金属材料的耐蚀性和抗高温氧化性能。钛在空气中可以自发氧化形成厚度为0.5~7nm，比较致密的氧化膜，经热氧化处理后膜层厚度可达20~30μm，生长过程主要包括氧元素的吸收、扩散，氧化膜的形成、生长以及膜层增厚等过程。金属高温氧化膜的形成如图9-3所示。

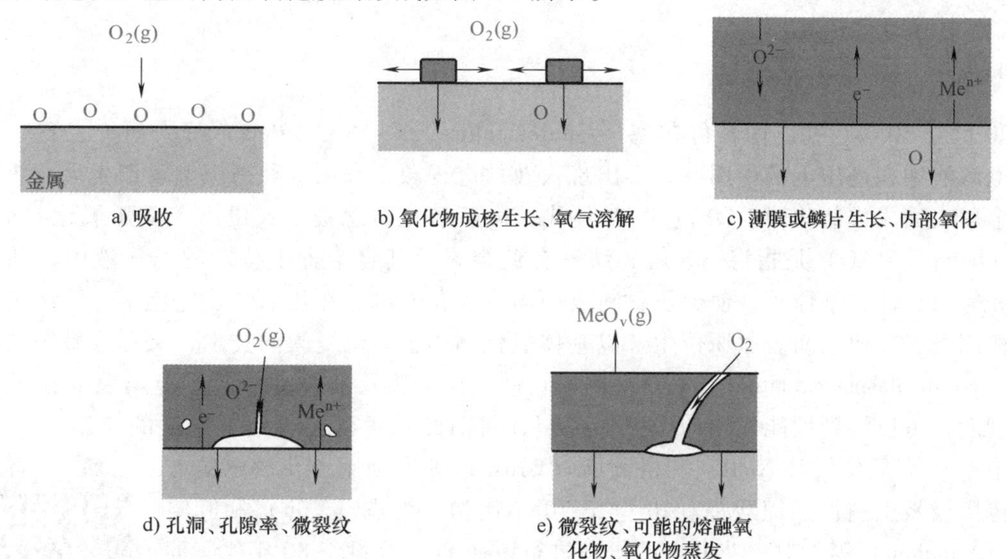

图9-3 金属高温氧化膜的形成

钛合金热氧化法的工艺参数主要包括氧化温度、氧化时间、钛合金成分、氧化气氛及冷却方式等，其中，氧化温度和时间是最重要的两个参数。一般来说，氧化温度越高、氧化时间越长，氧化层的厚度就越大，硬度就越高，其他因素对氧化层也有明显影响。国内外钛合金氧化处理工艺参数及性能见表9-1。研究表明，钛合金经合适的工艺氧化后，可以明显提高其耐磨和耐蚀性能。热氧化法具有工艺简单、原位生长、性价比高、厚度较大等优点，但能耗大、工时长、氧化层不均匀，导致普通的氧化方法在实际生产中并不常用。在此基础上，利用高电压的阳极氧化法可以在钛合金表面得到金红石和锐钛矿型的TiO_2薄膜，处理后的合金具有很好的耐磨和耐腐蚀性能，该方法是微弧氧化技术的前身和雏形。

表9-1 国内外钛合金氧化处理工艺参数及性能

钛合金种类	氧化温度/℃	氧化时间/h	最佳温度/℃	最佳时间/h	膜层厚度/μm	膜层硬度
TA2	600~900	0.5~5	850	5	140	750HV
	500~800	8、16、24、48	650	48	19	$(679\pm43)HV_{0.2}$
	700~900	1~4	800	1	25	$1050HV_{0.1}$
	500~800	4	800	4	—	750HV

（续）

钛合金种类	氧化温度/℃	氧化时间/h	最佳温度/℃	最佳时间/h	膜层厚度/μm	膜层硬度
Ti6Al4V(TC4)	500~800	1	600	1	3	500HV
	400~600	25~60	600	36	—	900HV
	700~900	1	700	1	5	894HV
	600~800	1/3	800	1/3	33	1100HV
	600~800	2~8	700	4	—	$(742±27)HV_{0.5}$
	600~800	0.5~72	600	60	9	$1300HV_{0.01}$
	350~850	1、2	600	2	4.5	$550HV_{0.025}$
	600~750	12、24、36	700	24	—	898HV

9.3 微弧氧化

9.3.1 微弧氧化概述

20 世纪 30 年代初，冈特舒尔塞（Gunterschulse）和欠茨（Betz）等人研究发现，金属浸在电解液中在高压电场作用下，会出现火花放电现象，利用这种高压电场产生火花放电可以在金属表面生成氧化膜。20 世纪 50 年代，微弧氧化概念被正式提出。微弧氧化（micro-arc oxidation，MAO）是指将铝、镁、钛等有色金属及其合金置于特定的电解液中，利用电化学和等离子体化学原理，使金属材料表面出现火花放电，在热力学、电化学、等离子体的共同作用下，在原金属表面原位生长以基体氧化物为主的陶瓷膜的技术，又称为微等离子体氧化（micro plasma oxidation，MPO）技术。钛、镁、铝及其合金等阀型金属表面经微弧氧化处理后，可以得到性能优异的微弧氧化层，目前此技术已经得到了广泛的应用。20 世纪 60 年代，麦克尼尔（McNiell）和格汝斯（Gruss）等人利用火花放电的方法在镉阳极板上制得了铌酸镉。20 世纪 70 年代初，维杰（Vijh）和叶哈洛姆（Yahalom）等人对火花放电的机理进行了研究。20 世纪 80 年代，苏联的斯奈日科（Snezhko）等人和德国的库尔兹（Kurze）等人在金属表面进行了微弧氧化沉积氧化膜的大量实验。20 世纪 90 年代末，微弧氧化技术由俄罗斯进入我国，哈尔滨工业大学、北京师范大学低能核物理研究所、西安理工大学、西华大学、西南石油大学、北京航空材料研究院等高校和研究机构，在引进吸收俄罗斯技术的基础上，对微弧氧化陶瓷层的制备工艺及机理进行了大量地研究。目前，微弧氧化技术已成为钛、镁、铝及其合金等阀型金属材料进行表面改性的重要方法之一。

“两弹一星”功勋科学家：王淦昌

微弧氧化技术虽然是在阳极氧化的基础上发展而来的，但与阳极氧化有着本质的区别。微弧氧化膜层与硬质阳极氧化膜层的比较见表 9-2。

表 9-2　微弧氧化膜层与硬质阳极氧化膜层的比较

性能	微弧氧化膜层	硬质阳极氧化膜层
最大厚度/μm	200~300	50~80
硬度 HW	500~3000	300~500
孔隙率(%)	0~40	大于 40
5%盐雾试验/h	大于 1000	小于 300
柔韧性	韧性好	较脆

（续）

性能	微弧氧化膜层	硬质阳极氧化膜层
膜层均匀性	内外表面均匀	产生“尖角”缺陷
操作温度	常温	低温
处理效率	(10~30)min/50μm	(1~2)h/50μm
处理工序	除油-微弧氧化-热水封闭	除油-碱腐蚀-硬质阳极氧化-化学封闭-蜡封保存
材料适应性	较宽，除铝合金外，也能在Ti、Mg、Zr、Ta等金属及合金表面生成陶瓷膜层	较窄，主要用于铝及铝合金
膜层导热性	小于50μm时，两者无差异	

1. 微弧氧化的特点

与其他氧化方法相比，微弧氧化的阳极是待氧化工件，在高于法拉第放电区以外的微弧区产生微弧放电，在电、热以及等离子体等因素共同作用下，被氧化工件表面会发生极其复杂的物理化学反应，在高温高压作用下，金属表面原位可生长一层致密的氧化膜，该膜层与基体为冶金结合，硬度高、结合力强、耐磨性好、耐腐蚀等性能优异。

微弧氧化具有以下优点：

1）微弧氧化层在被氧化金属基体表面原位生长，结合力强。

2）膜层生长均匀。微弧氧化放电总是发生在薄弱区和缺陷区，这些区域放电后其厚度增加，氧化层比较均匀。

3）样品前处理要求不高，处理工序简单，不需要真空或低温等苛刻的实验条件。

4）与电镀工艺相比，微弧氧化工艺对环境污染很小。

5）不同结构和性能的微弧氧化层可通过改变电参数及电解液成分来实现。

6）适用范围较广，除了常见的铝、镁、钛及其合金可以进行微弧氧化处理外，也可对锆、钽、铌等金属及其合金进行处理，还可对钢铁材料进行表面热浸铝后进行微弧氧化处理。

7）工件形状没有特殊要求，可以是板状、棒状，也可以是管状，可进行局部微弧氧化或者大面积微弧氧化，实现对问题工件进行修复处理，从而降低生产成本。

当然，微弧氧化也有缺点：①微弧氧化是在高电压下进行，因此耗能较多；②微弧氧化层为多孔状，在某种程度上会削弱其耐蚀性，必要时可进行封孔处理；③微弧氧化目前还不能直接对钢铁材料进行处理，应用领域有待进一步扩大。

2. 微弧氧化的机理

目前，微弧氧化技术已经在军工、航空航天、船舶制造及生物医学等领域得到了较为广泛地应用，但至今仍没有一个完美的理论模型来解释整个微弧氧化膜的形成过程。微弧氧化机理的研究对促进人们对该项技术的深入理解及其在工业上的应用具有非常重要的意义。

微弧氧化是发生在阳极工件表面的极其复杂的热力学、电化学、等离子体的相互作用，过程非常复杂，瞬间温度可达1800℃以上，熔融的金属液体随后会快速凝固，起弧点在不断移动，整个过程存在高温高压，而且持续的时间很短，因此对过程的跟踪比较困难，有些理论还只是假设和推测，很难用仪器测试进行验证。目前，大家公认的、比较合理的对微弧氧化过程的解释有以下一些观点。

铁梓柯（Timoshenko）等人认为微弧氧化由以下几个过程组成：①在氧化物基体中形成空间电荷；②在膜层孔洞中进行气体放电；③局部膜层被熔化；④孔洞微区内进行热扩散、

等离子体化学反应和热化学反应等极其复杂的过程。阿佩尔费尔德（Apelfeld）等人研究发现，膜层孔洞在等离子体放电过程中温度急剧升高，电解液与基体金属之间发生电化学反应，膜层向基体内侧生长。

耶罗金（Yerokhin）等人认为，在微弧氧化过程中将发生大量的电解过程，如图 9-4 所示。在阳极金属表面会产生大量的氧气形成金属氧化物，与此同时，在阴极表面会产生氢气并伴随着阳离子的减少。

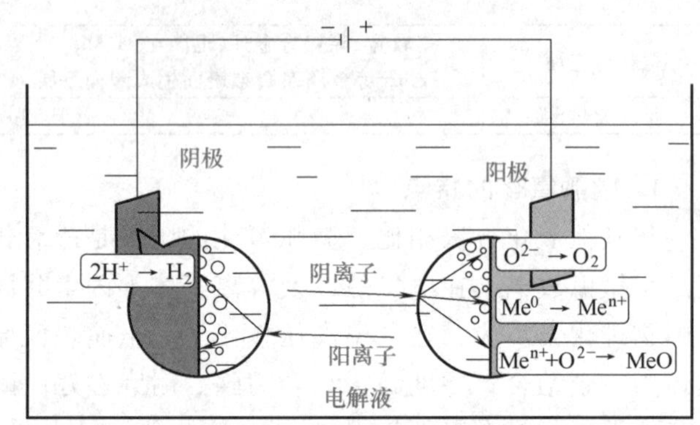

图 9-4　微弧氧化的电解过程

微弧氧化过程中阳极发生氧化反应，是整个微弧氧化过程的核心所在。在氧化初期，发生普通的阳极氧化，得到薄薄的一层氧化层，之后随着氧化电压的持续增加，将会出现电击穿和成膜两个过程，才能完成膜层生长和增厚。电子击穿理论包含了热作用机理、机械作用机理、电子雪崩机理三个阶段。

热作用机理是杨（Young）在 1956 年提出的，他认为在氧化层内存在一个临界温度，当温度超过这个临界温度时，就会出现电击穿现象。之后，叶哈洛姆（Yahalom）和扎哈维（Zahavi）等人提出了机械作用机理，认为电击穿能否发生主要由氧化膜与电解液界面的性质决定。伍德（Wood）和皮尔逊（Pearson）等人于 1967 年在研究阀型金属的电击穿现象时，发现电击穿现象能否产生主要与氧化膜的性质以及电解液的成分密切相关，提出了电子雪崩理论。该理论认为：溶液中的电子进入氧化膜后，因氧化膜中存在较大的电场强度，所以电子在电场中被加速，与其他原子发生碰撞，这些原子将会电离出新的电子，并以同样的方式去撞击更多的原子，犹如雪崩一样，由此产生越来越多的电子。电子雪崩模型如图 9-5 所示。随着电子雪崩现象的出现，电子数量迅速增多，电场强度进一步增大，破坏了氧化膜的绝缘性能，产生电击穿现象。之后，维杰（Vijh）等人在研究 Al、Mg 等阀型金属氧化时发现电子雪崩机理的活化能比电子隧道机理的活化能更低。1969 年，伊科诺皮索夫（Ikonopisov）等人在总结前人的基础上，提出了新的电子雪崩模型。1980 年，卡达里（Kadary）和克莱因（Klein）在研究 Al、Ta 的电击穿现象时提出了连续雪崩击穿模型。1984 年，阿贝拉（Albella）和蒙特罗（Montero）等在完善伊科诺皮索夫新模型的基础上，提出了电子雪崩理论中的杂质中心放电模型。此外，俄罗斯人伊科诺皮索夫首次用定量理论模型解释了微弧放电机理。

1984 年，基尔斯姆南（Kyrsmnan）等人提出了火花沉积模型。该模型认为，由于阳极表面附近电解液/气体界面使极化变得均匀，能在形状复杂的零件表面形成较为均匀的微弧氧化层。尼古拉夫（Nikolave）提出了微桥放电模型。该模型认为，微弧氧化层内存在放电通道，放电通道内要释放大量能量，在放电区域附近不能生长氧化膜，释放出的能量将导致孔底部的物质熔化和蒸发。

综上所述，虽然国内外学者都致力于微弧氧化机理的研究，但由于微弧氧化过程的特殊性和复杂性，到目前为止，还没有一种理论模型能够圆满解释所有的实验现象和微弧氧化层的形成过程。因此，我们还需继续努力，进一步探索和完善微弧氧化的机理，争取早日实现

该技术在工业上的广泛应用。

3. 微弧氧化存在的主要问题

微弧氧化技术虽然已经出现了几十年，引进国内也有二十多年的历史，国内外广大科研工作者也对其进行了大量的研究，但目前尚未进入大规模的工业应用阶段，要深入理解和掌握这项技术，早日实现工业化的广泛应用，还有很长的路要走，目前微弧氧化存在的主要问题有以下几个方面。

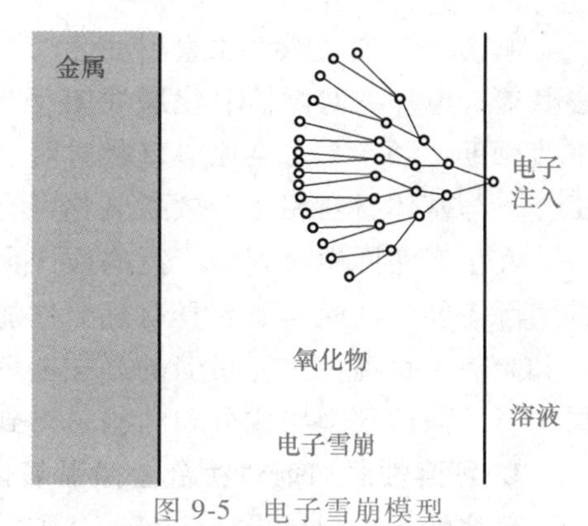

图 9-5　电子雪崩模型

1）微弧氧化的机理研究尚无定论。理论指导实践，没有系统的理论，就会制约微弧氧化技术的工业化应用，目前尚无一个完整的理论模型来解释微弧氧化的整个过程。

2）很多学者对微弧氧化工艺开展了广泛的研究，但还没有成熟的工艺用于指导生产，尤其是钛合金的微弧氧化工艺，还很不稳定。在实际生产中，电解液需要被重复使用，电解液成分的稳定会直接影响电导率和微弧氧化的成膜过程，因此电解液的稳定与否也是困扰企业和急需解决的问题。

3）微弧氧化层性能的研究主要集中于膜层本身的硬度、耐磨性和耐蚀性能研究，关于微弧氧化陶瓷层对基体性能的影响研究还比较少。

4）微弧氧化能耗大是制约该技术产业化应用的关键问题，因此需要从电解液成分和工艺参数的优化着手，开发新型的微弧氧化设备以降低能耗。

9.3.2　钛合金微弧氧化

钛是一种非常重要的金属，呈银白色，位于元素周期表中第 4 周期、第ⅣB 族，原子序数为 22，具有比钢铁材料更加优异的性能，因此被广泛应用于航空、航天、军工及核反应堆等尖端科技领域以及生物医疗等领域。钛及钛合金的优异性能主要表现在以下几个方面。①比强度高。钛的密度为 4.506g/cm^3，仅为钢密度的 58.2%，因此其比强度高，能够减轻结构重量，提高结构效率。②耐蚀性能好。与其他金属材料相比，钛及钛合金在恶劣环境中的耐蚀性能更加优异，适应性强。③钛及钛合金具有一定的耐热性，能满足一定温度范围内的高温要求。④钛及钛合金还具有可加工性、透声性、无磁性及抗裂性。⑤生物相容性能优异。比强度高、耐生理体液腐蚀、与人体的生物相容性好是钛合金突出的优势，是人工关节、牙种植体、手术器械等医疗器械的首选材料，到目前为止，钛合金材料在临床上仍然占据重要位置。

当然，钛及钛合金也具有不可避免的缺点。①硬度偏低。纯钛的硬度为 150～200HV，钛合金的硬度在 350HV 左右。②耐磨性较差。钛合金容易与对磨金属材料发生黏着磨损，当磨损频率较高时，钛合金的服役性能降低。③化学性质活泼，钛电极的标准电位约为 -1.63V，当与异种金属接触时容易发生电偶腐蚀、缝隙腐蚀、应力腐蚀和晶间腐蚀等多种形式的腐蚀。④在高温环境下，钛及钛合金很容易出现氧化及氧脆现象，从而造成失效。

钛合金属于阀型金属，可以通过微弧氧化进行表面改性，提升工件表面性能，大量科研工作者对钛合金的微弧氧化技术展开了研究。钛合金既可用于航空航天、石油化工等领域高端零部件的制备，也可用于制备生物医疗材料广泛应用于医疗领域，在很多情况下，都需要其具有较高的表面性能。

影响钛合金微弧氧化膜层性能的因素很多，主要有基体材料的粗糙度、电解液成分和电参数等。电参数对微弧氧化层性能具有较大的影响，国内外同行主要就前处理、氧化电压、电流密度、频率、占空比、氧化时间、电解液等参数对微弧氧化层性能的影响开展了大量的工作。与基体材料相比，微弧氧化可有效提高膜层硬度、耐磨性、耐蚀性能以及生物相容性等，在生产实际中得到了广泛的应用，但是常规的微弧氧化膜层性能单一，不能满足多元化的实际需要。因此，研究具有优异性能的微弧氧化复合膜层将是今后微弧氧化领域的研究重点和趋势。目前，研究最多的是在电解液中添加可溶或不溶的添加剂，使之进入微弧氧化膜层中，从而调整膜层成分和结构，得到需要的性能。

1. 可溶性添加剂对钛合金微弧氧化的影响

可溶性添加剂是指能溶解于基础电解液中，并能在电解液中电离出自由移动离子的一大类添加剂。这类添加剂电离出的离子有的能跟基体或基础电解液发生反应，生成新的物质，从而实现对微弧氧化层的复合，或者改变微弧氧化层的颜色，获得所需性能。管靖远等人研究了在电解液中添加硫酸铜（$CuSO_4$）对 TC4 钛合金微弧氧化膜性能的影响。$CuSO_4$ 被添加到电解液中可以改变氧化膜的颜色，随着 $CuSO_4$ 含量的增加，膜层由灰色逐渐变为红褐色。当 $CuSO_4$ 质量浓度达到 0.5g/L 时，氧化膜表面均匀致密，显微硬度最高达到 627.1HV。溶液中铜离子浓度增大导致溶液的电导率增大，微弧氧化过程中放电更加剧烈，进入膜层中的铜离子增多，所以膜层颜色变深。林修洲等人研究认为，TC4 钛合金微弧氧化时添加铬酸钾（K_2CrO_4）能改变微弧氧化膜层的颜色和性能。加入 K_2CrO_4 使微弧氧化膜层由灰色转变为深黄色，膜层粗糙度和孔径均增大，结合力增强，微弧氧化膜层的脆性和内应力降低，使得膜层的耐蚀性增强。XRD（X-ray diffraction）分析表明 K_2CrO_4 参与了反应，使 Cr、K 元素进入了微弧氧化膜层中。

陈孝文研究了钨酸钠（Na_2WO_4）添加量对 TC4 钛合金微弧氧化行为和性能的影响。在电解液中添加 Na_2WO_4 后，能有效提高电解液的导电能力，使得微弧氧化过程中产生更多的热量，钛合金基体参与反应生产氧化物更多，从而使得膜层厚度增加。但随着 Na_2WO_4 含量的继续增加，溶液的导电性进一步增强，再加上膜层厚度增加后，要击穿膜层使基体参与反应的难度增大，同时，膜层在碱性电解液中会被溶解，膜层厚度略有减小。粗糙度的变化主要是因为电解液中加入 Na_2WO_4 后，导电能力显著增加，使得膜层粗糙度增大。随着 Na_2WO_4 含量的增加，沉积到膜层中的 WO_3 数量增多，而 WO_3 的硬度高，所以膜层的硬度在 Na_2WO_4 添加量为 3g/L 时最高，当 Na_2WO_4 含量继续增加时，膜层厚度减小，粗糙度增大，导致膜层的硬度略有降低。Na_2WO_4 添加量对 TC4 钛合金微弧氧化复合膜层性能（厚度、粗糙度及硬度）的影响如图 9-6 所示。

不同 Na_2WO_4 添加量对膜层微观形貌的影响如图 9-7 所示。图 9-7 中左侧为放大 500 倍下观察到的形貌，右侧为放大 4000 倍下观察到的形貌。Na_2WO_4 添加量为 0g/L 时，即在最优化条件下进行微弧氧化所得到的膜层比较光滑，膜层表面附着数量较少的细小颗粒，分布着数量较多、直径大小不等的微孔，不平整、呈现出多层状的结构，分布着少量直径较大的孔洞，如图 9-7a 所示。当在电解液中添加 1g/L 的 Na_2WO_4 时，膜层表面粗糙度增加，颗粒物直径增大，膜层表面较为均匀地分布着直径细小的微孔，直径较大的孔洞数量显著减少，之前的一些大的孔洞被一些圆形的颗粒物填充，如图 9-7b 所示。当在电解液中添加 3g/L 的 Na_2WO_4 时，膜层表面颗粒直径增大，但在膜层表面的分布更加均匀，微孔数量减少而且直

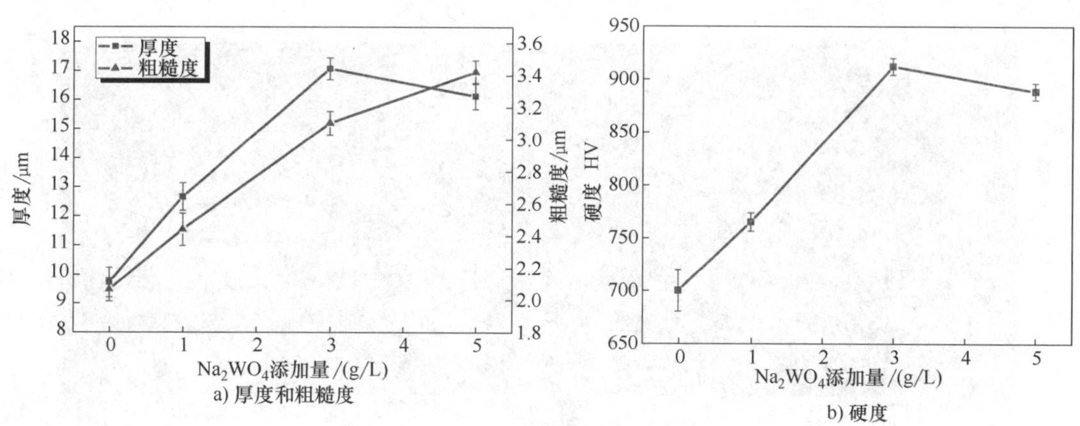

a) 厚度和粗糙度

b) 硬度

图 9-6　Na_2WO_4 添加量对 TC4 钛合金

微弧氧化复合膜层性能的影响

径非常细小，在膜层表面可以清晰地看到数量明显增加的圆形微粒，如图 9-7c 所示。当添加量增加到 5g/L 时，颗粒聚集，表面粗糙度值变大，膜层表面出现了明显的堆积物，如图 9-7d 所示。当在电解液中添加 Na_2WO_4 后，微弧氧化层的表面形貌出现以上差异的主要原因是，钨酸钠在溶液中电离出钨酸根离子后，溶液的电导率增大，在微弧氧化过程中导电能力增强，导致其粗糙度增大。

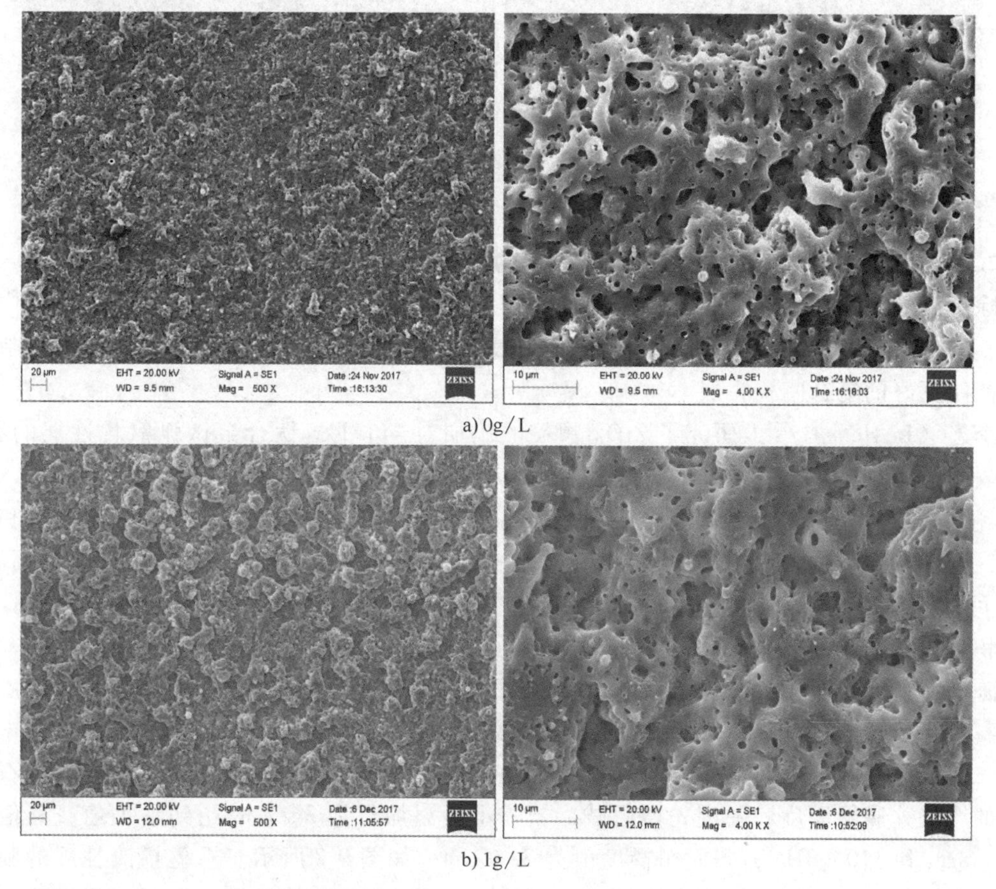
a) 0g/L

b) 1g/L

图 9-7　不同 Na_2WO_4 添加量对膜层微观形貌的影响

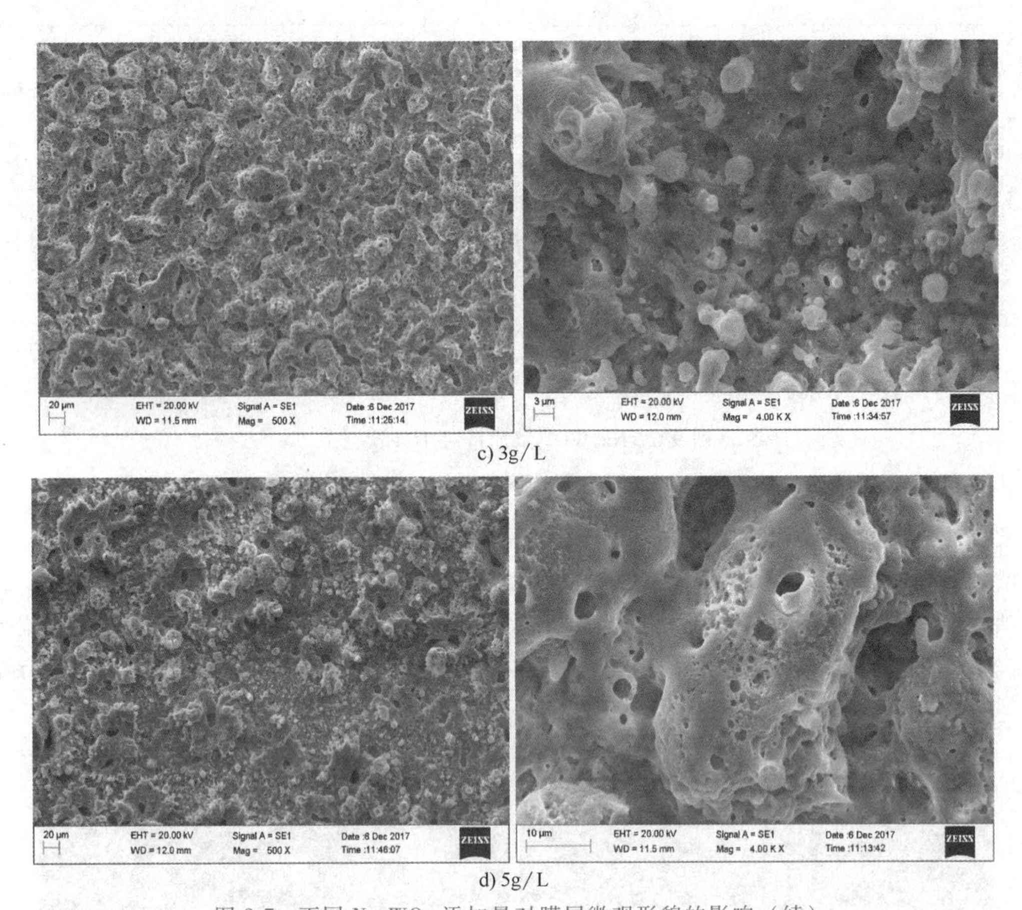

c) 3g/L

d) 5g/L

图 9-7　不同 Na_2WO_4 添加量对膜层微观形貌的影响（续）

2. 微纳米颗粒添加剂对钛合金微弧氧化的影响

除了可溶性添加剂外，还有一类添加剂加入电解液中后，不能溶解于基础电解液中，如 Al_2O_3、SiC 和石墨烯等，但是该类添加剂在微弧氧化过程中也能进入膜层中，从而制备出综合性能更好的复合陶瓷膜层。

李宏（Li Hong）等人研究了 ZrO_2 颗粒的添加对 Ti6Al4V 钛合金微弧氧化性能的影响。结果表明，添加的 ZrO_2 颗粒进入了微弧氧化膜层中，膜层的物相主要由 $ZrTiO_4$、ZrO_2、TiO_2 组成，极大地提高了微弧氧化层的耐高温氧化性能和耐磨性能。结合摩擦系数和物相分析，发现微弧氧化层中的 ZrO_2 在磨损过程中起到了颗粒强化的作用，摩擦过程中脱落的 ZrO_2 可以自动填充到膜层微孔中，起到自我修复的作用，同时增大了接触面积，减少了单位面积负荷，脱落的硬粒子可以发挥“微球”起到减小摩擦的作用。

陈孝文研究了石墨烯添加量对 TC4 钛合金微弧氧化复合膜层结构和性能的影响。研究表明石墨烯改性的微弧氧化层的表面综合性能得到明显提高。添加石墨烯后，溶液的电导率增大、起弧电压降低、起弧所需时间缩短、稳定电压增大，实验参数见表 9-3。随着石墨烯含量的增加，膜层厚度和硬度先增后减，当石墨烯添加量为 3g/L 时达到最大值，其值分别为 27.6μm 和 1104.0HV，表面粗糙度值为 3.36μm，如图 9-8 所示。石墨烯改性后的膜层表面粗糙度值增加，膜层中主要含有 Ti、O、Si、Al、P、V、C 等元素。扫描结果表明，当石

墨烯含量为 3g/L 时，由于表面相对比较平整，各元素在表面的分布比添加量为 0.5g/L 和 6g/L 时要均匀得多。XRD 分析表明，添加石墨烯后膜层主要为金红石型和锐钛矿型 TiO_2、SiC 和非晶态物质（SiO_2、磷的化合物）及少量的石墨烯。

表 9-3 实验参数

参数	添加量/(g/L)			
	0	0.5	3	6
起弧电压/V	433.9	367.8	329.1	298.3
起弧所需时间/min	1.05	0.72	0.57	0.48
稳定电压/V	479.3	493.9	507.6	497.2

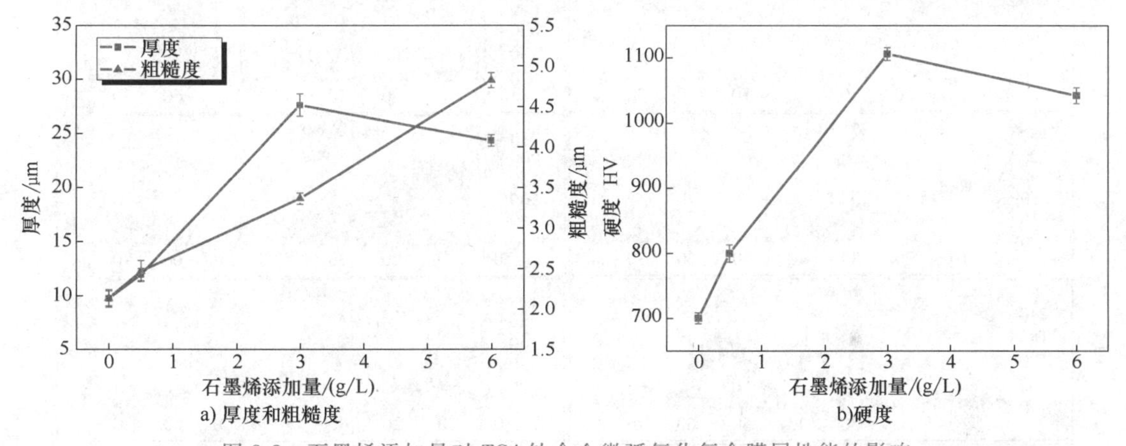

图 9-8 石墨烯添加量对 TC4 钛合金微弧氧化复合膜层性能的影响

石墨烯添加量为 3g/L 时膜层截面形貌如图 9-9 所示，其截面元素分布如图 9-10 所示。从图 9-9 中可以看出，膜层与树脂的分界面明显，膜层与基体之间结合紧密，是冶金结合，为致密层；靠近树脂一侧，结合较为疏松，为疏松层。当没有添加石墨烯时，膜层粗糙度较小，因此截面形貌上致密层较大；添加了石墨烯后，膜层粗糙度增大，疏松层有所增加，但膜层厚度和致密层厚度增大。从图 9-10 可以看出，添加石墨烯后，膜层从基体侧向树脂侧变化时，Ti、Al 和 V 等元素含量逐渐降低，O 元素含量增加，与此同时，膜层中的 Si 和 P 元素增加。这说明在微弧氧化过程中，电解液中的成分参与了微弧氧化，并且进入了膜层

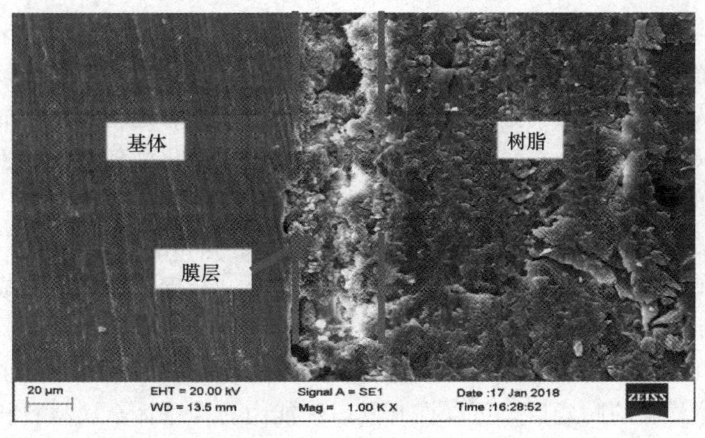

图 9-9 石墨烯添加量为 3g/L 时膜层截面形貌

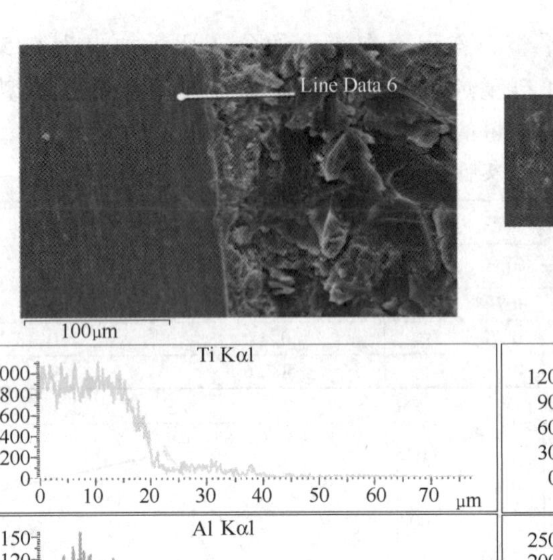

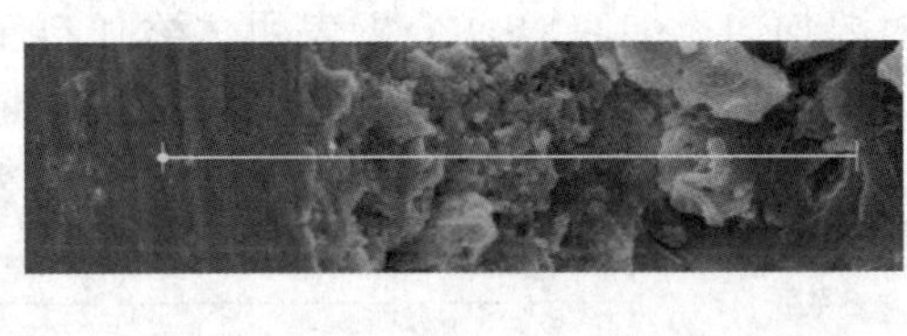

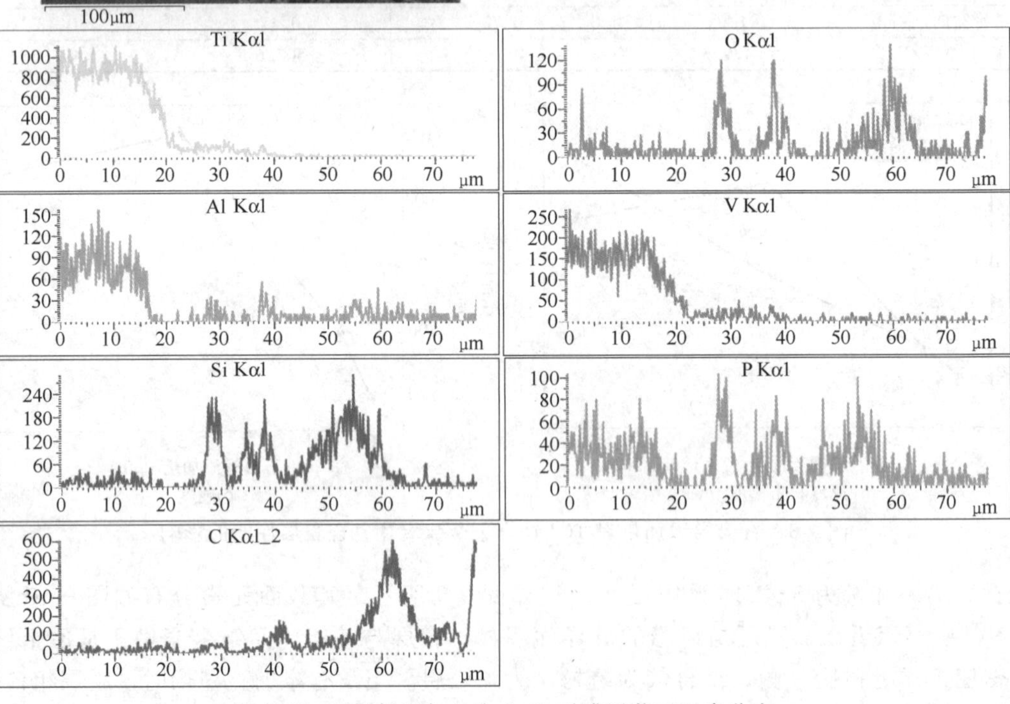

图 9-10　石墨烯添加量为 3g/L 时膜层截面元素分布

中。添加石墨烯膜层中的 C 元素也有明显增加，但在靠近树脂一侧碳含量相对要高些。

3. 钛合金微弧氧化层性能

钛合金微弧氧化后得到的膜层主要由过渡层、致密层（内层）和疏松层（外层）组成，各层的厚薄、结构及组成对微弧氧化膜层的性能将产生重要的影响，而这又主要取决于基体的化学成分、电解液成分以及氧化参数等。

微弧氧化层从基体向外分为过渡层、致密层和疏松层。靠近基体最近的是过渡层，与基体为冶金结合，膜基结合力强；一般情况下，钛合金微弧氧化处理后的致密层由大量的金红石 TiO_2 相和少量的锐钛矿 TiO_2 相组成，过渡层和疏松层由大量的锐钛矿 TiO_2 相和少量的金红石 TiO_2 相组成。电解液组成的不同会导致膜层的组成相和相的含量不一样，所以微弧氧化膜层性能存在差异。因此，我们可以根据工程需要，合理调节电解液成分及电参数，制备出能满足预期性能要求的微弧氧化膜层。

（1）微弧氧化层耐蚀性能　由于基体材料的耐蚀能力有限，因此通过微弧氧化处理得到一层不同于基体材料的陶瓷层，可以提升其耐蚀能力。与基体金属材料相比，陶瓷层的自腐蚀电位大幅度提升，能有效提高其耐蚀能力。微弧氧化微孔一般都为盲孔，耐蚀能力会受

到微孔的数量、孔径大小、膜层的厚度和成分等因素的影响，而这些因素与基体材料的类型、电解液成分、电参数等工艺参数息息相关。广大科研工作者对通过微弧氧化膜层提升耐蚀性能开展了大量的研究。

在3.5%NaCl溶液中，不同Na_2WO_4添加量对微弧氧化层动电位极化曲线的影响如图9-11所示，表9-4是对各动电位极化曲线的拟合结果，其中W0表示Na_2WO_4添加量为0g/L，W1表示Na_2WO_4添加量为1g/L，W3表示Na_2WO_4添加量为3g/L，W5表示Na_2WO_4添加量为5g/L。随着Na_2WO_4添加量的增加，氧化层的自腐蚀电位E_{corr}先增大后减小；当Na_2WO_4添加量为3g/L时，得到的微弧氧化层的自腐蚀电位E_{corr}最大为0.488V，自腐蚀电流密度I_{corr}最小为$8.08\times10^{-9}A/cm^2$，耐蚀性能最好。与钛合金基体的电位相比，经微弧氧化处理后的膜层电位有了明显增大，耐蚀性增强，Na_2WO_4改性钛合金微弧氧化层后，其耐蚀性能较未添加Na_2WO_4的微弧氧化层有了进一步提升。极化电阻R_p和腐蚀速率C_R可通过式（9-1）和式（9-2）进行计算得到。

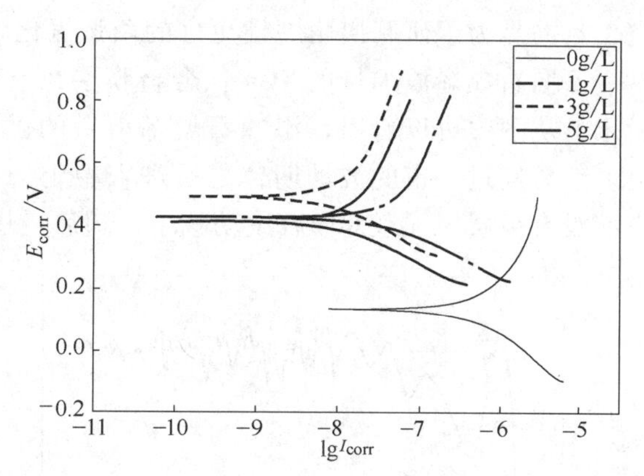

图9-11　不同Na_2WO_4添加量对微弧氧化层动电位极化曲线的影响

$$R_p=\frac{\beta_a\cdot\beta_c}{2.3I_{corr}(\beta_a+\beta_c)} \tag{9-1}$$

$$C_R=22.85I_{corr} \tag{9-2}$$

式中　β_a——阳极斜率；

β_c——阴极斜率。

表9-4　对各动电位极化曲线的拟合结果

样品	自腐蚀电流密度I_{corr}/(A/cm²)	自腐蚀电位E_{corr}/V
W0	4.34×10^{-7}	0.132
W1	2.99×10^{-8}	0.431
W3	8.08×10^{-9}	0.488
W5	1.00×10^{-8}	0.413

电化学腐蚀后的极化电阻和腐蚀速率见表9-5。由表9-5可知，与未添加Na_2WO_4的微弧氧化层（$R_p=1.9\times10^5\Omega/cm^2$，$C_R=1.16\times10^{-4}mm/a$）相比较，随着$Na_2WO_4$含量的增大，其极化电阻升高，腐蚀速率降低。在$Na_2WO_4$添加量为3g/L的氧化层中，极化电阻$R_p$最大为$0.97\times10^7\Omega/cm^2$，腐蚀速率最小为$2.15\times10^{-6}mm/a$，故其耐蚀性最好。

表9-5　电化学腐蚀后极化电阻和腐蚀速率

样品	阳极斜率 β_a/(V/dec)	阴极斜率 $-\beta_c$/(V/dec)	极化电阻 R_p/(Ω/cm²)	腐蚀速率 C_R/(mm/a)
W0	0.44261	0.33178	1.90×10^5	1.16×10^{-4}
W1	0.43351	0.32674	1.10×10^6	7.96×10^{-6}
W3	0.42262	0.31245	0.97×10^7	2.15×10^{-6}
W5	0.42785	0.32456	0.80×10^7	2.57×10^{-6}

（2）微弧氧化层摩擦磨损性能　微弧氧化膜层是陶瓷层，这是与基体金属的最大区别，因此，陶瓷具有的高硬度、耐磨性好的优点也是微弧氧化膜层的优点之一，科研工作者对此展开了深入的研究。目前研究的热点主要集中在不同条件下的摩擦磨损规律及磨损机理研究，目的是为了研制出耐磨性更好的微弧氧化膜层。

不同石墨烯添加量的 TC4 钛合金膜层在空气中的摩擦系数随时间的变化规律如图 9-12 所示。从图中可以看出，添加石墨烯前后的微弧氧化复合膜层的摩擦系数从 0 开始迅速增大，然后经过一定的波动期，之后进入稳定的摩擦磨损阶段。对于 TC4 钛合金基体，由于表面没有膜层，加载 80s 后波动减小，随后慢慢进入稳定磨损期，其摩擦系数约为 0.71。当

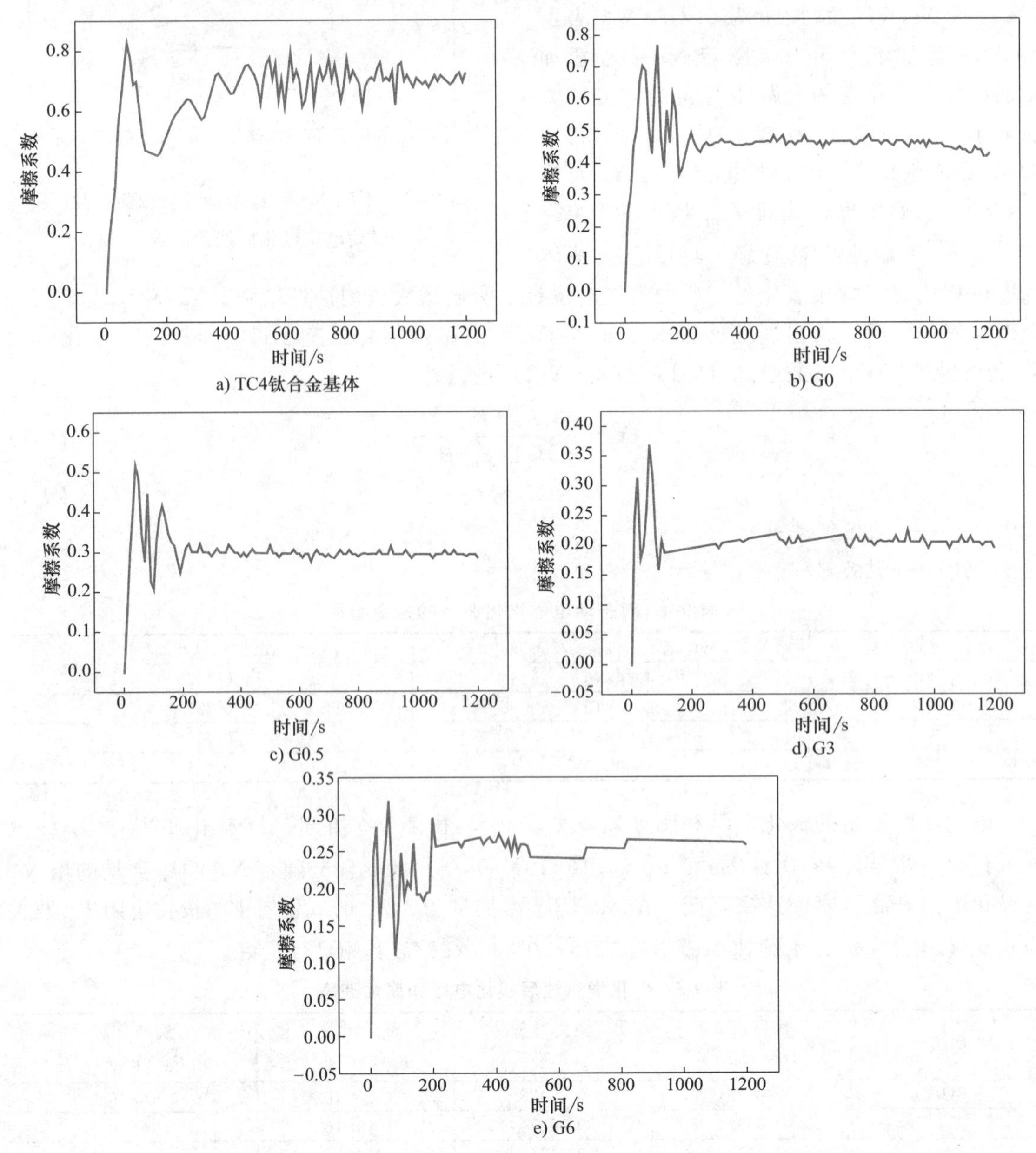

图 9-12　摩擦系数随时间的变化规律

对样品进行微弧氧化后，膜层表面粗糙度值增加，因此 G0（石墨烯添加量为 0g/L）、G0.5（石墨烯添加量为 0.5g/L）、G3（石墨烯添加量为 3g/L）、G6（石墨烯添加量为 6g/L）样品在进入稳定摩擦磨损前的波动幅度加大，波动时间变长，加载 200s 后逐渐进入稳定磨损期，其摩擦系数分别为 0.46、0.31、0.22、0.26。

不同添加量的石墨烯改性后膜层磨损后的磨痕形貌如图 9-13 所示，其中左侧图片为放大 100 倍，右侧图片为放大 1000 倍。从图 9-13a 中可以看出，TC4 钛合金基体的磨痕与其周边的分界线非常清晰，磨痕宽度约为 560μm。与图 9-13a 相比，图 9-13b～e 中磨痕的边缘比较模糊，这主要是因为微弧氧化后表层为疏松层，当施加法向载荷后，与钢球接触的区域及

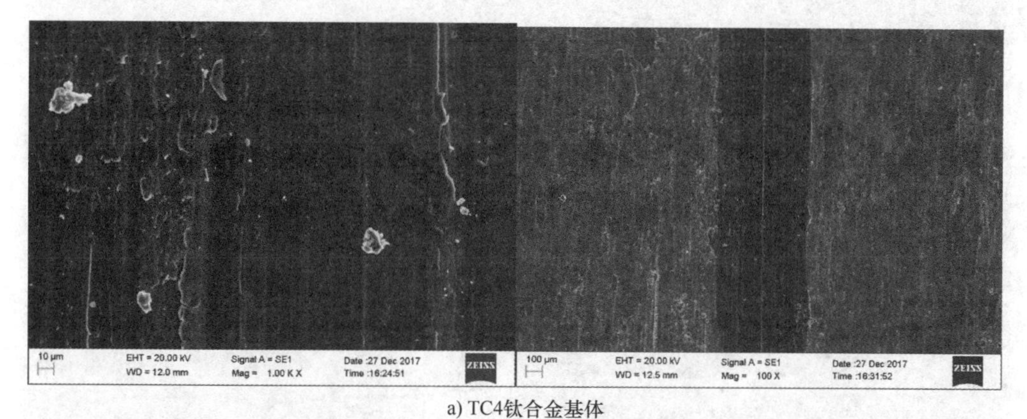

a) TC4钛合金基体

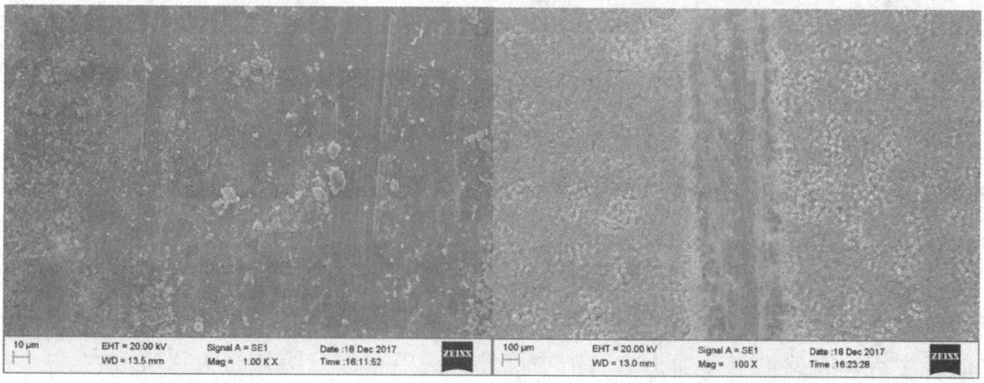

b) G0

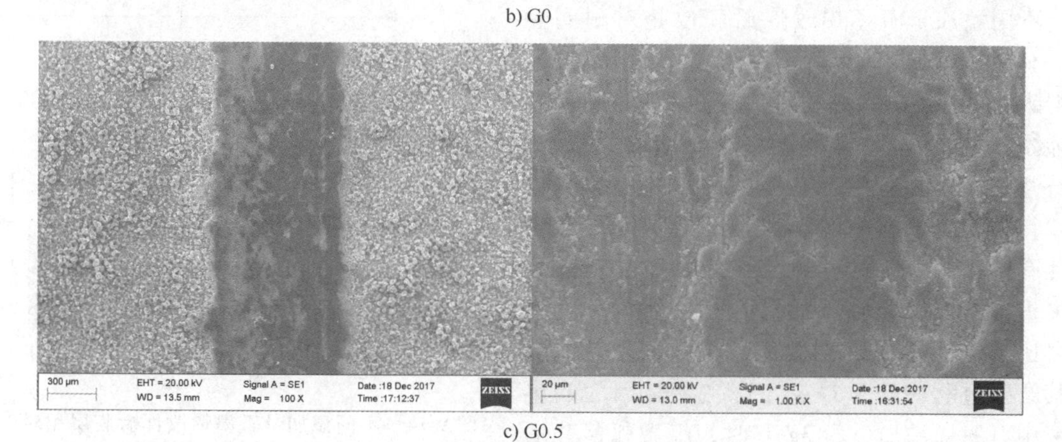

c) G0.5

图 9-13　石墨烯改性后膜层磨损后的磨痕形貌

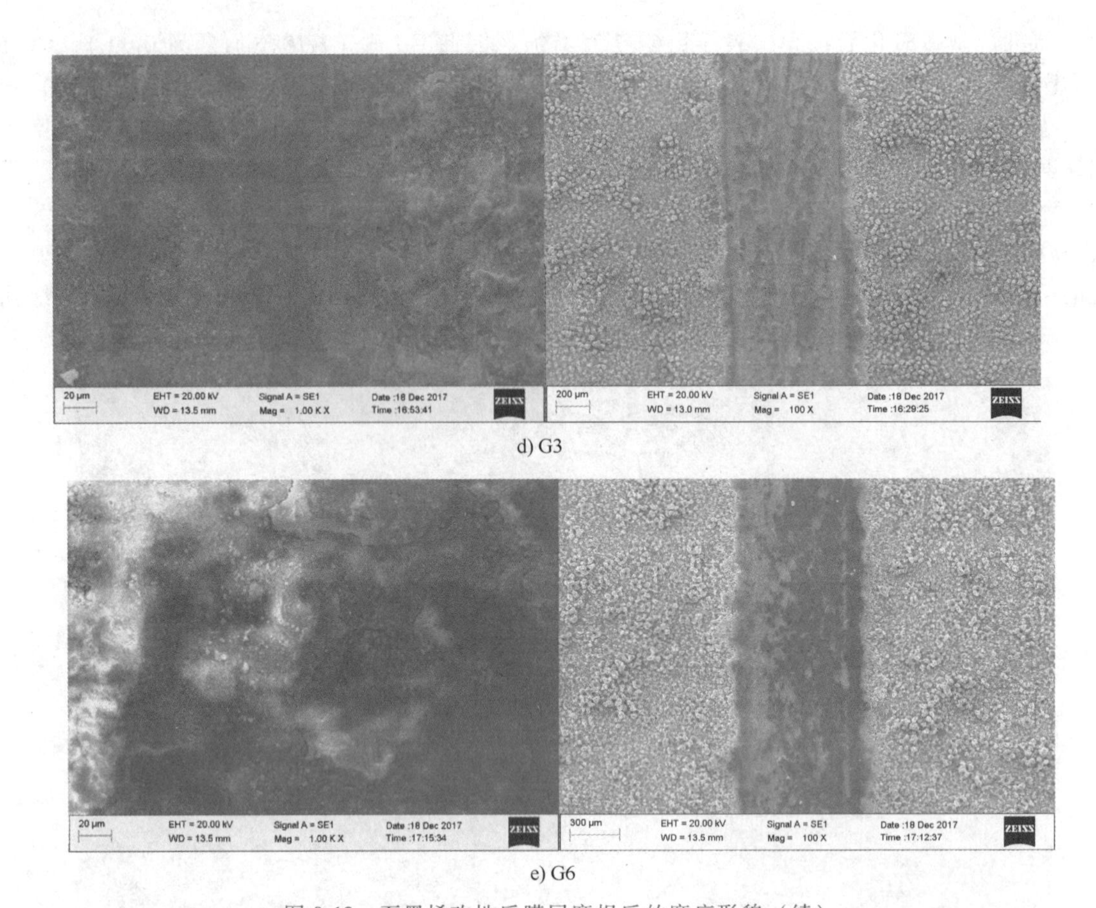

d) G3

e) G6

图 9-13 石墨烯改性后膜层磨损后的磨痕形貌（续）

其邻近的疏松层都会被破坏，所以边界比较模糊。G0、G0.5、G3、G6 的磨痕宽度分别为 500μm、720μm、685μm 和 750μm。从图 9-13a 可以看出，TC4 钛合金基体磨损后有明显的近似于平行的铧犁沟，磨痕的高点和低点相差较大，沟痕较深，从磨痕上还可以清楚地看到有大块的脱落物。从图 9-13b（G0）中可以看出有少量的铧犁沟，而图 9-13c~e 中则没有出现明显的铧犁沟，除少量非常细小的磨削物以外，磨痕里没有明显的块状脱落物。

不同添加量石墨烯改性后膜层相对耐磨性的变化规律如图 9-14 所示。从图中可以看出，TC4 钛合金基体材料的相对耐磨性为 1，随着石墨烯添加量的增加，相对耐磨性先增加后减小，当石墨烯添加量为 3g/L 时，相对耐磨性为 12.2，之后随着石墨烯添加量的增加，相对耐磨性有所降低。相对耐磨性定义为 TC4 基体磨损失重与不同石墨烯添加量的膜层磨损后的失重之比。G3 膜层的相对耐磨性最大，也就意味着其磨损过程中失重最少，这主要是因为当电解液中石墨烯添加量为 3g/L 时，经微弧氧化后得到的膜层粗糙度较小，硬度高，并且含有非

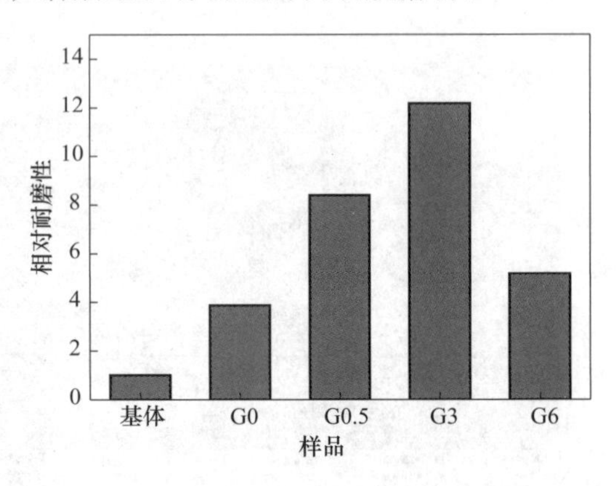

图 9-14 不同添加量石墨烯改性后膜层相对耐磨性的变化规律

晶态的 SiO_2、高硬度的 SiC 以及少量的石墨烯等，所以该膜层在磨损过程中耐磨性好，失重最少。

从石墨烯改性的微弧氧化层与 GCr15 钢球对磨后的磨痕及 EDS（energy dispersive spectrometer）分析结果可以看出，石墨烯改性的微弧氧化层的磨损以磨粒磨损为主，伴有黏着磨损。SiC 和石墨烯在膜层中的弥散程度及晶粒大小均会影响膜层的摩擦系数和磨损量。石墨烯改性微弧氧化膜层的磨损机理示意图如图 9-15 所示。

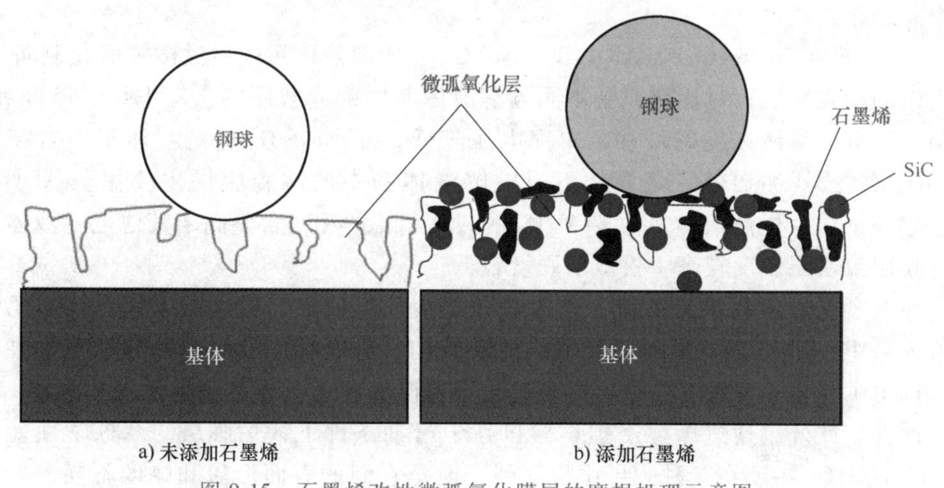

图 9-15　石墨烯改性微弧氧化膜层的磨损机理示意图

9.3.3　铝合金微弧氧化

铝是在日常生活以及装备制造中使用非常广泛的一种有色金属，铝元素在地壳中的含量排在第三，仅次于氧、硅元素的含量。铝是地壳中含量最高的金属元素，其含量大于 8%，主要以铝硅酸盐复合物的形式存在，同时还以铝土矿和氟化铝钠的形式存在。铝及其合金材料密度低、延展性好，能够加工成复杂形状的结构件，且具有高的比强度（接近甚至超过一些优质钢）。其中，7A04、7075、7055 等力学性能及可加工性能优良的铝合金在航空航天、机械制造以及海洋船舶等工业中被广泛地使用，极大地减轻了结构件的质量，减少了能源的消耗，对节能减排具有重要的意义。

铝合金微弧氧化工艺参数是影响微弧氧化膜层制备和性能优劣的关键因素。铝合金微弧氧化过程所采用的电解质溶液（电解液）的组成及性质（如 pH 值、导电性等）和微弧氧化的电源类型、电参数的设置及电解液的温度等共同决定了微弧氧化膜层的物相组成与结构特征。其中，电解液的成分及各组分含量、电参数的设置起决定性作用，各种功能以及特殊物相的膜层均可以通过调节以上参数来获得。另外，根据对微弧氧化膜层需要的不同性能，可在电解液中添加不同的微纳米颗粒或有机添加剂对陶瓷氧化膜性能进行调节。

1. 电解液对铝合金微弧氧化的影响

电解质体系的组分及其浓度是影响工艺和涂层特性的最重要的参数。电解液按 pH 值分类，可分为酸性和碱性两类，但为了保护环境，减少电解液对环境的污染，目前基本都使用碱性电解液。碱性电解液主要有偏铝酸盐体系、硅酸盐体系和磷酸盐体系等。

瓦莱里亚（Valeria）等研究了不同电解液成分的电解条件对 D16（我国国家标准：

2A12）铝合金微弧氧化膜层的生长动力学、相结构状态和硬度的影响。结果表明，电解液类型的选择可以改变 D16 铝合金表面膜层的生长动力学和相结构状态。对于所有类型的电解溶，随着 KOH、Na_2SiO_3 或 KOH+Na_2SiO_3 含量的增加，微弧氧化膜层的生长速率增加。在碱性（KOH）电解液中获得的微弧氧化膜层形成了两相（γ-Al_2O_3 和 α-Al_2O_3 相）晶态。KOH 浓度的增加导致 α-Al_2O_3 相（刚玉）的相对含量增加。在硅酸盐电解液中，随着 Na_2SiO_3 含量的增加，微弧氧化膜层的相组成从 γ-Al_2O_3 相和莫来石（$3Al_2O_3 \cdot 2SiO_2$）的混合物变为非晶相。

刘（Liu）等在 Na_2SiO_3、$NaAlO_2$ 和（$NaPO_3$）$_6$ 电解液体系中通过微弧氧化制备了 6061 铝合金表面的陶瓷膜层；对比研究了不同电解液体系中陶瓷膜层的击穿电压、厚度和硬度。结果表明，随着电解液浓度的增加，击穿电压降低，在 Na_2SiO_3 电解液体系中击穿电压最低，$NaAlO_2$ 次之，（$NaPO_3$）$_6$ 最高。不同电解液体系中的陶瓷膜层主要由 α-Al_2O_3 和 γ-Al_2O_3 组成，$NaAlO_2$ 电解液体系中 α-Al_2O_3 和 γ-Al_2O_3 的相对含量高于其他电解液体系的相对含量，膜层致密层硬度较高，松散层硬度较低。

吕（Lv）等分别在碱性铝酸盐、硅酸盐和磷酸盐溶液中，通过微弧氧化技术比较在不同电解液体系中，7075 铝合金陶瓷膜层的微观结构、力学性能、耐蚀性和摩擦学性能；采用 SEM 和 XRD 研究了陶瓷膜层的显微组织、元素和相组成；研究了合金在 3.5wt% NaCl 溶液中的耐蚀性。此外，通过摩擦磨损试验机在干滑动条件下评估膜层的摩擦学性能。发现 α-Al_2O_3 和 γ-Al_2O_3 主要在三种膜层中检测到，但是它们的表面形貌和厚度不同，导致耐蚀性和摩擦学性能不同。

2. 电参数对铝合金微弧氧化的影响

微弧氧化过程中电参数的选择好坏对金属表面微弧氧化陶瓷膜层生长的难易程度及性能的优劣有着极大的影响。在研究电参数时，不同研究人员所使用的基材性能或元素组成不同，所对应的电解质溶液的组成及含量也不同，所采用的微弧氧化电源也不相同。

阿米（Amin）等采用等离子电解氧化法，使用具有 20% 和 40% 阴极占空比的单极和双极波形，在 7075 铝合金上由硅酸盐基电解质制备 Al_2O_3 和 Al_2O_3/TiO_2 复合涂层。结果表明，使用双极波形在 40% 的较高阴极占空比下实现了更高的厚度、更低的孔隙率，从而实现了更好的腐蚀防护。采用单极波形时，在涂层中掺入 TiO_2 纳米颗粒会降低涂层的厚度，增加微裂纹并扩大涂层表面的微孔。单极波形产生的复合涂层在短时间浸泡时表现出最高的耐蚀性，但它的降解速度更快。然而，对于使用具有 40% 的较高阴极占空比的双极波形制备的复合涂层，在长期浸泡时实现了最大的腐蚀防护。

李（Li）等采用双极脉冲电源，在硅酸盐电解液中采用微弧氧化法在 2A50 铝合金上原位制备了具有高硬度的耐磨陶瓷涂层。通过将阴极电压从 0V 变为 -200V，研究了阴极电压对涂层显微组织、相结构、显微硬度和磨损性能的影响。结果表明，随着阴极电压的升高，涂层中微孔的数量和大小先减小后增大。微弧氧化可大幅度强化 2A50 铝合金，在 -100V 阴极电压下微弧氧化后，其显微硬度由 $75HV_{0.5}$ 提高到 $1321HV_{0.5}$。陶瓷涂层的摩擦系数在 0.35~0.55 范围内，且在 -100V 下获得的涂层表现出最佳的耐磨性。

朱（Zhu）等研究了不同电流密度（$5A/dm^2$、$10A/dm^2$、$15A/dm^2$）下制备的 Q235 钢微弧氧化膜层在 Pb-Bi 腐蚀液中的耐蚀性。结果表明，陶瓷膜层的致密度随着电流密度的增加而降低，与基体金属相比，在不同电流密度下制备的陶瓷膜层在 Pb-Bi 腐蚀液中均具有良

好的耐蚀性，且在 $10A/dm^2$ 的电流密度下产生的陶瓷涂层表现出最佳的耐蚀性。

3. 添加剂对铝合金微弧氧化的影响

通常在电解质中使用各种添加剂（有机或无机）来制备铝合金微弧氧化陶瓷涂层。在电解液中加入添加剂，能够促进微弧氧化膜层的生长及调整膜层的物相组成和形貌特征，对改善膜层的表面形貌，提升膜层耐蚀和耐磨性能有着重要的作用。研究表明，加入不同类型的添加剂对微弧氧化膜层的生长过程及性能调控也不相同。例如，在电解液中加入十二烷基苯磺酸钠，能提升微弧氧化膜层的生长速率并提高电解质溶液的稳定性，但却不能提升膜层硬度以及耐蚀性能；然而，向电解质溶液中加入一定量的 $(NaPO_3)_6$ 时，微弧氧化膜层的厚度却能得到明显的提升，且对于陶瓷氧化膜层的物相组成、结构特征及耐蚀性能的改善也能起到正向作用。有研究者发现，SiC 的加入能够降低膜层电流密度，有效地抑制微弧氧化膜层表面裂纹的产生，改善膜层的表面形貌，增加膜层厚度，改善摩擦学性能及耐蚀性。

胡杰研究了添加氧化锡锑（antimony tin oxide，ATO）纳米颗粒对 7A04 铝合金微弧氧化行为及性能的影响。研究结果表明，在加入 3g/L ATO 纳米颗粒后，微弧氧化过程电压升高，对微弧氧化反应具有促进作用，增加了膜层的厚度，使膜层烧结得更致密。当 ATO 纳米颗粒添加过量时，吸附在基体表面的 ATO 颗粒过多，会在一定程度上抑制微弧氧化过程中的火花放电，将造成膜层的烧结不够充分，从而降低膜层的致密度，并影响膜层的厚度和硬度。添加后膜层的耐蚀性得到了明显的提升，且随着 ATO 纳米颗粒添加量的增加表现为先上升后下降的趋势。在 ATO 添加量为 3g/L 时，膜层的自腐蚀电流密度以及腐蚀速率最小，分别为 2.773×10^{-9} A/cm^2、3.09×10^{-5} mm/a，阻抗半径和阻抗模量|Z|达到最大，复合膜层的耐蚀性能达到最优，如图 9-16 和表 9-6 所示。这是因为电解液中的 ATO 纳米颗粒能提升微弧氧化过程中的电压，使微弧氧化反应更剧烈，增大膜层的生长速率。在一定程度上更大的能量输入会使得膜层烧结得更致密，使得腐蚀介质难以穿过膜层与基体发生反应。

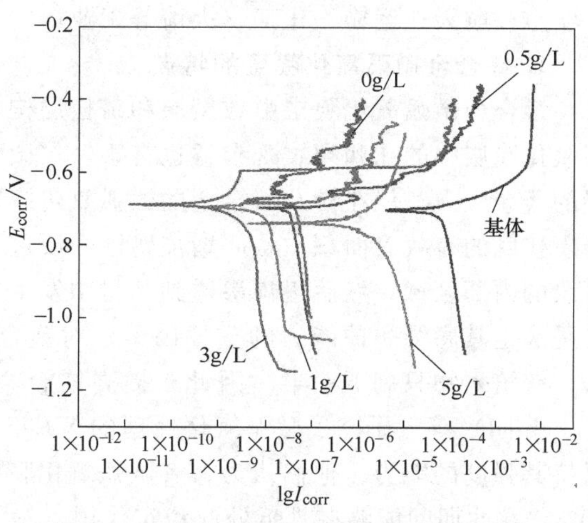

图 9-16 不同 ATO 添加量下微弧氧化膜层及 7A04 铝合金的极化曲线

表 9-6 不同微弧氧化膜层和 7A04 铝合金的极化曲线拟合结果

样品	$I_{corr}/(A/cm^2)$	E_{corr}/V	$\beta_a/(mV/dec)$	$-\beta_c/(mV/dec)$	$C_R/(mm/a)$
基体	6.131×10^{-5}	−0.704	42.96	651.77	6.83×10^{-1}
0g/L	3.405×10^{-8}	−0.684	139.33	390.37	3.79×10^{-4}
0.5g/L	3.522×10^{-8}	−0.700	15.11	849.19	3.92×10^{-4}
1g/L	1.029×10^{-8}	−0.692	30.26	660.05	1.09×10^{-4}
3g/L	2.773×10^{-9}	−0.688	115.31	426.93	3.09×10^{-5}
5g/L	3.273×10^{-6}	−0.739	406.06	364.99	3.65×10^{-2}

9.3.4 镁合金微弧氧化

镁作为一种常见的金属材料，储量较为丰富，价格低廉，中国已探明的镁资源储量居世界首位。镁是一种银白色的轻质碱土金属，镁的密度很小，在 20℃ 时仅为 1.738g/cm^3。镁的化学性质活泼，能与酸反应生成氢气，具有一定的延展性和热消散性。镁元素在自然界广泛分布，是人体的必需元素之一。镁对人体无毒，并且镁的溶解不会引起不良副作用，在人体中大量存在，在骨骼中的镁元素会促进骨骼的生长，提高骨骼的强度。镁的密度和杨氏模量比常用的金属植入物材料更接近骨骼，从而可以降低骨骼/植入物界面的应力，有利于骨骼生长和植入物的稳定性。与任何其他基于金属或聚合物的植入物相比，镁优异的物理和力学性能使其适合骨骼修复或置换应用。镁可以参与许多代谢反应，包括参与生物晶体磷灰石的形成，有利于改善植入材料的成骨活性。镁合金是以镁为基础加入其他元素组成的合金，其特点是密度小、强度高、弹性模量大、散热好、消振性好、承受冲击载荷能力比铝合金大、耐有机物和碱的腐蚀性能好。镁合金中主要添加的合金元素有铝、锌、锰、铈、钍以及少量锆或镉等。目前使用最广的是镁铝合金，其次是镁锰合金和镁锌锆合金。镁合金主要用于航空、航天、运输、化工、火箭等工业部门。

1. 镁合金微弧氧化膜层的特点

镁合金微弧氧化膜层由致密层和疏松层构成，膜层里分布有不同大小和深度的孔洞，微弧氧化膜层中的孔和裂纹既有益也有害。在微弧放电过程中产生的微孔和裂纹有助于释放涂层的残余应力，但在镁及其合金的微弧氧化膜层表面存在较高密度的孔隙率，会增加与腐蚀介质接触的有效表面积，从而增加腐蚀介质进入这些孔中，这有助于腐蚀介质更快地渗透到涂层的内部区域，然后逐步渗透到基材中发生腐蚀。孔的密度、分布以及孔与基材的相互连接是决定其腐蚀防护能力的重要因素。对镁合金早期骨骼反应的体内研究表明，植入 5 周后，镁植入物只剩下一半，因此，提高镁合金的耐蚀能力非常重要。伊姆温克里德（Imwinkelried）等人研究了微弧氧化处理的 WE43 镁合金在小型猪的体内条件下的降解情况和保持其强度的能力，他们认为，有微弧氧化膜层的镁合金在植入 12 周后仍可保持其强度的 80%，在此期间能够在骨折处起稳定作用。然而，随着植入时间的延长，未处理和经过微弧氧化处理的镁合金之间的强度差异逐渐消失。近年来，菲施劳尔（Fischerauer）等人利用显微 CT（computed tomography）研究微弧氧化处理的镁合金销钉在植入大鼠股骨后的降解行为以及随时间变化的微型 CT 图像。很明显，未经处理和经微弧氧化处理的镁合金销钉都随时间增加逐渐降解，并在 12~16 周后完全消失。在植入后的 4 周内，未处理的镁合金销钉的降解程度要比微弧氧化处理合金的高，而 8 周后趋势出现逆转。菲施劳尔等人已经考虑到，由于严重的局部腐蚀以及镁合金被腐蚀面积的不断增加，镁合金微弧氧化膜层的多孔性促进了不均匀降解。在最初的几周内缓慢的降解速率以及在后期的加速降解将使微弧氧化膜层在生物医学领域具有广阔的应用前景。然而，在制造具有特定寿命的植入装置时，仍然难以解决对降解速率的控制。因此，增加微弧氧化膜层的耐蚀性具有非常重要的理论意义和实际应用价值。

2. 镁合金微弧氧化工艺研究

电解液的组成和浓度对镁合金微弧氧化陶瓷膜层的性能具有重要影响。因此，必须正确选择电解液的组成和浓度，使金属快速钝化并加速达到火花电压。用于制备微弧氧化膜层的酸性电解液的 pH 值应在 3~6 之间，碱性电解液的 pH 值应在 8~13 之间，如果酸性电解液的 pH 值小于 3.0，则不利于火花放电的产生。在这种情况下，大部分电能将转化为热能，从而导致电解液温度升高，这将促进镁合金的腐蚀，并且不利于形成高质量的膜层。

电解液的浓度是决定镁合金微弧氧化膜层的放电特性和质量的重要参数。程（Cheng）等人研究了 KOH/NaOH 浓度对击穿电压和膜层各项性能的影响，发现稀电解液（5g/L NaOH）中的火花放电更加强烈，击穿电压更高（稀电解液中的击穿电压为282V，而100g/L NaOH 浓电解液中的击穿电压仅为 82V），稀电解液的温度增量是浓电解液的两倍多。

除电解液与基材外，电参数也会对微弧氧化膜的性能与组织结构产生重要影响，所以针对不同类型的基材和电解液，所选择的电流电压、频率和占空比等电参数也需要与之匹配。

3. 添加剂对镁合金微弧氧化层性能的影响

除了主要电解质外，还可以通过添加特定的添加剂来获得具有特殊性能的微弧氧化膜层，这些添加剂通过调控膜层中氧化物和特定相的形成来改善膜层的性能。微弧氧化电解液中的添加剂大多为微纳米级颗粒或可溶性盐，按添加剂的作用和目的不同大致分为两类：一类是以提升其使用性能包括改善膜层力学和耐磨、耐蚀性能为目的的纳米颗粒或者复合纳米颗粒添加剂；另一类则是以改变膜层颜色为目的的可溶性盐等。

斯里坎特（Sreekanth）等人研究了无机元素对 AZ31 镁合金微弧氧化膜层的影响。结果表明，与在基础电解质体系中形成的膜层相比，四硼酸钠的添加使膜层比基材具有更好的耐蚀性。内姆科瓦（Němcová）等人研究了氟化物对 AZ61 镁合金表面微弧氧化膜层的均匀性和腐蚀的影响，氟化物的添加减少了火花开始之前在 Al-Mn 金属间化合物附近发生的局部腐蚀，这是由于氟的添加可以增加电解液的电导率，从而降低击穿电压、工作电压和最终电压。除耐蚀性外，氟化物的添加对微弧氧化膜层的耐磨性也有影响。为了进一步提升微弧氧化膜层质量，已广泛使用各种表面活性剂。郭（Guo）等人研究了表面活性剂，如椰油醇硫酸钠（$C_{12}H_{25}SO_4Na$）、二苯胺磺酸钠（$C_{12}H_{10}NNaO_3S$）和 SDBS（$C_{18}H_{29}NaO_3S$）的作用，通过微弧氧化法在 AZ31B 镁合金上制备膜层，表面活性剂的添加虽然不会改变膜层缺陷的性质，但是，添加表面活性剂对于制备孔隙率较低的陶瓷膜层起着至关重要的作用。崔（Cui）等人在 Na_2SiO_3-NaF 碱性电解液中添加 K_2ZrF_6，成功制备出由 MgO、MgF_2、t-ZrO_2、$MgSiO_3$ 和与 Mg 有关的非晶态磷酸盐组成的自密封微弧氧化膜层，具有比传统微弧氧化膜层更好的防腐性能，由于氧化锆的高沸点，水解氧化锆在微弧氧化过程中可以促进密封孔的形成。

4. 镁合金微弧氧化膜层耐蚀性能研究

镁合金作为医用可降解人体植入物材料，需要具备良好且可控的腐蚀降解能力。为证明镁合金作为植入物的安全可靠性，需要在不同环境下对镁合金进行耐蚀性测试。于（Yu）等人在 ZK61 镁合金上制备了微弧氧化膜层，该膜层在模拟体液中表现出优异的耐蚀性和生物活性。微弧氧化法在制备可降解和生物活性的骨科镁基植入物方面显示出巨大的潜力。吴骋捷等人在硅酸盐电解液中添加 $Ca(H_2PO_4)_2$，在 AZ31 镁合金表面制备了含 Ca、P 的微弧氧化陶瓷膜层，通过体内植入实验，微弧氧化试样基本保持完整，几乎没有点蚀发生，并伴有 Ca、P 等元素的沉积，表现出良好的生物活性。刘（Liu）等人在 AZ31 镁合表面制备了微弧氧化膜层，研究了膜层在模拟体液和细胞培养基中的耐蚀性。在模拟体液浸泡试验中，AZ31 镁合金微弧氧化膜层比基体具有更低的自腐蚀电流密度和更高的阻抗，表明微弧氧化膜层可以为 AZ31 基体提供保护。在细胞培养基浸泡试验中，所有样品的腐蚀速率都要比在模拟体液中低得多，这可以用细胞培养基中的有机分子在样品表面形成的致密钝化层来解释，钝化层可以防止侵蚀性离子的腐蚀。

5. 封孔处理

由于微弧氧化膜层的表面存在有很多微米级的放电通道，给腐蚀介质的渗入提供了通道，而对膜层进行封孔处理可以堵塞表面微孔以减少外界环境的腐蚀介质进入膜层孔隙的概率，降低放电通道中的腐蚀行为和物质交换，增强陶瓷膜对基体的保护作用。目前，用于陶瓷膜层的封孔处理方法很多，常用的封孔处理方法可分为水合封孔、有机封孔、无机封孔、溶胶凝胶封孔和其他封孔处理。

翟彦博等人采用沸水对 AZ31B 镁合金微弧氧化膜进行封孔处理以增加膜层的耐蚀性，MgO、镁基体与水反应生成的 $Mg(OH)_2$ 填充了膜层表面的孔洞。耐蚀试验结果表明，沸水封孔可有效地提升膜层的耐蚀能力，但封孔时间的增长会破坏膜层的表面，反而引起膜层耐蚀能力的下降。

田宏等人在硅酸盐溶液中制备了钛合金微弧氧化陶瓷膜层，并在此基础上复合了一层有机硅转化涂层。复合涂层中引入氧化铈、氧化铝、碳化硅等耐高温物相，有机硅转化涂层与陶瓷膜层结合良好且表面致密；在 700℃ 下保温 20h 增重为 $0.0506mg/cm^2$，仅为基体增重的 1/10，经受了 50 次热冲击试验，表面没有发生剥落。

除上述封孔方法以外，有机高分子封孔处理也是常见的封孔方式。由于有机高分子材料（如聚乳酸、壳聚糖、硬脂酸、聚己内酯等）良好的生物性能和可降解性，常被用于生物医疗领域。与溶胶-凝胶和合成聚酯相比，有机高分子材料由于其仿生特性，具有优异的生物相容性。崔蓝月等人的研究揭示出，通过带正电荷的 CHI 和带负电荷的 PGA 之间的静电力来制备的、逐层组装的壳聚糖/聚乙醇涂层，增强了 AZ31 镁合金的耐蚀性和抗菌性能。海瑟（Heise）等用电泳沉积法在 WE43 合金上制备壳聚糖/生物活性复合涂层。结果表明，对基材进行预处理对于增强 WE43 合金上壳聚糖/生物活性涂层的腐蚀防护具有重要意义。

聚乳酸（polylactic acid，PLA）是一种具有良好生物相容性的天然可生物降解聚合物，其降解产物乳酸是一种天然代谢产物，已被批准用于人类临床用途。关于 PLA 涂层在镁及其合金上的腐蚀性能，已经进行了大量研究。任朋深入研究了 MAO/PLA 复合膜层的制备及性能，结果表明，未进行封孔处理的微弧氧化膜层表面存在大量孔隙和微裂纹，这些孔隙和微裂纹使腐蚀介质加快进入膜层中，使膜层的耐蚀性降低。MAO 及 MAO/PLA 复合膜层表面形貌如图 9-17 所示，从图中可以看出，微弧氧化膜层进行 PLA 封孔处理后膜层的形貌发

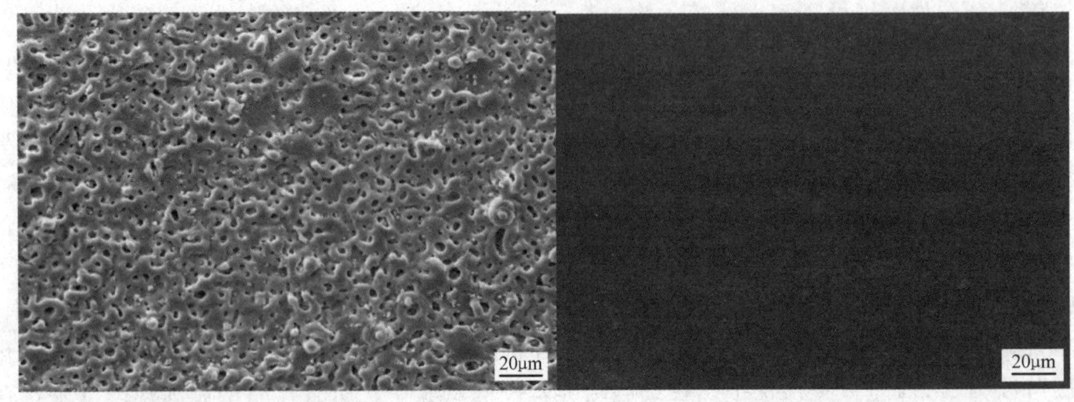

a) MAO　　b) MAO/PLA复合膜层

图 9-17　MAO 及 MAO/PLA 复合膜层表面形貌

生了明显变化，膜层表面未发现明显的微孔和微裂纹，说明 PLA 镀膜液已经通过这些放电微孔渗透浸入放电通道和微裂纹中，通过物理吸附的方式使 PLA 均匀覆盖在微弧氧化膜层表面。被密封后的微弧氧化膜层可以更有效地阻碍腐蚀介质的渗入，从而提升膜层的耐蚀性能。表 9-7 为 MAO 及 MAO/PLA 复合膜层表面各元素分布情况，可以看出复合膜层表面主要由 C、O 和 Mg 三种元素组成，表明微弧氧化膜层已经被 PLA 完全覆盖了。

表 9-7　MAO 及 MAO/PLA 复合膜层表面各元素分布情况

样品	元素		
	C	O	Mg
MAO	—	O Kα1 50μm	Mg Kα1_2 50μm
MAO/PLA	C Kα1_2 50μm	O Kα1 50μm	Mg Kα1_2 50μm

为研究封孔处理后试样耐蚀性的变化情况，采用动态恒电位测量法对 MAO/PLA 复合膜层进行了极化曲线测试。图 9-18 所示为各试样在 37℃ 模拟体液中的动电位极化曲线。通常氢离子结合电子的速度控制了阴极极化的进程，而镁的溶解则代表阳极极化曲线。从图 9-18 中可以看出，随着初始浸泡时阳极极化电位的增加，阳极的各组自腐蚀电流密度迅速增加并进入活性溶解阶段，之后增长速度有所减缓进入过渡钝化区。为便于比较，将由这些曲线得出的自腐蚀电位（E_{corr}）和自腐蚀电流密度（I_{corr}）值等数据总结在表 9-8 中。从表 9-8 中可以看出，AZ31 镁合金和进行过 MAO 处理的镁合金的自腐蚀电流密度分别为 1.64×10^{-4} A/cm^2 和 7.01×10^{-7} A/cm^2，PLA 封孔处理后的膜层的自腐蚀电流密度最小，为 8.36×10^{-8} A/cm^2，其自腐蚀电流密度比 AZ31 镁合金基体显著降低，比微弧氧化膜层试样低 1 个数量级，说明 PLA 封孔处理能提升 AZ31

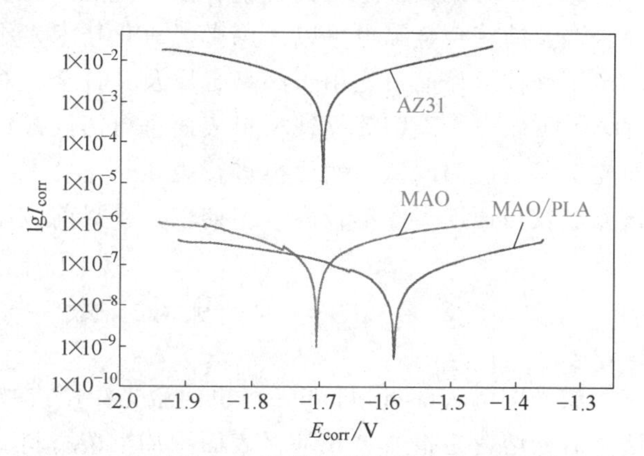

图 9-18　各试样在 37℃ 模拟体液中的动电位极化曲线

镁合金的耐蚀性能。主要原因是 PLA 镀膜液均匀地覆盖和密封在微弧氧化膜层表面，可防止腐蚀介质通过孔隙和裂缝渗透，从而提高了膜层的耐蚀性。此外，腐蚀速率反映了腐蚀的快慢，PLA 封孔处理后的膜层拥有很小的腐蚀速率 C_R(1.91×10^{-3} mm/a)。

表 9-8 各试样的动电位极化曲线拟合参数

样品	I_{corr}/(A/cm²)	E_{corr}/V	β_a/(V/dec)	β_c/(V/dec)	R_p/Ω · cm²	C_R/(mm/a)
AZ31	1.64×10^{-4}	-1.696	0.53565	0.40705	5.1150×10^{2}	3.74
MAO	7.01×10^{-7}	-1.700	0.98000	0.45840	2.2353×10^{5}	1.88×10^{-2}
MAO/PLA	8.36×10^{-8}	-1.585	0.29013	0.34406	8.2075×10^{5}	1.91×10^{-3}

AZ31 镁合金基体、MAO 膜层以及 MAO/PLA 复合膜层的溶血率测试结果见表 9-9。从表中可以看出，MAO 膜层和 MAO/PLA 复合膜层样品的溶血率均低于优良血液相容性的判断标准（5%），满足医用植入材料的溶血率要求，其中 MAO/PLA 复合膜层的溶血率为 3.90%，表明 MAO/PLA 复合膜层具有良好的血液相容性。与 MAO 膜层相比，MAO/PLA 复合膜层的溶血率降低了 0.86%，这是因为试样在浸泡过程中会发生腐蚀并释放 Mg^{2+} 和 OH^-，这会造成浸泡溶液的 pH 值和溶液离子浓度升高，红细胞会因细胞膜两边渗透压不同导致破裂，造成细胞溶血。经过 PLA 封孔处理的试样拥有更好的耐蚀性能，阻止了溶液 pH 值和离子浓度的升高，使得 MAO/PLA 复合膜层比 MAO 膜层溶血率更小。因此，MAO/PLA 复合膜层试样植入体内后，在体液不断流动中也能保持植入部位 pH 值稳定在正常范围内。

表 9-9 溶血率测试结果

样 品	溶血率(%)	样 品	溶血率(%)
AZ31	36.93±2.45	MAO/PLA	3.90±0.12
MAO	4.76±0.09		

除了常见的钛合金、铝合金和镁合金的微弧氧化处理外，还有一些合金如镁锂合金、铝锂合金及锆基合金等也可以采用微弧氧化技术来提升基体材料的表面性能。微弧氧化的特性决定了该技术目前只能用于阀型金属及其合金，对于钢铁材料还不能直接采用该技术进行处理，但可以先在碳钢等钢铁材料表面进行热浸镀铝或者通过磁控溅射等方式，在碳钢基体表面先沉积一层铝或钛，然后再进行微弧氧化处理，制备耐磨、耐蚀性能优异的陶瓷层，但是该方法较为烦琐、成本较高、工期较长，目前应用较少。

9.4 激光熔覆

激光熔覆（laser cladding）也叫激光涂覆或激光包覆，它是材料表面改性的一种重要方法。激光熔覆是指通过在基材表面添加熔覆材料，并利用高能密度激光束辐照加热，使熔覆材料和基材表面薄层发生熔化，并快速凝固，从而在基材表面形成冶金结合的熔覆层，如图 9-19 所示。激光熔覆法是 20 世纪 70 年代兴起的一种为了修复或使用特定的合金成分来强化金属表面的表面处理方法。由于激光具有能量密度高（10^8 W/cm²）和单色性好等特点，冷却速度非常快（10^5~10^8℃/s），使得激光熔覆后的组织细小且均匀。激光熔覆技术是一项涉及多门学科的、有效且实用的表面改性处理技术，可以使廉价的低性能金属表面具有贵重的高性能合金的性能，以此降低材料的成本，减少能源消耗，提高金属零件的使用寿命。

图 9-19 激光熔覆

9.4.1 激光熔覆的特点

激光熔覆是一种新型的表面改性技术，多用于大型构件的修复，在工程上的应用越来越广泛，具有以下优点：

1）加热和冷却速度快，很容易得到非晶态合金等亚稳相，性能提高，而且组织孔隙率低。

2）可以熔覆多种合金体系，特别是熔点很高的合金粉末和陶瓷材料，提高硬度和耐磨性。

3）熔覆层与基体为冶金结合，结合力大。

4）熔覆层的稀释率低，对基体材料的性能改变不大。

5）熔覆层的厚度可以根据需求精确控制。

激光熔覆与电镀的对比见表 9-10。

表 9-10 激光熔覆与电镀的对比

性能	修复方式	
	激光熔覆	电镀
涂层质量	涂层致密且均匀	有存在孔隙和裂缝的可能
涂层厚度/μm	500~700	1~3
结合方式	冶金结合	机械结合
耐蚀性能	寿命>3 年	寿命<6 个月
环保性	绿色加工	高污染型加工
失效模式	开裂/脱落	局部锈蚀/涂层脱落

9.4.2 激光熔覆的材料

可用于激光熔覆的材料较为广泛，大致可分为四大类，分别为自熔性合金粉末、陶瓷粉末、复合粉末以及其他熔覆粉末。激光熔覆常用合金体系如图 9-20 所示。

1. 自熔性合金粉末

自熔性合金粉末是在合金中加入了 Si、B 等元素充当脱氧剂与自熔剂的合金粉末。在自熔性合金粉末体系里，又可将其分为以下三类：Ni 基自熔性合金粉末、Co 基自熔性合金粉

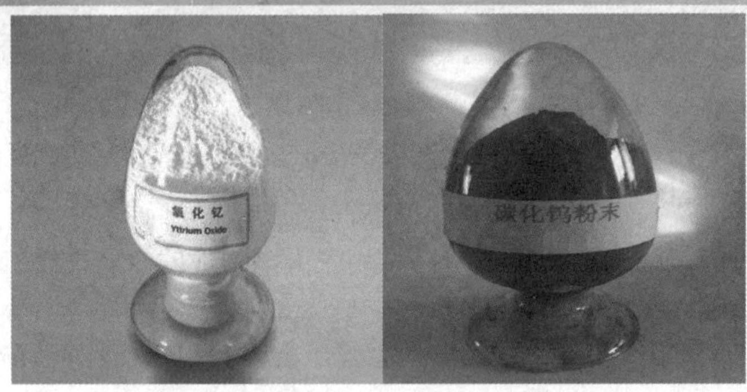

图 9-20 激光熔覆常用合金体系

末和 Fe 基自熔性合金粉末。

（1）Ni 基自熔性合金粉末 Ni 基自熔性合金粉末含有 Ni、Cr、Si、B、Fe、C 等元素，可根据熔覆层性能选择合金元素的种类及含量。Ni 基自熔性合金粉末具有良好的润湿性、耐蚀性、高温自润滑性，价格适中，应用最广，一般应用于耐磨、耐热腐蚀及抗热疲劳的构件。原津萍等在镍基合金中分别添加 Mo 和 CeO_2，研究表明，在镍基合金中添加 Mo，改变了其显微组织中碳化物的成分和形态，韧性改善，熔覆层抗磨粒磨损性能提高。张光钧等在 45 钢表面制备镍基纳米 WC/Co 复合熔覆层，熔覆层的物相为 γ(Fe-Ni) 基体上分布着以 WC、W_2C 为主的碳化物相，熔覆层显微硬度分别为 779.3～1315.0$HV_{0.1}$。匡建新等采用 Ni60+70wt%镍包碳化钨合金粉末在 45 钢基材表面进行了激光熔覆，对比研究了不同添加量 CeO_2 在不同激光功率条件下，对激光熔覆层的显微组织、裂纹情况、硬度分布及耐蚀性能的影响。孙海勤等在 45 钢表面制备原位自生 VC 颗粒增强镍基复合涂层，原位自生 VC 颗粒增强镍基熔覆层平均硬度高达 1300$HV_{0.3}$。

（2）Co 基自熔性合金粉末 Co 基自熔性合金粉末中含有 Ni、C、Cr、W 和 Fe 等元素，其中富铬碳化物是提高硬度的主要因素，其中 Ni 元素可以降低 Co 基合金熔覆层的热膨胀系数，减小合金的熔化温度区间，有效防止熔覆层产生裂纹，提高熔覆合金对基体的润湿性。Co 基自熔性合金粉末良好的高温性能和耐蚀、耐磨性能，常被应用于石化、电力、冶金等工业领域的耐磨、耐蚀和耐高温等场合。李明喜等利用在低碳钢表面熔覆钒氮合金的钴基合金涂层，结果表明，加入钒氮合金后，出现了 σ(FeV) 和 VN 等相，界面处硬度均比表层高，熔覆层的耐磨性随钒氮合金的加入及激光扫描速度的增加而提高。杨胶溪利用积分镜对激光束进行整形获得宽带激光束，进行宽带激光熔覆，获得无裂纹 WC/Co 基合金层。李明喜在镍基高温合金表面熔覆纳米 Al_2O_3/Co 基合金复合材料，结果表明，加入纳米 Al_2O_3 后，

界面的生长形态发生变化，由细长的柱状树枝晶转变为较短的树枝晶，细化了组织。

（3）Fe 基自熔性合金粉末　Fe 基自熔性合金粉末包括奥氏体不锈钢型和高铬铸铁型。合金组织中含有碳化物、马氏体、非晶组织等。Fe 基自熔性合金粉末的最大优点是来源广泛、成本低、抗磨损性能好，缺点是熔点高、抗氧化性差、熔覆层易开裂、易产生气孔等，主要应用于要求局部耐磨且容易变形的零件。在 Fe 基自熔性合金粉末中，可通过调整合金元素含量来调整涂层的硬度，并通过添加其他元素改善熔覆层的硬度、开裂敏感性和残留奥氏体的含量，从而提高耐磨性和韧性。近年来，有关激光熔覆的研究有不少是围绕铁基粉末加入其他成分展开的。宁爽等在 45 钢基材上制备了 WC 铁基合金熔覆层，硬度与耐磨性得到了提高。齐永田等在普通低碳钢上熔覆了含有碳氮化钛增强粒子的铁基熔覆层，原位生成了新的颗粒状强化相 Ti（$C_{0.3}N_{0.7}$），熔覆层的显微硬度达到 600~700$HV_{0.2}$。赵高敏等研究了不同稀土元素加入量对铁基合金激光熔覆层的组织形貌、相组成的影响，结果表明，加入稀土元素改善了熔覆层表面钝化膜的抗剥落能力，在不同程度上减轻了材料的腐蚀失重，提高了熔覆层的耐蚀能力。

2. 陶瓷粉末

陶瓷粉末主要包括硅化物陶瓷粉末和氧化物陶瓷粉末，其中又以氧化物陶瓷粉末（Al_2O_3、ZrO_2）为主。陶瓷粉末的优点是具有优异的耐磨、耐蚀、耐高温和抗氧化特性，所以它常被用于制备高温耐磨耐蚀涂层；缺点是与基体金属的热膨胀系数、弹性模量及热导率等差别较大、熔覆层易出现裂纹和孔洞等缺陷，在使用中可能出现变形开裂、剥落损坏等现象。郑敏等在 Ti-6Al-4V 合金表面制备了生物陶瓷复合涂层，涂层中最高显微硬度值达到 1474$HV_{0.3}$。邓迟等在 Ti-6Al-4V 合金表面进行激光熔覆，结果表明稀土对涂层具有降低开裂倾向的作用，因此，在涂层原料中寻找适当比例的稀土可以有效降低涂层的裂纹敏感性。

3. 复合粉末

复合粉末主要是指高熔点硬质陶瓷材料与金属混合或复合而形成的粉末体系，主要分为碳化物合金粉末、氧化物合金粉末、氮化物合金粉末、硼化物合金粉末和硅化物合金粉末等，是目前激光熔覆技术领域研究发展的热点。复合粉末的特点是金属的强韧性和良好的工艺性与陶瓷材料优异的耐磨、耐蚀、耐高温和抗氧化特性有机结合，激光熔覆后的复合膜层综合性能良好。朱庆军等在 45 钢基体上制备的 FeNiSiBVRE 非晶涂层进行激光晶化，制备非晶/纳米晶复合涂层，结果表明，涂层存在着分层结构，涂层底部和顶部的显微组织由大量的稀土树枝晶、板条状硼化物和粒状碳化物组成，涂层中部的显微组织由大量的纳米晶相镶嵌在非晶基体上。何宜柱等原位合成了 Co/Cu 复合材料涂层，该涂层表面光滑、均匀连续而且致密。

4. 其他熔覆粉末

其他熔覆粉末包括铜基、钛基、铝基、镁基、锆基、铬基以及金属间化合物基材料等，这些材料多数可利用合金体系的某些特殊性质使其达到耐磨减摩、耐蚀、导电、抗高温、抗热氧化等一种或多种功能。

9.4.3 激光熔覆的方法

1. 激光熔覆系统构成

激光熔覆系统主要包含：激光器、数控工作台、同轴送粉喷嘴、高精度可调送粉器及其他辅助装置，其构成如图 9-21 所示。

2. 激光熔覆工艺

激光熔覆根据施工时送粉方式的不同分为预置熔覆法和同步送粉法。①预置熔覆法就是通过粘结、喷涂或者其他方法，将粉料预先放在需要进行激光熔覆的部位，然后再对该部位进行激光处理，而同步送粉法则是送粉与激光处理同步进行。预置材料可以是粉末、合金丝或者板材等，预置熔覆法的激光熔覆工艺流程为：基体预处理→预置材料→激光扫描→后处理。预置熔覆法的工艺流程较长、工序复杂、涂层均匀性差、对激光功率要求较高、胶粘剂的分解容易对熔覆层造成污染，可能形成气孔、开裂等缺陷。②同步送粉法是粉料在经过激光束时发生熔化，滴入基体熔化后产生的熔池中，在激光离开后，迅速冷却结晶形成熔覆层。同步送粉法的优点是工艺过程相对简单、可以实现自动化控制、效率高，目前已在许多企业中得到推广应用。同步送粉法的激光熔覆工艺流程为：基材表面预处理→同步送粉激光熔化→后续工艺处理。

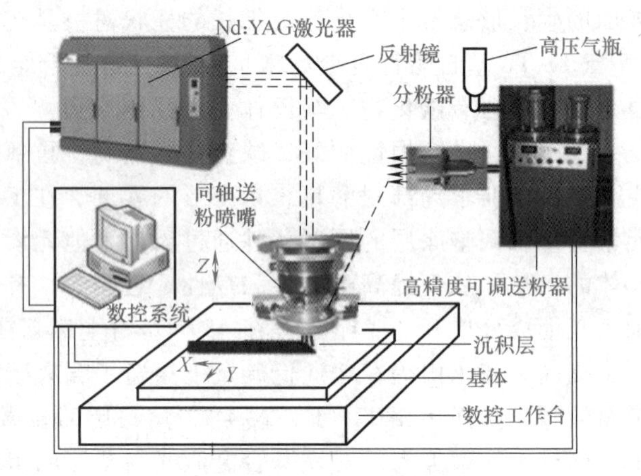

图 9-21　激光熔覆系统构成

激光熔覆的工艺参数主要有激光功率、光斑直径、熔覆速度、离焦量、扫描速度等，这些参数对熔覆层的稀释率、裂纹、表面粗糙度以及熔覆构件的致密性等有很大影响。

1）激光功率。功率小，被熔覆的合金不能完全熔化，不能与基体形成冶金结合；功率太大，会导致基体熔化太多，容易过热，造成晶粒粗大，开裂甚至改性层剥落，直至过烧。

2）光斑直径。光斑形状一般有矩形、圆形和线形三种，光斑的形状和大小可对改性层的形貌及性能产生较大影响。光斑直径小，得到的改性层的尺寸就小，光斑直径过大会导致改性层中心和边缘的性能不均匀。

3）熔覆速度。熔覆速度与激光功率有相似的影响。熔覆速度过快，合金粉末不能完全熔化，未起到优质熔覆的效果；熔覆速度太慢，熔池存在的时间过长，粉末过烧，合金元素损失，增加稀释率，同时基体的热输入量大，会增加变形量。

4）离焦量。离焦量是指激光焦点与作用物质间的距离。在激光熔覆过程中，离焦量对熔覆质量的影响很大。当离焦量过大，作用在工件上的功率密度过低达不到处理工件的目的；当离焦量过小，作用在工件上的功率密度过高，容易熔化激光照射点，破坏工件表面。

5）扫描速度。扫描速度对涂层质量的影响与激光功率相似。扫描过快，改性层处于未熔化及部分熔化状态；扫描过慢，熔池存在的时间过长，涂层可能产生过烧，变形量过大。王慧萍等人研究了在 TC4 钛合金表面通过激光熔覆了 TiC 涂层，结果表明，改性层从外到里，由熔覆层、结合区和热影响区三部分组成，改性层与基体为冶金结合，涂层中有大量的针状和小块状 TiC 颗粒和 TiC 树枝晶，显微硬度达到 1000HV 左右，耐磨性有了显著提高，如图 9-22 所示。

3. 激光熔覆工艺优化方法

激光熔覆是一个多工艺参数耦合的复杂非线性过程，其中激光功率、扫描速度、离焦

量、光斑直径等工艺参数对熔覆层质量起着至关重要的作用。由于激光熔覆过程中光、粉、气三相的耦合作用，导致定性描述各工艺参数与熔覆层质量之间的复杂映射关系存在较大的困难，因而实现高质量涂层往往需要进行繁杂的工艺优化。

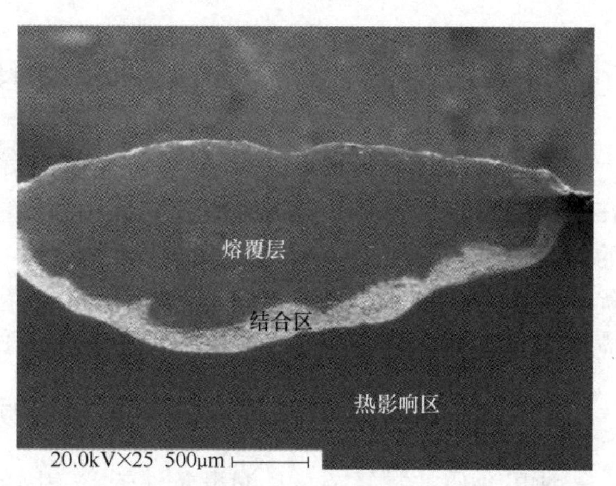

图 9-22 激光熔覆 TiC 复合涂层横剖面

1）正交试验法。正交试验法是一种研究多因素、多水平的试验设计方法，具有"均匀分散，整齐可比"的特点，一般通过正交表来设计和分析多因素试验，可利用相对较少的试验次数，快速准确地进行工艺参数寻优。在试验因素之间不考虑交互作用的情况下，正交试验法是一种经济且有效的试验设计方法。高雰等采用正交试验法研究了激光功率、扫描速度、离焦量和预置层厚度对 TC11 钛合金表面制备的 CBN（立方氮化硼）熔覆涂层几何形貌的影响。研究发现，工艺参数的改变均会引起涂层几何形貌发生相应的变化，其中扫描速度对熔覆涂层形貌的影响最显著。目前，正交试验法已在机械、材料、电力等领域得到了广泛的应用与研究。正交试验法具有正交性，可简便、直观地分析出各因素的主效应，但也存在一些不足：如最优组合只能是试验水平的某种组合，最优解只能在所选水平的范围之内，无法给试验提供明确的指向性等。因而，采用正交试验法进行工艺参数寻优收敛速度较慢，产生的结果精度较低。

2）响应面法。响应面法（response surface method，RSM）是一种综合实验设计和数学建模用于解决多变量问题的一种统计方法。它可以在保持较高的建模精度的前提下，以较少的实验次数分析工艺参数之间的交互作用，并可采用多元二次回归方程建立工艺参数与响应目标之间的函数关系，进而对工艺参数寻优。响应面法主要包括中心复合设计（central composite design，CCD）和箱式贝肯设计（Box-Behnken design，BBD）两种方法。

3）人工神经网络。人工神经网络是一种通过模拟人脑的神经系统求解非线性和复杂数学模型的方法，在组合优化、质量预测、过程建模等领域得到广泛应用。通过对权值进行适当优化，按误差最小化原则确认预测输出与实际输出之间的关系，最终获得预期的输入输出关系。人工神经网络是由大量神经元相互连接构成的复杂网络，主要由三层构成，分别是输入层、输出层和隐藏层。

4）模糊逻辑。模糊逻辑是通过模拟人脑按照一定的规则实行推理，与神经网络不同的是，其利用专家或已知的经验进行学习，具有一定的模糊性。

5）元启发式算法。元启发式算法是一种基于自然现象发展起来的智能优化算法，可有效求解复杂的优化问题，解决了传统优化算法求解精度低、收敛性差等问题，已成功应用于激光熔覆工艺优化。

6）混合算法。随着智能算法的不断发展，诸多学者将多种算法融合后，为解决工艺参数与熔覆层质量之间的、复杂的非线性关系提供了新的方向。杨友文等在预测镍基高温合金熔覆层质量时，提出利用遗传算法的宏观搜索能力将 BP 神经网络的初始值和阈值进行优化，从而避免了神经网络陷入局部最优解。

9.5 表面改性技术的应用

表面改性技术可在不改变基体材料的物相和成分的前提下，通过各种物理或化学的方法在基体材料表面得到一层冶金结合或机械结合的膜层或涂层，从而使基体材料具有一定梯度的成分和结构变化，使改性后的表层具有耐磨、耐蚀、耐高温氧化或生物相容性良好等综合优异性能。该技术在油气装备、新能源材料与器件、核电装备、生物材料等领域具有广阔的应用前景，本节主要介绍微弧氧化技术和激光熔覆技术在工程上的应用。

9.5.1 表面改性技术在油气装备领域的应用

油田介质非常复杂，且润滑条件较差，因此石油钻井设备的工况通常较为恶劣，常常导致大量的零部件在运行过程中因机械磨损、腐蚀等因素提前失效。随着钻井深度的增加，井下温度也在升高，因此对井下装备的要求更高。零部件失效后直接更换，造成了很大的浪费，同时也形成了大量的废品，尤其是在油气开采时钻井设备上大量使用的天然气压缩机柱塞杆、注水泵柱塞杆、注水泵组合阀、高压阀门等零件，因磨损和腐蚀导致报废的情况较为严重，给油田开采造成了巨大的损失。

钻杆、套管等轴类零件是石油钻井设备中使用最普遍、用量较大的一类零件，这类零件在服役过程中易发生摩擦磨损、腐蚀及疲劳等失效，严重影响油田设备的正常运行。激光熔覆技术作为轴类零件修复和再制造的常用技术，可有效延长其使用寿命。轴类零件的激光熔覆再制造过程由预处理、激光操作和后处理三部分组成。预处理包括轴件清洁、部分轴件预热以及熔覆材料烘干；激光操作即在最优工艺条件下进行激光熔覆过程；后处理包括零件各项性能检测、精度检测和切削加工等。其中，激光熔覆过程中的熔覆材料和激光熔覆工艺参数的选取都会对熔覆层性能产生重要影响。石油钻井设备用天然气压缩机柱塞杆、注水泵柱塞杆轴所用材料大多为40Cr钢，因此，可选择中、高铬（Cr）的合金钢以及镍（Ni）基合金材料作为其激光熔覆修复的材料。

石油钻井设备用阀类零件也是石油钻井设备中的重要零件，使用量较大，但经常因其端面发生磨损、腐蚀等造成失效，每年因更换这类零件给油田开采增加了巨大的维护成本。这类零件仅仅是端面磨损的平面类零件，可以通过激光熔覆修复，延长其使用寿命，使油田开采达到降本增效的目的。石油钻井设备用阀类零件所用材料大多为20Cr13不锈钢或45钢，因此，适用于轴类零件修复的中、高铬（Cr）的合金钢以及镍（Ni）基合金材料也可作为其激光熔覆修复的材料，并用于阀类零件的修复。激光熔覆修复过程中工艺参数对熔覆层的成形外观有很大的影响，激光功率决定了输入能量的多少，扫描速度决定了加工成形的效率与能量密度，送粉速率决定了送粉总量与熔覆层的体积。因此，选取优化的工艺参数，可以使熔覆材料和基体达到良好的冶金结合和较低的稀释率，最终达到一个良好的修复效果。

微弧氧化技术在油气装备领域有广泛的应用前景。根据制造材料的不同，钻杆分为钢钻杆与非钢钻杆两大类。钢钻杆价格相对便宜而且性能较好，大多数情况下能满足服役要求，广大科研工作者对钻杆的焊接和焊后热处理开展了大量的研究工作，目前在油气田钻采过程中已经得到了非常广泛地应用。钛合金和铝合金的硬度较低、耐磨性较差，钛合金在磨损过程中易发生咬合、黏着，使构件在使用过程中发生早期失效，易与异种金属发生电偶腐蚀而

失效。为了解决这个问题，可以在钛合金或铝合金钻杆或套管表面进行改性处理（如微弧氧化处理），在其表面得到一层具有优异的耐磨或耐蚀的复合膜层，从而提升钻杆或套管表面的综合性能。

陈孝文的研究结果表明，在微弧氧化过程中添加石墨烯、钨酸钠，以及两步法制备 TiO_2/（PTFE+石墨）复合膜层，能显著提升钛合金钻杆的耐磨和耐蚀性能。在质量分数为3.5%的 NaCl 溶液中的电化学腐蚀结果表明，与最优化条件下制备的微弧氧化层相比，石墨烯改性、TiO_2/(PTFE+石墨）复合及钨酸钠改性的三种复合膜层的自腐蚀电流密度较低，自腐蚀电位较大。在质量分数为3.5%的 NaCl 溶液中的电偶腐蚀结果表明，石墨烯改性、TiO_2/(PTFE+石墨）复合和钨酸钠改性的三种复合膜层的耦合电流远远低于 TC4 钛合金基体，耦合电位高于 TC4 钛合金基体。TC4 钛合金基体的电偶腐蚀加速系数为185%，而石墨烯添加量为3g/L 的 G3 膜层的电偶腐蚀加速系数为16%，TiO_2/(PTFE+石墨）复合膜层的电偶腐蚀加速系数为11%，钨酸钠添加量为3g/L 的 W3 膜层的电偶腐蚀加速系数为19%。腐蚀形貌表明，三种复合膜层与 S135 钢电偶腐蚀后比 TC4 钛合金与 S135 钢电偶腐蚀后的腐蚀程度要轻得多。与 TC4 钛合金基体相比，石墨烯改性的微弧氧化层、钨酸钠改性的微弧氧化层以及 TiO_2/（PTFE+石墨）复合膜层的摩擦系数较低，磨痕深度较小。TC4 钛合金基体以黏着磨损为主，磨粒磨损为辅；经过微弧氧化处理后的复合膜层则以磨粒磨损为主，黏着磨损为辅。由此可见，对钛合金钻杆进行微弧氧化处理，能够显著提升其表面综合性能。刘婉颖等人对铝合金钻杆的微弧氧化处理技术进行了研究，结果表明该技术同样可以有效提高铝合金钻杆表面的硬度、耐磨性和耐蚀性，全面提升铝合金钻杆的表面综合性能。微弧氧化等表面改性技术在油气装备领域具有广阔的应用前景。

9.5.2 表面改性技术在新能源材料与器件上的应用

探月精神

当今世界，社会发展日益加速，人们生活水平急剧提升，同时剧增的还有社会生产能力，使能源变成了生存和发展的重要物质基础。能源是人类社会赖以生存和发展的基础，从古代的钻木取火到现在的内燃机，能源方式变革的同时也促进了人类社会的蓬勃发展。进入21世纪后，随着经济活动的日益频繁，传统化石能源在过度开采和消耗下，呈现出逐渐枯竭的趋势，与此同时，化石能源过度消耗带来的环境问题也愈加严重。能源的双重危机日益严重，已成为制约经济社会发展的重要因素。在此背景下开发使用清洁、可再生的新能源便成为人们关注的热点。在这种时代背景下，化学能源作为一种绿色、高效、通用的可再生能源逐渐受到人们的关注，借以突破化石能源储量的限制、减少环境污染并实现社会可持续发展。目前常用的化学能源主要有锂离子电池、钠离子电池以及氢能等。电池能实现化学能和电能之间的转换，可以把电能储存为化学能，还能将化学能转换为电能，广泛应用于小型电子产品如手机、计算机及数码相机等。锂离子电池主要由正极、负极、电解液、隔膜、集流体和电池壳组成，其中正极材料应具有良好的结构稳定性、较高的工作电位以及离子、电子电导率等性能，目前常见的正极材料有钴酸锂、锰酸锂、磷酸铁锂以及三元材料；负极材料应具有较低的工作电位，主要包括碳基材料、硅基材料以及过渡金属氧化物等。电极材料的制备和性能对电池的性能影响较大。

一种良好的负极材料应具备以下几个特点：

1）具有较低的嵌锂电位，保证锂离子电池具有较高的输出电压，使电池具有更高的能量密度。

2）具有良好的结构稳定性，在锂离子嵌入和脱出负极材料过程中，材料的体积变化要尽可能小，以确保锂离子电池具有较长的循环寿命。

3）具有较高的理论比容量。

4）具有较高的离子、电子电导率，并且锂离子在负极材料中具有较高的扩散系数。

5）不与电解液发生反应，具有稳定的化学性能，保证锂离子电池在循环过程中的电化学稳定性与安全性。

6）负极材料要经济、环保、安全，且储能丰富，制备工艺简单，易于实现产业化。

孙梦璐采用微弧氧化技术在钛箔表面制备多孔状 TiO_2，通过调控电解液参数和引入磁控溅射技术分别合成 $TiO_2/SiO_2/Si$ 以及 TiO_2/MoS_2 复合膜。$TiO_2/SiO_2/Si$ 呈现多孔状形貌，孔隙率高达 36.1%~48.5%，在 $100\mu A/cm^2$ 的电流密度下，经 100 圈循环后，复合膜负极的比容量保持在 530mAh/g 左右，且在 $1000\mu A/cm^2$ 的大电流下充放电后，复合膜负极的比容量能够恢复到初始值的 95%，具有较高的比容量、良好的循环稳定性和倍率性能。采用微弧氧化和磁控溅射技术相结合的方法制备的球状 MoS_2 和多孔 TiO_2 复合薄膜具有同样优异的电化学性能。

除了使用微弧氧化技术改性电池负极材料外，也可通过掺杂改性、表面包覆以及纳米化改性等方法来提升其电化学性能。

9.5.3 表面改性技术在核电装备领域的应用

随着我国核电建设渐渐驶入快车道，核电“国产化”变得越来越普遍。因此，掌握核阀等高参数阀门制造的关键技术，保有国内市场、开拓国际市场，已是当务之急。据统计，世界上核电站因阀门密封面出故障而造成的事故占核电站事故的 1/4。因此对核阀材料和制造工艺提出了十分严格的要求，特别是对核阀密封面提出更严格的要求。这是由于密封面不仅会因阀门周期性地开启和关闭而受到擦伤、挤压和冲击作用，而且还会因所处的工作环境和介质而受到高温、腐蚀、氧化等作用，所以应具有良好的综合服役性能。一般采用堆焊工艺熔焊核阀密封面，阀门堆焊方法从以手工电弧焊和氧-乙炔火焰堆焊等非自动化、低效率的堆焊方法为主，发展到广泛采用高效、自动化的堆焊方法，如火焰堆焊、等离子弧堆焊以及激光熔覆等。激光熔覆在表面强化技术中突出的优势和在实际应用中良好的效果，使得许多学者正致力于将其应用到核电阀门密封面强化的研究中。黄国栋等尝试在核阀的阀瓣密封面上采用激光堆焊工艺熔覆钴基合金，并将得到的熔覆层与等离子喷焊层和电弧堆焊层进行对比，试验结果表明激光熔覆获得的强化层表面光滑平整，一次激光熔覆层能达到 3mm。熔层组织与其他传统堆焊工艺相比，废品率小于 5%、晶粒显著细化、稀释率小、成品率高，在强酸、强碱介质中腐蚀率最低。石世宏等测试了涂层的硬度和耐磨性，得出激光熔覆层的平均硬度达到 740~860HV，而等离子弧堆焊层平均硬度只有 520~560HV。两种强化工艺下的堆焊层经过 3000 次冲击，磨损量分别为 1.2mg 和 2.53mg。激光熔覆技术是一项具有高科技含量的表面改性技术，在核电阀门密封面强化工艺中有着不可替代的优势。

9.5.4 表面改性技术在生物材料领域的应用

生物材料又称为生物医用材料或生物医学材料，是用以诊断、治疗、修复或替换机体组

织、器官或增进其功能的材料。随着临床医学的迅猛发展和人们对高品质生活的追求，未来对生物材料的需求也将越来越大，生物材料已成为各国研究和开发的热点。按临床医学的应用要求，生物材料在实际应用中应具备生物相容性，并能引导和诱导组织、器官的修复和再生，完成上述任务后还需要材料能自动降解排出体外，这需要材料在植入初期具备一定的力学性能，在体内以适当的速率和方式进行降解。

钴基合金、不锈钢和钛合金等金属材料因其优异的力学性能，成为目前应用最广泛的医用金属材料，但上述医用金属材料均存在以下缺点：①在服役过程中，主要面临磨损和腐蚀的问题，并会造成金属离子和颗粒向周围组织扩散，对机体产生毒性；②植入后，材料与骨组织在共同承载外力时，由于不同刚度原因造成应力遮挡效应，这会导致植入物的稳定性降低，影响新骨的生长和重塑；③植入材料具有不可降解性，待人体机能恢复以后需要进行二次手术将其取出，这会造成医疗成本的增加，同时也给病人带来二次痛苦。

镁合金作为可降解材料，可在人体内被吸收、降解、消耗和排出。镁是人体组织生长所必需的微量元素之一，大约有一半的镁储存在骨骼组织中，镁对人体的新陈代谢至关重要，镁离子作为二价离子，它参与骨基质中磷灰石的形成，还参与人体的许多代谢过程。镁作为许多酶的辅助因子，对 DNA 和 RNA 的结构起稳定作用。细胞外液中镁的正常浓度范围为 0.7~1.05mmol/L，主要通过肾脏和肠道调节来维持体内的稳态，因为人体能通过尿液排出过量的镁离子，所以高镁的发生率很低。镁合金微量释放可促进骨组织的再生，相比于钢（200~210GPa）和钛（110~117GPa）的弹性模量，镁的弹性模量（41~45GPa）更接近人体骨骼骨组织的弹性模量（3~20GPa），从而有效消除应力遮挡效应。钛及其合金是临床中硬组织和器官替换常用的生物医用金属材料之一，但其生物活性较差，与骨结合的时间长，因此，可以在其表面施加具有骨诱导或引导作用的生物活性涂层，即钛材表面改性，赋予钛及其合金种植体具有综合的生物学性能，这成为近十几年来重要的研究方向之一。目前，许多涂层制备工艺都被引入钛材的表面改性领域，如等离子喷涂、涂覆-烧结法、溶胶-凝胶法、电化学反应法、激光熔覆法、阳极氧化法、碱热处理法、酸碱两步化学法等，但是这些方法工艺复杂、费时，涂层的生物学性能不理想。微弧氧化不仅可以在钛合金表面原位合成与基体结合牢固的氧化物覆层，而且在形成钛氧化物的同时，钙离子和磷离子会进入氧化层并与其结合在一起，形成具有较好生物相容性和生物活性的覆层。镁合金和钛合金进行表面改性处理后作为新一代医用植入材料具有广泛的发展前景。

微弧氧化在钛合金表面可获得含磷、钙活性生物陶瓷涂层，其钙含量可达 20%，磷含量可达 8%。微弧氧化电压、电流密度及放电时间对涂层形貌和厚度有较大的影响。钛合金微弧氧化种植体材料的急性溶血率为 1.97%，细胞毒性为 1 级，能满足临床应用材料的生物相容性要求。研究发现，不同 K_2ZrF_6 添加量对膜层形貌和结构有不同程度的改善。对镁合金进行微弧氧化时，K_2ZrF_6 的添加会使得膜层中出现大的烧结盘、孔隙变小、部分孔洞被颗粒物填充、膜层的致密性增加，膜层主要由 MgO、Mg_2SiO_4、ZrO_2 和氟化物组成。随着 K_2ZrF_6 添加量的增加，膜层厚度和硬度呈现先增加后降低的趋势，在添加量为 4g/L 时性能达到最佳，相较于未添加 K_2ZrF_6 颗粒的膜层，厚度和硬度分别增加了 6.4μm 和 40.9HV。K_2ZrF_6 的添加使膜层接触角减小，表面膜层的亲水性增加，良好的润湿性有利于细胞的黏附与生长。K_2ZrF_6 添加量为 4g/L 时膜层的耐蚀性最好，析氢速率达到最低 0.49mL/(cm^2·d)，在人体可承受范围之内；自腐蚀电流密度下降了一个数量级，腐蚀速率为 1.88×10^{-2} mm/a；

溶血率可达 3.65%，提升了生物相容性。

随着科学技术的发展，表面改性技术也会快速发展，除了镁合金和钛合金，在镁锂合金、铝锂合金等领域，表面改性技术也将发挥越来越大的作用，不断提升生物相容性，更好地为人们的医疗需求服务。

思考题

1. 什么是表面改性技术？常用的表面改性技术有哪些？
2. 微弧氧化的机理是什么？
3. 结合镁、铝、钛及其合金微弧氧化的优点和缺点，试分析微弧氧化技术今后发展的趋势。
4. 激光熔覆的优点和缺点是什么？
5. 简要叙述微弧氧化技术和激光熔覆技术在油气田领域的应用现状。

参考文献

[1] 孙梦璐，陆萍，张亦凡，等．钛表面硅复合微弧氧化膜负极的制备及其电化学性能研究［J］．表面技术，2021，50（9）：120-127.

[2] 陈孝文．钛合金材料表面改性微弧氧化复合陶瓷层性能及机理研究［D］．成都：西南石油大学，2018.

[3] 任朋．AZ31 镁合金表面微弧氧化/聚乳酸复合膜层制备及耐蚀性研究［D］．成都：西南石油大学，2022.

[4] 见飞龙，刘琪，杨强，等．激光熔覆技术在石油钻井设备再制造中的应用［J］．表面工程与再制造，2022，22（3）：21-25.

[5] CHEN X W，LI M L，ZHANG D F，et al. Corrosion resistance of MoS_2-modified titanium alloy micro-arc oxidation coating［J］. Surface and Coatings Technology，2022，433：128127.

[6] CHEN X W，HU J，ZHANG D F，et al. High-temperature oxidation resistance and antifailure mechanism of MAO-SG composite coating on TC4 titanium alloy［J］. International Journal of Applied Ceramic Technology，2022，19（1）：533-544.

[7] 林乃明，谢发勤，吴向清，等．油套管表面防护技术的研究现状与展望［J］．腐蚀与防护，2009，30（11）：801-805.

[8] 陆兴．热处理工程基础［M］．北京：机械工业出版社，2007.

[9] 刘鹏，刘晓鹤．钛合金表面氮化技术研究进展［J］．材料开发与应用，2015，30（6）：90-93.

[10] PÉREZ M G，HARLAN N R，ZAPIRAIN F，et al. Laser nitriding of an intermetallic TiAl alloy with a diode laser［J］. Surface and Coatings Technology，2006，200（16/17）：5152-5159.

[11] JIANG P，HE X L，LI X X，et al. Wear resistance of a laser surface alloyed Ti-6Al-4V alloy［J］. Surface and Coatings Technology，2000，130（1）：24-28.

[12] 张永康．激光加工技术［M］．北京：化学工业出版社，2004.

[13] 李嘉宁．激光熔覆技术及应用［M］．北京：化学工业出版社，2015.

[14] 王慧萍，李军，张光钧，等．TC4 钛合金表面激光熔覆 TiC 复合涂层组织和耐磨性能［J］．金属热处理，2010，35（8）：38-41.

[15] 邓志威，来永春，薛文彬，等．微弧氧化材料表面陶瓷化机理的探讨［J］．原子核物理评论，1997，14（3）：193-195.

[16] YAHALOM J, ZAHAVI J. Electrolytic breakdown crystallization of anodic oxide films on Al, Ta and Ti [J]. Electrochimica Acta, 1970, 15 (9): 1429-1435.

[17] O'DWYER J J. The theory of avalanche breakdown in solid dielectrics [J]. Journal of Physics and Chemistry of Solids, 1967, 28 (7): 1137-1144.

[18] IKONOPISOV S. Anodization of molybdenum in glycol-borate electrolyte: a peculiar kinetics of insulating film formation [J]. Electrodeposition and Surface Treatment, 1973, 1 (4): 305-317.

[19] ALBELLA J M, MONTERO I, MARTINEZ D J M. Anodization and breakdown model of Ta_2O_5 films [J]. Thin Solid Films, 1985, 125 (1): 57-62.

[20] IKONOPISOV S GIRGINOV A, MACHKOVA M. Post-breakdown anodization of aluminium [J]. Electrochimica Acta, 1997, 22 (11): 1283-1286.

[21] CHEN Q Z, JIANG Z Q, TANG S G, et al. Influence of graphene particles on the micro-arc oxidation behaviors of 6063 aluminum alloy and the coating properties [J]. Applied Surface Science, 2017, 423 (30): 939-950.

[22] CHEN X W, LIAO D D, ZHANG D F, et al. Friction and wear behavior of graphene-modified titanium alloy micro-arc oxidation coatings [J]. Transactions of the Indian Institute of Metals, 2020, 73 (1): 73-80.

[23] 杨晓倩，李亚江，马群双，等. 激光熔覆工艺研究现状及发展 [J]. 机械制造文摘（焊接分册），2015 (1): 30-34.

[24] 杨宁，晁明举，杨文超. 激光熔覆工艺方法及熔覆材料现状 [J]. 科技信息，2010 (14): 10.

[25] 胡杰. 7A04 铝合金表面微弧氧化-ZrO_2/环氧树脂膜层制备及性能研究 [D]. 成都：西南石油大学，2022.

[26] 翟彦博，陈红兵，梅镇. 封孔方式对 AZ31B 镁合金微弧氧化膜耐腐蚀性的影响 [J]. 西南大学学报（自然科学版），2014, 36 (4): 173-179.

附录 思政二维码索引表

名称	二维码	页码	名称	二维码	页码
中国第一座 30t 氧气顶吹转炉		4	新中国最早的万吨水压机		132
改写油气运输历史的功勋管道		6	神舟一号返回舱		145
多元的陶瓷		12	第一块防弹玻璃		146
大国工匠:大勇不惧		28	北斗:想象无限		164
新中国第一块粗铜锭		44	大国工匠:大道无疆		165
中国第一块铂铱 25 合金		69	中国创造:外骨骼机器人		248
“两弹一星”精神		76	载人航天精神		248
歼击机		86	“两弹一星”功勋科学家:王淦昌		254
中国创造:散裂中子源		123	探月精神		281